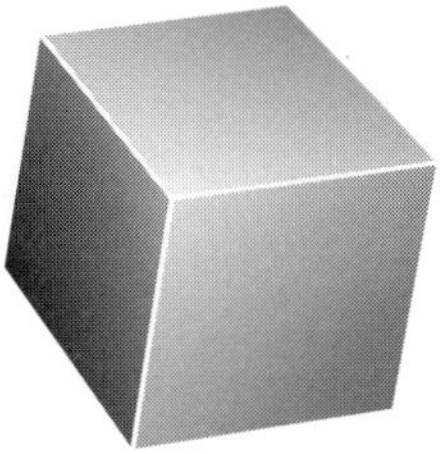

基礎固体電子論

九州大学名誉教授 理学博士
西村 久 著

技報堂出版

まえがき

最近のIT(情報技術) 革命の立役者はシリコン，ガリウム砒素などに代表される半導体である．そして，半導体の電子構造や半導体における電子過程の解明は固体電子論のみごとな成果の一つの典型となっている．

固体はその電気的性質から金属，半導体，絶縁体に分類され，これらの物質の研究は早くから行われてきたが，1920 年代の後半における量子力学の完成に導かれて固体の性質の研究は画期的な展開を見せた．それは結晶固体のバンド理論と呼ばれる．これによって固体の電子構造に関してはもとより，固体における電子過程ないしは電子が関与する電気的，光学的，磁気的性質に関する基本的な問題は，完全結晶からの外れが小さい限り，余すところなく解明された．残る問題はバンド理論の中に考慮されていない効果によるものである．現在のところいくつかの問題があるが，現実の結晶固体において普遍的に存在する基礎的な 2 つの問題をとり上げよう．

まず，バンド理論は一体問題であるから，実際の結晶内電子群のあいだに働くクーロン反発相互作用の問題がある．この電子間相互作用についてはハートレー・フォック平均場までしかバンド理論の中にはとり入れられてない．それより高次の効果はひっくるめて電子相関と呼ばれる．比較的狭いバンドやいくらか複雑な構造をもつバンドでは，電子相関がバンド理論の結果を大きく変更する場合が生ずる．モット・ハバード転移と称される金属–絶縁体転移の問題や鉄，ニッケルなどの金属強磁性の問題などは電子相関効果の顕著な発現の結果である．また，1986 年の発見以来つぎつぎに臨界温度を更新した銅酸化物高温超伝導の発現機構は電子相関に起因すると考えられている．

つぎに，バンド理論は完全結晶の理論であるから，現実の結晶の不完全性すなわち格子の乱れは結晶全体に広がったバンド電子の状態に対して重要な摂動を与える．格子の乱れとして，一方には格子振動 — 結晶格子の熱振動 — という動的な乱れがあり，他方には不純物や格子欠陥など静的な乱れがある．電子は格子振動の素励起であるフォノンによって散乱される．そして，このことが室温における電気抵抗の原因となる．また，電子が不純物などの静的な乱れによって散乱されることは残留抵抗に導く．この範囲までならボルツマン方程式による古典的な方法で話がすむ．しかし，両者の乱れに起因してそれぞれ大きな問題が生じた．一つは1911年に発見された超伝導である．これが，電子–フォノン相互作用を媒介として電子間に引力相関が発生し，それによって生成された電子対 (クーパー対) の超流動としてバーディーン等によって解決されたのが1957年である．もう一つは1958年アンダーソンによって論議された静的な格子の乱れによるバンド電子の局在化の問題である．1979年のスケーリング理論と無限次の摂動計算 (最大交差ダイヤグラムの総和) の結果，電子波が乱れと衝突することによって生ずる後方散乱波と干渉して定在波となることが局在化の前駆現象として把握された．電子の波動性からくる量子効果が顕著に効くので，電気伝導度の計算には従来のボルツマン方程式の方法ではなく久保公式の方法が用いられる．今日この方向の研究は量子輸送現象として新展開を見せている．

さて，本書でとり上げなかった問題を含めて，上に要約した固体電子論の内容を逐一理解してゆくのは容易なことではない．ことに目覚しい発展をみせている先端領域の全部を理解することは至難の業である．大切なことは，固体電子論の基礎的な部分を正確に理解し，必要とあらば各々の研究領域に踏み込んでゆける固体電子論の素養を身につけることであろう．本書はこのような方針のもとに固体電子論の基礎をできるだけ平易に解説したものである．著者は，基礎的な理論構成のわかりやすい説明に努めるとともに，基礎的な計算法の具体例を多くとり入れた．

本書の構成について簡単に触れよう．第1章序論はむしろ後回しにして，第2章バンド理論から読み始めるのがよい．固体物理の議論にバンド理論的描像が使えるようになれば幸いである．前半第5章までは伝統的な固体電子論の教科書の内容であり，それを今日的な意識をもたせてわかりやすく解説したものである．第6章では，電気伝導度などの輸送係数や誘電率など応答関数を与える線形応答理論，およびそれらの計算法を提供するグリーン関数の方法を詳しく平易に議論した．グリーン関数の方法は，場の量子論において発展したものを固体物理ないしは統計物理にもち込んだもので，今日的な問題の計算法として欠くことができない．後半では，前の文節で述べたバンド理論に含まれない2つの要素，電子相関 (第7章) と格子の乱れとにそれぞれかかわるモット・ハバード転移の問題およびアンダーソン局在 (第8章) の問題 (いずれも金属–絶縁体転移の問題) を従来の固体電子論の枠組みの中に発展的にとり入れることが試みられた．第9章は磁場中の伝導電子の一般論のために設けられた．電子状態は強磁場によって量子化され，そのため電子は特徴的で多彩な応答を示すことは以前から知られていたが，1980年に発見された2次元電子系における量子ホール効果 (QHE) の発現はその極致の一つであろう．強磁場の効果とアンダーソン局在の効果とが噛み合って整数QHE効果が，さらに電子相関効果が強く関与して分数QHE効果が展開する．第10章はその入門的解説である．

本書が基礎固体電子論の新しい解説書として読者とくに若い学徒の役に立てば，著者の望みこれに如くものはない．本書の成立は先生，先輩，同僚をはじめ多くの方々のご指導の賜物である．枚挙にいとまがない．市村 浩先生，故久保亮五先生には大変お世話になりました．この場をかりて，深く御礼申し上げます．なお，学術書出版界の厳しい現状において，刊行を引き受けていただいた技報堂出版株式会社に敬意を表したい．細部にわたりお世話をいただいた編集部の森晴人氏に厚く御礼申し上げる．

2003年3月

西村　久

目次

第1章　序論

1.1　固体内の電子系

固体の性質，例えば金属，半導体における電気伝導の機構，そしてそれと関連する諸現象を解明するためには，まず固体内の電子の状態を理解することが必要となる．固体内の電子はもともと固体を構成する原子の中に原子核をとりまいて存在するものであった．ミクロな個々の原子内の状態にあった電子は，原子が多数（$\sim 10^{23}$ 個）密に集合してマクロな固体の一片となるとき，どの電子もそれぞれが属していた原子内の核と電子からのみならず近接する原子団の核や電子からの作用をうけて運動する．このような固体内での電子の状態は如何なるものであろうか？　これが最初の問題であり，そしてまた究極の問題でもある．

一般に固体を A 個の原子核と N 個の電子とが相互作用し合う多粒子系と考えて，この系の波動方程式をつぎのように書くことができよう：

$$
\begin{aligned}
&\Bigl\{-\frac{\hbar^2}{2M}\sum_{\lambda=1}^{A}\triangle_\lambda-\frac{\hbar^2}{2m}\sum_{i=1}^{N}\triangle_i-\sum_{i,\lambda}\frac{Ze^2}{|\boldsymbol{r}_i-\boldsymbol{R}_\lambda|}\\
&\quad+\sum_{\lambda>\mu}\frac{Z^2e^2}{|\boldsymbol{R}_\lambda-\boldsymbol{R}_\mu|}+\sum_{i>j}\frac{e^2}{|\boldsymbol{r}_i-\boldsymbol{r}_j|}\Bigr\}\Psi(\{\boldsymbol{r}_i\},\{\boldsymbol{R}_\lambda\})\\
&\qquad=E\Psi(\{\boldsymbol{r}_i\},\{\boldsymbol{R}_\lambda\}).
\end{aligned}
\tag{1.1}
$$

ここに，固体は同一種類の原子番号 Z の原子から成るものとして m, M および $-e(e>0), Ze$ はそれぞれ電子，原子核の質量および電荷であり，$\boldsymbol{r}_i=(x_i,y_i,z_i)$ および $\boldsymbol{R}_\lambda=(X_\lambda,Y_\lambda,Z_\lambda)$ はそれぞれ i 番目の電子および λ 番目の原子核の位置，そして

$$
\triangle_\lambda=\frac{\partial^2}{\partial X_\lambda^2}+\frac{\partial^2}{\partial Y_\lambda^2}+\frac{\partial^2}{\partial Z_\lambda^2},\quad \triangle_i=\frac{\partial^2}{\partial x_i^2}+\frac{\partial^2}{\partial y_i^2}+\frac{\partial^2}{\partial z_i^2}
$$

である．(1.1) の第 1，第 2 項はそれぞれ原子核および電子の運動エネルギー，第 3 項は核と電子のあいだの相互作用，そして第 4，第 5 項はそれぞれ核間および電子間の相互作用に相当する．なお，ここでわれわれは核の内部構造を無視し，核スピンも無視して，原子核を質量と電荷をもった点粒子として取り扱った．また，磁気的な相互作用はすべて無視された．

非常に複雑な多体問題 (1.1) を処理しようとするとき，まず断熱近似と呼ばれる方法が使われる．その根拠は，核の質量 M が電子の質量 m に比べて十分大きいことから，核の運動を電子の運動に対して十分に緩慢であるとして無視できることにある．核運動と電子運動の結合が強い特別な場合を除けば，断熱近似は成立すると考えられよう．そのとき，(1.1) の第 1 項を落とした波動方程式は電子系の運動をある瞬間の静止した原子核の位置 $\{\boldsymbol{R}_\lambda\} = \boldsymbol{R}_1, \boldsymbol{R}_2, ..., \boldsymbol{R}_A$ に対して記述するが，$\{\boldsymbol{R}_\lambda\}$ がパラメーターとして電子系の波動関数 $\Phi(\{\boldsymbol{r}_i\}, \{\boldsymbol{R}_\lambda\})$ と固有値 $E_e(\{\boldsymbol{R}_\lambda\})$ の引数の中に入ってくる．原理的には，$\Phi(\{\boldsymbol{r}_i\}, \{\boldsymbol{R}_\lambda\})$, $E_e(\{\boldsymbol{R}_\lambda\})$ が求められれば，$\Psi(\{\boldsymbol{r}_i\}, \{\boldsymbol{R}_\lambda\}) = \Phi(\{\boldsymbol{r}_i\}, \{\boldsymbol{R}_\lambda\})\Upsilon(\{\boldsymbol{R}_\lambda\})$ とおき元の (1.1) に代入して核系の波動関数 $\Upsilon(\{\boldsymbol{R}_\lambda\})$ に対する波動方程式が導かれる．このとき，電子エネルギー $E_e(\{\boldsymbol{R}_\lambda\})$ は核運動に対するポテンシャル・エネルギーの役割を担う．この方法が Born–Oppenheimer[1] の断熱近似法と呼ばれる．

ところで，各瞬間の $\{\boldsymbol{R}_\lambda\}$ のすべての値に対して $E_e(\{\boldsymbol{R}_\lambda\})$ を求めることは極めて困難で事実上無理な問題である．実際には実験事実にたよる．結晶の X 線解析によれば，原子の平衡位置は結晶格子点上に配列している．したがって，各原子核の位置を任意の瞬間値に固定する替りに，核は格子点上にあるとして電子系の運動を考察する．絶対零度における電子系の状態に関してはこれでよい．しかし，有限温度では結晶を構成する原子は平衡点のまわりに熱振動 — 格子振動 — している．室温までの範囲においては熱振動の振幅は小さいので，格子振動を調和振動子の集団として近似することができる．この近似に基づいた Einstein や Debye による固体の比熱の理論は実験結果をそれなりに説明する．さらに，格子振動する原子核の作る静電ポテンシャルの変動は電子系に重要な影響をおよぼす．これが電子–フォノン相互作用と呼ばれるもので，断熱近似に対する摂動を与える．

さて，これまで固体ないしは結晶を電子と原子核とから成るものとしたが，

---

[1] M. Born and J. R. Oppenheimer : Ann. Phys. **84** (1927) 457.

結晶内電子をつぎのように二つの組に分けて考える方が実際的である．(1) 一組は原子の閉殻に属する電子群で，各原子核に強く束縛される．この電子群は原子核と共にイオンを作る．(2) 二番目の組は残りのより外側の電子群である．後者には価電子群が含まれるが，場合によっては最外閉殻の電子群まで含められる．したがって，(1)，(2) の類別は固体によって異なり，また採用する近似度に依存する．こうして，これまでの記述において原子核とした箇所をイオンで置き換えて，結晶は A 個のイオン群と N 個の電子群とから成るとしてよい．このとき，Z は原子番号ではなくてイオンの価数となる．

1.2　Hartree-Fock 方程式

結晶の格子点に固定された原子核またはイオン・コアによる静電場の中でクーロン相互作用しながら運動する N 個の電子系の状態を求めることを考えよう．この系の状態を記述する波動関数を $\Phi(\boldsymbol{q}_1, \boldsymbol{q}_2, ..., \boldsymbol{q}_N)$，そして系のハミルトニアンを $\mathcal{H}$ とすれば，系の定常状態のエネルギー E は

$$E \;=\; \int \Phi^* \, \mathcal{H} \, \Phi \, dV \tag{1.2}$$

で与えられる．そして，Φ は

$$\int \Phi^* \, \Phi \, dV \;=\; 1 \tag{1.3}$$

と規格化されている．ここに，$dV \;=\; d\boldsymbol{q}_1 \cdots d\boldsymbol{q}_N$，　$\boldsymbol{q}_i \, (i = 1, ..., N)$ は i 番目の電子の空間座標ならびにスピン座標を表す．そして，積分記号は空間積分のみならずスピン座標についての和をとることをも意味する．また，

$$\mathcal{H} = \sum_i \mathcal{H}_i + \sum_{i>j} \frac{e^2}{|\boldsymbol{r}_i - \boldsymbol{r}_j|} + \sum_{\lambda>\mu} \frac{Z^2 e^2}{|\boldsymbol{R}_\lambda - \boldsymbol{R}_\mu|}\,, \tag{1.4}$$

$$\mathcal{H}_i \;= -\,\frac{\hbar^2}{2m} \triangle_i \,-\, \sum_\lambda \frac{Z e^2}{|\boldsymbol{r}_i - \boldsymbol{R}_\lambda|} \tag{1.5}$$

である．このとき，系の Schrödinger 方程式

$$\mathcal{H}\Phi \;=\; E\Phi \tag{1.6}$$

は，規格化条件（1.3）のもとにΦの任意の変分に対して（1.2）を定常にする条件

$$\delta \left\{ \int \Phi^* \mathcal{H} \Phi \, dV \right\} = 0 \tag{1.7}$$

から導かれる．

ここで，全電子系の波動関数Φの一般形を論議することは困難な多体問題であるので，Φを1電子波動関数の適当な結合によって近似的に表す．この近似にしたがえば，各電子は結晶格子点上に固定されたイオンによる結晶静電場と他の電子群の電荷分布による平均静電場とを加えた場の中で相互に独立に運動することになる．この近似は1電子近似または独立電子模型と呼ばれる．

1.2.1 Fock 方程式

Pauliの排他律を満たすためには，電子系の波動関数Φは電子の置換に関して反対称でなければならない．この要請を満たす1電子関数φの適当な結合はSlaterの行列式関数によって与えられる．（1.4）のハミルトニアン$\mathcal{H}$には電子スピンに依存する項は含まれていないから，1電子波動関数$\varphi_{i_1}(\boldsymbol{q}_1)$は空間成分$\psi_{i_1}(\boldsymbol{r}_1)$とスピン固有関数$\eta_{i_1}(\zeta_1)$との積

$$\varphi_{i_1}(\boldsymbol{q}_1) = \psi_{i_1}(\boldsymbol{r}_1)\, \eta_{i_1}(\zeta_1) \tag{1.8}$$

で表される．ここに，スピン関数$\eta_{i_1}(\zeta_1)$は電子スピンのz成分s_zの固有関数$\alpha(\zeta)$, $\beta(\zeta)$のいずれかである．スピン座標ζは上向き，下向きに対応してそれぞれ$+1/2$，$-1/2$の値をとる離散変数であり，

$$\alpha\Big(\frac{1}{2}\Big) = 1,\ \alpha\Big(-\frac{1}{2}\Big) = 0;\ \beta\Big(\frac{1}{2}\Big) = 0,\ \beta\Big(-\frac{1}{2}\Big) = 1$$

を満たす．よって，空間成分$\psi_{i_1}(\boldsymbol{r}_1)$が正規直交系であれば，$\varphi_{i_1}(\boldsymbol{q}_1)$も正規直交系，

$$\int \varphi^*_{i_1}(\boldsymbol{q}_1)\, \varphi_{j_1}(\boldsymbol{q}_1)\, d\boldsymbol{q}_1 = \delta_{i_1 j_1}, \tag{1.9}$$

を作る．ここに，$\boldsymbol{r}_1$，ζ_1はそれぞれ1番目の電子の空間座標およびスピン座標であり，$\boldsymbol{q}_1$に関する積分記号は空間積分のみならずスピン座標についての和をも意味する．また，φ_{k_1}の添字k_1などは電子状態を指定する量子数であ

るが，これらを単にkなどと書く．そして，基底状態においてはN個の電子は低い方から数えてN個の量子状態$k_1, k_2, ..., k_N$を占有するので，単に番号付け$1, 2, ..., N$で状態を指定する．

さて，電子系の反対称波動関数としてSlaterの行列式関数は

$$
\begin{aligned}
\varPhi(\{\boldsymbol{q}_i\}) &= \bigl(N!\bigr)^{-1/2}\ \det|\varphi_k(\boldsymbol{q}_j)| \\
&= \bigl(N!\bigr)^{-1/2}\sum_P(-1)^P P\varphi_1(\boldsymbol{q}_1)\varphi_2(\boldsymbol{q}_2)\cdots\varphi_N(\boldsymbol{q}_N) \\
&= \frac{1}{\sqrt{N!}}\begin{vmatrix} \varphi_1(\boldsymbol{q}_1) & \varphi_1(\boldsymbol{q}_2) & \cdots & \varphi_1(\boldsymbol{q}_N) \\ \varphi_2(\boldsymbol{q}_1) & \varphi_2(\boldsymbol{q}_2) & \cdots & \varphi_2(\boldsymbol{q}_N) \\ \cdots & \cdots & \cdots & \cdots \\ \varphi_N(\boldsymbol{q}_1) & \varphi_N(\boldsymbol{q}_2) & \cdots & \varphi_N(\boldsymbol{q}_N) \end{vmatrix}
\end{aligned}
\tag{1.10}
$$

と書かれる．ここに，$1/\sqrt{N!}$は規格化因子，detは行列式を表す記号，Pは電子座標に関する置換演算子，$(-1)^P$は偶置換のとき$+1$，　奇置換のとき-1をとる記号，$\sum_P$はすべての置換についての和をとることを意味する．電子の置換，すなわち2つの列$\boldsymbol{q}_i$と$\boldsymbol{q}_j$とを入れ換えれば，行列式の性質から$\varPhi$ は符号を変える．これが波動関数の反対称性である．また，2つの行が等しい，すなわち$\varphi_i = \varphi_k$ならば，行列式関数$\varPhi$は0となる．これはPauliの原理の直接的な表現にほかならない．

1電子波動関数φ_iが満足する方程式は，(1.10) を試行関数に採用して変分原理 (1.7) を実行することから求められる．そのために (1.10) を (1.2)，(1.3) に代入して積分を実行しなければならない．ハミルトニアン (1.4) の第1項は1体の演算子，第2項は2体の演算子，そして第3項は定数であるが，いずれの項も電子座標の置換に関して対称である．したがって，電子座標の置換に関して対称な演算子$\mathcal{A}$の量子力学的期待値

$$
\begin{aligned}
A &= \int \varPhi^* \mathcal{A}\,\varPhi\, d\boldsymbol{q}_1\cdots d\boldsymbol{q}_N \\
&= \frac{1}{N!}\sum_P\sum_{P'}(-1)^P(-1)^{P'}\int P\{\,\varphi_1^*(\boldsymbol{q}_1)\cdots\varphi_N^*(\boldsymbol{q}_N)\}\,\mathcal{A} \\
&\qquad \times P'\{\,\varphi_1(\boldsymbol{q}_1)\cdots\varphi_N(\boldsymbol{q}_N)\}\,d\boldsymbol{q}_1\cdots d\boldsymbol{q}_N
\end{aligned}
\tag{1.11}
$$

を問題にしよう．積分変数の順序は書きかえることができる．よって，$\mathcal{A}$と$d\boldsymbol{q}_1\cdots d\boldsymbol{q}_N$は電子座標の置換について対称であることに注意しよう．被積

分関数内の電子座標に同時に任意の置換を行っても積分値は変わらない．被積分関数にPの逆置換P^{-1}を行えば，

$$
\begin{aligned}
A &= \frac{1}{N!}\sum_{P}\sum_{P'}(-1)^{P}(-1)^{P'}\int P^{-1}P\{\,\varphi_1^*(\boldsymbol{q}_1)\cdots\varphi_N^*(\boldsymbol{q}_N)\}\,\mathcal{A} \\
&\quad \times P^{-1}P'\{\,\varphi_1(\boldsymbol{q}_1)\cdots\varphi_N(\boldsymbol{q}_N)\}\,d\boldsymbol{q}_1\cdots d\boldsymbol{q}_N \\
&= \frac{1}{N!}\sum_{P}\sum_{Q}(-1)^{Q}\int \varphi_1^*(\boldsymbol{q}_1)\cdots\varphi_N^*(\boldsymbol{q}_N)\,\mathcal{A}\,Q\{\,\varphi_1(\boldsymbol{q}_1)\cdots\varphi_N(\boldsymbol{q}_N)\} \\
&\quad \times d\boldsymbol{q}_1\cdots d\boldsymbol{q}_N \\
&= \sum_{Q}(-1)^{Q}\int \varphi_1^*(\boldsymbol{q}_1)\cdots\varphi_N^*(\boldsymbol{q}_N)\,\mathcal{A} \\
&\quad \times Q\{\,\varphi_1(\boldsymbol{q}_1)\cdots\varphi_N(\boldsymbol{q}_N)\}\,d\boldsymbol{q}_1\cdots d\boldsymbol{q}_N
\end{aligned}
\tag{1.12}
$$

となる．ここに，$P^{-1}P' \equiv Q$，$(-1)^P(-1)^{P'} = (-1)^P(-1)^{PQ} = (-1)^Q$を用いた．さて，$\mathcal{A}$としてはハミルトニアン（1.4）の各項に対応してつぎの各場合をとっておけばよい．

$\mathcal{A} = C$(定数)：この場合，$\varphi_i(\boldsymbol{q}_j)$の直交関係（1.9）によって，(1.12）において$Q =$ 恒等置換 (偶置換) の項以外は消える．したがって，

$$
A = C\,. \tag{1.13}
$$

$\mathcal{A} = \sum_i \mathcal{A}_i$；$\mathcal{A}_i$は$i$番目の電子座標にのみ依存する：この場合も恒等置換の項のみが残って，

$$
A = \sum_i \int \varphi_i^*(\boldsymbol{q}_1)\,\mathcal{A}_1\,\varphi_i(\boldsymbol{q}_1)\,d\boldsymbol{q}_1\,. \tag{1.14}
$$

$\mathcal{A} = \sum_{i>j}\mathcal{A}_{ij}$；$\mathcal{A}_{ij}$は$i$番目の電子および$j$番目の電子の座標に依存する：この場合，生き残る項は恒等置換の項と，φ_i，φ_jの座標を置換した項の2つである．したがって，

$$
\begin{aligned}
A &= \sum_{i>j}\int \varphi_i^*(\boldsymbol{q}_1)\varphi_j^*(\boldsymbol{q}_2)\,\mathcal{A}_{12}\,\varphi_i(\boldsymbol{q}_1)\varphi_j(\boldsymbol{q}_2)\,d\boldsymbol{q}_1 d\boldsymbol{q}_2 \\
&\quad -\sum_{i>i}^{\parallel}\int \varphi_i^*(\boldsymbol{q}_1)\varphi_j^*(\boldsymbol{q}_2)\,\mathcal{A}_{12}\,\varphi_i(\boldsymbol{q}_2)\varphi_j(\boldsymbol{q}_1)\,d\boldsymbol{q}_1 d\boldsymbol{q}_2\,.
\end{aligned}
\tag{1.15}
$$

ここに，第2項においては，i電子とj電子のスピン関数の直交性からスピン反平行な電子対からの寄与は消える．そして，$\sum^{\parallel}$はスピン平行な$(i\,j)$対についてのみ和をとることを表す．

こうして，(1.2) に (1.10) を代入して (1.4), (1.5), (1.13), (1.14), (1.15) を参照し，空間積分とスピン座標に関する和を実行したものを書けば，

$$
\begin{aligned}
E = &\sum_i \int \psi_i^*(\boldsymbol{r}_1)\,\mathcal{H}_1\,\psi_i(\boldsymbol{r}_1)\,d\boldsymbol{r}_1 \\
&+\sum_{i>j} \int \psi_i^*(\boldsymbol{r}_1)\psi_j^*(\boldsymbol{r}_2)\,\frac{e^2}{r_{12}}\,\psi_i(\boldsymbol{r}_1)\psi_j(\boldsymbol{r}_2)\,d\boldsymbol{r}_1 d\boldsymbol{r}_2 \\
&-\sum_{i>j}^{\parallel} \int \psi_i^*(\boldsymbol{r}_1)\psi_j^*(\boldsymbol{r}_2)\,\frac{e^2}{r_{12}}\,\psi_i(\boldsymbol{r}_2)\psi_j(\boldsymbol{r}_1)\,d\boldsymbol{r}_1 d\boldsymbol{r}_2 \\
&+\sum_{\lambda>\mu} \frac{Z^2 e^2}{|\boldsymbol{R}_\lambda - \boldsymbol{R}_\mu|}
\end{aligned}
\tag{1.16}
$$

となる．ここに，$r_{12} = |\boldsymbol{r}_1 - \boldsymbol{r}_2|$ である．このエネルギー期待値 (1.16) の右辺の i, j に関する和は電子によって占められた 1 電子状態 i, j についてとられることに注意しよう．また，第 2, 第 3 項にそれぞれ $i = j$ の項を付け加えてもよい．それらは等しくなって打ち消し合うので結果を変えない．第 2 項はクーロン積分と呼ばれる．それは，$-e\psi_i^*(\boldsymbol{r}_1)\psi_i(\boldsymbol{r}_1)$ および $-e\psi_j^*(\boldsymbol{r}_2)\psi_j(\boldsymbol{r}_2)$ がそれぞれ $\boldsymbol{r}_1$, $\boldsymbol{r}_2$ に存在する i 電子および j 電子の電荷密度であるから，全電子間のクーロン相互作用のエネルギーである．第 3 項は交換積分と呼ばれ，$\varPhi$ として Slater の行列式関数 (1.10) を採用したために現れる量子力学的起源をもつ項である．この交換相互作用のエネルギーはスピン平行な電子間にのみ存在する．そして，スピン平行な電子間においてはクーロン力に起因するポテンシャルエネルギーは交換相互作用だけ減少する．交換相互作用は非局所的な性格をもつので，その取扱いは難しくなる．クーロン積分や交換積分の具体的な計算は 1 電子波動関数 ψ_i として平面波を用いる電子ガス模型に対して 7.1 節において示される．

1 電子波動関数 ψ_i の満たすべき方程式は，変分関数として ψ_i^* を選び，(1.16) と ψ_i の規格化条件

$$
\int \psi_i^*(\boldsymbol{r}_1)\psi_i(\boldsymbol{r}_1)\,d\boldsymbol{r}_1 \;=\; 1 \tag{1.17}
$$

の変分をとることによって得られる．すなわち，Lagrange の未定乗数を E_i とすれば，

$$
\int \delta\psi_i^*(\boldsymbol{r}_1)\,\mathcal{H}_1\,\psi_i(\boldsymbol{r}_1)\,d\boldsymbol{r}_1 \;+
$$

$$
\begin{aligned}
&+\sum_j \int \delta\psi_i^*(\boldsymbol{r}_1)\,\psi_j^*(\boldsymbol{r}_2)\,\frac{e^2}{r_{12}}\,\psi_i(\boldsymbol{r}_1)\psi_j(\boldsymbol{r}_2)\,d\boldsymbol{r}_1 d\boldsymbol{r}_2 \\
&-\sum_j{}^{\parallel} \int \delta\psi_i^*(\boldsymbol{r}_1)\,\psi_j^*(\boldsymbol{r}_2)\,\frac{e^2}{r_{12}}\,\psi_i(\boldsymbol{r}_2)\psi_j(\boldsymbol{r}_1)\,d\boldsymbol{r}_1 d\boldsymbol{r}_2 \\
&-E_i \int \delta\psi_i^*(\boldsymbol{r}_1)\,\psi_i(\boldsymbol{r}_1)\,d\boldsymbol{r}_1 \;=\; 0
\end{aligned}
\tag{1.18}
$$

となる．よって，

$$
\begin{aligned}
&\mathcal{H}_1\psi_i(\boldsymbol{r}_1) + \sum_j \int \psi_j^*(\boldsymbol{r}_2)\psi_j(\boldsymbol{r}_2)\,\frac{e^2}{r_{12}}\,d\boldsymbol{r}_2\psi_i(\boldsymbol{r}_1) \\
&\quad -\sum_j{}^{\parallel} \int \psi_j^*(\boldsymbol{r}_2)\psi_i(\boldsymbol{r}_2)\,\frac{e^2}{r_{12}}\,d\boldsymbol{r}_2\psi_j(\boldsymbol{r}_1) \;=\; E_i\,\psi_i(\boldsymbol{r}_1)
\end{aligned}
\tag{1.19}
$$

が得られる．これが1電子波動関数または軌道関数 ψ_i に対する Fock 方程式[2]である．これは Hartree-Fock 方程式とも呼ばれる．

(1.19) の第1項の $\mathcal{H}_1$ は軌道関数 ψ_i の状態にある電子の運動エネルギーと結晶格子点上に固定された全イオン・コアによる静電ポテンシャル場である．第2，第3項はそれぞれ i 電子に対する他電子群とのクーロン相互作用および交換相互作用の場に相当する．そして，交換相互作用は i 電子とスピン平行な他電子群との間にのみ存在する．前に注意したように，第2項と第3項の j についての和にはそれぞれ $j = i$ の項を便宜的に含めてよい．したがって，両方の項のポテンシャル場は1電子状態 i に依存しなくなり，つぎに述べる ψ_i の直交性が成立する．

Fock 方程式の解 ψ_i の直交性は通常のやり方で示される．(1.19) の左から $\psi_k^*(\boldsymbol{r}_1)$ を掛けて $\boldsymbol{r}_1$ について積分する．つぎに，$\psi_k^*(\boldsymbol{r}_1)$ に対する Fock 方程式の右から $\psi_i(\boldsymbol{r}_1)$ を掛けて $\boldsymbol{r}_1$ について積分して得られる式を前の式から辺々相引くと

$$
(\,E_i\,-\,E_k\,)\int \psi_k^*(\boldsymbol{r}_1)\psi_i(\boldsymbol{r}_1)\,d\boldsymbol{r}_1 \;=\; 0 \tag{1.20}
$$

となる．したがって，(1.17) と一緒にすれば，

$$
\int \psi_k^*(\boldsymbol{r}_1)\psi_i(\boldsymbol{r}_1)\,d\boldsymbol{r}_1 \;=\; \delta_{ik} \tag{1.21}
$$

となり，$\psi_i(\boldsymbol{r})$ は正規直交系を作る．

[2]V. Fock : Z. Phys. **16** (1930) 126 ; J. C. Slater : Phys. Rev. **35** (1930) 210.

Fock 方程式 (1.19) の解 ψ_i を求めるためには，他の電子による電荷分布からのポテンシャル場を与える積分の中の ψ_j すべて，すなわち占有された軌道関数 ψ_j の全系がわかっている必要がある．原理的には連立方程式の全系が問題になる．しかし，実際には適当な試行関数の組から始めて反復しながらつじつまの合った解を求めてゆくことになる．この計算法を自己無撞着場の方法と呼ぶ．(1.19) の第 3 項 — 交換項 — の存在は一般に問題を難しくするので，自己無撞着場の方法が具体的に適用されるのは次節の交換項を落としたHartree 方程式の場合か，もしくは交換項をつぎに述べる交換電荷密度を平均化したもので置き換えた場合である．

Fock 方程式 (1.19) の第 3 項は

$$-\sum_j^{\parallel}\int \frac{\psi_j^*(\boldsymbol{r}_2)\psi_i^*(\boldsymbol{r}_1)\psi_j(\boldsymbol{r}_1)\psi_i(\boldsymbol{r}_2)}{\psi_i^*(\boldsymbol{r}_1)\psi_i(\boldsymbol{r}_1)}\,\frac{e^2}{r_{12}}\,d\boldsymbol{r}_2\,\psi_i(\boldsymbol{r}_1)$$

と書きかえられる．これは単に被積分関数に $\psi_i^*(\boldsymbol{r}_1)\psi_i(\boldsymbol{r}_1)$ を掛けて割っただけのものである．こうすると，軌道関数 $\psi_i(\boldsymbol{r}_1)$ の前に掛かる因子の中で電荷密度に相当する

$$\rho_{ex}(\boldsymbol{r}_2) \;=\; e\sum_j^{\parallel}\frac{\psi_j^*(\boldsymbol{r}_2)\psi_i^*(\boldsymbol{r}_1)\psi_j(\boldsymbol{r}_1)\psi_i(\boldsymbol{r}_2)}{\psi_i^*(\boldsymbol{r}_1)\psi_i(\boldsymbol{r}_1)} \tag{1.22}$$

を交換電荷密度と呼んで吟味することができる．いま，電荷密度 $\rho(\boldsymbol{r}_2)$ をそれぞれ i 電子とスピン反平行な電子による部分 $\rho^{\natural}(\boldsymbol{r}_2)$ およびスピン平行な電子による部分 $\rho^{\parallel}(\boldsymbol{r}_2)$ に分けて

$$\begin{aligned}\rho(\boldsymbol{r}_2) &= \rho^{\natural}(\boldsymbol{r}_2) \;+\; \rho^{\parallel}(\boldsymbol{r}_2)\\ &= -\,e\sum_{j(\neq i)}^{\natural}\psi_j^*(\boldsymbol{r}_2)\psi_j(\boldsymbol{r}_2) \;-\; e\sum_j^{\parallel}\psi_j^*(\boldsymbol{r}_2)\psi_j(\boldsymbol{r}_2)\end{aligned} \tag{1.23}$$

と書くと，(1.19) の第 2，第 3 項は

$$\int \{\,\rho^{\natural}(\boldsymbol{r}_2) \;+\; \rho^{\parallel}(\boldsymbol{r}_2) \;+\; \rho_{ex}(\boldsymbol{r}_2)\,\}\,\frac{(-e)}{r_{12}}\,d\boldsymbol{r}_2\,\psi_i(\boldsymbol{r}_1) \tag{1.24}$$

と表される．ここで，この文節の議論では $j = i$ の項が付加されていることに注意しよう．この式を見れば，i 電子とスピン反平行な電子群との間に関する限り通常のクーロン相互作用であるが，スピン平行な電子群との間には交換効果として現れる交換電荷のためにクーロン相互作用の様相が変わる．そ

の変わり方を見るために交換電荷の性質を調べよう．まず，便宜的に付加された $j = i$ の項は打ち消しあって，

$$\rho^{\|}(\boldsymbol{r}_2) + \rho_{ex}(\boldsymbol{r}_2) = -e\sum_{j(\neq i)}{}^{\|}\Big\{\psi_j^*(\boldsymbol{r}_2)\psi_j(\boldsymbol{r}_2) - \frac{\psi_j^*(\boldsymbol{r}_2)\psi_i^*(\boldsymbol{r}_1)\psi_j(\boldsymbol{r}_1)\psi_i(\boldsymbol{r}_2)}{\psi_i^*(\boldsymbol{r}_1)\psi_i(\boldsymbol{r}_1)}\Big\} \tag{1.25}$$

となる．そして，

$$\begin{aligned}\rho^{\|}(\boldsymbol{r}_1) + \rho_{ex}(\boldsymbol{r}_1) &= -e\sum_j{}^{\|}\psi_j^*(\boldsymbol{r}_1)\psi_j(\boldsymbol{r}_1) + e\sum_j{}^{\|}\psi_j^*(\boldsymbol{r}_1)\psi_j(\boldsymbol{r}_1)\\ &= 0\end{aligned} \tag{1.26}$$

となる．すなわち，i 電子とクーロン相互作用するスピン平行な電子群の電荷密度は i 電子の位置 $\boldsymbol{r}_1$ において交換電荷密度によって完全に相殺される．この相殺度は $\boldsymbol{r}_1$ を離れるにしたがって急速に減少する．また，交換電荷は (1.22) から

$$\int \rho_{ex}(\boldsymbol{r}_2)\, d\boldsymbol{r}_2 = e \tag{1.27}$$

であって，電子1個の電荷の反対符号のものに等しい．以上のことから，i 電子の他電子群との間のクーロン相互作用について粗い表現をすれば，i 電子とスピン平行な電子群との相互作用に関する限り，i 電子はその位置とその近傍から $-e$ だけの電荷を排除して，こうして生ずる電荷分布の孔 — Fermi 孔 — を伴いながら運動すると考えてよい．この交換相互作用に関する描像はスピン平行な電子間にのみ存在するパウリの原理を反映した相関効果 — 交換相関 — を表現する．すなわち，スピン平行な電子同士は交換相互作用によって接近することを妨げられ，クーロン・ポテンシャルエネルギーは交換エネルギーだけ減少する．

1.2.2 Hartree 方程式

(1.7) の変分関数として (1.10) の代わりに簡単な

$$\Phi(\boldsymbol{q}_1, \boldsymbol{q}_2, ..., \boldsymbol{q}_N) = N^{-1/2}\varphi_1(\boldsymbol{q}_1)\varphi_2(\boldsymbol{q}_2)\cdots\varphi_N(\boldsymbol{q}_N) \tag{1.28}$$

を選ぶ．ここに, 1 電子波動関数 $\varphi_i(\boldsymbol{q}_i)$ は規格化されているものとする．(1.28) は電子の置換についての反対称性というパウリの原理の要請を満たさない．したがって，(1.28) を (1.7) に代入して，前節で行ったものと同様な変分操作をすると，交換相互作用の項が欠落した方程式

$$\mathcal{H}_1\psi_i(\boldsymbol{r}_1) + \sum_{j(\neq i)} \int \psi_j^*(\boldsymbol{r}_2)\psi_j(\boldsymbol{r}_2)\,\frac{e^2}{r_{12}}\,d\boldsymbol{r}_2\,\psi_i(\boldsymbol{r}_1) = E_i\psi_i(\boldsymbol{r}_1) \qquad (1.29)$$

が得られる．これは Hartree 方程式[3] と呼ばれ，軌道関数 $\psi_i(\boldsymbol{r}_1)$ の状態にある電子が結晶格子点に静止したイオン・コア群と $N-1$ 個の他電子群とによるクーロン・ポテンシャル場内で行う運動を記述する．Hartree 方程式は, Fock 方程式に比べて交換項がない分だけ簡単であるけれども，占有された状態に対応する軌道関数 ψ_j の全系に対する連立微分方程式であるから，具体的な解の計算においては自己無撞着場の方法がとられる．歴史的には先に Hartree 方程式に対して自己無撞着場の方法が適用された．

Hartree 方程式 (1.29) の解の組 $\psi_1, ..., \psi_N$ はその第 2 項のポテンシャル場が i に依存するため互いに直交しない．また，はじめに述べたように変分関数 (1.28) は電子の置換に関する反対称性をもたないので，Hartree 方程式の解 ψ_i の状態はパウリの原理を満たさない．このような難点にもかかわらず，Hartree 方程式はその簡明さから結晶内電子の実際的な取扱いに適用される．欠落した交換相互作用に関しては近似的に補正するという処理が行われる．

1.3 電子相関

前節までに，多電子系の波動関数を 1 電子波動関数 (軌道関数) の適当な結合で近似する 1 電子近似または独立電子模型について議論してきた．そこでは各電子は他電子からの平均場ないしは自己無撞着場の中で独立に運動する．Hartree 方程式 (1.29) によれば，各電子は $N-1$ 個の他電子群による平均場内を互いに独立に運動する．クーロン反発力による相関は均されてしまった．Fock 方程式 (1.19) の場合には，スピン平行な電子の間に働く交換相関はとり入れられているが，これはパウリの原理からの帰結であって，電子間クーロン反発による直接の電子間相関ではない．Fock 方程式の交換項も，他電子

[3] D. R. Hartree : Proc. Cambridge Phil. Soc. **24** (1928) 89 .

の空間座標 $\boldsymbol{r}_2$ について積分されているから，一種の平均場である．前節で述べた粗い表現を借りれば，各電子はスピン平行な電子を避けながらこの平均場の中を互いに独立に運動している．したがって，Hartree-Fcok 方程式の導出に際して用いられた近似の範囲内においては，各電子は平均場の中を独立に運動するだけで，相互間のクーロン反発力によって互いに避け合うという電子相関と呼ばれる効果は無視される結果となった．

電子相関エネルギーは，正確な多電子波動関数で求められるエネルギー (1 電子あたりの) と Hartree-Fock 方程式 (1.19) を用いて計算された 1 電子エネルギーとの差で定義される．1 個の Slater 行列式関数を用いて得られる Hartree-Fock エネルギーにはスピン平行な電子間に働く交換相関までしかとり入れられていない．電子相関は電子間に作用するクーロン反発力によるものであるが，これをとり入れるためには可能な電子配位の各々に対応する Slater 行列式関数の 1 次結合で多電子波動関数を近似する方法がある．これを配位間相互作用の方法という．簡単な分子の場合を別として，この方法で近似を進めることは難しい．とくに結晶の場合には特殊な例 (励起子) を除いてほとんど計算はない．これに対して，第 2 量子化 (付録 A) の形式を用いて摂動論を展開する系統的な方法がある．具体例としては電子ガスの場合に採用された近似法が第 7 章において示されよう．7.3 節では電子相関の顕著な効果として生起する Mott-Hubbard 転移の問題がグリーン関数法を用いて議論される．

第2章　バンド理論

原子核ないしはイオン・コアは結晶格子点上に静止するとして電子系の運動を記述してきた．このときの結晶格子点は規則的に配列すると仮定して，これを完全結晶という．この章では，完全結晶の1電子状態が考察の対象となる．完全格子上のすべてのイオンによるポテンシャル場，またはこれにHartree-Fock平均場を上乗せしたもの，は格子と同じ周期性をもつ．Bloch[1]は周期的ポテンシャル場の中の電子にたいするシュレーディンガーの波動方程式の固有関数と固有値を調べた．この固有関数をBloch軌道またはBloch波という．エネルギー固有値は幅をもったエネルギー・バンドを作る．バンド内のエネルギー値をもって結晶内全体に広がったBloch軌道で表される状態にある電子を一口にBloch電子と呼んで引き合いに出す．Bloch軌道関数とエネルギー・バンドに関する理論をバンド理論という．

実際の結晶では，結晶を構成する原子(イオン)は格子点上に静止しているわけではなく，有限温度に対応する熱振動，すなわち格子振動を行っている．また，少量の不純物原子が主の原子に置き換わったり，原子間に介在したりする．空の格子点が存在したり，原子の配列が線状にあるいは面内にずれたりする格子欠陥や転位が存在する．このような結晶の種々の不完全性を総称して格子の乱れと呼んでおこう．したがって，現実の電子は格子の乱れの影響に曝されている．この乱れの影響はBloch電子への摂動として評価される．電気抵抗は乱れの効果の代表的なものである．乱れに起因する電子状態の局在化，すなわちAnderson局在の問題は第8章で議論される．バンド理論からの外れは上記の格子の乱れだけではない．結晶内の多電子問題としての電子相関が無視されている．電子相関に起因する金属–絶縁体転移，すなわちMott–Hubbard転移の問題は7.3節で議論される．

---

[1]F. Bloch : Z. Phys. **52** (1928) 555.

2.1 完全結晶

完全結晶のもつ基本的な対称性は並進対称性である．これは格子点の周期的配列からくる空間の周期性を意味する．このほかに，それぞれの結晶形に固有な回転対称性，鏡映対称性，反転対称性などがあるが，この節で問題にするのは空間の周期性すなわち並進対称性である．いま，格子の基本 (並進) ベクトルを $\boldsymbol{a}_1, \boldsymbol{a}_2, \boldsymbol{a}_3$ とすれば，同一の原子によって単純に作られた結晶格子の周期的構造は格子ベクトル

$$\boldsymbol{R}_n = n_1\boldsymbol{a}_1 + n_2\boldsymbol{a}_2 + n_3\boldsymbol{a}_3 \tag{2.1}$$

によって与えられる．ここに，(n_1, n_2, n_3) はあらゆる整数の組をとる．1 つの格子に対して基本ベクトルは一義的に定まるわけではない．$\boldsymbol{a}_1, \boldsymbol{a}_2, \boldsymbol{a}_3$ の適当な 1 次結合で互いに独立なものを選んで別の基本ベクトルの 1 組とすることができる．3 つの基本ベクトルを 3 辺とする平行六面体をとって，これを (2.1) にしたがって並進させるとき，結晶格子全体を埋めつくすことができる．このような立体を単位胞と呼ぶ．単位胞の取り方も基本ベクトルの取り方に対応するだけある．つぎに，簡単な格子の例として立方格子の 3 種を挙げる (図 2.1)．格子点は原子核の位置である．

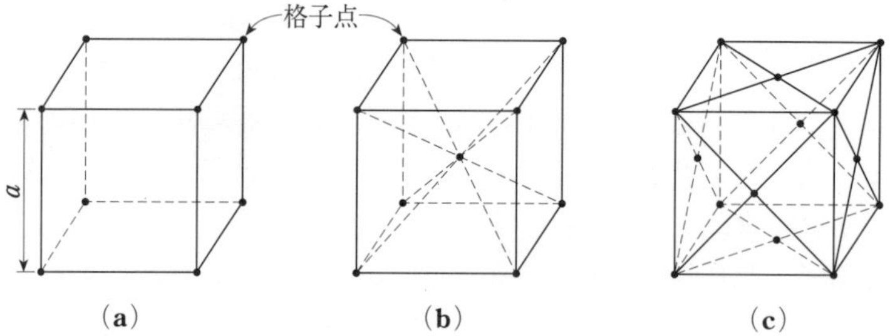

図 2.1 (a) 単純立方格子，(b) 体心立方格子，(c) 面心立方格子．

単純立方格子は各頂点に原子がある 1 辺 a の立方体を単位胞とする格子であって，その基本ベクトルは互いに直交する

$$\boldsymbol{a}_1 = (a, 0, 0),\ \ \boldsymbol{a}_2 = (0, a, 0),\ \ \boldsymbol{a}_3 = (0, 0, a) \tag{2.2}$$

である (図 2.1a)．このときの原子間距離 a は格子定数と呼ばれる．体心立方格子は立方体の各頂点と中心に原子がある格子であって，1 組の基本ベクト

ルは

$$\boldsymbol{a}_1 = \left(\frac{a}{2}, \frac{a}{2}, -\frac{a}{2}\right), \ \boldsymbol{a}_2 = \left(-\frac{a}{2}, \frac{a}{2}, \frac{a}{2}\right), \ \boldsymbol{a}_3 = \left(\frac{a}{2}, -\frac{a}{2}, \frac{a}{2}\right) \tag{2.3}$$

ととることができる (図 2.1b). 面心立方格子は立方体の各頂点に加えて各側面の中心に原子が存在するもので，1 組の基本ベクトルは

$$\boldsymbol{a}_1 = \left(\frac{a}{2}, \frac{a}{2}, 0\right), \ \boldsymbol{a}_2 = \left(0, \frac{a}{2}, \frac{a}{2}\right), \ \boldsymbol{a}_3 = \left(\frac{a}{2}, 0, \frac{a}{2}\right) \tag{2.4}$$

である (図 2.1c). 以上の基本ベクトルの成分は立方体の 1 頂点を原点とし，直交する 3 辺を座標軸とするデカルト座標系におけるものである．

前節の 1 電子波動関数の満たす Hartree-Fock 方程式が完全結晶に対して立てられたものとすれば，電子に働くポテンシャル場は結晶格子と同じ周期性をもつので，これを結晶の周期的ポテンシャル場と呼ぶ．歴史的には Hartree-Fock 方程式とは無関係に，格子の周期性をもつポテンシャル場における 1 電子状態が Bloch によって初めて議論された．いま，周期的ポテンシャル場と同様に，ある関数 $f(\boldsymbol{r})$ が格子ベクトル (2.1) に対して

$$f(\boldsymbol{r} + \boldsymbol{R}_n) = f(\boldsymbol{r}) \tag{2.5}$$

を満たすとき, すなわち $f(\boldsymbol{r})$ が格子と同じ周期性をもつならば, $f(\boldsymbol{r})$ は基本ベクトル $\boldsymbol{a}_1$, $\boldsymbol{a}_2$, $\boldsymbol{a}_3$ を基本周期とする $\boldsymbol{r}$ の周期関数である．よって, $(\boldsymbol{a}_1, \boldsymbol{a}_2, \boldsymbol{a}_3)$ を座標軸とする座標系 (一般には斜交座標系) をとって

$$\boldsymbol{r} = x\frac{\boldsymbol{a}_1}{a_1} + y\frac{\boldsymbol{a}_2}{a_2} + z\frac{\boldsymbol{a}_3}{a_3}, \ \ a_i = |\boldsymbol{a}_i| \ \ (i = 1, 2, 3) \tag{2.6}$$

と書けるから，$f(\boldsymbol{r}) = f(x, y, z)$ に対して a_1, a_2, a_3 を周期とするフーリェ展開

$$\begin{aligned} f(\boldsymbol{r}) &= \sum_{l_1, l_2, l_3} f(l_1, l_2, l_3) \exp\left[2\pi i\left(l_1\frac{x}{a_1} + l_2\frac{y}{a_2} + l_3\frac{z}{a_3}\right)\right] \\ &= \sum_{\boldsymbol{K}} f(\boldsymbol{K})\, e^{i\boldsymbol{K}\cdot\boldsymbol{r}} \end{aligned} \tag{2.7}$$

が成立する．ここに，(l_1, l_2, l_3) はあらゆる整数の組である．また，$\boldsymbol{K}$ は逆格子ベクトルと呼ばれ，

$$\boldsymbol{K} = l_1\boldsymbol{b}_1 + l_2\boldsymbol{b}_2 + l_3\boldsymbol{b}_3 \tag{2.8}$$

と表される．そして，$\boldsymbol{b}_1$, $\boldsymbol{b}_2$, $\boldsymbol{b}_3$ は逆格子空間の基本並進ベクトルであり，(2.6), (2.7), (2.8) から

$$\boldsymbol{a}_i \cdot \boldsymbol{b}_j = 2\pi\delta_{ij} \quad (i, j = 1, 2, 3) \tag{2.9}$$

を満たす．ここに，δ_{ij} は Kronecker の記号 ($i = j$ のとき $\delta_{ij} = 1$, $i \neq j$ ならば $\delta_{ij} = 0$) である．よって，(2.1)，(2.8) から

$$e^{i\boldsymbol{K}\cdot\boldsymbol{R}_n} = 1 \tag{2.10}$$

となる．したがって，(2.7) のフーリエ展開式を用いれば，$f(\boldsymbol{r}+\boldsymbol{R}_n) = f(\boldsymbol{r})$ が容易に検証される．

フーリエ展開 (2.7) の両辺に $\exp(-i\boldsymbol{K}\cdot\boldsymbol{r})$ を掛けて $\boldsymbol{r}$ について体積 $\Omega_0 = \boldsymbol{a}_1 \cdot (\boldsymbol{a}_2 \times \boldsymbol{a}_3)$ の単位胞内で積分すれば，

$$\begin{aligned}\int_{\Omega_0} f(\boldsymbol{r})\, e^{-i\boldsymbol{K}\cdot\boldsymbol{r}}\, d\boldsymbol{r} &= \sum_{\boldsymbol{K}'} f(\boldsymbol{K}') \int_{\Omega_0} e^{i(\boldsymbol{K}'-\boldsymbol{K})\cdot\boldsymbol{r}}\, d\boldsymbol{r} \\ &= \sum_{\boldsymbol{K}'} f(\boldsymbol{K}')\, \delta_{\boldsymbol{K}\boldsymbol{K}'}\, \Omega_0\end{aligned}$$

となる．ここに，$\delta_{\boldsymbol{K}\boldsymbol{K}'}$ は Kronecker の記号である．したがって，

$$f(\boldsymbol{K}) = \Omega_0^{-1} \int_{\Omega_0} f(\boldsymbol{r})\, e^{-i\boldsymbol{K}\cdot\boldsymbol{r}}\, d\boldsymbol{r} \tag{2.11}$$

が得られる．積分領域を結晶全体にとっても格子の周期性から同じ結果となる．

(2.9) より $\boldsymbol{b}_i\,(i = 1, 2, 3)$ を求めれば，

$$\boldsymbol{b}_1 = \frac{2\pi(\boldsymbol{a}_2 \times \boldsymbol{a}_3)}{\boldsymbol{a}_1 \cdot (\boldsymbol{a}_2 \times \boldsymbol{a}_3)},\quad \boldsymbol{b}_2 = \frac{2\pi(\boldsymbol{a}_3 \times \boldsymbol{a}_1)}{\boldsymbol{a}_2 \cdot (\boldsymbol{a}_3 \times \boldsymbol{a}_1)},\quad \boldsymbol{b}_3 = \frac{2\pi(\boldsymbol{a}_1 \times \boldsymbol{a}_2)}{\boldsymbol{a}_3 \cdot (\boldsymbol{a}_1 \times \boldsymbol{a}_2)} \tag{2.12}$$

となる．先に挙げた立方格子の逆格子を例として考えてみよう．(2.12) にしたがって計算すれば，単純立方結晶格子 (2.2) の逆格子は単純立方格子

$$\boldsymbol{b}_1 = (\frac{2\pi}{a}, 0, 0),\quad \boldsymbol{b}_2 = (0, \frac{2\pi}{a}, 0),\quad \boldsymbol{b}_3 = (0, 0, \frac{2\pi}{a}) \tag{2.13}$$

となって，前者の a を $2\pi/a$ で置き換えたものになる．そして，体心立方格子 (2.3) および面心立方格子 (2.4) の逆格子はそれぞれ

$$\boldsymbol{b}_1 = (\frac{2\pi}{a}, \frac{2\pi}{a}, 0),\quad \boldsymbol{b}_2 = (0, \frac{2\pi}{a}, \frac{2\pi}{a}),\quad \boldsymbol{b}_3 = (\frac{2\pi}{a}, 0, \frac{2\pi}{a})\,; \tag{2.14}$$

および

$$\boldsymbol{b}_1 = \left(\frac{2\pi}{a}, \frac{2\pi}{a}, -\frac{2\pi}{a}\right),\ \boldsymbol{b}_2 = \left(-\frac{2\pi}{a}, \frac{2\pi}{a}, \frac{2\pi}{a}\right),\ \boldsymbol{b}_3 = \left(\frac{2\pi}{a}, -\frac{2\pi}{a}, \frac{2\pi}{a}\right) \quad (2.15)$$

となる．すなわち，体心立方格子と面心立方格子とは互いに他方の逆格子となり，逆格子においては結晶の a を $4\pi/a$ で置き換えたものとなる．

2.2 Blochの定理

完全結晶内の1電子状態を記述する軌道関数 $\psi(\boldsymbol{r})$ は，結晶の周期的ポテンシャル場を $V(\boldsymbol{r})$ とするとき，シュレーディンガーの波動方程式

$$\mathcal{H}\psi = \left[-\frac{\hbar^2}{2m}\triangle + V(\boldsymbol{r})\right]\psi = E\psi \quad (2.16)$$

を満足する．ここに，$V(\boldsymbol{r})$ は格子の周期性

$$V(\boldsymbol{r} + \boldsymbol{R}) = V(\boldsymbol{r}) \quad (2.17)$$

をもつ．ただし，$\boldsymbol{R}$ は1つの格子ベクトル (2.1) である．(2.16) の解 $\psi(\boldsymbol{r})$ を具体的に問題にするためには，結晶表面において $\psi(\boldsymbol{r})$ が満たすべき境界条件を設定しなければならない．格子点上の原子 (イオン) の位置は (2.1) の (n_1, n_2, n_3) のすべての組によって与えられる．そして，原子の数は $0 \leq n_1 \leq G_1 - 1$, $0 \leq n_2 \leq G_2 - 1$, $0 \leq n_3 \leq G_3 - 1$ で指定される $G = G_1G_2G_3$ 個としよう．これは単位胞の総数に等しい．いま，境界条件として周期的境界条件

$$\psi(\boldsymbol{r} + G_i\boldsymbol{a}_i) = \psi(\boldsymbol{r}), \quad (i = 1, 2, 3) \quad (2.18)$$

を採用する．このことは $\psi(\boldsymbol{r})$ の定義域を，$G = G_1G_2G_3$ 個の原子 (または単位胞) から成る結晶の内部から，各表面につぎつぎに同じ結晶を連結して無限に広げたものである．つまり，結晶を周期的に繰り返し連結して，結晶の外部をなくしたことになる．

位置 $\boldsymbol{r}$ を格子ベクトル $\boldsymbol{R}$ だけ並進させる演算子を $T_{\boldsymbol{R}}$ で表し，これを波動関数に掛けると，

$$T_{\boldsymbol{R}}\psi(\boldsymbol{r}) = \psi(\boldsymbol{r} + \boldsymbol{R}) \quad (2.19)$$

となる．$T_{\boldsymbol{R}}, T_{\boldsymbol{R}'}$ をひきつづいて掛けると，

$$\begin{aligned} T_{\boldsymbol{R}'} T_{\boldsymbol{R}} \psi(\boldsymbol{r}) &= T_{\boldsymbol{R}'} \psi(\boldsymbol{r}+\boldsymbol{R}) = \psi(\boldsymbol{r}+\boldsymbol{R}+\boldsymbol{R}') \\ &= T_{\boldsymbol{R}} T_{\boldsymbol{R}'} \psi(\boldsymbol{r}) = T_{\boldsymbol{R}+\boldsymbol{R}'} \psi(\boldsymbol{r}) \end{aligned} \tag{2.20}$$

となって，すべての並進操作 $T_{\boldsymbol{R}}$ は相互に可換である．そして，(2.16) のハミルトニアンは $\boldsymbol{r}$ に依存する部分 $V(\boldsymbol{r})$ が格子の周期性をもっているので，

$$T_{\boldsymbol{R}} \mathcal{H} \psi = \mathcal{H}(\boldsymbol{r}+\boldsymbol{R}) \psi(\boldsymbol{r}+\boldsymbol{R}) = \mathcal{H}(\boldsymbol{r}) \psi(\boldsymbol{r}+\boldsymbol{R}) = \mathcal{H} T_{\boldsymbol{R}} \psi$$

となって，$T_{\boldsymbol{R}}$ は $\mathcal{H}$ とも交換可能である．したがって，すべての $T_{\boldsymbol{R}}$ と $\mathcal{H}$ とは同時に対角化され，ψ をそれらの同時固有関数とすることができる．すなわち，(2.19) は

$$T_{\boldsymbol{R}} \psi = \sigma(\boldsymbol{R}) \psi(\boldsymbol{r}), \quad |\sigma(\boldsymbol{R})| = 1 \tag{2.21}$$

と書かれる．ここに，$\sigma(\boldsymbol{R})$ は $T_{\boldsymbol{R}}$ の固有値で $\boldsymbol{r}$ に無関係な数である．$\sigma(\boldsymbol{R})$ を求めよう．(2.20) より

$$\sigma(\boldsymbol{R}) \sigma(\boldsymbol{R}') = \sigma(\boldsymbol{R}+\boldsymbol{R}') \tag{2.22}$$

が成立する．よって，周期的境界条件 (2.18) から

$$\sigma(G_i \boldsymbol{a}_i) = \sigma(\boldsymbol{a}_i)^{G_i} = 1, \quad (i = 1, 2, 3) \tag{2.23}$$

が得られる．したがって，

$$\sigma(\boldsymbol{a}_i) = e^{2\pi i m_i / G_i}, \quad (i = 1, 2, 3) \tag{2.24}$$

となる．ここに，m_i は整数である．よって，(2.1) から

$$\begin{aligned} \sigma(\boldsymbol{R}) &= \sigma(\boldsymbol{a}_1)^{n_1} \sigma(\boldsymbol{a}_2)^{n_2} \sigma(\boldsymbol{a}_3)^{n_3} \\ &= \exp\left[2\pi i \left(\frac{m_1 n_1}{G_1} + \frac{m_2 n_2}{G_2} + \frac{m_3 n_3}{G_3}\right)\right] \end{aligned} \tag{2.25}$$

が得られる．ここで，逆格子の基本並進ベクトル (2.12) を用いて，

$$\boldsymbol{k} = \frac{m_1}{G_1} \boldsymbol{b}_1 + \frac{m_2}{G_2} \boldsymbol{b}_2 + \frac{m_3}{G_3} \boldsymbol{b}_3 \tag{2.26}$$

とおくと，(2.9) を参照して (2.25) は

$$\sigma(\boldsymbol{R}) = e^{i\boldsymbol{k}\cdot\boldsymbol{R}} \tag{2.27}$$

と書くことができる．逆格子空間ベクトル$\boldsymbol{k}$は結晶波数ベクトル，または$\hbar$を掛けた$\hbar\boldsymbol{k}$は結晶運動量，と呼ばれる．

以上(2.19)，(2.21)，(2.27)をまとめると，周期的境界条件(2.18)のもとで波動方程式(2.16)を満足する固有関数$\psi(\boldsymbol{r})$は(2.1)の任意の$\boldsymbol{R}$に対して

$$\psi(\boldsymbol{r} + \boldsymbol{R}) = e^{i\boldsymbol{k}\cdot\boldsymbol{R}}\psi(\boldsymbol{r}) \tag{2.28}$$

を満たす．これをBlochの定理という．(2.28)の1次元版，時間変数の場合，は数学の振動論の分野においてFloquetの定理といわれている．Blochの定理(2.28)を満たす波動関数$\psi(\boldsymbol{r})$はBloch軌道，またはBloch波と呼ばれる．Bloch波のより具体的な形は，波動方程式(2.16)またはBlochの定理(2.28)の解として，

$$\psi(\boldsymbol{r}) = e^{i\boldsymbol{k}\cdot\boldsymbol{r}}u_{\boldsymbol{k}}(\boldsymbol{r}) \tag{2.29}$$

で与えられる．ここに$u_{\boldsymbol{k}}(\boldsymbol{r})$は格子の周期性

$$u_{\boldsymbol{k}}(\boldsymbol{r} + \boldsymbol{R}) = u_{\boldsymbol{k}}(\boldsymbol{r}) \tag{2.30}$$

をもつ関数である．

Bloch波(2.29)の$u_{\boldsymbol{k}}(\boldsymbol{r})$の形は$V(\boldsymbol{r})$の実際の形に依存する．$V(\boldsymbol{r}) = 0$ならば，(2.16)は自由電子に対する波動方程式となり，周期的境界条件のもとでは(2.29)において$u_{\boldsymbol{k}}(\boldsymbol{r}) =$一定として得られる平面波となる．したがって，大まかには，Bloch波は格子の周期的ポテンシャルによって変調された平面波であるということができよう．平面波に対応する電子を自由電子と呼ぶように，Bloch波に対応する電子，すなわち周期的ポテンシャル場の中で運動する電子をBloch電子と呼ぶ．

Bloch波$\psi(\boldsymbol{r})$を指定する量子数は(2.26)の整数の組 (m_1, m_2, m_3) または $\boldsymbol{k}$であるが，$\boldsymbol{k}$の値は一意的には定まらない．それは，Blochの定理(2.28)の右辺の乗数因子$e^{i\boldsymbol{k}\cdot\boldsymbol{R}}$において，$\boldsymbol{k}$の代わりに$\boldsymbol{k} + \boldsymbol{K}$ （$\boldsymbol{K}$は(2.8)の逆格子ベクトル）ととっても，(2.10)に注意すれば，

$$e^{i(\boldsymbol{k}+\boldsymbol{K})\cdot\boldsymbol{R}} = e^{i\boldsymbol{k}\cdot\boldsymbol{R}}$$

となるので，$\boldsymbol{k}$と$\boldsymbol{k} + \boldsymbol{K}$とは同じBloch波$\psi(\boldsymbol{r})$を指定することになるからである．実際，(2.29)において$u_{\boldsymbol{k}}(\boldsymbol{r})$に対してフーリェ展開(2.7)を適用すれば，

$$\psi_{\boldsymbol{k}}(\boldsymbol{r}) = e^{i\boldsymbol{k}\cdot\boldsymbol{r}}\sum_{\boldsymbol{K}'} u_{\boldsymbol{k}+\boldsymbol{K}'}\, e^{i\boldsymbol{K}'\cdot\boldsymbol{r}}$$

$$= e^{i(\boldsymbol{k}+\boldsymbol{K})\cdot\boldsymbol{r}} \sum_{\boldsymbol{K}'} u_{\boldsymbol{k}+\boldsymbol{K}'}\, e^{i(\boldsymbol{K}'-\boldsymbol{K})\cdot\boldsymbol{r}}$$
$$= e^{i(\boldsymbol{k}+\boldsymbol{K})\cdot\boldsymbol{r}} \sum_{\boldsymbol{K}''} u_{\boldsymbol{k}+\boldsymbol{K}+\boldsymbol{K}''}\, e^{i\boldsymbol{K}''\cdot\boldsymbol{r}}$$
$$= \psi_{\boldsymbol{k}+\boldsymbol{K}}(\boldsymbol{r}) \tag{2.31}$$

となる．ここで，$u_{\boldsymbol{k}}(\boldsymbol{r})$ の展開係数 $u_{\boldsymbol{k}}(\boldsymbol{K}')$ の代わりに $u_{\boldsymbol{k}+\boldsymbol{K}'}$ と記した．(2.31) は Bloch 波が $\boldsymbol{k}$ 空間において逆格子ベクトル $\boldsymbol{K}$ の周期をもつことを表す．そこで，既約な $\boldsymbol{k}$ の値の数，すなわち $\boldsymbol{K}$ の差異をもたないすべての $\boldsymbol{k}$ の数を知る必要がある．それは，(2.26) において，例えば $0 \le m_1 \le G_1-1,\ 0 \le m_2 \le G_2-1,\ 0 \le m_3 \le G_3-1$ の範囲で与えられる逆格子空間の 1 つの単位胞の中の $\boldsymbol{k}$ 点の数 $G = G_1G_2G_3$ 個だけある．この数は結晶格子の単位胞 (原子) の数に等しい．$\boldsymbol{k}$ 空間の単位胞の取り方も一通りではない．点 $\boldsymbol{k} = 0$ (逆格子点 $\boldsymbol{K} = 0$ でもある) を中心とする単位胞の取り方が物理的にも有用であって，この単位胞を第 1Brillouin zone (ブリュアン・ゾーン) と呼ぶ．これは結晶格子の Wigner-Seitz セルに相当する．点 $\boldsymbol{K} = 0$ とその第 1 最近接逆格子点，第 2 最近接逆格子点，$\cdots$ とを結ぶ線分の垂直二等分面によって囲まれた多面体を作るとき，その内部の $\boldsymbol{k}$ 点を他のどの逆格子点によりも原点 $\boldsymbol{K} = 0$ に近くすることができる．これが第 1 Brillouin ゾーンである．これに隣接するつぎの帯域が第 2 Brillouin ゾーンとなる．図 2.2 は正方結晶格子の逆格子空間 (正方格子) の第 1，第 2，第 3 Brillouin ゾーンを示す．

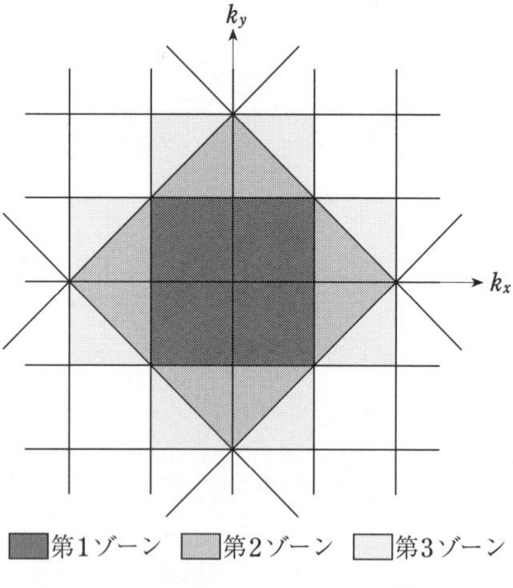

図 2.2 正方逆格子の第 1, 2, 3 Brillouin ゾーン．

図 2.3a,b にはそれぞれ体心立方逆格子 (結晶は面心立方格子) および面心立方逆格子 (結晶は体心立方格子) の第 1 Brillouin ゾーンが示してある．あらゆる逆格子ベクトル差に対応する量子状態はそれぞれ単位胞 (第 1 Brillouin ゾーン) 内の 1 つの $\boldsymbol{k}$ 点に還元される．こうして $\boldsymbol{k}$ 空間を第 1 Brillouin ゾーン内

に限る取扱いを還元ゾーン方式といい，この場合の $\boldsymbol{k}$ を還元波数ベクトルと呼ぶ．

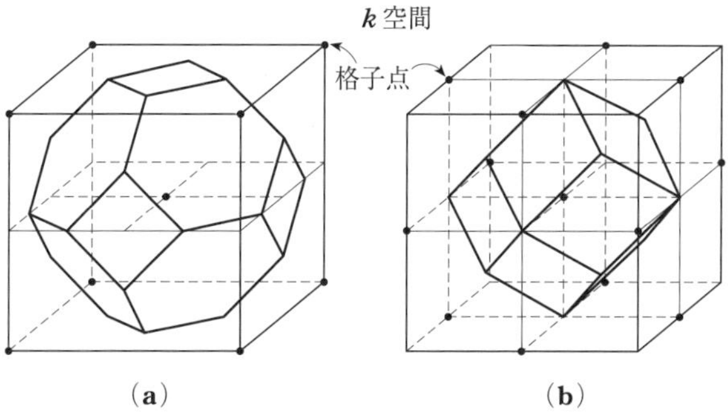

図 **2.3** 第 1 Brillouin ゾーン; (a) 体心立方逆格子, (b) 面心立方逆格子.

逆格子の単位胞の体積は，(2.12) を用いて

$$\boldsymbol{b}_1 \cdot (\boldsymbol{b}_2 \times \boldsymbol{b}_3) = (2\pi)^3/\Omega_0 \tag{2.32}$$

となる．再び，Ω_0 は結晶格子の単位胞の体積である．したがって，$\boldsymbol{k}$ 点の密度は

$$D(\boldsymbol{k}) = \frac{G\Omega_0}{(2\pi)^3} = \frac{\Omega}{(2\pi)^3} \tag{2.33}$$

で与えられる．ここに，Ω は結晶の体積である．$\boldsymbol{k}$ は Bloch 波の量子数であり，Bloch 電子のとり得る状態を指定するものであるから，(2.33) は $\boldsymbol{k}$ 空間での Bloch 電子の状態密度を与える．これは $\boldsymbol{k}$ に依存しない．なお，結晶の体積無限大すなわち $\Omega \to \infty$ の極限では状態密度は無限大となる．このことは，$\boldsymbol{k}$ が (2.26) で与えられる離散値から結晶サイズ無限大の極限で連続変数となることからも理解できる．したがって，計算でよく行われる置き換え

$$\sum_{\boldsymbol{k}} \cdots = \frac{\Omega}{(2\pi)^3} \int \cdots \, d\boldsymbol{k} \tag{2.34}$$

が可能となる．

2.3 Bloch 波，エネルギー・バンド

Bloch 軌道 (2.29) の規格化をしよう．まず，結晶格子の単位胞内で

$$\int_{\Omega_0} u_{\boldsymbol{k}}^*(\boldsymbol{r})\, u_{\boldsymbol{k}}(\boldsymbol{r})\, d\boldsymbol{r} \;=\; 1 \tag{2.35}$$

を満たすように $u_{\boldsymbol{k}}(\boldsymbol{r})$ の規格化を仮定する．そうすれば，結晶全体にわたって規格化された Bloch 軌道は

$$\psi_{\boldsymbol{k}}(\boldsymbol{r}) \;=\; G^{-1/2}\, e^{i\boldsymbol{k}\cdot\boldsymbol{r}}\, u_{\boldsymbol{k}}(\boldsymbol{r}) \tag{2.36}$$

と書かれる．実際，

$$\begin{aligned}\int_{\Omega} \psi_{\boldsymbol{k}}^*(\boldsymbol{r})\, \psi_{\boldsymbol{k}}(\boldsymbol{r})\, d\boldsymbol{r} \;&=\; G^{-1} \int_{\Omega} u_{\boldsymbol{k}}^*(\boldsymbol{r})\, u_{\boldsymbol{k}}(\boldsymbol{r})\, d\boldsymbol{r} \\ =\; G^{-1} \sum_{\text{単位胞}} \int_{\Omega_0} u_{\boldsymbol{k}}^*(\boldsymbol{r})\, u_{\boldsymbol{k}}(\boldsymbol{r})\, d\boldsymbol{r} \;&=\; G^{-1} G \;=\; 1\end{aligned} \tag{2.37}$$

となって規格化されている．ここに，$\sum_{\text{単位胞}}$ はすべての単位胞にわたって和をとることを意味する．

Bloch 電子の波動方程式 (2.16) において，Bloch 軌道 $\psi_{\boldsymbol{k}}(\boldsymbol{r})$ に対応する固有値を $E(\boldsymbol{k})$ と書こう．これに (2.36) を代入すると，$u_{\boldsymbol{k}}(\boldsymbol{r})$ の満たすべき方程式

$$\triangle u_{\boldsymbol{k}}(\boldsymbol{r}) \,+\, 2i\,(\boldsymbol{k}\cdot\nabla)\, u_{\boldsymbol{k}}(\boldsymbol{r}) \,+\, \Big[\, \frac{2m}{\hbar^2}\,(E - V) \,-\, k^2 \,\Big]\, u_{\boldsymbol{k}}(\boldsymbol{r}) \;=\; 0 \tag{2.38}$$

が得られる．この方程式は $\boldsymbol{k}$ を固定したときの固有値問題を与えるから，量子数 n によって固有関数を $u_{n\boldsymbol{k}}(\boldsymbol{r})$，固有値を $E_n(\boldsymbol{k})$ と番号付けることができる．そうすれば，規格化された Bloch 軌道 (2.36) は

$$\psi_{n\boldsymbol{k}}(\boldsymbol{r}) \;=\; G^{-1/2}\, e^{i\boldsymbol{k}\cdot\boldsymbol{r}}\, u_{n\boldsymbol{k}}(\boldsymbol{r}) \tag{2.39}$$

と書かれる．(2.38) の複素共役をとった式と (2.38) の $\boldsymbol{k}$ の代わりに $-\boldsymbol{k}$ を代入した式とは同じ方程式となるので，それぞれの固有値と固有関数は相等しい．すなわち，

$$E_n(\boldsymbol{k}) = E_n(-\boldsymbol{k})\,, \tag{2.40}$$

$$u_{n\boldsymbol{k}}^*(\boldsymbol{r}) = u_{n,-\boldsymbol{k}}(\boldsymbol{r}) \tag{2.41}$$

が成立する．エネルギー固有値は$\boldsymbol{k}$の偶関数であることに注意しよう．Bloch 軌道は

$$\psi^*_{n\boldsymbol{k}}(\boldsymbol{r}) = \psi_{n,-\boldsymbol{k}}(\boldsymbol{r}) \tag{2.42}$$

を満たす．

Bloch 軌道の直交性は元の波動方程式 (2.16) から普通のやり方で示せる．規格化条件 (2.37) と一緒にして，正規直交性は

$$\int_\Omega \psi^*_{m\boldsymbol{k}'}(\boldsymbol{r})\,\psi_{n\boldsymbol{k}}(\boldsymbol{r})\,d\boldsymbol{r} = \delta_{nm}\delta_{\boldsymbol{k}\boldsymbol{k}'} \tag{2.43}$$

で与えられる．

指標nの各々に対して$E_n(\boldsymbol{k})$は$\boldsymbol{k}$の関数であるが，結晶のサイズが大きい極限では$\boldsymbol{k}$はほとんど連続値をとるので，$E_n(\boldsymbol{k})$は$\boldsymbol{k}$値に対応した準連続値をとる．したがって，各々のnに対して$\boldsymbol{k}$の関数としてのある幅をもった帯状のエネルギー値が対応する．これを第n番目のエネルギー・バンド (エネルギー帯) と呼ぶ．そして，バンドとバンドの間にはBloch 電子のとり得ないエネルギー値の帯が存在し，これはエネルギー・ギャップと呼ばれる．エネルギー・ギャップはBrillouin ゾーンの境界で生起することが 2.5 節でわかる．$\boldsymbol{k}$が第 1 Brillouin ゾーン内の還元波数ベクトルであれば，1 つのエネルギー・バンドの中のエネルギー準位数はG個の$\boldsymbol{k}$の値に対応するG個である．そして，各nに対応するそれぞれG個の準位をもったエネルギー・バンドはエネルギー値の低いバンドから高いバンドへと配列する．

(2.33) によれば，点$\boldsymbol{k}$の近傍$d\boldsymbol{k}$内の状態の数は

$$D(\boldsymbol{k})\,d\boldsymbol{k} = \frac{\Omega}{(2\pi)^3}\,d\boldsymbol{k}$$

となる．これを用いれば，エネルギー$E_n(\boldsymbol{k})$がEと$E+dE$との間にある状態の数$D(E)\,dE$は

$$D(E)\,dE = \frac{\Omega}{(2\pi)^3}\int_{E_n(\boldsymbol{k})=E} dk_x dk_y dk_n \tag{2.44}$$

と書かれる．ここに，エネルギー面$E_n(\boldsymbol{k}) = E$上の接平面内にx, y軸をとり，法線方向をn軸として，積分はエネルギー面上にわたって行われる．そして，

$$dE_n(\boldsymbol{k}) = d\boldsymbol{k}\cdot\mathrm{grad}_{\boldsymbol{k}}E_n(\boldsymbol{k}) = dk_n|\mathrm{grad}_{\boldsymbol{k}}E_n(\boldsymbol{k})|,$$

$$dk_x dk_y = dS_E ,$$

を用いれば，$dE_n(\boldsymbol{k}) = dE$ に注意して (2.44) は

$$D(E)\,dE \;=\; \frac{\Omega}{(2\pi)^3}\int_{E_n(\boldsymbol{k})=E}\frac{dS_E\,dE}{|\mathrm{grad}_{\boldsymbol{k}}E_n(\boldsymbol{k})|} \tag{2.45}$$

となる．ここに，dS_E はエネルギー面上の面積要素である．そして，右辺の $D(E)$ 相当部分がエネルギー状態密度を与える．

エネルギー・バンドの構造に関してはさらに後の章で議論される．実際の結晶構造に対して Bloch 軌道とエネルギー・バンドの求め方，すなわちシュレーディンガーの波動方程式 (2.16) の解法，を構築してゆくのがバンド計算である．バンド計算は既に膨大な蓄積があるが，本章の目的はバンド計算の入門ではなくて，バンド理論の基礎について述べることである．

2.4 Wannier 関数

Wannier 関数 $a_n(\boldsymbol{r}-\boldsymbol{R}_j)$ は (2.39) の Bloch 軌道 $\psi_{n\boldsymbol{k}}(\boldsymbol{r})$ のフーリエ変換

$$a_n(\boldsymbol{r}-\boldsymbol{R}_j) \;=\; G^{-1/2}\sum_{\boldsymbol{k}} e^{-i\boldsymbol{k}\cdot\boldsymbol{R}_j}\psi_{n\boldsymbol{k}}(\boldsymbol{r}) \tag{2.46}$$

によって与えられる．ここに，$\boldsymbol{R}_j$ は格子ベクトルであり，$\boldsymbol{k}$ は還元波数ベクトルである．Bloch 軌道は結晶全体に広がった Bloch 波を表すのに対して，Wannier 関数は多かれ少なかれ各格子点の周りに局在した関数である．このことはフーリエ変換 (2.46) からある程度推定できることである．

ここで，特殊な一例として $u_{n\boldsymbol{k}}(\boldsymbol{r})$ が $\boldsymbol{k}$ に依存しない場合について局在の模様を調べよう．$\psi_{n\boldsymbol{k}}(\boldsymbol{r}) = G^{-1/2}e^{i\boldsymbol{k}\cdot\boldsymbol{r}}u_n(\boldsymbol{r})$ とおいて (2.46) に代入し，格子定数 a の単純立方格子を仮定すれば，

$$\begin{aligned}
a_n(\boldsymbol{r}-\boldsymbol{R}) &= G^{-1}\sum_{\boldsymbol{k}} e^{i\boldsymbol{k}\cdot(\boldsymbol{r}-\boldsymbol{R})}u_n(\boldsymbol{r}) \\
&= G^{-1}u_n(\boldsymbol{r}) \sum_{-\frac{\pi}{a}\le k_x<\frac{\pi}{a}} e^{ik_x(x-R_x)} \sum_{-\frac{\pi}{a}\le k_y<\frac{\pi}{a}} e^{ik_y(y-R_y)} \\
&\quad\times \sum_{-\frac{\pi}{a}\le k_z<\frac{\pi}{a}} e^{ik_z(z-R_z)}
\end{aligned}$$

$$= G^{-1} u_n(\boldsymbol{r}) \frac{e^{i\frac{\pi}{a}(x-R_x)} - e^{-i\frac{\pi}{a}(x-R_x)}}{e^{i\frac{2\pi}{G_1 a}(x-R_x)} - 1}$$

$$\times \frac{e^{i\frac{\pi}{a}(y-R_y)} - e^{-i\frac{\pi}{a}(y-R_y)}}{e^{i\frac{2\pi}{G_2 a}(y-R_y)} - 1} \frac{e^{i\frac{\pi}{a}(z-R_z)} - e^{-i\frac{\pi}{a}(z-R_z)}}{e^{i\frac{2\pi}{G_3 a}(z-R_z)} - 1}$$

$$\cong u_n(\boldsymbol{r}) \frac{\sin\frac{\pi}{a}(x-R_x)}{\frac{\pi}{a}(x-R_x)} \frac{\sin\frac{\pi}{a}(y-R_y)}{\frac{\pi}{a}(y-R_y)} \frac{\sin\frac{\pi}{a}(z-R_z)}{\frac{\pi}{a}(z-R_z)}$$

となる．ここに，最後の式は結晶の 1 辺 $G_1 a = L\,(G_1 \sim G_2 \sim G_3)$ は十分大きい ($2\pi(x-R_x)/G_1 a \ll 1$) として得られる．いまの場合，波動関数の局在性は負のべき乗則に従う程度のもので，指数関数的局在ほど強いものではない．図 2.4 から Wannier 関数 $a_n(\boldsymbol{r}-\boldsymbol{R})$ の R の周りの局在の範囲は格子定数 a の数倍の程度と見られる．

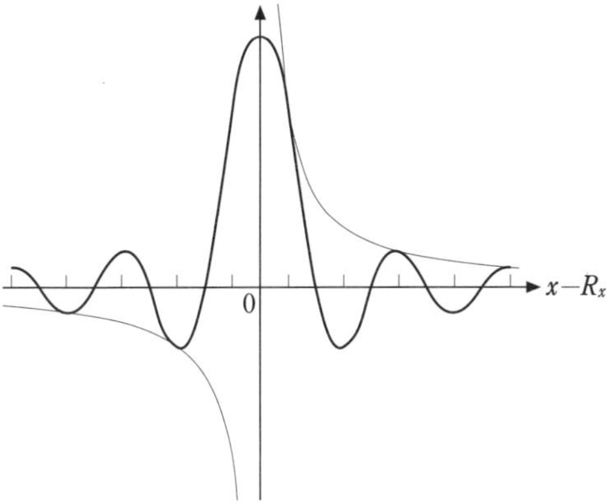

図 **2.4** Wannier 関数の概念図．

(2.46) の逆変換をとれば，

$$\psi_{n\boldsymbol{k}}(\boldsymbol{r}) = G^{-1/2} \sum_{\boldsymbol{R}_j} e^{i\boldsymbol{k}\cdot\boldsymbol{R}_j} a_n(\boldsymbol{r}-\boldsymbol{R}_j) \tag{2.47}$$

となる．ここに，

$$\sum_{\boldsymbol{R}_j} e^{i(\boldsymbol{k}-\boldsymbol{k}')\cdot\boldsymbol{R}_j} = G\,\delta_{\boldsymbol{k}\boldsymbol{k}'} \tag{2.48}$$

を用いた．(2.47) の両辺に $e^{-i\boldsymbol{k}\cdot\boldsymbol{R}_l}$ を掛けて単位胞内のすべての $\boldsymbol{k}$ について和

をとれば，再び (2.46) が得られる．そのとき，関係式

$$\sum_{\boldsymbol{k}} e^{i\boldsymbol{k}\cdot(\boldsymbol{R}_j-\boldsymbol{R}_l)} = G\,\delta_{\boldsymbol{R}_j\boldsymbol{R}_l} \tag{2.49}$$

を用いている．なお，(2.48) は波数ベクトルを単位胞内に限った場合であるが，$\boldsymbol{k}$ 領域を全逆格子空間に広げた場合には (2.48) の代わりに

$$\sum_{\boldsymbol{R}_j} e^{i(\boldsymbol{k}-\boldsymbol{k}')\cdot\boldsymbol{R}_j} = G\,\delta_{\boldsymbol{k},\boldsymbol{k}'+\boldsymbol{K}} \tag{2.50}$$

と一般化される．ここに，$\boldsymbol{K}$ は (2.8) のすべての逆格子ベクトルである．Wannier 関数の正規直交性は Bloch 軌道の正規直交性 (2.43) から導かれ，

$$\int_{\Omega} a_m^*(\boldsymbol{r}-\boldsymbol{R}_l)\,a_n(\boldsymbol{r}-\boldsymbol{R}_j)\,d\boldsymbol{r} = \delta_{nm}\,\delta_{\boldsymbol{R}_j\boldsymbol{R}_l} \tag{2.51}$$

となる．ここに，(2.49) を用いた．

(2.16) から Wannier 関数の満たす方程式を導こう．(2.46)，(2.47) を用いれば，

$$\begin{aligned}\mathcal{H}\,a_n(\boldsymbol{r}-\boldsymbol{R}_j) &= G^{-1/2}\sum_{\boldsymbol{k}} e^{-i\boldsymbol{k}\cdot\boldsymbol{R}_j}\,\mathcal{H}\,\psi_{n\boldsymbol{k}}(\boldsymbol{r})\\ &= G^{-1/2}\sum_{\boldsymbol{k}} e^{-i\boldsymbol{k}\cdot\boldsymbol{R}_j}\,E_n(\boldsymbol{k})\psi_{n\boldsymbol{k}}(\boldsymbol{r})\\ &= G^{-1}\sum_{\boldsymbol{k}}\sum_{\boldsymbol{R}_i} e^{i\boldsymbol{k}\cdot(\boldsymbol{R}_i-\boldsymbol{R}_j)}\,E_n(\boldsymbol{k})\\ &\qquad\qquad \times a_n(\boldsymbol{r}-\boldsymbol{R}_i)\end{aligned} \tag{2.52}$$

となる．ここで，

$$\varepsilon_n(\boldsymbol{R}_l) = G^{-1}\sum_{\boldsymbol{k}} e^{i\boldsymbol{k}\cdot\boldsymbol{R}_l}\,E_n(\boldsymbol{k}) \tag{2.53}$$

とおこう．$\varepsilon_n(\boldsymbol{R}_l)$ のもつ意味は後程示される．(2.53) は (2.48) を用いて反転すれば，

$$E_n(\boldsymbol{k}) = \sum_{\boldsymbol{R}_l} e^{-i\boldsymbol{k}\cdot\boldsymbol{R}_l}\,\varepsilon_n(\boldsymbol{R}_l) \tag{2.54}$$

となる．いま，$\boldsymbol{k}$ を還元波数ベクトルに限らず逆格子空間全体に広げれば，逆格子ベクトル $\boldsymbol{K}$ に対して (2.54) から

$$E_n(\boldsymbol{k}+\boldsymbol{K}) = E_n(\boldsymbol{k}) \tag{2.55}$$

が得られる．すなわち，$E_n(\boldsymbol{k})$ は逆格子の周期性をもつ．このことは，(2.31) に示されたように $\psi_{n\boldsymbol{k}}(\boldsymbol{r})$ が逆格子の周期性をもっているので，波動方程式 (2.16) において $\psi_{n\boldsymbol{k}}$ と $\psi_{n,\boldsymbol{k}+\boldsymbol{K}}$ の固有値が一致することからも導かれる．さて，(2.53) に注意すると，(2.52) は

$$\Big[-\frac{\hbar^2}{2m}\triangle + V(\boldsymbol{r})\Big]\, a_n(\boldsymbol{r}-\boldsymbol{R}_j) = \sum_{\boldsymbol{R}_i} \varepsilon_n(\boldsymbol{R}_i-\boldsymbol{R}_j)\, a_n(\boldsymbol{r}-\boldsymbol{R}_i) \qquad (2.56)$$

と書かれる．これが Wannier 関数 $a_n(\boldsymbol{r}-\boldsymbol{R}_j)$ の満たす基礎方程式である．この式の左から $a_n^*(\boldsymbol{r}-\boldsymbol{R}_i)$ を掛けて結晶全体にわたって積分すれば，

$$\int_\Omega a_n^*(\boldsymbol{r}-\boldsymbol{R}_i)\,\mathcal{H}\, a_n(\boldsymbol{r}-\boldsymbol{R}_j)\, d\boldsymbol{r} = \varepsilon_n(\boldsymbol{R}_i-\boldsymbol{R}_j) \qquad (2.57)$$

が得られる．これは (Wannier) サイト i, j 間の遷移積分または遷移エネルギーと呼ばれる．これが (2.53) の意味である．

結晶において原子間距離を無限大，すなわち格子定数 $a \to \infty$，にした極限を考えよう．いま，格子点 $\boldsymbol{R}_j$ の近傍に着目すると

$$\mathcal{H} \to \mathcal{H}_A = -\frac{\hbar^2}{2m}\triangle + V_A(\boldsymbol{r}-\boldsymbol{R}_j)$$

となる．ここに，$V_A(\boldsymbol{r}-\boldsymbol{R}_j)$ は $\boldsymbol{R}_j$ にあるイオンのみによるポテンシャル場，したがって $\mathcal{H}_A$ は $\boldsymbol{R}_j$ にただ 1 個のイオンが存在するとき，そのポテンシャル場を運動する電子のハミルトニアンである．バンド・エネルギー $E_n(\boldsymbol{k})$ の $\boldsymbol{k}$ 依存性からくる幅は，各格子点にある他原子との相互作用の結果生ずるものであるから，$a \to \infty$ の極限では $E_n(\boldsymbol{k})$ の $\boldsymbol{k}$ 依存性は消滅して単一準位に漸近する筈である．すなわち，$a \to \infty$ のとき $E_n(\boldsymbol{k}) \to E_n$ とおいてよい．ここに，E_n は孤立原子の対応するエネルギー準位，すなわち原子が集まって結晶格子を形成するとき広がって n バンドとなる n 準位の結合エネルギーである．このとき，遷移積分 (2.53) は

$$\begin{aligned}\varepsilon_n(\boldsymbol{R}_l) &\to G^{-1}\sum_{\boldsymbol{k}} e^{i\boldsymbol{k}\cdot\boldsymbol{R}_l} E_n \\ &= \delta_{\boldsymbol{R}_l,0}\, E_n \end{aligned} \qquad (2.58)$$

となる．これを (2.56) に代入すると，$a \to \infty$ において

$$\mathcal{H}_A a_n(\boldsymbol{r}-\boldsymbol{R}_j) = \varepsilon_n(0)\, a_n(\boldsymbol{r}-\boldsymbol{R}_j) \qquad (2.59)$$

が得られる．これは単一原子の波動方程式であって, Wannier 関数は $a \to \infty$ の極限で原子軌道関数に漸近し，エネルギー固有値 $\varepsilon_n(0) = E_n$ は n 準位の結合エネルギーであることを示す．いま，バンド・エネルギーの平均値を

$$T_0 \equiv G^{-1} \sum_{\boldsymbol{k}} E_n(\boldsymbol{k}) \tag{2.60}$$

で定義すると，

$$T_0 = \varepsilon_n(0) = E_n \tag{2.61}$$

である．このことは 7.3 節における Mott-Hubbard 転移の議論で用いられる．

2.5　自由電子からの近似

前節までに Bloch 電子の波動方程式 (2.16) の固有関数である Bloch 軌道や固有値のエネルギー・バンドの性質を近似なしに調べてきた．この節とつぎの節で (2.16) の固有関数と固有値とを基礎的な近似法によってより詳しく議論しよう．

(2.16) の周期的ポテンシャル $V(\boldsymbol{r})$ が電子の運動エネルギーに比べて小さい場合，$V(\boldsymbol{r})$ を摂動として (2.16) を摂動論にしたがって解くことを試みよう．非摂動系のハミルトニアンは運動エネルギー $\mathcal{H}_0$ で，波動方程式

$$\mathcal{H}_0\psi_0 = -\frac{\hbar^2}{2m} \triangle \psi_0 = E_0\psi_0 \tag{2.62}$$

の固有関数と固有値は

$$\psi_0 = \psi_{0\boldsymbol{k}}(\boldsymbol{r}) = \Omega^{-1/2} e^{i\boldsymbol{k}\cdot\boldsymbol{r}}, \quad E_0 = E_0(\boldsymbol{k}) = \frac{\hbar^2 k^2}{2m} \tag{2.63}$$

である．ψ_0 は結晶格子空間の平面波であって，波数ベクトル $\boldsymbol{k}$ は逆格子空間の (2.26) によって与えられる．(2.16) の固有関数 ψ と固有値 E に対する摂動展開

$$\psi = \psi_0 + \psi_1 + \psi_2 \cdots, \tag{2.64}$$

$$E = E_0 + E_1 + E_2 \cdots \tag{2.65}$$

を (2.16) に代入して，Rayleigh-Schrödinger の方法で逐次計算すれば以下の結果が得られる．まず，周期的ポテンシャル $V(\boldsymbol{r})$ の平面波に関する行列要素

を求めておこう．フーリエ展開 (2.7) を適用すれば，

$$\left.\begin{array}{rcl} V(\boldsymbol{r}) & = & \sum_{\boldsymbol{K}} V(\boldsymbol{K})\, e^{i\boldsymbol{K}\cdot\boldsymbol{r}}\,, \\ V^*(\boldsymbol{K}) & = & V(-\boldsymbol{K}) \end{array}\right\} \tag{2.66}$$

となる．したがって，(2.63)，(2.66) を用いれば，

$$\begin{aligned} (\boldsymbol{k}|V|\boldsymbol{k}') &\equiv \int_\Omega \psi^*_{0\boldsymbol{k}}(\boldsymbol{r})V(\boldsymbol{r})\psi_{0\boldsymbol{k}'}(\boldsymbol{r}) \\ &= \Omega^{-1}\sum_{\boldsymbol{K}} V(\boldsymbol{K}) \int_\Omega e^{i(\boldsymbol{k}'-\boldsymbol{k}+\boldsymbol{K})\cdot\boldsymbol{r}}\, d\boldsymbol{r} \\ &= \sum_{\boldsymbol{K}} V(\boldsymbol{K})\, \delta_{\boldsymbol{k}-\boldsymbol{k}',\boldsymbol{K}} \;=\; V(\boldsymbol{k}-\boldsymbol{k}') \end{aligned} \tag{2.67}$$

が得られる．これを用いて，摂動の第 1 近似のエネルギー固有値および固有関数は

$$E_1 = (\boldsymbol{k}|V|\boldsymbol{k}) \;=\; V(0) \;\equiv\; V_0\,, \tag{2.68}$$

$$\begin{aligned} \psi_1 &= \sum_{\boldsymbol{k}'(\neq\boldsymbol{k})} \frac{(\boldsymbol{k}'|V|\boldsymbol{k})}{E_0(\boldsymbol{k})-E_0(\boldsymbol{k}')}\,\psi_{0\boldsymbol{k}'} \\ &= \sum_{\boldsymbol{K}(\neq 0)} \frac{V(\boldsymbol{K})}{E_0(\boldsymbol{k})-E_0(\boldsymbol{k}+\boldsymbol{K})}\,\psi_{0,\boldsymbol{k}+\boldsymbol{K}} \end{aligned} \tag{2.69}$$

と書かれる．第 2 近似のエネルギーは

$$E_2 \;=\; {\sum_{\boldsymbol{K}}}' \frac{|V(\boldsymbol{K})|^2}{E_0(\boldsymbol{k})-E_0(\boldsymbol{k}+\boldsymbol{K})} \tag{2.70}$$

となる．ここで，$\sum_{\boldsymbol{K}}{}'$ のプライム $'$ は $\boldsymbol{K} \neq 0$ の和を意味する．いま求められた範囲内で摂動展開 (2.64)，(2.65) は

$$\begin{aligned} \psi_{\boldsymbol{k}}(\boldsymbol{r}) &= \Omega^{-1/2} e^{i\boldsymbol{k}\cdot\boldsymbol{r}} \\ &\quad + \Omega^{-1/2}{\sum_{\boldsymbol{K}}}' \frac{V(\boldsymbol{K})}{E_0(\boldsymbol{k})-E_0(\boldsymbol{k}+\boldsymbol{K})}\, e^{i(\boldsymbol{k}+\boldsymbol{K})\cdot\boldsymbol{r}}\,, \end{aligned} \tag{2.71}$$

$$E(\boldsymbol{k}) = \frac{\hbar^2 k^2}{2m} + V_0 + {\sum_{\boldsymbol{K}}}' \frac{|V(\boldsymbol{K})|^2}{E_0(\boldsymbol{k})-E_0(\boldsymbol{k}+\boldsymbol{K})} \tag{2.72}$$

と書かれる．これらの展開級数が良い近似で使えるためには

$$|V(\boldsymbol{K})| \;\ll\; |E_0(\boldsymbol{k})-E_0(\boldsymbol{k}+\boldsymbol{K})| \tag{2.73}$$

が成立しなければならない．ところで，(2.73) が成り立たない場合，とくに $\boldsymbol{k}$ が

$$E_0(\boldsymbol{k}) - E_0(\boldsymbol{k}+\boldsymbol{K}) \cong 0 \tag{2.74}$$

を満たすところ（$\boldsymbol{k}$ 準位と $\boldsymbol{k}+\boldsymbol{K}$ 準位とが縮退しているか，もしくは縮退に近いところ）では摂動展開は発散する．(2.74) の等号の場合は $k^2-(\boldsymbol{k}+\boldsymbol{K})^2=0$，すなわち

$$-2\boldsymbol{k}\cdot\boldsymbol{K} = K^2 \tag{2.75}$$

である．これは，$\boldsymbol{k}$ と $\boldsymbol{K}$ とのなす角を $\varphi(>\pi/2)$ とすれば，

$$k\cos\varphi = -\frac{K}{2} \tag{2.76}$$

と書かれる (図 2.5).

(2.75) は逆格子空間の原点と任意の逆格子点とを結ぶ線分（$-\boldsymbol{K}$）の垂直2等分面上にあるすべての $\boldsymbol{k}$ によって満たされる．そして，(2.75) は波数ベクトル $\boldsymbol{k}$ の電子波に対する Bragg 反射の条件式である．例として，格子定数 a の単純立方格子を考えよう．最小の $\boldsymbol{K}$ ベクトルを z 軸方向として

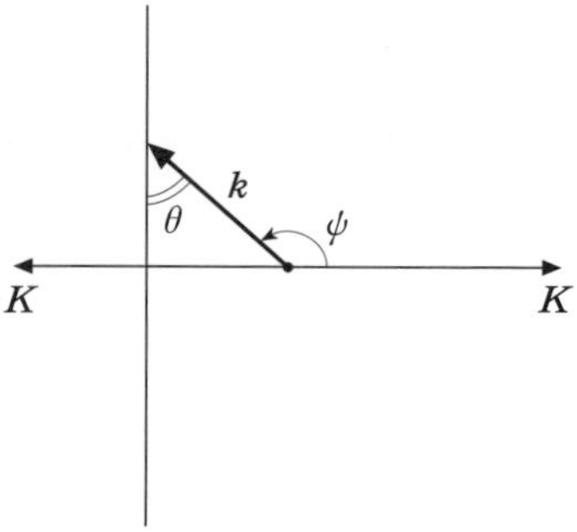

図 **2.5** Bragg 反射条件.

$$\boldsymbol{K} = \left(0,\, 0,\, \frac{2\pi}{a}\right)$$

ととることができる．よって，(2.75) は

$$k_z = k\cos\varphi = -\frac{\pi}{a}$$

となる．これに，$k=2\pi/\lambda$（λ は電子の de Broglie 波長），$\cos\varphi=-\sin\theta$（$\theta=\varphi-\pi/2$）を代入すれば，

$$2a\sin\theta = \lambda$$

が得られる．これは X 線結晶解析でよく知られた Bragg 反射の条件式にほかならない．$-\boldsymbol{K}$ の垂直2等分面は Brillouin ゾーンの境界面である．Brillouin ゾーンの境界面で電子波の Bragg 反射が起こる．そして，その結果が

Bloch 電子のエネルギー・スペクトルを決定することになる．以下に，このことを調べよう．

(2.73) が成立する範囲内では Bloch 電子はほとんど自由であって，その固有状態と固有値は (2.71)，(2.72) で与えられるように平面波に対して小さな補正を考慮するだけでよい．これに反して，(2.74) が満たされるところでは最早上述の摂動計算は成り立たない．この場合には，無摂動系の状態 $\boldsymbol{k}$ と $\boldsymbol{k}+\boldsymbol{K}$ とは縮退しているかまたは縮退に近い．したがって，縮退系の摂動論によって計算しなければならない．$\psi_{0\boldsymbol{k}}$ と $\psi_{0,\boldsymbol{k}+\boldsymbol{K}}$ の 1 次結合を零次の状態としてシュレーディンガー方程式 (2.16) に代入すると，

$$(\mathcal{H}_0 + V - E)(c_1\psi_{0\boldsymbol{k}} + c_2\psi_{0,\boldsymbol{k}+\boldsymbol{K}} + \cdots) = 0$$

となる．この式の左側からそれぞれ $\psi^*_{0\boldsymbol{k}}$ および $\psi^*_{0,\boldsymbol{k}+\boldsymbol{K}}$ を掛けて，結晶空間にわたって積分すれば，

$$\left.\begin{aligned} [E_0(\boldsymbol{k}) - E]\,c_1 + V(-\boldsymbol{K})\,c_2 &= 0, \\ V(\boldsymbol{K})\,c_1 + [E_0(\boldsymbol{k}+\boldsymbol{K}) - E]\,c_2 &= 0 \end{aligned}\right\} \qquad (2.77)$$

が得られる．ここで，行列要素 $V_0 = V(0)$ は小さな定数であるから無視した．

(2.77) が 0 でない解をもつためには

$$\begin{vmatrix} E_0(\boldsymbol{k}) - E & V(-\boldsymbol{K}) \\ V(\boldsymbol{K}) & E_0(\boldsymbol{k}+\boldsymbol{K}) - E \end{vmatrix} = 0 \qquad (2.78)$$

が成立しなければならない．これからエネルギー・スペクトル

$$\begin{aligned} E = E_0(\boldsymbol{k}) &- \frac{1}{2}[E_0(\boldsymbol{k}) - E_0(\boldsymbol{k}+\boldsymbol{K})] \\ &\pm \sqrt{\frac{1}{4}[E_0(\boldsymbol{k}) - E_0(\boldsymbol{k}+\boldsymbol{K})]^2 + |V(\boldsymbol{K})|^2} \end{aligned} \qquad (2.79)$$

が得られる．この結果を見れば，(2.74) の等号すなわち (2.75) の成立する Brillouin ゾーンの境界面においてエネルギー固有値に $2|V(\boldsymbol{K})|$ の不連続 (ギャップ) が生ずることがわかる．

この事実は格子間隔 a の 1 次元の場合，極めて簡明である．逆格子ベクトルは $K = 2l\pi/a\,(l = 0, \pm 1, \pm 2, \cdots)$ である．最小の $\pm 2\pi/a$ をとれば，(2.75) の成立するところは $k = \mp\pi/a$ であり，これらは共に Brillouin ゾーンの境界

点である．そのとき，図2.6に示されるように，ゾーンの境界でエネルギー・スペクトルに$2|V(2\pi/a)|$の不連続が起きる．ゾーンの境界から離れたところでは，周期的ポテンシャルVが小さい限り無摂動系のエネルギー(2.63)に近いと考えてよい．図にはつぎのゾーンの境界$\mp 2\pi/a$でのエネルギー・ギャップも示されている．$-\pi/a \leq k \leq \pi/a$の範囲が第1 Brillouinゾーンであり，$-2\pi/a \leq k \leq -\pi/a$ および$\pi/a \leq k \leq 2\pi/a$の範囲が第2 Brillouinゾーンである．第2 Brillouinゾーンはそれぞれ$2\pi/a$および$-2\pi/a$だけずらすことによって第1 Brillouinゾーンの中にそっくりもってくることができる(図2.7).

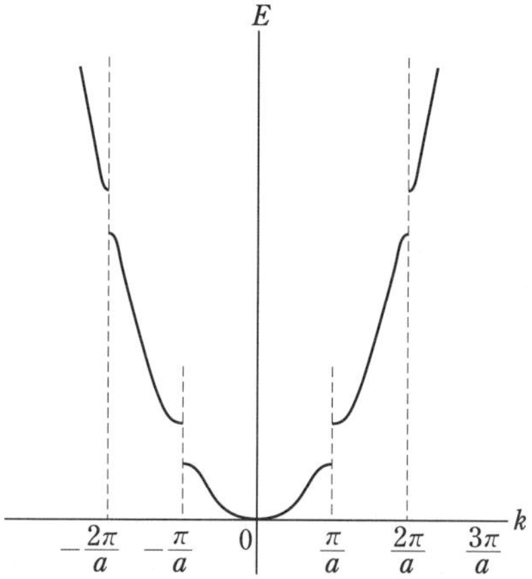

図2.6 1次元格子における電子のエネルギースペクトル.

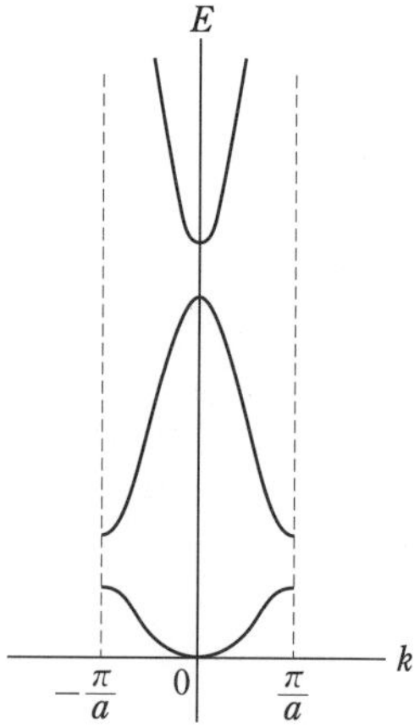

図2.7 還元ゾーン方式での1次元電子のエネルギースペクトル.

すべての Brillouinゾーンは逆格子ベクトル$K = 2\pi/a$の整数倍だけずらすことによって第1 Brillouinゾーンの中に重ねることができる．これが還元ゾーン方式である．そうすれば，エネルギー・バンドの構造が見易くなる．還元ゾーン方式ではギャップはゾーンの境界$k = \pm\pi/a$および原点$k = 0$において形成される．縦軸にとられたエネルギー固有値はkの関数として$E = E_n(k)$で与えられ，1つのk値に対してnによって区別されるいくつかの$E_n(k)$値が存在する．kが第1 Brillouinゾーン内を変動するとき，$E_n(k)$は各nごとに連続的に変動し，幅をもった帯状の値域を形成する．これがnによって指定されるエネルギー・バンドである．したがって，エネルギー固有値の全体像としては，とることを禁じられたエネルギー値であるギャップによって隔てられたとりうるエネルギー値であるエネルギー・バンドが nに対応して並ぶことになる．ギャップのことを禁止帯とも呼ぶ．このときエネルギー・バンドと称したものは許容帯と呼ばれる．一口でいえば，周期的ポテンシャル場内で運動する電子のエネルギー固有値は許容帯と禁止帯とが交互に並んだバンド構造を形成する．現実の 3 次元結晶では，異方性があるのでバンド構造は可成り複雑なものとなる．図 2.8 に 2 次元の等エネルギー面 (線) の例が示される．Brillouin ゾーンの境界線上で等エネルギー線は不連続になっており，ギャップの発生が推定されよう．ゾーンの境界線から離れるほど等エネルギー線は円に近い (自由電子近似)．

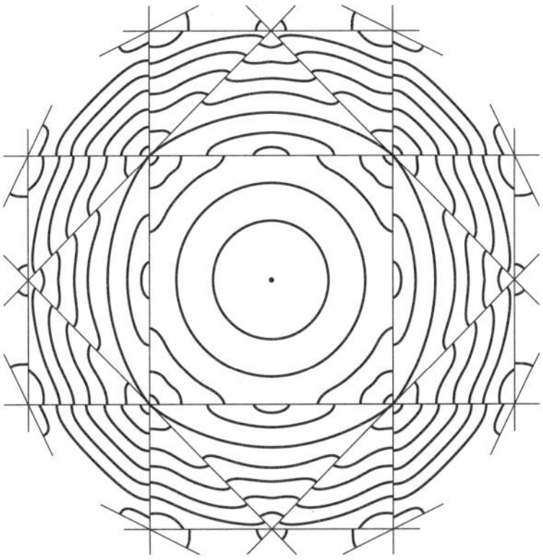

図 2.8 2 次元波数空間での等エネルギー面 (線) の例.

つぎに，Bragg 条件 (2.75) の成立するときの波動関数の振る舞いを調べよう．c_1, c_2 は (2.77) と規格化条件

$$\int_\Omega (c_1^*\psi_{0\boldsymbol{k}}^* + c_2^*\psi_{0,\boldsymbol{k}+\boldsymbol{K}}^*)(c_1\psi_{0\boldsymbol{k}} + c_2\psi_{0,\boldsymbol{k}+\boldsymbol{K}})\,d\boldsymbol{r}$$

$$= |c_1|^2 + |c_2|^2 = 1 \tag{2.80}$$

とから求められて，

$$\left.\begin{aligned} c_1 &= -\frac{V(-\boldsymbol{K})}{\sqrt{[E_0(\boldsymbol{k})-E]^2+|V(\boldsymbol{K})|^2}}, \\ c_2 &= \frac{E_0(\boldsymbol{k})-E}{\sqrt{[E_0(\boldsymbol{k})-E]^2+|V(\boldsymbol{K})|^2}} \end{aligned}\right\} \tag{2.81}$$

となる．(2.79) のエネルギー・スペクトルは 2 つの分枝から成っているので，解 (2.81) をそれぞれ低エネルギー側および高エネルギー側の分枝に対して陽に書き表そう．そのために，(2.79) を

$$E = E_0(\boldsymbol{k}) + \Delta E/2 \pm \epsilon \tag{2.82}$$

と書こう．ここに，

$$\left.\begin{aligned} \Delta E &= E_0(\boldsymbol{k}+\boldsymbol{K}) - E_0(\boldsymbol{k}), \\ \epsilon &= \sqrt{(\Delta E/2)^2 + |V(\boldsymbol{K})|^2} \end{aligned}\right\} \tag{2.83}$$

である．(2.82), (2.83) および

$$\alpha = \Delta E/2\epsilon \tag{2.84}$$

を用いて，(2.81) は

$$\left.\begin{aligned} c_1 &= \frac{\epsilon\sqrt{1-\alpha^2}}{\sqrt{2}\epsilon\sqrt{1\pm\alpha}} = \frac{\sqrt{1\mp\alpha}}{\sqrt{2}}, \\ c_2 &= \frac{\mp\epsilon(1\pm\alpha)}{\sqrt{2}\epsilon\sqrt{1\pm\alpha}} = \mp\frac{\sqrt{1\pm\alpha}}{\sqrt{2}} \end{aligned}\right\} \tag{2.85}$$

と書かれる．ここに，複合同順でそれぞれ高エネルギー側および低エネルギー側の解となる．

とくに，(2.74) の等号すなわちBragg条件 (2.75) が成立する場合，(2.85) において$\alpha = 0$として零次の波動関数は

$$\psi_0(\boldsymbol{r}) = \frac{1}{\sqrt{2}}\left(e^{i\boldsymbol{k}\cdot\boldsymbol{r}} \pm e^{i(\boldsymbol{k}+\boldsymbol{K})\cdot\boldsymbol{r}}\right) \tag{2.86}$$

となる．ただし，+, − はそれぞれ低エネルギーおよび高エネルギー側の分枝に対応し，$\boldsymbol{k}$ はBragg条件 (2.75) を満たすものである．この場合の事情をよく見るために，

$$\boldsymbol{k} = \boldsymbol{k}_{\parallel} + \boldsymbol{k}_{\perp}$$

とおく．ここに，$\boldsymbol{k}_{\parallel}$ と $\boldsymbol{k}_{\perp}$ はそれぞれ $\boldsymbol{K}$ に平行および垂直な成分である．(2.75) を満たす場合 $\boldsymbol{k}_{\parallel} = -\boldsymbol{K}/2$ であるから，(2.86) は

$$\psi_0(\boldsymbol{r}) = \frac{1}{\sqrt{2}}e^{i\boldsymbol{k}_{\perp}\cdot\boldsymbol{r}}\left\{\begin{array}{c} 2\cos(\boldsymbol{K}\cdot\boldsymbol{r}/2) \\ -2i\sin(\boldsymbol{K}\cdot\boldsymbol{r}/2) \end{array}\right\} \tag{2.87}$$

となる．Bragg条件 (2.75) を満たす波数ベクトル $\boldsymbol{k}$ をもつ Bloch電子はBrillouinゾーンの境界面でBragg反射を起こし，逆格子ベクトル $\boldsymbol{K}$ に平行な (ゾーンの境界面に垂直な) 方向では入射波と反射波とが干渉して定常波となり，$\boldsymbol{K}$ に垂直な (境界面に沿った) 方向では進行波の形を保つ．

2.6 束縛電子からの近似

Bloch軌道 (2.29) または (2.39) は結晶全体に広がった平面波的な性格をもっている．前節の近似法はこの特徴が出ている場合，定性的にはNaやAlなど

単純金属の $3s$ バンドや $3p$ バンドの場合，に当てはまる．しかし，Bloch 軌道は決して単純な平面波ではなく，深い準位からできたバンドの場合，$u_{\boldsymbol{k}}(\boldsymbol{r})$ による変調は格子点にあるイオン近傍では原子軌道的な挙動をとるであろう．この節では，Bloch 軌道を原子軌道の 1 次結合で近似することを考える．これは分子軌道法における LCAO に相当するもので，タイト・バインディング近似 (Tight binding approximation) と呼ばれる．この近似法は遷移金属の $3d$ バンドや希土類金属の $4f$ バンドの場合に妥当なものであろう．

便宜的に，球対称な s 軌道をとる．d 軌道が 5 重に縮退しているのに比べて単純だからである．格子点 $\boldsymbol{R}$ の原子軌道を $\phi_s(\boldsymbol{r}-\boldsymbol{R})$ としよう．イオン・コアの静電ポテンシャル場を $V_A(\boldsymbol{r}-\boldsymbol{R})$ とするとき，$\phi_s(\boldsymbol{r}-\boldsymbol{R})$ は波動方程式

$$\mathcal{H}_A\phi_s(\boldsymbol{r}-\boldsymbol{R}) \equiv [-\frac{\hbar^2}{2m}\triangle + V_A(\boldsymbol{r}-\boldsymbol{R})]\,\phi_s(\boldsymbol{r}-\boldsymbol{R}) = E_s\phi_s(\boldsymbol{r}-\boldsymbol{R}) \quad (2.88)$$

の解として既知であるとする．そのとき，Bloch 軌道は

$$\psi_{s\boldsymbol{k}}(\boldsymbol{r}) = \sum_{\boldsymbol{R}} c(\boldsymbol{R})\phi_s(\boldsymbol{r}-\boldsymbol{R})$$

によって近似される．この式が Bloch の定理 (2.28) を満足するためには，$\mathcal{N}$ を規格化因子として

$$c(\boldsymbol{R}) = \mathcal{N}\,e^{i\boldsymbol{k}\cdot\boldsymbol{R}} \quad (2.89)$$

ととればよいことが容易に確かめられる．よって，Bloch 軌道を近似する原子軌道の 1 次結合 (LCAO) は

$$\psi_{s\boldsymbol{k}}(\boldsymbol{r}) = \mathcal{N}\sum_{\boldsymbol{R}} e^{i\boldsymbol{k}\cdot\boldsymbol{R}}\phi_s(\boldsymbol{r}-\boldsymbol{R}) \quad (2.90)$$

となる．ここに，規格化因子 $\mathcal{N}$ は $\psi_{s\boldsymbol{k}}(\boldsymbol{r})$ の規格化条件より

$$\mathcal{N} = \left\{\sum_{\boldsymbol{R},\boldsymbol{R}'} e^{i\boldsymbol{k}\cdot(\boldsymbol{R}-\boldsymbol{R}')}\,\mathcal{O}_{\boldsymbol{R},\boldsymbol{R}'}\right\}^{-1/2}, \quad (2.91)$$

$$\mathcal{O}_{\boldsymbol{R},\boldsymbol{R}'} = \int_\Omega \phi_s^*(\boldsymbol{r}-\boldsymbol{R}')\,\phi_s(\boldsymbol{r}-\boldsymbol{R})\,d\boldsymbol{r} \quad (2.92)$$

で与えられる．ここに，$\mathcal{O}_{\boldsymbol{R},\boldsymbol{R}'}$ は重なり積分 (Overlup integral) と呼ばれ，$|\boldsymbol{R}-\boldsymbol{R}'|$ の増大とともに急激に減少する量である．一般に重なり積分は小さくても存在するので，異なる格子点の原子軌道の間に直交関係は成立しない．

深い原子準位の場合，原子軌道は格子点の周りに強く局在していると考えられる．このようなとき，重なり積分を無視して，近似的に直交性

$$\mathcal{O}_{\boldsymbol{R},\boldsymbol{R}'} \cong \delta_{\boldsymbol{R},\boldsymbol{R}'} \tag{2.93}$$

を仮定することができ，

$$\mathcal{N} = G^{-1/2} \tag{2.94}$$

となる．こうして，原子軌道に直交性 (2.93) を付加したものは Wannier 関数と形式的に同じになる．ただし，Wannier 関数は正規直交系を作るので，これによる展開は理論的に厳密なものである．これに対して，原子軌道の直交性は近似でしかないので，LCAO 法は厳密なものではない．

バンド・エネルギー

$$E_s(\boldsymbol{k}) = \int_\Omega \psi^*_{s\boldsymbol{k}}\, \mathcal{H}\, \psi_{s\boldsymbol{k}}\, d\boldsymbol{r} \tag{2.95}$$

を計算しよう．ここに，$\psi_{s\boldsymbol{k}}$ は重なり積分を無視して近似的に直交性を仮定した LCAO である．そして，

$$\mathcal{H} = \mathcal{H}_A + V(\boldsymbol{r}) - V_A(\boldsymbol{r}-\boldsymbol{R})$$

と書いておこう．(2.95) に (2.90)，(2.94) を代入して，(2.88) を考慮すれば，

$$E_s(\boldsymbol{k}) = E_s + \sum_{\boldsymbol{R}} e^{i\boldsymbol{k}\cdot\boldsymbol{R}} \int_\Omega \phi^*_s(\boldsymbol{r}+\boldsymbol{R})\,[V(\boldsymbol{r}) - V_A(\boldsymbol{r})]\,\phi_s(\boldsymbol{r})\,d\boldsymbol{r} \tag{2.96}$$

が得られる．ここで，周期性 $V(\boldsymbol{r}+\boldsymbol{R}) = V(\boldsymbol{r})$ を用いた．(2.96) を

$$E_s(\boldsymbol{k}) = E_s + C + \sum_{\boldsymbol{R}(\neq 0)} e^{i\boldsymbol{k}\cdot\boldsymbol{R}} J(\boldsymbol{R}), \tag{2.97}$$

$$C = \int_\Omega \phi^*_s(\boldsymbol{r})\,[V(\boldsymbol{r}) - V_A(\boldsymbol{r})]\,\phi_s(\boldsymbol{r})\,d\boldsymbol{r}, \tag{2.98}$$

$$J(\boldsymbol{R}) = \int_\Omega \phi^*_s(\boldsymbol{r}+\boldsymbol{R})\,[V(\boldsymbol{r}) - V_A(\boldsymbol{r})]\,\phi_s(\boldsymbol{r})\,d\boldsymbol{r} \tag{2.99}$$

と書いて吟味しよう．$\phi_s(\boldsymbol{r})$ は格子点 $\boldsymbol{R}=0$ 近傍に局在する原子軌道である．そして，$V(\boldsymbol{r})-V_A(\boldsymbol{r})$ は結晶格子の周期的ポテンシャル場 $V(\boldsymbol{r})$ から $\boldsymbol{R}=0$ にあるイオン・コアによるポテンシャル場 $V_A(\boldsymbol{r})$ を除いたものである．したがっ

て，(2.98) の $C(<0)$ は電子の局在する格子点 $\boldsymbol{R}=0$ 以外の格子点にあるイオン・コアからの静電引力によるクーロン・ポテンシャルエネルギーである．(2.99) の $J(<0)$ は共鳴積分と呼ばれ，同じポテンシャル場 $V(\boldsymbol{r})-V_A(\boldsymbol{r})$ において格子点 $\boldsymbol{R}=0$ と格子点 $\boldsymbol{R}$ との間での電子の交換または移動に係わる共鳴エネルギーを与える．(2.97) を格子定数 a の単純立方格子について具体的に考察してみよう．

共鳴エネルギー $J(\boldsymbol{R})$ は格子点の間を渡り歩くことによる s 電子のエネルギー利得であって，R の増大とともに指数関数的の減少する．したがって，最近接格子点間の J のみをとり入れる近似を採用しよう．単純立方格子の互いに直交する基本ベクトル $\boldsymbol{a}_1$，$\boldsymbol{a}_2$，$\boldsymbol{a}_3$ $(|\boldsymbol{a}_1|=|\boldsymbol{a}_2|=|\boldsymbol{a}_3|=a)$ をそれぞれ x, y, z 方向にとれば，格子点 $\boldsymbol{R}=0$ の最近接格子点は $(a,0,0),(-a,0,0),(0,a,0),(0,-a,0),(0,0,a),(0,0,-a)$ の 6 個である．そして，対称性によって，

$$J(\pm a,0,0)=J(0,\pm a,0)=J(0,0,\pm a)\equiv J \tag{2.100}$$

である．したがって，(2.97) は

$$E_s(\boldsymbol{k})=E_s+C+2J\left(\cos k_x a+\cos k_y a+\cos k_z a\right), \quad -\frac{\pi}{a}\le k_x,\,k_y,\,k_z\le\frac{\pi}{a} \tag{2.101}$$

となる．これがタイト・バインディング近似における単純立方格子結晶の s バンドのエネルギー・スペクトルを与える．この結果はバンド理論の基礎的な議論においてよく引用される．$J<0$ であるから，バンドエネルギーの最大値は $k_x=k_y=k_z=\pm\pi/a$ で起こり，最小値は $k_x=k_y=k_z=0$ で起こる．そして，

$$\left.\begin{aligned} E_{\max} &= E_s+C+6|J| \\ E_{\min} &= E_s+C-6|J| \end{aligned}\right\} \tag{2.102}$$

となる．エネルギー・バンドの幅は $12|J|$ に等しい．このバンド幅を決めるものが共鳴エネルギーの大きさ $|J|$ であることに注意しよう．バンド幅が広いことは共鳴エネルギーの大きいこと，すなわち電子が移動しやすいことを意味する．

(2.99) の $J(\boldsymbol{R})$ は $\boldsymbol{R}$ が増大すれば急激に減少する．(2.98) の C に関しても同様である．したがって，原子間隔あるいは格子定数 $a\to\infty$ の極限で

は C も J も0になるので $E_s(\boldsymbol{k}) \to E_s$，すなわち s 電子のエネルギーは孤立原子の s 準位の結合エネルギーとなる．逆に，ばらばらに離れていた多数の原子が一様に接近して原子間距離 a の格子配列に徐々にもたらされるとしたとき，始め孤立原子の離散的エネルギー準位 E_s にあった各原子の s 状態は原子が接近するにつれて共鳴しはじめ，有限の格子定数 a が達成されたところで s 状態のエネルギーはクーロン・エネルギー C だけの低下とともに共鳴エネルギー J を獲得することになり，(2.97) または (2.101) が与える幅に広がった s バンドが作られる (図2.9).

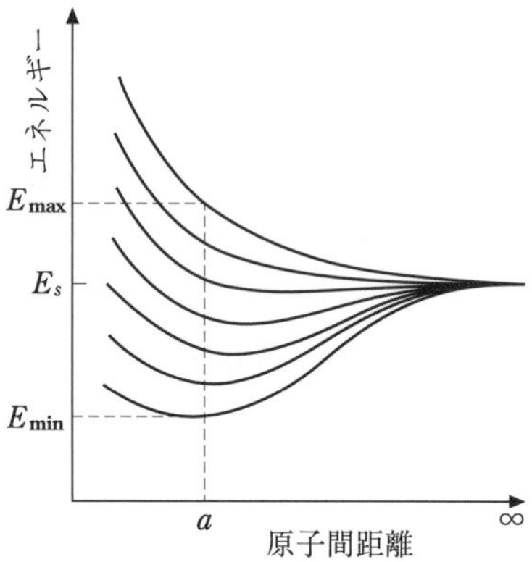

図 2.9 エネルギー・バンド形成過程 (概念図).

以上，球対称で縮退のない s 軌道による LCAO 法の概要を述べた．この s バンドの場合と同様に，p 軌道，d 軌道，... の1次結合を用いてそれぞれ p バンド，d バンド，... の計算を行うことができる．ただし，例えば縮退した原子軌道の対称性の相違からくる共鳴エネルギーの異方性，隣接するバンド間相互の影響を考慮するための摂動論の精密化など問題は多少とも複雑になってくる．また，実際の計算で重なり積分を無視することは，原子軌道の局在性の強い深い準位から生成されるエネルギー・バンドの場合を除いて，定量的結果という面で満足のゆくものではない．

前節で自由電子からの近似を，この節で束縛された電子からの近似を考察してきた．Bloch 軌道が格子点に存在する原子の近くで強く変調された平面波であることから，これら両極端からの近似は自然な出発点であろう．一方の自由電子からの近似では，Brillouin ゾーンの境界面で電子波の Bragg 反射が起こり，エネルギー・ギャップが禁止帯となって現れる．Bloch 軌道は逆格子ベクトル $\boldsymbol{K}$ を周期とする $\boldsymbol{k}$ の周期関数であり，第1 Brillouin ゾーンの $\boldsymbol{k}$ 値の数で完備性は満たされることから還元ゾーン方式が可能となって，電子のエネルギースペクトル $E_n(\boldsymbol{k})$ はバンド構造を作ることがわかった．さらに，第0次のエネルギーが k^2 に比例することから，バンドの幅はエネルギー値の高いほど大きくなる．また，バンド・ギャップの大きさは周期的ポテンシャル

のフーリェ変換 $V(\boldsymbol{K})$ の 2 倍に等しいことから，ギャップの幅はエネルギー値の高いほど狭くなる．他方，束縛された電子からの近似は孤立原子の集りから出発する．それらが接近して結晶格子を組むとき，隣接するイオン・コアからの静電引力場の影響を受けて各原子の同じ準位 (例えば s 準位) にある状態の間に共鳴が起きる．電子は共鳴エネルギー $J(\boldsymbol{R})$ を獲得して結晶内を渡り歩き，波数ベクトル $\boldsymbol{k}$ の Bloch 波となる．このとき，電子のエネルギースペクトル $E_n(\boldsymbol{k})$ は第 1 Brillouin ゾーン内の $\boldsymbol{k}$ の関数として $|J|$ に比例した幅をもつ．そして，これが原子の離散的エネルギー準位に対応するエネルギー・バンドであることを知った．さらに，エネルギー準位の高いほど原子軌道はより広がっているから，$|J|$ は大きくなる．したがって，エネルギー値の高いほどバンド幅は増大する．それから，もともと原子準位の高い場合ほど離散的準位間隔は狭いので，バンド間の間隔すなわちギャップはエネルギー値が高くなれば減少する．そして，遂にはバンド間の重なりが生じうることがわかる．

以上のように，両極端の近似からの結果は定性的に一致している．したがって，これらの結果は両者の中間的な場合を内挿すると考えられるので，一般に結晶内電子のエネルギー・バンド構造の成立に関して定性的な理解が得られたとしてよい．

2.7 Wigner-Seitz の方法

これまでの考察によって結晶の周期的ポテンシャル場における電子の量子状態とそのエネルギースペクトルについて定性的には基本的理解が得られたが，定量的観点からはそのままでは不十分であった．物理学の目的が現象や実験事実の説明にあるところから，バンド理論ないしはバンド計算においても定量的結果の獲得とその精度の改良の方向に努力が傾注され，今日に至っている．その嚆矢が Wigner-Seitz [2] の方法であり，彼等のアイディアはその後発展した多様な方法の基礎を与える一つの典型である．

まず，結晶の中に一種の単位胞を考える．それは，ある原子をとり，それの最近接原子あるいはつぎの近接原子とを結ぶ線分の垂直 2 等分面を作るとき，これらによって囲まれた多面体である．この多面体は中心に原子をもち，その

[2] E. Wigner and F. Seitz : Phys. Rev. **43** (1933) 804; **46** (1934) 509.

内部のすべての点は隣接する原子によりも中心の原子に近い．格子点に存在する各原子についてこのような多面体を作るとき，それによって結晶全体は隙間なく埋めつくされる．このような多面体を Wigner-Seitz セル (W-S セル) または原子多面体と呼ぶ．図 2.10a, b に体心立方格子と面心立方格子の W-S セルが示されている．(2.1) の基本ベクトルを 3 辺とする単位胞内に 1 原子しかない格子の場合ならば，W-S セルは前の単位胞と同等である．なお，W-S セルの作り方は逆格子空間における第 1 Brillouin ゾーンの作り方と同じである．

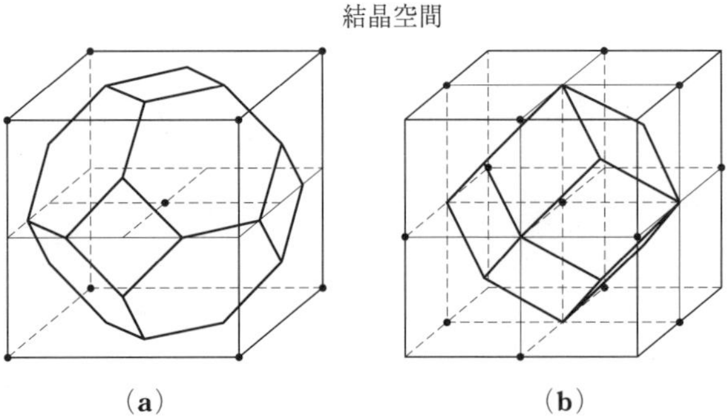

図 **2.10** 原子多面体; (a) 体心立方格子，(b) 面心立方格子．

いま，Na のような単純な 1 価金属を念頭において，一つの W-S セルの中心にある原子の 1 個の価電子に着目する．結晶内に広がったこの電子の Bloch 軌道を近似する波動関数を求めるために Wigner と Seitz は，電子に作用するポテンシャル場はセルの中心にあるイオン・コアからの中心力の静電ポテンシャル場のみであると仮定した．この仮定は，価電子群は電子間クーロン反発力によって互いに遠ざかり，平均的に各 W-S セルに 1 個ずつ存在することによってどのセルも中性となり，着目する電子への隣接するセルからの作用は無視できるほど小さいとすることである．このことは，電子間クーロン相互作用を数理的に処理したわけではなくて頭からではあるが，電子相関をとり入れていることになる．

さて，上述のことからすべての W-S セルは対等であるから，1 個の W-S セルを空間領域として波動方程式をたて，その解を Bloch の定理にしたがって広げてゆけばよい．波動方程式の解を支配する境界条件はセルの境界面にお

ける関数値および微分係数の連続性である．この境界条件はBlochの定理と結合されて

$$\left.\begin{aligned} \psi_{\boldsymbol{k}}(\boldsymbol{r}_2) &= e^{i\boldsymbol{k}\cdot\boldsymbol{R}_{12}}\psi_{\boldsymbol{k}}(\boldsymbol{r}_1), \\ \boldsymbol{n}\cdot\nabla\psi_{\boldsymbol{k}}(\boldsymbol{r}_2) &= e^{i\boldsymbol{k}\cdot\boldsymbol{R}_{12}}\boldsymbol{n}\cdot\nabla\psi_{\boldsymbol{k}}(\boldsymbol{r}_1) \end{aligned}\right\} \tag{2.103}$$

と書かれる．ここに，$\boldsymbol{r}_1$, $\boldsymbol{r}_2$ はそれぞれW-Sセルの相対する平行な2面上の2点，$\boldsymbol{n}$ はその2面における法線ベクトル (単位ベクトル)，$\boldsymbol{R}_{12} = \boldsymbol{r}_1 - \boldsymbol{r}_2$ は格子ベクトルである．イオン・コアのポテンシャル場は孤立原子の場合のそれと同じであると仮定する．この仮定は格子定数に比べてイオン・コアの半径が十分小さければ正当である (Na金属の場合には成立する)．具体的には孤立原子のHartreeまたはHartree-Fockの自己無撞着場が用いられる．いま，このイオン・コアのポテンシャル場を $V(r)$ とすれば，波動方程式は

$$-\frac{\hbar^2}{2m}\triangle\psi_{\boldsymbol{k}} + V(r)\psi_{\boldsymbol{k}} = E(\boldsymbol{k})\,\psi_{\boldsymbol{k}} \tag{2.104}$$

となる．ただし，境界条件は (2.103) である．ちなみに，(2.104) は孤立原子の波動方程式と同じであるが，空間領域が1個のセル内に限られていることと，境界条件が (2.103) であることが相違点である．そこで，$V(r)$ は中心力のポテンシャル場あるので，(2.104) を満たす波動関数 $\psi_{\boldsymbol{k}}$ は球面調和関数によって

$$\psi_{\boldsymbol{k}}(\boldsymbol{r}) = \sum_{l,m} b_{lm} Y_l^m(\theta,\varphi)\, R_l(r, E(\boldsymbol{k}))/r \tag{2.105}$$

と展開できる．

ここで，具体的にNa金属の $3s$ バンドを考える．これは (2.105) で $l = 0$ のみをとることになり，波動関数は

$$\psi_{s\boldsymbol{k}} = R_0(r, E(\boldsymbol{k}))/r \tag{2.106}$$

となる．まず，$\boldsymbol{k} = 0$, すなわち $3s$ バンドの底をとりあげる．そこでは波動関数 ψ_{s0} にかかる境界条件 (2.103) は

$$\left.\begin{aligned} \psi_{s0}(\boldsymbol{r}_2) &= \psi_{s0}(\boldsymbol{r}_1), \\ \boldsymbol{n}\cdot\nabla\psi_{s0}(\boldsymbol{r}_2) &= \boldsymbol{n}\cdot\nabla\psi_{s0}(\boldsymbol{r}_1) = 0 \end{aligned}\right\} \tag{2.107}$$

となる．ここに，第2式の $= 0$ は $\psi_{s0}(\boldsymbol{r})$ が偶関数であることから得られる．WignerとSeitzは計算上W-Sセルを同じ体積をもつ球で置き換えた．Na金

属は体心立方格子であって，そのW-Sセルは図2.10aのような14面体であるから，比較的球に近い．立方格子の格子定数をaとし，球の半径をr_sとすれば，

$$\frac{4\pi}{3}r_s^3 = \frac{1}{2}a^3, \quad r_s \cong 0.49a \tag{2.108}$$

である．こうすれば，境界条件(2.107)はこの球の表面上での

$$\left(\frac{d\psi_{s0}}{dr}\right)_{r_s} = 0 \tag{2.109}$$

によって置き換えられる．理論的にいえば，与えられたr_sに対してこの境界条件を満たす波動方程式の固有関数ψ_{s0}と固有値$E_s(0)$が求められる．しかし，実際の計算では，ある$E_s(0)$を与えては数値積分してψ_{s0}を求め，$r = r_s$において境界条件(2.109)を満たすまで繰り返す．求められたψ_{s0}が図2.11に示される．ψ_{s0}はイオン・コアの内部では原子軌道のように大きく振動しているが，コアの内部を除いてはセル内で平面波(ただし$\boldsymbol{k} = 0$)の特性をもっており，r_sにおいては$\psi'_{s0} = 0$を満たす．固有値$E_s(0)$は3sバンドの底$\boldsymbol{k} = 0$のエネルギーを表す．かりにr_sを変えてみるとき，求めた$\boldsymbol{k} = 0$のエネルギー固有値$E_s(0)$をプロットしたのが図2.12である．$E_{\min}$を与えるr_sと$E_{\min}$の値はNa金属の実測値に近いことが示された．kの小さい範囲，すなわちバンドの底の近傍は摂動計算によって取り扱われる．

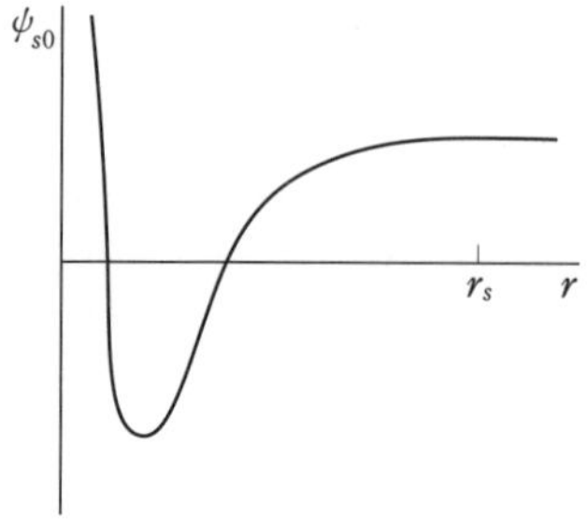

図2.11 ψ_{s0}の概念図．

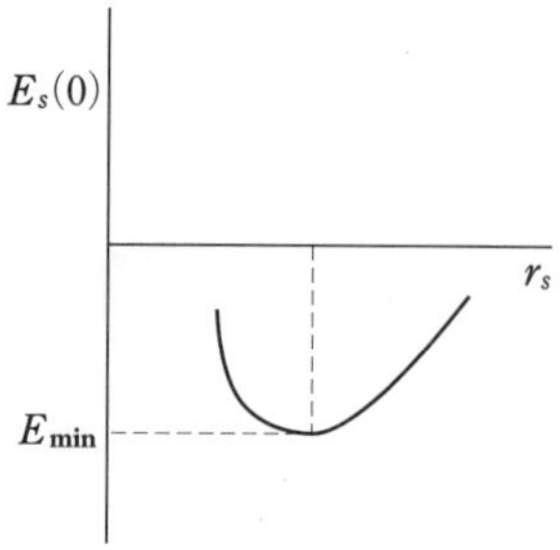

図2.12 $E_s(0)$のr_s依存性(概念図)．

2.8 電流期待値，有効質量

エネルギー $E_n(\boldsymbol{k})$ の状態にある電荷 $-e$ の Bloch 電子 1 個によって運ばれる電流の量子力学的期待値を計算しよう．それは

$$\boldsymbol{j} = i\,\frac{e\hbar}{2m}\int_{\Omega}(\psi^*_{n\boldsymbol{k}}\nabla\psi_{n\boldsymbol{k}} - \psi_{n\boldsymbol{k}}\nabla\psi^*_{n\boldsymbol{k}})\,d\boldsymbol{r} \tag{2.110}$$

によって与えられる．波動方程式 (2.16)

$$\frac{\hbar^2}{2m}\,\triangle\,\psi_{n\boldsymbol{k}} + [E_n(\boldsymbol{k}) - V(\boldsymbol{r})]\,\psi_{n\boldsymbol{k}} = 0$$

に Bloch 軌道 (2.39) を代入して，k_x について微分すると，

$$\begin{aligned}
&\left[\frac{\hbar^2}{2m}\,\triangle + E_n(\boldsymbol{k}) - V(\boldsymbol{r})\right] ix\psi_{n\boldsymbol{k}} \\
&\quad + \left[\frac{\hbar^2}{2m}\,\triangle + E_n(\boldsymbol{k}) - V(\boldsymbol{r})\right] G^{-1/2}e^{i\boldsymbol{k}\cdot\boldsymbol{r}}\frac{\partial u_{n\boldsymbol{k}}}{\partial k_x} \\
&\qquad + \frac{\partial E_n(\boldsymbol{k})}{\partial k_x}\,\psi_{n\boldsymbol{k}} = 0
\end{aligned} \tag{2.111}$$

となる．この式の第 1 項は波動方程式を使って

$$\left[\frac{\hbar^2}{2m}\,\triangle + E_n(\boldsymbol{k}) - V(\boldsymbol{r})\right] ix\psi_{n\boldsymbol{k}} = \frac{\hbar^2}{m}\,i\,\frac{\partial\psi_{n\boldsymbol{k}}}{\partial x}$$

となる．これを (2.111) に代入して，左から $\psi^*_{n\boldsymbol{k}}$ を掛けて積分すれば，

$$\begin{aligned}
-\frac{\partial E_n(\boldsymbol{k})}{\partial k_x} &= i\,\frac{\hbar^2}{m}\int_{\Omega}\psi^*_{n\boldsymbol{k}}\,\frac{\partial\psi_{n\boldsymbol{k}}}{\partial x}\,d\boldsymbol{r} \\
&+ G^{-1/2}\int_{\Omega}\psi^*_{n\boldsymbol{k}}\left[\frac{\hbar^2}{2m}\,\triangle + E_n(\boldsymbol{k}) - V(\boldsymbol{r})\right] e^{i\boldsymbol{k}\cdot\boldsymbol{r}}\frac{\partial u_{n\boldsymbol{k}}}{\partial k_x}\,d\boldsymbol{r}
\end{aligned} \tag{2.112}$$

が得られる．積分の中でのラプラシアンは左の $\psi^*_{n\boldsymbol{k}}$ に掛かるとしてよいから，この式の右辺第 2 項は波動方程式によって 0 となる．ちなみに，このことの証明は

$$\begin{aligned}
&\int_{\Omega}\left[\psi^*_{n\boldsymbol{k}}\,\triangle\left(e^{i\boldsymbol{k}\cdot\boldsymbol{r}}\frac{\partial u_{n\boldsymbol{k}}}{\partial k_x}\right) - e^{i\boldsymbol{k}\cdot\boldsymbol{r}}\frac{\partial u_{n\boldsymbol{k}}}{\partial k_x}\,\triangle\,\psi^*_{n\boldsymbol{k}}\right] d\boldsymbol{r} \\
&= \int_{S}\left[\psi^*_{n\boldsymbol{k}}\frac{\partial}{\partial n}\left(e^{i\boldsymbol{k}\cdot\boldsymbol{r}}\frac{\partial u_{n\boldsymbol{k}}}{\partial k_x}\right) - e^{i\boldsymbol{k}\cdot\boldsymbol{r}}\frac{\partial u_{n\boldsymbol{k}}}{\partial k_x}\frac{\partial\psi^*_{n\boldsymbol{k}}}{\partial n}\right] dS = 0
\end{aligned}$$

ということに注意すればよい．ここで，第 1 等式は Green の定理である．この定理の右辺は系の体積を囲む表面についての面積分であって，$\partial/\partial n$ は外向き法線ベクトル $\boldsymbol{n}$ 方向への方向微分である．第 2 等式は表面における周期的境界条件と外向き方向微分のため相対する表面要素上で被積分関数が打ち消し合うことによる．したがって，(2.112) は

$$-\frac{e}{\hbar}\frac{\partial E_n(\boldsymbol{k})}{\partial k_x} = \frac{ie\hbar}{m}\int_\Omega \psi^*_{n\boldsymbol{k}}\frac{\partial \psi_{n\boldsymbol{k}}}{\partial x}\,d\boldsymbol{r}$$
$$= i\,\frac{e\hbar}{2m}\int_\Omega \left(\psi^*_{n\boldsymbol{k}}\frac{\partial \psi_{n\boldsymbol{k}}}{\partial x} - \psi_{n\boldsymbol{k}}\frac{\partial \psi^*_{n\boldsymbol{k}}}{\partial x}\right) d\boldsymbol{r} \qquad (2.113)$$

となる．この式の第 2 等式は部分積分の結果を加えて 2 で割ったものである．k_y, k_z に関する微分についても (2.113) と同様な結果が得られるので，(2.110) と比較して

$$\boldsymbol{j} = -\frac{e}{\hbar}\frac{\partial E_n(\boldsymbol{k})}{\partial \boldsymbol{k}} \qquad (2.114)$$

と書かれる．これを $-e$ で割れば，電子速度の期待値 $\boldsymbol{v}$ は

$$\boldsymbol{v} = \frac{1}{\hbar}\frac{\partial E_n(\boldsymbol{k})}{\partial \boldsymbol{k}} = \frac{\partial E_n(\boldsymbol{k})}{\partial \boldsymbol{p}} \qquad (2.115)$$

となる．ここに de Broglie の関係式 $\boldsymbol{p} = \hbar\boldsymbol{k}$ によって結晶運動量が定義される．(2.115) は電子を波束で表現したときの波束の群速度と解釈してもよい．

電場 $\boldsymbol{F}$ による Bloch 電子の加速を考えよう．パワーの表式は $\boldsymbol{v}$ に (2.115) を代入して

$$\frac{dE_n(\boldsymbol{k})}{dt} = -e\boldsymbol{F}\cdot\boldsymbol{v} = -\frac{e}{\hbar}\frac{\partial E_n(\boldsymbol{k})}{\partial \boldsymbol{k}}\cdot\boldsymbol{F} \qquad (2.116)$$

となる．この式はつぎのように考えても得られる．電場が十分弱ければ，バンドエネルギーの変動は $\boldsymbol{k}$ の変化を通じてのみ起きるので，

$$\frac{dE_n(\boldsymbol{k})}{dt} = \frac{\partial E_n(\boldsymbol{k})}{\partial \boldsymbol{k}}\cdot\frac{d\boldsymbol{k}}{dt}$$

である．この式によく知られた波束の加速方程式

$$\frac{d\boldsymbol{k}}{dt} = -\frac{e}{\hbar}\boldsymbol{F} \qquad (2.117)$$

を代入すれば，(2.116) が得られる．そこで，(2.115) の両辺を時間について微分し，(2.116) を代入すれば，

$$\frac{d\boldsymbol{v}}{dt} = -\frac{e}{\hbar^2}\frac{\partial}{\partial \boldsymbol{k}}\left[\frac{\partial E_n(\boldsymbol{k})}{\partial \boldsymbol{k}}\cdot\boldsymbol{F}\right] \qquad (2.118)$$

となる．成分で表せば，

$$\frac{dv_i}{dt} = -\frac{e}{\hbar^2}\frac{\partial^2 E_n(\boldsymbol{k})}{\partial k_i \partial k_j} F_j$$
$$= -e\,\tilde{m}_{ij}^{-1} F_j\,, \qquad (i,\, j = x,\, y,\, z) \tag{2.119}$$

と書かれる．ここに，

$$\tilde{m}_{ij}^{-1} = \frac{1}{\hbar^2}\frac{\partial^2 E_n(\boldsymbol{k})}{\partial k_i \partial k_j} \tag{2.120}$$

によって定義される $\tilde{m}$ は有効質量テンソルと呼ばれる．$E_n(\boldsymbol{k})$ が $\boldsymbol{k}$ に関して等方的であれば有効質量テンソル $\tilde{m}$ はスカラーとなり，

$$\frac{1}{m^*} = \frac{1}{\hbar^2}\frac{\partial^2 E_n(\boldsymbol{k})}{\partial k_i^2}\,, \qquad (i = x,\, y,\, z) \tag{2.121}$$

で与えられる m^* を有効質量という．この場合，(2.119) は Bloch 電子が有効質量 m^* をもつ自由電子のように電場によって加速されることを示している．Bloch 電子は結晶の周期的ポテンシャル場の影響を背負った自由電子に似ている．(2.121) によれば，m^* は $\boldsymbol{k}$ 空間におけるエネルギー曲面の曲率半径に比例する．Bloch 電子すなわちバンド電子の有効質量をバンド質量ということがある．

(2.101) はタイト・バインディング近似法によって求められた単純立方格子結晶の s バンドのエネルギースペクトルである．この s バンドの底および頂上付近のバンド・エネルギーの近似式を導こう．

バンドの底は $\boldsymbol{k} = 0$ の点である．この点の近傍において，$|k_x| \ll 1/a$, $|k_y| \ll 1/a$, $|k_z| \ll 1/a$ として (2.101) の cosine 関数を展開すれば，

$$E_s(\boldsymbol{k}) = E_s + C - 6|J| + |J|a^2k^2$$

となる．この式は (2.121) を用いて

$$E_s(\boldsymbol{k}) = E_{\min} + \frac{\hbar^2 k^2}{2m^*}\,, \tag{2.122}$$

$$m^* = \frac{\hbar^2}{2|J|a^2} \tag{2.123}$$

と書かれる．ここに，$E_{\min}$ は (2.102) に与えられたバンド・エネルギーの最小値である．バンドの底付近では Bloch 電子は質量 m^* の自由電子のように振る舞う．

他方，バンドの頂上は $k_x = k_y = k_z = \pm\pi/a$ の 2 点 (逆格子の基本ベクトル $2\pi/a$ の差をもつ等価な点) である．原点を頂上の点に移せば，すなわちそれぞれ $k'_x = k_x \mp \pi/a$, $k'_y = k_y \mp \pi/a$, $k'_z = k_z \mp \pi/a$ とおけば，両者の場合とも (2.101) は

$$E_s(\boldsymbol{k}) = E_s + C - 2J\,(\cos ak'_x + \cos ak'_y + \cos ak'_z) \tag{2.124}$$

となる．バンドの頂上近傍，$a|k'_x| \ll 1$, $a|k'_y| \ll 1$, $a|k'_z| \ll 1$, において上式の右辺を展開すれば，

$$E_s(\boldsymbol{k}) = E_{\max} + \frac{\hbar^2 k'^2}{2m^*}, \tag{2.125}$$

$$m^* = -\frac{\hbar^2}{2|J|a^2} \tag{2.126}$$

が得られる．ここに，$E_{\max}$ (2.102) に与えられたバンド・エネルギーの最大値である．(2.126) で負の有効質量が定義された．(2.125) は負の質量をもった自由電子のエネルギースペクトルであって，$\boldsymbol{k}' = 0$ における最大値 $E_{\max}$ を頂点として下に向かって広がる放物面を表す．

以上の結果を一口でいえば，バンドの底または頂上付近では適当な有効質量を定義すれば，Bloch 電子はあたかも自由電子のように運動する．このことは具体的な議論においてしばしば用いられる．いずれの場合でも有効質量の大きさは共鳴積分の大きさ $|J|$ に逆比例している．$|J|$ が大きいことはバンド幅の大きいことで，バンド幅が大きければ $|m^*|$ は小さい．すなわち，$|J|$ が大きくてバンド幅が大きいならば，電子の慣性抵抗は小さい，つまり電子は動きやすい (移動度が大きい)．

2.9　金属，絶縁体の分類

バンド理論は 1 電子近似から出発している．バンド理論によって得られる結果は電子相関効果を無視したものである．1.3 節で述べられたように，電子相関効果が顕著になる場合においては，例えばバンド計算の結果に配位間相互作用をとり入れてゆく試みがなされるが，数学的処理が難しい．系統的な多体摂動計算が有望視されるが，現在のところ成果は高密度極限で妥当なリング近似の範囲内に留まっている．運動方程式の方法においてもリング近似

と同等な乱雑位相近似を越える電子相関の取扱いには成功していない．2 電子が同一原子サイトにある時の電子間クーロン相互作用Uをのみ存在するとした Hubbard模型 (7.3 節) を採用して，Hubbardは 2 時間グリーン関数法の近似を進めてUのバンド幅に対する比がある値より大きくなると金属–絶縁体転移が起こることを示した．しかし，この問題はまだ十分な解決を見たわけではなく，格子の乱れによって生起する金属–絶縁体転移 (Anderson局在) の問題とともに現在の固体電子論の基本的な問題となっている．この節では，バンド理論の立場から可能な金属，絶縁体の分類を概観する．

電子はパウリの原理に支配されて，$\boldsymbol{k} = (k_x, k_y, k_z)$で指定される 1 つの状態にスピン$\hbar/2$の電子とスピン$-\hbar/2$の電子各 1 個ずつ計 2 個しか入れない．したがって，最低のエネルギー状態から順々に 2 個の電子がそれぞれ上向き下向きのスピンをもって占有してゆき，全電子が詰った最高のエネルギー状態の定まったFermi分布が実現する．絶対零度では，最高のエネルギー状態までの占拠確率は 1 で，最高のエネルギー状態より上の占拠確率はゼロである．この絶対零度における電子の占有確率 1 の最高エネルギー値をFermi準位またはFermiエネルギーと呼んでE_Fあるいはε_Fで表す．

具体的にN_A個の原子から成る結晶を考えるとき，まずsバンドは第 1 Brillouin ゾーンのN_A個ある$\boldsymbol{k}$状態が原子当り 2 個のs電子によって満杯になる．つぎに，磁気量子数$m = 1, 0, -1$に対応する 3 本の異方性をもったバンドが縮退するpバンドは原子当り 6 個のp電子によって満杯になる．このようにして，エネルギーの低いバンドからつぎつぎに詰ってゆき，一般に閉殻構造をもつ原子から成る結晶においては最も外側の閉殻に対応するバンドまで満杯になる．そして，その直上が禁止帯のバンド・ギャップとなっている場合が絶縁体である (図 2.13a).

これに対して，一番外側の殻が閉じていない原子から成る結晶においては，最外殻に対応するバンドは満杯とならない．Naの結晶を例にとってみよう．Na原子の電子配位は$(1s)^2(2s)^2(2p)^6(3s)^1$であるから，$2p$バンドまでは満杯となり，つぎの $3s$バンドはちょうど半分まで満たされ，バンドの上半分の状態は空いている (図 2.13b)．このように，最高位のバンドが半ば満たされている場合が金属となる．Naの場合，Fermi準位E_Fは$3s$バンドの中央に位置する．弱い電場をかけたとき，E_Fの直下近くの電子は容易にE_Fの直上準連続的に分布する許容された状態に励起され，加速されて電流となる．このような電流の本体と成り得るFermi準位近傍の電子を伝導電子と呼ぶ．絶縁体の場合，Fermi準位E_Fは満杯となった最高位のバンドの上端に位置し，その直上は禁止帯である．この場合，通常の電場によっては電子を励起することはできず，電流は流れない．もっとも，ギャップを越えて電子励起を可能にするほどの強電場をかければ，絶縁破壊の現象が起こり，電流が発生する．

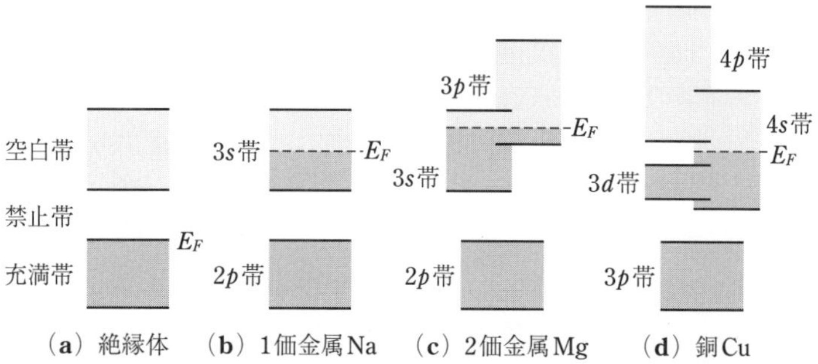

図 2.13 バンド構造 (模式図).

アルカリ土類，例えばMgの電子配位は$(1s)^2(2s)^2(2p)^6(3s)^2$である．したがって，Mg結晶では$2N_A$個の価電子が存在して，そのままでは$3s$バンドを満杯にするが，この場合つぎの$3p$バンドが$3s$バンドの上の部分と重なり，$3s$電子の一部が$3p$バンドに移ることができる(図2.13c)．このためFermi準位の直上に空いた許容準位が存在することになり，金属となる．これが2価金属の場合である．Cu, Ag, Auなど貴金属の場合にもバンドの重なりが生ずる．Cuの場合，広がった$4s$バンドは$3d$バンドをその底からすっぽりと飲み込んでいると考えられる(図2.13d)．Fermi準位は$4s$バンドの中央部分にあって，$3d$バンドの頂上より$3d$バンドの幅程度上にある．このようなバンド構造から見て，$4s$–$3d$混成軌道ができやすく，Cuが1価であるよりむしろ2価または3価となる場合が考えられる．

満杯のバンド(価電子帯)の直上のエネルギー・ギャップが比較的狭い場合，絶対零度では絶縁体であるが，有限温度のある程度高温においては電子は相当する熱エネルギーを吸収してギャップの上にある空のバンド(伝導帯)に励起されるチャンスが生じる．この場合が真性半導体である．伝導帯に励起された電子はまさに伝導電子であって，電流に寄与する．このとき，価電子帯の頂上近傍には電子の励起された跡としての抜け孔ができる．これは電子の電荷と逆の正電荷を帯びた粒子として取り扱われ，正孔と呼ばれる．真性半導体においては，価電子帯における正孔の数は伝導帯に励起された電子の数と同数である．正孔も電場による加速を受けて電流に寄与する．真性半導体は純度の高い半導体の場合であるが，第4章で議論される不純物半導体においては，室温で十分な電子と正孔とがそれぞれ伝導帯と価電子帯に生じて，不純物濃度と温度によって有効に制御されるデバイス物性が得られる．

第3章　金属の自由電子模型

Na,Al などの金属に対しては自由電子近似がよくあてはまる．とくに伝導現象の議論において，伝導電子は適当な有効質量をもった自由電子であるとして差し支えない．ただし，基本的な面で電子を量子論的粒子として，すなわち de Broglie 波として取り扱わなくてはならない．

金属においては，各原子内閉殻の外側にある価電子は原子核の束縛から放れ，あとに正イオンを残して伝導電子となる．出発点の近似では金属内の伝導電子は Bloch 電子である．さらに，最も簡単な近似として結晶の周期的ポテンシャル場をも無視すると，伝導電子系は自由電子系となる．もっとも，金属表面から電子が勝手に飛び出すことはないので，電子系は表面の高いポテンシャル障壁によって閉じ込められた自由電子系である．

3.1　平面波，状態密度

1 辺の長さ L の立方体の中の自由電子に周期的境界条件を課する．これは Born-von Kármán の循環条件とも呼ばれ，表面の性質が特別に問題にならない限り理論的に便利な条件である．周期的ポテンシャルに代わる負の一定ポテンシャルはエネルギーの原点に関わるパラメーターに過ぎないので 0 とする．シュレーディンガーの波動方程式

$$-\frac{\hbar^2}{2m}\triangle\psi = \varepsilon\psi \tag{3.1}$$

の解

$$\psi(x,y,z) = e^{i\boldsymbol{k}\cdot\boldsymbol{r}} = e^{i(k_x x+k_y y+k_z z)}$$

は周期的境界条件

$$\left.\begin{array}{rcl}\psi(x+L,y,z) &=& \psi(x,y,z)\\ \psi(x,y+L,z) &=& \psi(x,y,z)\\ \psi(x,y,z+L) &=& \psi(x,y,z)\end{array}\right\} \tag{3.2}$$

を満たさなければならない．したがって，$\boldsymbol{k}=(k_x,k_y,k_z)$ は

$$e^{ik_xL} = e^{ik_yL} = e^{ik_zL} = 1$$

によって定まる離散値

$$k_x = \frac{2\pi n_x}{L}, \quad k_y = \frac{2\pi n_y}{L}, \quad k_z = \frac{2\pi n_z}{L} \tag{3.3}$$

$$n_x\,,\,n_y\,,\,n_z = 0, \pm 1, \pm 2, \cdots$$

をとる．ここに，$\boldsymbol{k}$ は波数ベクトルである．よって，体積 L^3 の立方体内で規格化された固有関数は平面波

$$\psi_{\boldsymbol{k}}(\boldsymbol{r}) = L^{-3/2}\,e^{i\boldsymbol{k}\cdot\boldsymbol{r}} \tag{3.4}$$

となる．なお，正規直交条件は

$$\int_{L^3} \psi^*_{\boldsymbol{k}'}(\boldsymbol{r})\,\psi_{\boldsymbol{k}}(\boldsymbol{r})\,d\boldsymbol{r} = \delta_{\boldsymbol{k}\boldsymbol{k}'} \tag{3.5}$$

によって与えられる．ここに，$\delta_{\boldsymbol{k}\boldsymbol{k}'}$ は Kronecker の記号である．(3.4) を (3.1) に代入すれば，エネルギー固有値

$$\varepsilon = \varepsilon_{\boldsymbol{k}} = \frac{\hbar^2 k^2}{2m} \tag{3.6}$$

が得られる．これが自由電子のエネルギースペクトルである．

(3.4) は電子状態が波数ベクトル $\boldsymbol{k}$ で指定されることを意味する．(3.3) によれば，3 次元 k 空間の体積 $(2\pi/L)^3$ 当り 1 個の状態が対応する．そして，$L\to\infty$ として $\boldsymbol{k}=(k_x,k_y,k_z)$ を連続変数化する．この準連続値をとる k 空間において，半径が k と $k+dk$ の間の球殻の体積は $4\pi k^2 dk$ であるから，この中に含まれる状態の数は

$$\left(\frac{L}{2\pi}\right)^3 4\pi k^2\,dk$$

となる．(3.6) を用いて，これをエネルギーが ε と $\varepsilon + d\varepsilon$ の間にある状態の数 $D(\varepsilon)\,d\varepsilon$ と読み替えることができる．すなわち，

$$D(\varepsilon)\,d\varepsilon = \left(\frac{L}{2\pi}\right)^3 4\pi k^2 dk = \frac{L^3}{4\pi^2}\left(\frac{2m}{\hbar^2}\right)^{3/2} \varepsilon^{1/2} d\varepsilon \qquad (3.7)$$

が得られる．そして，(3.7) の $D(\varepsilon)$ は自由電子の状態密度である．(2.45) に自由電子のエネルギースペクトル (3.6) を適用して (3.7) を導くことを試みよ．

$L \to \infty$ として $\boldsymbol{k}$ を連続変数化するとき，$\boldsymbol{k}$ についての和は $\boldsymbol{k}$ に関する積分 (2.34) に移行する．一般に状態密度は Dirac の δ 関数を用いて

$$D(\varepsilon) = \sum_{\boldsymbol{k}} \delta(\varepsilon_{\boldsymbol{k}} - \varepsilon) \qquad (3.8)$$

によって与えられる．$\boldsymbol{k}$-和を $\boldsymbol{k}$-積分になおし，$\varepsilon_{\boldsymbol{k}}$ に (3.6) を用いて，(3.8) が (3.7) の $D(\varepsilon)$ になることを読者自ら確かめられよ．また，$\boldsymbol{k}$-和は $\boldsymbol{k}$-積分から ε-積分へとなる．すなわち，

$$\begin{aligned} \sum_{\boldsymbol{k}} \cdots &= \left(\frac{L}{2\pi}\right)^3 \int d\boldsymbol{k} \cdots \\ &= \int d\varepsilon\, D(\varepsilon) \int \frac{d\Omega}{4\pi} \cdots \end{aligned} \qquad (3.9)$$

と書きかえられる．ここに，$d\Omega$ は等エネルギー面 $\varepsilon_{\boldsymbol{k}} = \varepsilon$ の面素片をのぞむ立体角要素である．そして，この形式は $\boldsymbol{k}$ 空間に極座標を導入すれば得られる．

3.2 自由電子系の基底状態

電子はスピン 1/2 をもつので，Pauli の原理にしたがえば $\boldsymbol{k}$ で指定される 1 電子状態にそれぞれ上向きスピンと下向きスピンをもった電子 2 個までが入りうる．スピン座標 σ($\sigma = \uparrow, \downarrow$ または $\sigma = +, -$) を導入して 1 電子状態を $(\boldsymbol{k}, \sigma)$ で指定すれば，状態 $(\boldsymbol{k}, \sigma)$ を占める電子数 $n_{\boldsymbol{k}\sigma}$ は 0 または 1 の値をとる．$n_{\boldsymbol{k}\sigma}$ は占拠数と呼ばれ，自由電子系の量子状態はすべての $(\boldsymbol{k}, \sigma)$ に対して 1 組の $\{\cdots, n_{\boldsymbol{k}\sigma}, \cdots\}$ を与えれば定まる．よって，系の状態ベクトルまたは波動関数を $|\cdots, n_{\boldsymbol{k}\sigma}, \cdots\rangle$ と書いて，これを基底とする表示を占拠数表示または単に数表示という．占拠数表示において定義される生成，消滅演算子を用

いて多体系の物理量を表現する方法が第2量子化法である (付録Aを参照). 全電子数Nおよび全エネルギーEはそれぞれ

$$\left.\begin{aligned} N &= \sum_{\boldsymbol{k},\sigma} n_{\boldsymbol{k}\sigma}\,, \\ E &= \sum_{\boldsymbol{k},\sigma} n_{\boldsymbol{k}\sigma}\varepsilon_{\boldsymbol{k}} \end{aligned}\right\} \tag{3.10}$$

で与えられる.

自由電子系の基底状態 (絶対零度) は, $\boldsymbol{k}=0$の最低状態から段々にそれぞれ上向きおよび下向きスピンをもつ電子2個ずつが入ってゆき, N個の全電子が最終的に最大の$|\boldsymbol{k}|=k_F$まで占めた状態である (図 3.1). 占拠数$n_{\boldsymbol{k}\sigma}$を用いて表せば, 基底状態は

$$n_{\boldsymbol{k}\sigma} = \begin{cases} 1 & |\boldsymbol{k}| \le k_F \\ 0 & |\boldsymbol{k}| > k_F \end{cases} \tag{3.11}$$

によって与えられる. ここに, 占有された最大の波数k_FはFermi波数と呼ばれ, これに対応するエネルギー

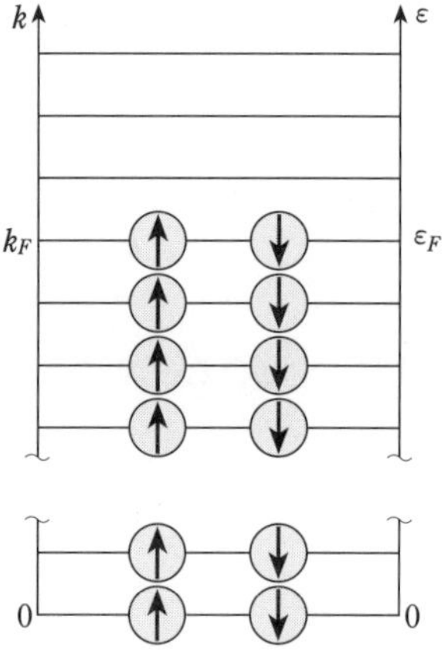

図 3.1 自由電子系の基底状態.

$$\varepsilon_F = \frac{\hbar^2 k_F^2}{2m} \tag{3.12}$$

がFermiエネルギーまたはFermi準位である.

この基底状態を座標表示の波動関数で表したものが, 平面波 (3.4) にスピン関数$\alpha(\sigma)$または$\beta(\sigma)$の掛かった$\psi_{\boldsymbol{k}\sigma}(\boldsymbol{r})$, $k \le k_F$, を用いて作ったSlaterの行列式関数である. 基底状態は, 3次元k空間において半径k_Fの球の中身が電子で完全に占められており, 球の外側は電子の空の状態である. この球をFermi球と呼ぶ. 一般にFermiエネルギーε_Fの等エネルギー面をFermi面というが, 自由電子系のFermi面はFermi球という球面である. Bloch電子系のFermi面は一般に球面ではない. とくに, Brillouinゾーンの

境界に近い領域では球面からの外れは大きくなる (図2.8を参照)．また，

$$\left.\begin{aligned} p_F &= \hbar k_F\,, \\ v_F &= \frac{\hbar k_F}{m} = \frac{d\varepsilon_F}{dp_F} \end{aligned}\right\} \tag{3.13}$$

をそれぞれFermi運動量，Fermi速度という．基底状態において，(3.10) はそれぞれ

$$N = 2\sum_{|\boldsymbol{k}|\le k_F} 1 = 2\left(\frac{L}{2\pi}\right)^3 \int_0^{k_F} d\boldsymbol{k} = \frac{L^3 k_F^3}{3\pi^2} \tag{3.14}$$

および基底状態における全エネルギー

$$E_0 = 2\sum_{|\boldsymbol{k}|\le k_F} \varepsilon_{\boldsymbol{k}} = 2\int_0^{\varepsilon_F} \varepsilon\, D(\varepsilon)\, d\varepsilon = \frac{3}{5}N\varepsilon_F \tag{3.15}$$

となる．また，Fermi面における状態密度は (3.7) より

$$D(\varepsilon_F) = \frac{L^3}{4\pi^2}\left(\frac{2m}{\hbar^2}\right)^{3/2} \varepsilon_F^{1/2} = \frac{3}{4}\frac{N}{\varepsilon_F} \tag{3.16}$$

で与えられる．

(3.14) はFermi波数 k_F が全電子数 N と直結していることを意味する．電子数密度 $n = N/L^3$ で表せば，

$$k_F = (3\pi^2 n)^{1/3} \tag{3.17}$$

という簡単な関係となる．金属の電子数密度は大体 $n \sim 10^{-22}\,\mathrm{cm}^{-3}$ であるから，$k_F \sim 10^8\,\mathrm{cm}^{-1}$, $\varepsilon_F \sim 5\,\mathrm{eV}$, $v_F \sim 10^8\,\mathrm{cm}\cdot\mathrm{sec}^{-1}$ 程度となる．絶対零度0Kにおいても伝導電子は v_F 程度の高速度で運動 (零点運動) している．

3.3 Fermi-Dirac分布

自由電子系に対して第2量子化の表現を使うと，全電子数演算子 $\mathcal{N}$ は (A.52)，系のハミルトニアン $\mathcal{H}$ は (A.60) の第1項，

$$\left.\begin{aligned} \mathcal{N} &= \sum_{\boldsymbol{k},\sigma} a^\dagger_{\boldsymbol{k}\sigma} a_{\boldsymbol{k}\sigma}\,, \\ \mathcal{H} &= \sum_{\boldsymbol{k},\sigma} \varepsilon_{\boldsymbol{k}} a^\dagger_{\boldsymbol{k}\sigma} a_{\boldsymbol{k}\sigma}\,,\quad \varepsilon_{\boldsymbol{k}} = \frac{\hbar^2 k^2}{2m} \end{aligned}\right\} \tag{3.18}$$

によって与えられる．占拠数表示 $|\cdots, n_{\boldsymbol{k}\sigma}, \cdots\rangle$ における固有値方程式

$$\left.\begin{aligned}\mathcal{N}|\cdots, n_{\boldsymbol{k}\sigma}, \cdots\rangle &= (\sum_{\boldsymbol{k}',\sigma'} n_{\boldsymbol{k}'\sigma'})|\cdots, n_{\boldsymbol{k}\sigma}, \cdots\rangle, \\ \mathcal{H}|\cdots, n_{\boldsymbol{k}\sigma}, \cdots\rangle &= (\sum_{\boldsymbol{k}',\sigma'} \varepsilon_{\boldsymbol{k}'} n_{\boldsymbol{k}'\sigma'})|\cdots, n_{\boldsymbol{k}\sigma}, \cdots\rangle\end{aligned}\right\} \tag{3.19}$$

は, $\mathcal{N}$ および $\mathcal{H}$ の固有値が (3.10) に与えられた N および E であることを示す．

有限温度 (絶対温度 T) における電子分布，すなわち状態 $(\boldsymbol{k}, \sigma)$ の占拠数 $n_{\boldsymbol{k}\sigma}$ の平均値，は (B.32)

$$\overline{n}_{\boldsymbol{k}\sigma} = f(\varepsilon_{\boldsymbol{k}}) = \frac{1}{e^{\beta(\varepsilon_{\boldsymbol{k}}-\mu)} + 1} \tag{3.20}$$

で与えられる．ここに, $\beta = 1/k_B T$ (k_B は Boltzmann 定数), そして μ は化学ポテンシャルである．(3.20) は Fermi-Dirac 分布関数 (単に Fermi 分布関数) と呼ばれる．Fermi 分布則に従う系は Fermi 気体と称される．自由電子系すなわち理想電子気体は Fermi 気体の一種である．

まず，絶対零度 $T = 0\,\mathrm{K}$ においては Fermi 分布関数は階段関数：

$$f(\varepsilon_{\boldsymbol{k}}) = \begin{cases} 1 & \varepsilon_{\boldsymbol{k}} \leq \mu_0 \\ 0 & \varepsilon_{\boldsymbol{k}} > \mu_0 \end{cases} \tag{3.21}$$

となる．ここに，μ_0 は 0 K における化学ポテンシャルであって，Fermi エネルギーに等しい．すなわち，

$$\mu_0 = \varepsilon_F = \frac{\hbar^2 k_F^2}{2m} \tag{3.22}$$

である．したがって, (3.21) は (3.11) と一致する．(3.21) の分布をもつ 0 K の Fermi 気体は「完全に縮退している」といわれる．

つぎに, 有限温度 $T > 0\,\mathrm{K}$ を考えよう．Fermi 分布関数 (3.20) は図 3.2 のようになる．電子の熱運動によって $-k_B T \leq \varepsilon_{\boldsymbol{k}} - \mu \leq k_B T$ の範囲で Fermi 分布は階段関数から崩れる．系の縮退温度 T_F が

$$k_B T_F = \mu_0 = \varepsilon_F \tag{3.23}$$

によって定義される．$T \ll T_F$ の温度領域では電子気体は「強く縮退している」といわれる．(3.23) によれば，電子数密度 $n \sim 10^{-22}\,\mathrm{cm}^{-3}$ に対して縮退

温度T_Fは$\sim 10^4$ Kに達する．したがって，金属内の電子気体は典型的な「強く縮退したFermi気体」である．

全電子数Nは

$$N = \sum_{\boldsymbol{k},\sigma} f(\varepsilon_{\boldsymbol{k}}) = \frac{2L^3}{(2\pi)^3}\int d\boldsymbol{k}\, f(\varepsilon_{\boldsymbol{k}})$$
$$= 2\int_0^\infty D(\varepsilon) f(\varepsilon)\, d\varepsilon \tag{3.24}$$

によって，全エネルギーは

$$E = \sum_{\boldsymbol{k},\sigma} \varepsilon_{\boldsymbol{k}} f(\varepsilon_{\boldsymbol{k}}) = 2\int_0^\infty D(\varepsilon)\, \varepsilon f(\varepsilon)\, d\varepsilon \tag{3.25}$$

によって与えられる．

十分高温の場合$k_B T \sim \mu_0$の温度領域では図3.2のようなFermi分布関数の特徴は失われ，系の縮退は極めて弱いものとなる．さらに，

$$k_B T \gg \frac{\hbar^2}{m}\left(\frac{N}{L^3}\right)^{2/3} \tag{3.26}$$

の条件が成り立つ高温低密度の場合には，$\mu < 0$となって$\exp(\mu/k_B T) \ll 1$が満たされ，すべての電子エネルギーεに対して

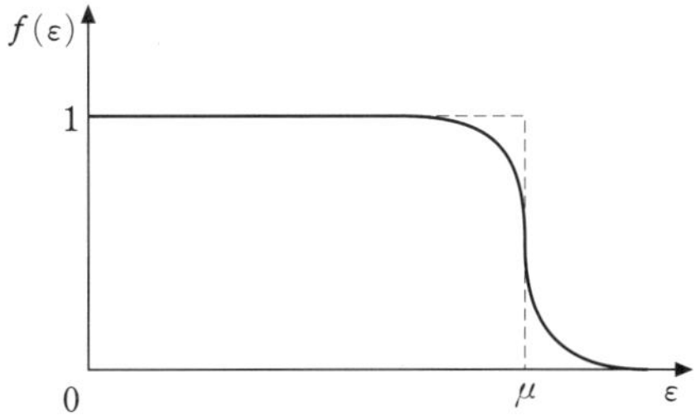

図 **3.2** Fermi 分布関数.

$$e^{\beta(\varepsilon-\mu)} \gg 1$$

が成立する．したがって，(3.20) はBoltzmann分布関数

$$f(\varepsilon_{\boldsymbol{k}}) = e^{\beta(\mu-\varepsilon_{\boldsymbol{k}})} \tag{3.27}$$

に移行する．(3.26) はBoltzmann統計の成立条件である．電子数密度の低い半導体においては室温で条件 (3.26) が満たされ，Blotzmann統計が適用される．

3.4　縮退した Fermi 気体

(3.24)，(3.25) を見ると，強く縮退した場合の平均値の計算には公式：

$$\int_0^\infty g(\varepsilon)f(\varepsilon)\,d\varepsilon = \int_0^\mu g(\varepsilon)\,d\varepsilon + \frac{\pi^2}{6}(k_BT)^2 g'(\mu) + \frac{7\pi^4}{360}(k_BT)^4 g'''(\mu) + \cdots \tag{3.28}$$

が必要になる．この公式 (漸近展開) を証明しよう．まず，(3.28) の左辺の積分を

$$I \equiv \int_0^\infty \frac{du}{d\varepsilon} f(\varepsilon)\,d\varepsilon = -\int_0^\infty u(\varepsilon)\frac{df}{d\varepsilon}\,d\varepsilon \tag{3.29}$$

と書き換える．ここに，$du/d\varepsilon = g(\varepsilon)$ である．ただし，$u(0)=0$ を満たすものとする．(3.29) の因子 $-df/d\varepsilon$ は (3.20) より

$$-\frac{df}{d\varepsilon} = \frac{\beta}{[e^{\beta(\varepsilon-\mu)}+1][e^{-\beta(\varepsilon-\mu)}+1]} \tag{3.30}$$

となる．そして，この関数は $|\varepsilon-\mu| \le k_BT$ の範囲外では極めて小さいことに注意しよう (図 3.2 の関数形から $T\to 0$ で $-df/d\varepsilon \to \delta(\varepsilon-\mu)$ となる)．よって，$u(\varepsilon)$ からの寄与は，テーラー展開

$$u(\varepsilon) = u(\mu) + u'(\mu)(\varepsilon-\mu) + \frac{1}{2}u''(\mu)(\varepsilon-\mu)^2 + \cdots$$

を (3.29) に代入し，項別に積分すれば求められる．すなわち，

$$I = u(\mu) + \frac{1}{2}u''(\mu)\int_{-\infty}^\infty x^2\left(-\frac{df}{dx}\right)dx + \frac{1}{4!}u^{(4)}(\mu)\int_{-\infty}^\infty x^4\left(-\frac{df}{dx}\right)dx + \cdots \tag{3.31}$$

が得られる．ここに，$\varepsilon-\mu = x$ とおき，強く縮退した場合 $\mu \gg k_BT$ であるから，積分の下限 $-\mu$ を $-\infty$ とした．そして，(3.30) は x の偶関数であるから (3.31) において x の奇数次の項は落ちることに注意しよう．(3.31) の各項の積分は $n=$ 偶数 に対するもので，

$$\int_{-\infty}^\infty x^n\left(-\frac{df}{dx}\right)dx = 2\beta^{-n}n\int_0^\infty \frac{x^{n-1}}{e^x+1}\,dx = 2n!\beta^{-n}\sum_{r=0}^\infty \frac{(-1)^r}{(r+1)^n}$$

となる．ここに，まず部分積分を行い，そして被積分関数を e^{-x} の冪に展開して項別に積分した．この式の和はつぎのように整理される．すなわち，

$$= 2n!\beta^{-n}\left[\sum_{s=\mathrm{odd}}\frac{1}{s^n} - \sum_{s=\mathrm{even}}\frac{1}{s^n}\right] = 2n!\beta^{-n}\left[\sum_{s=1}^{\infty}\frac{1}{s^n} - 2\sum_{s=\mathrm{even}}\frac{1}{s^n}\right]$$

$$= 2n!\beta^{-n}(1-2^{1-n})\,\zeta(n)$$

となる．ここに，$\zeta(n)$ は Riemann のツェータ関数，

$$\zeta(n) = \sum_{s=1}^{\infty}\frac{1}{s^n};\ \ \zeta(2) = \frac{\pi^2}{6},\ \zeta(4) = \frac{\pi^4}{90},\ \cdots,$$

である．これらを (3.31) に代入すれば，

$$I = u(\mu) + \sum_{n=1}^{\infty} 2(1-2^{1-2n})\,(k_BT)^{2n}\zeta(2n)\,u^{(2n)}(\mu) \tag{3.32}$$

が得られる．これは，$u'(\varepsilon) = g(\varepsilon)$ とおけば (3.28) となる．

3.5 電子比熱

(3.24) に (3.28) を適用しよう．これは $g(\varepsilon) = \varepsilon^{1/2}$ の場合であって，

$$N = \frac{L^3}{3\pi^2}\left(\frac{2m}{\hbar^2}\right)^{3/2}\left\{\mu^{3/2} + \frac{\pi^2}{8}(k_BT)^2\mu^{-1/2} + \cdots\right\} \tag{3.33}$$

となる．これは $T = 0\,\mathrm{K}$ においては

$$N = \frac{L^3}{3\pi^2}\left(\frac{2m}{\hbar^2}\right)^{3/2}\mu_0^{3/2} \tag{3.34}$$

となる．これは (3.14) にほかならない．(3.34) を (3.33) の左辺に用いれば，

$$\mu_0^{3/2} = \mu^{3/2} + \frac{\pi^2}{8}(k_BT)^2\mu^{-1/2} + \cdots$$

となる．これを μ について逐次解いてゆけば，

$$\mu = \mu_0\left\{1 - \frac{\pi^2}{12}\left(\frac{k_BT}{\mu_0}\right)^2 + \cdots\right\} \tag{3.35}$$

が得られる．

(3.25) は (3.28) で $g(\varepsilon)=\varepsilon^{3/2}$ の場合である．

$$E = \frac{L^3}{5\pi^2}\left(\frac{2m}{\hbar^2}\right)^{3/2}\left\{\mu^{5/2} + \frac{5\pi^2}{8}(k_BT)^2\mu^{1/2} + \cdots\right\} \tag{3.36}$$

となる．これに (3.35) を用いれば，

$$E = \frac{3}{5}N\mu_0\left\{1 + \frac{5\pi^2}{12}\left(\frac{k_BT}{\mu_0}\right)^2 + \cdots\right\} \tag{3.37}$$

が得られる．この式は $T=0\,\mathrm{K}$ において (3.15) に帰着する．理想電子気体の比熱 C は (3.37) を温度について微分して

$$C = \frac{\partial E}{\partial T} = \frac{\pi^2}{2}\frac{Nk_B^2}{\mu_0}T = \frac{2\pi^2}{3}D(\varepsilon_F)\,k_B^2T \tag{3.38}$$

で与えられる．ここに，$\mu_0=\varepsilon_F$ として (3.16) を用いた．

(3.38) の結果はつぎのような電子の熱的な励起についての定性的な考察からも導かれる．縮退した電子系において熱的に励起された電子は Fermi 面上厚さ k_BT の球殻内に存在する．$\boldsymbol{k}$ 空間でその厚さを見積もれば，

$$\Delta k = \left(\frac{dk}{d\varepsilon_{\boldsymbol{k}}}\right)_{k_F} k_BT = \frac{k_BT}{\hbar v_F}$$

となる．この球殻内の状態の数はスピン多重度 2 を考慮して

$$2\left(\frac{L}{2\pi}\right)^3 4\pi k_F^2\Delta k = \frac{L^3}{2\pi^2}\frac{k_F^3}{\varepsilon_F}k_BT = 2D(\varepsilon_F)\,k_BT$$

だけあり，励起した電子によって占められていると考えられる．1 電子当りの平均励起エネルギーは k_BT であるから，電子系の励起エネルギーは $2D(\varepsilon_F)\,(k_BT)^2$ となる．これを温度について微分すれば，$4D(\varepsilon_F)\,k_B^2T$ が得られる．これは (3.38) に数係数を除いて一致する．

金属においては比熱ないしは熱容量への寄与は格子系と電子系と両方からくる．室温では電子系からの寄与は格子系からの寄与 (Dulong-Petit の法則) に比べて問題にならない位に小さい (100 分の 1 程度)．ヘリウム温度 (4 K) 以下になると，格子系の比熱は Debye 理論の T^3 則に従うので，T に比例する電

子系からの寄与の方が大きくなる．比熱の議論を行うとき，(3.38) を単位体積当りになおして

$$C_v = \gamma T\,, \quad \gamma = \left(\frac{\pi}{3}\right)^{2/3} \frac{m^* n^{1/3} k_B^2}{\hbar^2} \tag{3.39}$$

と書いて，温度に比例する比熱の係数γを引き合いに出す．ここで，電子質量として有効質量を用いた．実験によれば，金属における温度に比例する比熱 (3.39) の存在は確かであるが，γの数値にはかなり大きなばらつきがある．バンド電子としての有効質量の評価，さらに電子相関の影響に関する論議が問題となろう．

3.6 Pauli 常磁性

自由電子系のスピン常磁性帯磁率を計算しておこう．自由電子はスピン角運動量$\hbar \boldsymbol{s}\,(s_z = \pm 1/2)$と逆向きのスピン磁気モーメント$-2\mu_B \boldsymbol{s}\,(\mu_B = e\hbar/2mc$はBohr 磁子) をもっている．いま，$z$方向に弱い磁場$\boldsymbol{H}$をかけるとき Zeeman 項をのみ考慮すれば，1 電子エネルギーは

$$\varepsilon^{\pm} = \varepsilon_{\boldsymbol{k}} - (-2\mu_B \boldsymbol{s}) \cdot \boldsymbol{H} = \frac{\hbar^2 k^2}{2m} \pm \mu_B H \tag{3.40}$$

と書かれる．よって，上向きスピンおよび下向きスピンの電子数はそれぞれ

$$N_\uparrow = \sum_{\boldsymbol{k}} f(\varepsilon_{\boldsymbol{k}} + \mu_B H) = \int_0^\infty D(\varepsilon)\, f(\varepsilon + \mu_B H)\, d\varepsilon\,,$$
$$N_\downarrow = \sum_{\boldsymbol{k}} f(\varepsilon_{\boldsymbol{k}} - \mu_B H) = \int_0^\infty D(\varepsilon)\, f(\varepsilon - \mu_B H)\, d\varepsilon$$

で与えられる．したがって，全磁気モーメントすなわち磁化の大きさは

$$M = \mu_B(N_\downarrow - N_\uparrow) = \mu_B \int_0^\infty D(\varepsilon) \left\{ f(\varepsilon - \mu_B H) - f(\varepsilon + \mu_B H) \right\} d\varepsilon \tag{3.41}$$

となる．そして，全電子数は

$$N = N_\uparrow + N_\downarrow = \int_0^\infty D(\varepsilon) \left\{ f(\varepsilon + \mu_B H) + f(\varepsilon - \mu_B H) \right\} d\varepsilon \tag{3.42}$$

である．$\mu_B H$ は十分小さいとして，$f(\varepsilon \pm \mu_B H)$ をテーラー展開し，H の 1 次までをとれば，(3.41) は

$$M = -2\mu_B^2 H \int_0^\infty D(\varepsilon) \frac{d\,f(\varepsilon)}{d\,\varepsilon}\, d\varepsilon$$

となる．(3.42) の方は H の 1 次の項は消えて，

$$N = 2\int_0^\infty D(\varepsilon)\, f(\varepsilon)\, d\varepsilon \tag{3.43}$$

となる．これは化学ポテンシャル μ を決める条件を与える．よって，スピン常磁性帯磁率

$$\chi = \frac{M}{H} = -\,2\mu_B^2 \int_0^\infty D(\varepsilon)\, \frac{d\,f}{d\,\varepsilon}\, d\varepsilon \tag{3.44}$$

が得られる．ここに，部分積分を行った．

縮退の強い場合，(3.32) を適用して (3.44) は

$$\chi = 2\mu_B^2 \left\{ D(\mu) + \frac{\pi^2}{6}(k_B T)^2 D''(\mu) + \cdots \right\} \tag{3.45}$$

となる．ここで，$D(\varepsilon) \propto \varepsilon^{1/2}$ であるから，

$$D'(\varepsilon) = \frac{1}{2\varepsilon} D(\varepsilon), \quad D''(\varepsilon) = -\frac{1}{4\varepsilon^2} D(\varepsilon)$$

が成立することに注意しよう．したがって，(3.35) を用いて $D(\mu)$ は

$$D(\mu) = D(\mu_0) \left\{ 1 - \frac{\pi^2}{24} \left(\frac{k_B T}{\mu_0} \right)^2 + \cdots \right\}$$

と書かれる．上に書かれた諸式を使えば，(3.45) は

$$\chi = 2\mu_B^2 D(\mu_0) \left\{ 1 - \frac{\pi^2}{12} \left(\frac{k_B T}{\mu_0} \right)^2 + \cdots \right\} \tag{3.46}$$

となる．0 K において (3.46) は

$$\chi = 2\mu_B^2 D(\mu_0) \tag{3.47}$$

となって Pauli 常磁性が得られる．

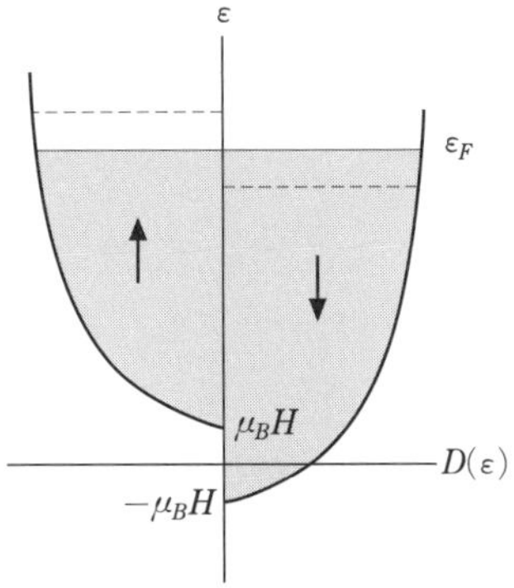

図 **3.3** Pauli 常磁性.

(3.47) は以下の定性的な考察からも得られる．1 電子状態のエネルギーは磁場 H のもとでは (3.40) のように，上向きスピンに対しては $\mu_B H$ だけ底上げされ，下向きスピンに対しては $\mu_B H$ だけ底が下がる (図 3.3)．この状況で 0 K の電子系は熱平衡状態にあるので, 上向きスピンおよび下向きスピンの電子はそれぞれの最低エネルギーから占有してゆき，ともに共通の化学ポテンシャル μ_0 まで詰る．$\mu_B H$ が小さいとすれば, ↓スピンと↑スピンの電子数の差は $2\mu_B H D(\mu_0)$ と評価される．よって，磁化は $2\mu_B^2 D(\mu_0)H$ となり，帯磁率は $2\mu_B^2 D(\mu_0)$ となって (3.47) が得られる．

十分な高温 $T(\gg T_F)$ においては，Fermi 分布は Boltzmann 分布 (3.27) で置き換えられる．磁場 H の 1 次までの範囲で (3.43) が成立するので，

$$N = 2e^{\beta\mu} \int_0^\infty D(\varepsilon)\, e^{-\beta\varepsilon}\, d\varepsilon \tag{3.48}$$

の条件が得られる．よって，(3.44) は

$$\chi = -2\mu_B^2 \int_0^\infty D(\varepsilon)\, \frac{d\,e^{-\beta(\varepsilon-\mu)}}{d\,\varepsilon}\, d\varepsilon = \frac{N\mu_B^2}{k_B T} \tag{3.49}$$

を与える．これは Curie の法則である．

3.7 Thomas-Fermi の誘電遮蔽

誘電遮蔽は電子間相互作用の効果である．したがって，本来は第 7 章で議論されることである．しかし，Fermi 波数，Fermi 準位の概念が有効に使えることから，ここで基礎的な考え方を議論しよう．7.2.4 節を参照されたい．

縮退した電子気体の誘電率を求めよう．電子気体の中に外部電荷をおくと，電子群はそれを遮蔽しようとして密度を n から $n(\boldsymbol{r}) = n + \delta n$ に変える．電子の電荷を $-e$, 外部電荷密度を $q(\boldsymbol{r})$ とするとき, 誘起される電荷密度は $-e\,\delta n$ と

書かれ，$q(\boldsymbol{r})$ による実効的なポテンシャル $\varphi(\boldsymbol{r})$ はポアッソン方程式

$$-\nabla^2\varphi(\boldsymbol{r}) = 4\pi[q(\boldsymbol{r}) - e\,\delta n] \tag{3.50}$$

を満たす．このとき，$\boldsymbol{r}$ 点近傍の電子はポテンシャル $\varphi(\boldsymbol{r})$ によるエネルギー $-e\,\varphi(\boldsymbol{r})$ を余分にもつことになる．また，誘起された密度の変化 δn によって Fermi 波数が $(3\pi^2 n)^{1/3}$ から $(3\pi^2 n(\boldsymbol{r}))^{1/3}$ に変化する．したがって，化学ポテンシャルは ε_F から

$$\begin{aligned}\mu &= -e\,\varphi(\boldsymbol{r}) + \frac{\hbar^2}{2m}\left[3\pi^2(n+\delta n)\right]^{2/3} \\ &\cong -e\,\varphi(\boldsymbol{r}) + \varepsilon_F + \frac{2\varepsilon_F}{3n}\,\delta n \end{aligned} \tag{3.51}$$

に変化する．ポテンシャル φ の空間的変化が緩やかであれば，系は熱平衡状態にあると仮定してよい．そうすると，μ は外部電荷から十分離れた部分での化学ポテンシャル，すなわち ε_F に等しい．よって，

$$\delta n = \frac{3n}{2\varepsilon_F}\,e\,\varphi \tag{3.52}$$

が得られる．これを (3.50) に代入すれば，

$$\left.\begin{aligned} -\nabla^2\varphi(\boldsymbol{r}) + k_T^2\varphi(\boldsymbol{r}) &= 4\pi q(\boldsymbol{r}), \\ k_T^2 &= \frac{6\pi n e^2}{\varepsilon_F} \end{aligned}\right\} \tag{3.53}$$

となる．フーリェ展開

$$\left.\begin{aligned} q(\boldsymbol{r}) &= L^{-3}\textstyle\sum_{\boldsymbol{k}} q_{\boldsymbol{k}} e^{i\boldsymbol{k}\cdot\boldsymbol{r}}, \\ \varphi(\boldsymbol{r}) &= L^{-3}\textstyle\sum_{\boldsymbol{k}} \varphi_{\boldsymbol{k}} e^{i\boldsymbol{k}\cdot\boldsymbol{r}} \end{aligned}\right\} \tag{3.54}$$

を用いて (3.53) を解けば，

$$\varphi_{\boldsymbol{k}} = \frac{4\pi q_{\boldsymbol{k}}}{\varepsilon(k)\,k^2} \tag{3.55}$$

が得られる．ここに，$\varepsilon(k)$ は誘電率を意味し，

$$\varepsilon(k) = 1 + \left(\frac{k_T}{k}\right)^2 \tag{3.56}$$

である．外部電荷密度が

$$q(\boldsymbol{r}) = Ze\,\delta(\boldsymbol{r}) = ZeL^{-3}\sum_{\boldsymbol{k}} e^{i\boldsymbol{k}\cdot\boldsymbol{r}} \tag{3.57}$$

で与えられるとき，

$$\varphi_{\boldsymbol{k}} = \frac{4\pi Ze}{k^2 + k_T^2} \tag{3.58}$$

となる．これをフーリェ逆変換すれば，遮蔽されたクーロン・ポテンシャル

$$\varphi(\boldsymbol{r}) = \frac{Ze}{r}\,e^{-k_T r} \tag{3.59}$$

が得られる．k_T はThomas-Fermiの遮蔽パラメーターまたはThomas-Fermi波数と呼ばれる．$n \sim 10^{22}\,\mathrm{cm}^{-3}$ とすれば，$k_T^{-1} \sim 10^{-8}\,\mathrm{cm}$ となる．Thomas-Fermi長 k_T^{-1} を半径とする球内の電子数 N_T は

$$N_T = \frac{4\pi}{3}\,k_T^{-3}n = \frac{4}{9\pi}\left(\frac{k_F}{k_T}\right)^3 = \frac{\pi}{12r_s^{3/2}} \tag{3.60}$$

で与えられる．ここに，r_s は1電子当りの体積を換算した球の半径 $r_0 = (3/4\pi n)^{1/3}$ をBohr半径 $a_B = \hbar^2/me^2$ で割ったものである．高密度極限 $r_s \ll 1$ では $N_T \gg 1$ となってスクリーニングの描像が成り立つ．金属では $r_s \sim 2-6$ であり，この場合 $N_T \ll 1$ であってThomas-Fermi近似は成立する根拠を失い，遮蔽されたポテンシャル (3.59) は定性的にしか使えない．

3.8 電気伝導

伝導電子は結晶格子の周期的ポテンシャル場の中で運動するBloch電子である．バンド理論によれば，Bloch波は結晶全体に広がった状態であって，1個のBloch電子の速度は (2.115)

$$\boldsymbol{v} = \frac{1}{\hbar}\,\mathrm{grad}_{\boldsymbol{k}} E_n(\boldsymbol{k})$$

で与えられる．バンド・エネルギー $E_n(\boldsymbol{k})$ は $\boldsymbol{k}$ の偶関数であるから，$\boldsymbol{v}$ は $\boldsymbol{k}$ の奇関数となり，全電流 $\boldsymbol{J}$ は，

$$\boldsymbol{J} = 2\sum_{|\boldsymbol{k}|\le k_F}(-e)\,\boldsymbol{v} = 0 \tag{3.61}$$

となる．ここに，$\boldsymbol{k}$ に関する和は電子によって占められた Fermi 球全体にわたっての総和である．自由電子系に対して書けば，$\hbar^{-1}\mathrm{grad}_{\boldsymbol{k}} E_n(\boldsymbol{k}) = \hbar\boldsymbol{k}/m$ を用いて

$$\boldsymbol{J} = 2 \sum_{|\boldsymbol{k}| \le k_F} (-e)\, \frac{\hbar\boldsymbol{k}}{m} = 0 \tag{3.62}$$

となる．ここで，自由電子の質量 m は裸の質量ではなく，有効質量すなわちバンド質量とする．金属内電子系は空間的に一様であるとみなされるので，電流密度 $\boldsymbol{j}$ は

$$\boldsymbol{j} = \frac{\boldsymbol{J}}{\Omega} = -ne\langle\boldsymbol{v}\rangle = 0 \tag{3.63}$$

と書かれる．ここに，Ω は系の全体積であり，そして電子の平均速度

$$\langle\boldsymbol{v}\rangle \equiv \frac{2}{N} \sum_{|\boldsymbol{k}| \le k_F} \frac{\hbar\boldsymbol{k}}{m} = 0 \tag{3.64}$$

が導入された．

電場 $\boldsymbol{E}$ が掛かるとき，Fermi 面近傍の電子が加速されるので平均速度は 0 でない値をとる．図 3.4 に示されるように，このことは Fermi 球の $\boldsymbol{E}$ と逆方向への平行移動に対応する．この 0 でない平均速度 $\langle\boldsymbol{v}\rangle$ を流れの速度またはドリフト速度と呼んで，便宜上再び $\boldsymbol{v}$ で表そう．電場による加速によって電子の流れの速度は増大する．したがって，このままでは定常電流は得られない．流れの速度の増大は電子の受ける散乱あるいは衝突による減速によって抑えられる．

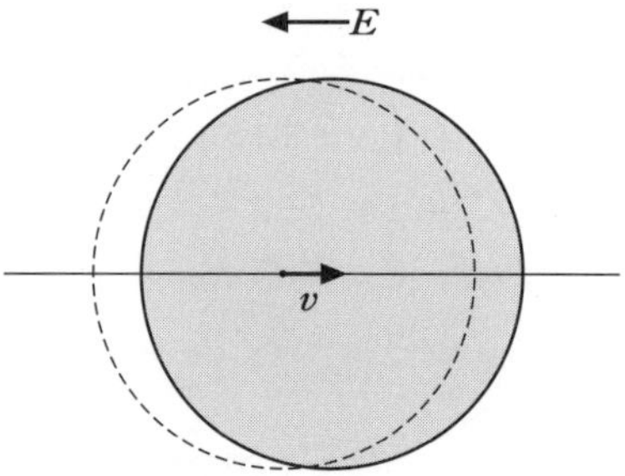

図 3.4 電場による電子のドリフト運動．

伝導電子が散乱されるためには何らかの結晶格子の不完全性，すなわち周期的ポテンシャル場の乱れの存在が必要となる．この不完全性としては，格子振動 (格子点に存在するイオンの熱振動)，不純物，格子欠陥 (点欠陥，転位) などがある．これらの不完全性を総称して乱れと呼んでおこう．また，バンド理論の中にとり入れられていない電子間相互作用も周期的ポテンシャル場への摂動であり，散乱の原因となる．

伝導電子の散乱の緩和時間，あるいは衝突時間 (平均自由時間) をτとすると，電子の流れの運動方程式は

$$\frac{d\boldsymbol{v}}{dt} + \frac{\boldsymbol{v}}{\tau} = \frac{-e}{m}\boldsymbol{E} \tag{3.65}$$

と書かれる．電場による加速と散乱による減速とが釣り合った後 $(t > \tau)$，

$$\frac{d\boldsymbol{v}}{dt} = 0, \qquad \boldsymbol{v} = -\frac{e\tau}{m}\boldsymbol{E}$$

となり，定常電流

$$\boldsymbol{j} = -ne\boldsymbol{v} = \sigma_0\boldsymbol{E}, \qquad \sigma_0 = \frac{ne^2\tau}{m} \tag{3.66}$$

が得られる．この電気伝導度の表式σ_0はDrudeの式と呼ばれる．

散乱の緩和時間τの意味は，(3.65) で電場を切った$(\boldsymbol{E} = 0)$とき，$\boldsymbol{v}(t) = \boldsymbol{v}(0)\exp(-t/\tau)$にしたがって定常値$\boldsymbol{v}(0)$が$t > \tau$の後には$\boldsymbol{v} \sim 0$となることである．平均的に見て，速度$\boldsymbol{v}$の電子は時間$\tau$だけ走って散乱されて$\boldsymbol{v} = 0$となる (速度を失う)．乱れによる散乱はFermi面の近傍でのみ起こる (電場による加速もそうである) ことに注意すれば，緩和時間τは電子の平均自由行程ℓと

$$\ell = v_F\tau \tag{3.67}$$

の関係にある．したがって，τは平均自由時間または衝突時間 (衝突間時間の平均値) にほかならない．

交流電場$\boldsymbol{E} \propto \exp(-i\omega t)$に対しては，$\boldsymbol{v} \propto \exp(-i\omega t)$とおいて代入すれば，

$$\boldsymbol{v} = -\frac{e}{m}\frac{\boldsymbol{E}}{-i\omega + 1/\tau}$$

が得られる．電流密度は

$$\boldsymbol{j} = \sigma(\omega)\boldsymbol{E}, \qquad \sigma(\omega) = \frac{\sigma_0}{1 - i\omega\tau} \tag{3.68}$$

となる．複素伝導率$\sigma(\omega)$の実数部と虚数部はそれぞれ

$$\left.\begin{aligned} \Re\sigma(\omega) &= \frac{\sigma_0}{1 + (\omega\tau)^2} \\ \Im\sigma(\omega) &= \frac{\omega\tau}{1 + (\omega\tau)^2}\sigma_0 \end{aligned}\right\} \tag{3.69}$$

と書かれる．

3.9　熱伝導

金属内の電子気体による熱伝導を考察しよう．x 方向に緩やかな温度勾配 $-\partial T/\partial x$ があるとする (図 3.5)．点 x における x 軸に垂直な断面を通って $-$ 側から $+$ 側へ流れる電子の数は単位面積当り単位時間について

$$\int_0^{\pi/2}\int_0^{2\pi} nv_F\cos\theta\,\frac{1}{4\pi}\,\sin\theta\,d\theta\,d\varphi\;=\;\frac{1}{4}\,nv_F \tag{3.70}$$

である．局所的に熱平衡状態が保たれているとすれば，同様に $+$ 側から $-$ 側へ流れる電子数も同じ値をとる．x 方向に存在する温度勾配に対応して，電子 1 個当りの平均エネルギー $\epsilon = E/N$ は温度 T を通じて x の関数と考えられるので $\epsilon(x)$ と書こう．そして，各電子は所有する ϵ を平均自由行程 ℓ だけ輸送する．したがって，x 断面の $-$ 側から $+$ 側へのエネルギー輸送量の割合は $nv_F\epsilon(x-\ell)/4$ であり，同様に逆向きの輸送量の割合は $nv_F\epsilon(x+\ell)/4$ である．よって，x 方向への単位時間，単位断面積当りの正味のエネルギー輸送量すなわち熱流 $\boldsymbol{q}$ は

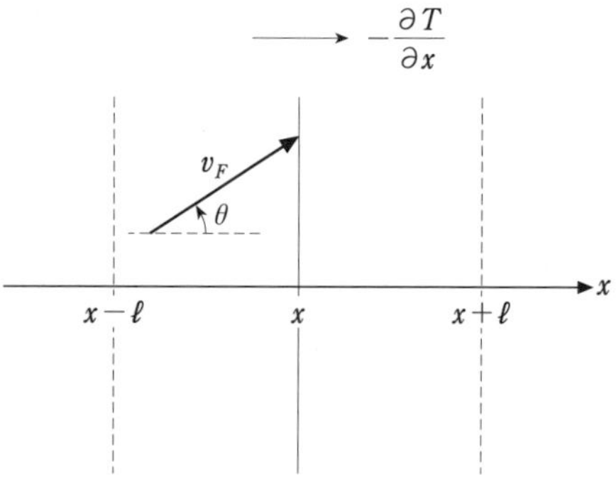

図 3.5　電子気体の熱伝導.

$$\begin{aligned}\boldsymbol{q} &= \frac{1}{4}\,nv_F\left[\epsilon(x-\ell)\,-\,\epsilon(x+\ell)\right]\\ &\simeq -\,\frac{1}{2}\,nv_F\ell\,\frac{\partial\epsilon}{\partial x}\;=\;-\,\kappa_e\,\frac{\partial T}{\partial x}\end{aligned} \tag{3.71}$$

となる．そして，電子気体の熱伝導率 κ_e は

$$\kappa_e\;=\;\frac{1}{2}\,nv_F\ell\,\frac{\partial\epsilon}{\partial T}\;=\;\frac{1}{2}\,C_v v_F\ell \tag{3.72}$$

で与えられる．ここに，$C_v = n\partial\epsilon/\partial T$ は単位体積当りの電子比熱 (3.39) である．第 5 章の運動論的方法によると (3.72) の数係数 1/2 は 1/3 に修正される (5.3 節)．この修正を採用し，(3.39) と $\ell = v_F\tau$ を使えば，熱伝導率は

$$\kappa_e\;=\;\frac{\pi^2}{3}\,\frac{nk_B^2\tau}{m}\,T$$

と書かれる．この式と電気伝導度 σ_0 との比をとると，

$$\frac{\kappa_e}{\sigma_0} = \frac{\pi^2}{3}\left(\frac{k_B}{e}\right)^2 T \tag{3.73}$$

となる．この事実を Wiedemann-Franz の法則と呼ぶ．また，

$$L = \frac{\kappa_e}{\sigma_0 T} = \frac{\pi^2}{3}\left(\frac{k_B}{e}\right)^2 = 2.445 \times 10^{-8}\,\frac{\mathrm{W}\cdot\Omega}{\mathrm{deg}^2} \tag{3.74}$$

が Lorenz 数として引き合いに出される．室温における金属の測定値との一致はかなりよい．

3.10 Hall 効果

磁場 $\boldsymbol{H}$ が掛かると，電子は Lorentz 力を受けてその運動は曲げられる．電子の流れの運動方程式は (3.65) の代わりに

$$\frac{d\boldsymbol{v}}{dt} + \frac{\boldsymbol{v}}{\tau} = \frac{-e}{m}\left(\boldsymbol{E} + \frac{1}{c}(\boldsymbol{v}\times\boldsymbol{H})\right) \tag{3.75}$$

となる．定常状態，$d\boldsymbol{v}/dt = 0$，が達成されるとき，電流密度は

$$\begin{aligned} \boldsymbol{j} = -ne\boldsymbol{v} &= \frac{ne^2\tau}{m}\left(\boldsymbol{E} + \frac{1}{c}(\boldsymbol{v}\times\boldsymbol{H})\right) \\ &= \sigma_0\boldsymbol{E} - \sigma_0(\boldsymbol{j}\times\boldsymbol{H})/nec \end{aligned} \tag{3.76}$$

で与えられる．ここに，σ_0 は (3.66) の Drude の式である．磁場 $\boldsymbol{H}$ が z 方向に向いているとき，

$$\left.\begin{aligned} j_x &= \sigma_0 E_x - \frac{\sigma_0 H}{nec}\,j_y \\ j_y &= \sigma_0 E_y + \frac{\sigma_0 H}{nec}\,j_x \\ j_z &= \sigma_0 E_z \end{aligned}\right\} \tag{3.77}$$

となる．移項しさえすればよいので，$\boldsymbol{E} = (E_x, E_y, E_z)$ について解けば，

$$\left.\begin{aligned} E_x &= \frac{1}{\sigma_0} j_x + \frac{H}{nec} j_y \\ E_y &= -\frac{H}{nec} j_x + \frac{1}{\sigma_0} j_y \\ E_z &= \frac{1}{\sigma_0} j_z \end{aligned}\right\} \tag{3.78}$$

となる．この式 $\boldsymbol{E} = \tilde{\boldsymbol{\rho}} \cdot \boldsymbol{j}$ において，抵抗率テンソル $\tilde{\boldsymbol{\rho}}$ は

$$\tilde{\boldsymbol{\rho}} = \begin{pmatrix} \rho_0 & \dfrac{H}{nec} & 0 \\ -\dfrac{H}{nec} & \rho_0 & 0 \\ 0 & 0 & \rho_0 \end{pmatrix}, \qquad \rho_0 = \sigma_0^{-1} \tag{3.79}$$

で与えられる．よって，電気伝導度テンソル $\tilde{\boldsymbol{\sigma}} = \tilde{\boldsymbol{\rho}}^{-1}$ は

$$\tilde{\boldsymbol{\sigma}} = \frac{\sigma_0}{1+(\omega_c\tau)^2} \begin{pmatrix} 1 & -\omega_c\tau & 0 \\ \omega_c\tau & 1 & 0 \\ 0 & 0 & 1+(\omega_c\tau)^2 \end{pmatrix} \tag{3.80}$$

となる．ここに，

$$\omega_c = \frac{eH}{mc} \tag{3.81}$$

は電子のサイクロトロン周波数である．

実験的には，図 3.6 のように xy 面内に資料を置いて z 方向に磁場 H をかけ，x 方向に電流 j_x を流して，y 方向の電圧を条件 $j_y = 0$ のもとで測定する．このとき，(3.78) から

$$E_y = \rho_{yx} j_x = -\frac{H}{nec} j_x \tag{3.82}$$

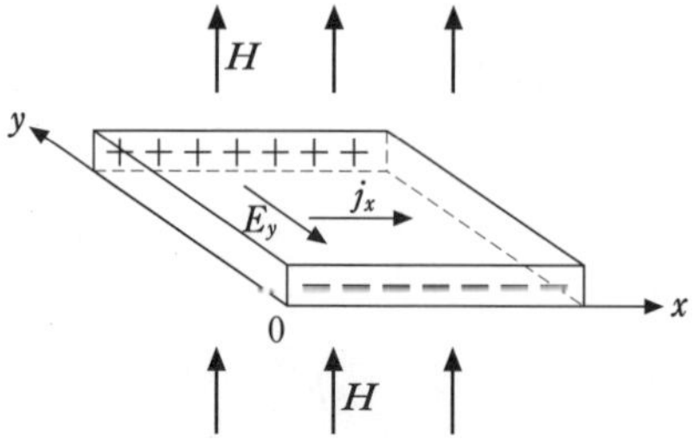

図 **3.6**　Hall 効果.

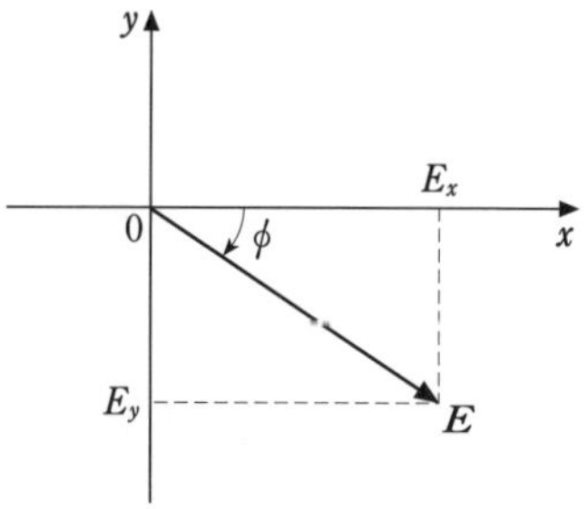

図 **3.7**　Hall 角.

の電場が得られる．Lorentz力によってサイクロトロン運動をする電子はx方向の電場によって$\boldsymbol{E} \times \boldsymbol{H}$ドリフトを起こし(9.1節を参照)，図3.6の配置でいえば$-y$方向に移動し，$y=0$での試料端に蓄積してゆく．(3.82)は，それによって生ずるy方向の電場成分による力とLorentz力のy成分とが打ち消しあってy方向の電流密度j_yが0になる条件である．この現象がHall効果と呼ばれる．E_yをHall電場，これに対応する電圧をHall電圧という．$\rho_{yx} = -H/nec$をHall抵抗率，そして

$$R_H \equiv \frac{E_y}{j_x H} = \frac{\rho_{yx}}{H} = -\frac{1}{nec} \tag{3.83}$$

をHall係数と呼ぶ．これが電子の電荷と密度にのみよるという簡単さ，とりわけ電荷の符号に依存することに注目すべきである．また，

$$\tan\phi \equiv \frac{E_y}{E_x} = -\frac{\sigma_0 H}{nec} = -\omega_c \tau \tag{3.84}$$

のϕをHall角という(図3.7)．

第4章　半導体の電子物性

金属と絶縁体との中間に位する抵抗率をもつ物質として半導体が登場した．この事実は，バンド・ギャップが比較的狭い場合と，伝導帯の底あるいは価電子帯の頂上近傍のギャップ内に不純物準位が存在する場合に起きる．このために半導体の電気的性質は，温度によって，不純物の量や種類によって，あるいは光などの放射線照射によって著しく変えられる．このような制御可能な性質がデバイス特性へと応用され，今日のエレクトロニックスの発展に導いた．半導体には，Si や Ge など単体元素半導体と GaAs，InSb のような化合物半導体とがある．本書では半導体物性の基礎的な部分の記述を行う．

4.1　半導体の電子構造

IV 族の C，Si，Ge などは 4 個の価電子をもつ．どの原子も立体的に対称な方向に各価電子による 4 本の結合の手を伸ばし，隣接する原子間で電子対を形成して，これを共有することによって，いわゆるダイヤモンド構造と呼ばれる結晶が構築される (図 4.1).

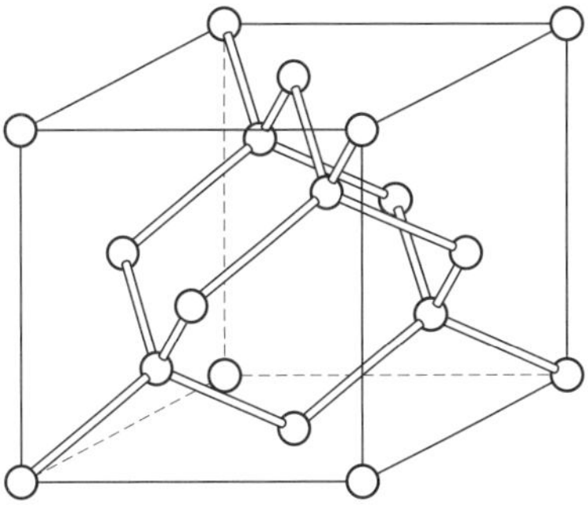

図 **4.1**　ダイヤモンド格子.

ダイヤモンド構造は，2 つの同等な面心立方格子がその立体対角線上でその長さの 4 分の 1 の間隔をもって互いにずれて相貫したものとして理解される．立方格子の格子定数を a とすれば，このずれの間隔は $\sqrt{3}a/4$ である．したがって，面心立方格子の単位立方体の中に 8 個の原子があることになる．各原子は 4 個の最近接原子をもち，12 個の次の近接原子をもつ．どの原子も正 4 面体の中心の位置をとり，それに隣接する 4 原子がその正 4 面体の各頂点に位置する具合になっている．したがって，原子間の結合は正 4 面体構造で，最近接原子間で価電子を 1 個ずつ出し合って電子対結合が形成される．電子対はその最近接原子間で共有されるので，この結合は共有結合と呼ばれる．また，共有結合は極性をもたないから，イオン結合に対して等極結合とも呼ばれる．

III–V 族化合物半導体の GaAs などは閃亜鉛鉱 (ZnS) 構造 (Zincblende structure) をとる．GaAs を例にとると，ダイヤモンド構造が 2 つの同等な面心立方格子が立体対角線上その長さの 4 分の 1 だけ相互にずれた相貫体として理解されたが，閃亜鉛鉱構造はこのダイヤモンド格子を構成する 2 つの面心立方格子の一方が Ga 原子のみによって，他方が As 原子のみによって組み立てられた構造である (図 4.2)．したがって，面心立方格子の単位立方体の中に 4 個の GaAs 分子があることになる．正 4 面体構造を形成する 5 個の原子は，中心が Ga 原子 (As 原子) ならば 4 つの頂点は As 原子 (Ga 原子) となる構造をとる．このようにダイヤモンド構造と同じ骨格の閃亜鉛鉱構造を作る III 族原子 (Ga) と V 族原子 (As) との間の結合はやはり電子対を共有する共有結合である．しかし，共有結合の電子対に価電子を供出する前の GaAs 分子においては 3 価の Ga 原子は Ga^- イオンに，そして 5 価の As 原子は As^+ になっていることに注意しよう (Ga^- と As^+ の外殻電子配位がダイヤモンド構造をとる Ge の $(4s)^2(4p)^2$ と同じになる)．したがって，GaAs 結晶はイオン結合の性格を多少とも兼ね備えている．立体的なダイヤモンド構造と閃亜鉛鉱構造の電子状態の模様を平面図的に模式化したものを図 4.3 a, b に示す．

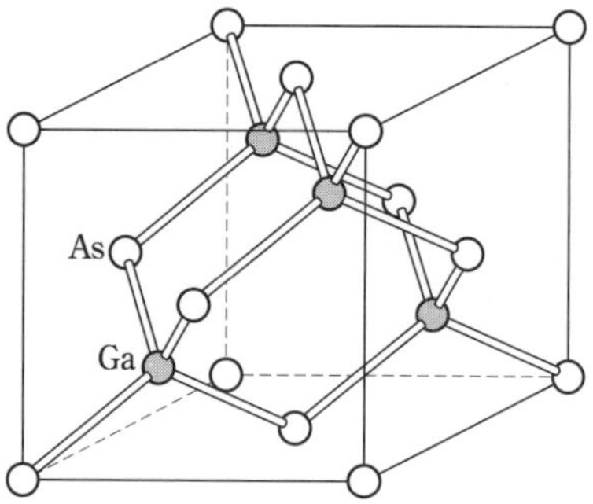

図 4.2 閃亜鉛鉱格子.

共有結合は強く，電子対はイオン間に安定して束縛されている．したがって，この結晶は一般に絶縁体である．しかし，Si, Ge ではこの束縛が比較的ゆるく，温度の上昇とともに格子振動のエネルギーを受けとって電子対結合が破れる機会が起きて，可動な電子があとに正孔 (ホール) を残して生じる．

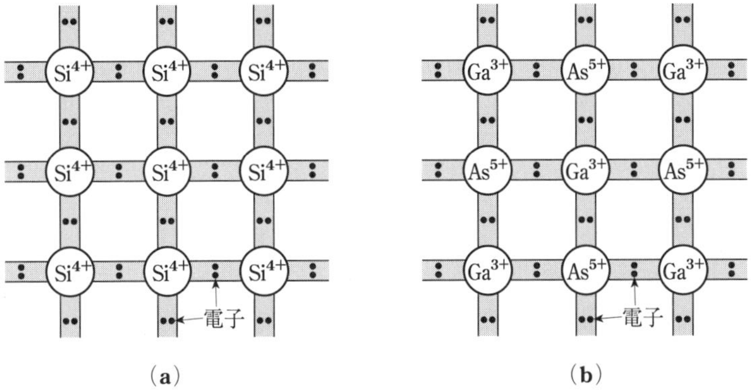

図 **4.3** Si (a), GaAs (b) の電子状態の平面的模式図.

この場合がいわゆる真性半導体である．Si についてバンド理論的描像を考えてみよう．Si 原子の 4 価の外殻電子配位は $(3s)^2(3p)^2$ である．仮想的に，Si 原子が集合して断熱的に共有結合結晶を組む過程を考えよう．まず，孤立原子の $3s$ 準位と $3p$ 準位は広がって幅をもち始める．原子間距離の減少とともに下側の 1 重の $3s$ バンドと上側の縮退の解けた 3 重の $3p$ バンドは接触し，そして混じり合ってくる．このとき，$3d$ バンドの影響は皆無とはいえないが，バンドを形成するこれらの状態の主体は sp 混成軌道であろう．さらに原子間距離が減少するとき，合体したバンドは全体として広がるが，中央にギャップを生じはじめ，それぞれ 2 重の上下 2 つのバンドに分裂する．最終的に Si 結晶の平衡原子間距離 (格子定数 $a_0 = 5.43\,\text{Å}$) に達したとき，下側の 2 重のバンドはスピン ↑↓ を考えて原子当り 4 個の電子を収容して満杯となった価電子帯となり，その上にバンド・ギャップ $E_G = 1.12\,\text{eV}$ を隔てて上側の 2 重のバンドは完全に空いた伝導帯を形成する．価電子帯の電子状態は sp 混成軌道であって，共有結合の波動関数になっていると考えられる．こうして，純粋な Si 結晶のバンド構

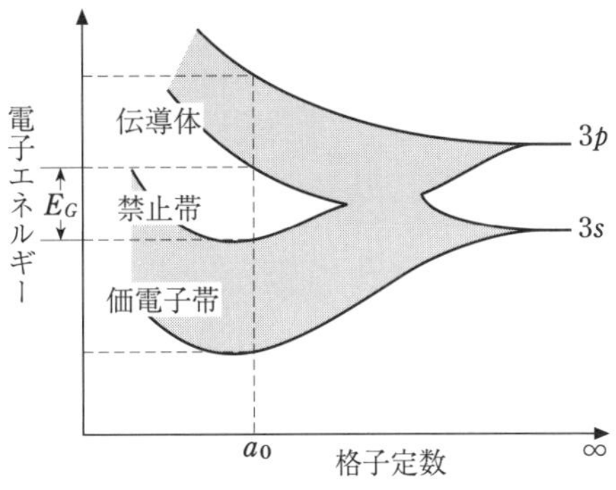

図 **4.4** シリコンのエネルギー・バンド形成過程 (概念図).

造ができあがる (図 4.4).

高温になって，価電子帯の電子が格子振動の熱エネルギーを吸収して伝導帯に励起する機会が発生すると，伝導帯には伝導電子が，そして価電子帯には正孔 (ホール) が生成され，Si 結晶は真性半導体となる．真性半導体に対して，不純物をドープされた半導体を不純物半導体という．Si，Ge など 4 価の母体に 3 価の B，Ga など，または 5 価の P，As などが不純物として，例えば $10^5 - 10^{17}\mathrm{cm}^{-3}$ 程度の濃度で，注入される．Si 結晶の中に少量の P 原子が混入した場合，P 原子が Si 原子に置き換わった格子点が所々できるが，独立な P 原子 1 個を考えればよい程度に不純物濃度は低いとする．P 原子の 5 個の価電子のうち 4 個は隣接する 4 個の各 Si 原子からの価電子とそれぞれ電子対を作って共有結合結晶を完成する．そして，結合に関与しない第 5 番目の電子はかなり遊離して，P 原子の位置に固定された $e(>0)$ の電荷 (P^+ イオン) を中心としてゆるく束縛された状態をとる (図 4.5)．この状態を水素原子に擬して，不純物原子の水素原子模型と呼ぶ．したがって，不純物原子の基底状態の軌道半径 a_D は

$$a_D = \frac{4\pi\varepsilon_s \hbar^2}{m_c e^2}, \tag{4.1}$$

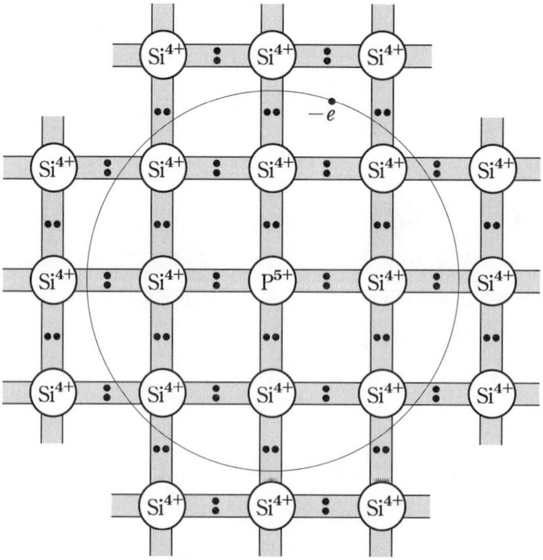

図 **4.5**　ドナーの電子状態.

そしてエネルギー準位 (不純物準位という) E_D は

$$E_D = -\frac{m_c e^4}{2(4\pi\varepsilon_s)^2\hbar^2} \tag{4.2}$$

によって与えられる．ここに, ε_s は母体 Si 結晶の誘電率, m_c は Si の伝導帯の底での電子の有効質量, そして E_D の基点は伝導帯の下端である．水素原子模型の基礎付けは 4.4.2 節の有効質量理論において行われる．下に評価するように E_D は浅いので, 不純物準位の電子は室温の熱エネルギーで容易に伝導帯に励起される (図 4.6)．その意味で今の場合の E_D はドナー (donor) 準位と呼ばれる．

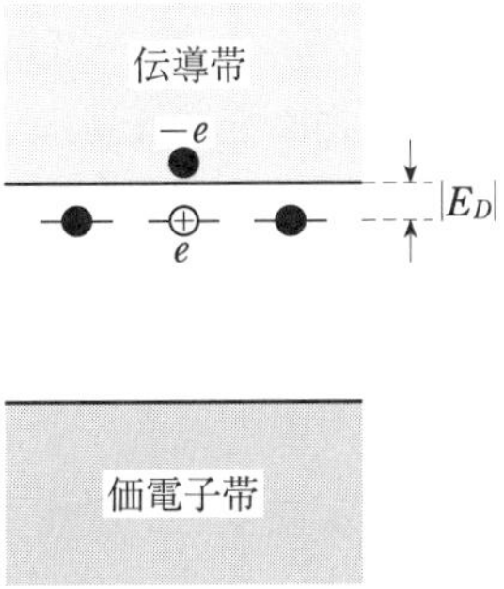

図 4.6 ドナー準位.

ドナー準位のイオン化エネルギーは

$$|E_D| = \frac{m_c}{m}\left(\frac{\varepsilon_0}{\varepsilon_s}\right)^2 I_H \tag{4.3}$$

となる．ここに，I_H は水素原子のイオン化エネルギー

$$I_H = \frac{me^4}{2(4\pi\varepsilon_0)^2\hbar^2} = 13.6\,\mathrm{eV}$$

である．そして，ε_0 は真空誘電率[1]である．(4.1) は

$$a_D = \frac{m}{m_c}\frac{\varepsilon_s}{\varepsilon_0}a_B \tag{4.4}$$

と書かれる．ここに，a_B は水素原子の Bohr 半径

$$a_B = \frac{4\pi\varepsilon_0\hbar^2}{me^2} = 0.53\,\text{Å}$$

である．

[1]この節では SI(国際単位系) を採用した．CGS Gauss 単位系での真空誘電率，誘電率を ε_0^c, ε_s^c と書いて，$4\pi\varepsilon_0 \rightarrow \varepsilon_0^c \equiv 1$, $4\pi\varepsilon_s \rightarrow \varepsilon_s^c$ と置き換えれば，$\varepsilon_s/\varepsilon_0 = \varepsilon_s^c$ であるから，CGS Gauss 系での誘電率の値は SI での比誘電率の値に等しい．

Si の比誘電率を $\varepsilon_s/\varepsilon_0 \sim 11.9$ とし，有効質量は縦方向と横方向との幾何平均をとって $m_c \sim 0.328m$ とすれば，$a_D \sim 19$ Å，$|E_D| \sim 0.03$ eV となる．$|E_D|$ の実測値は不純物の種類によって 0.039−0.054 eV である．水素原子模型は粗い模型にしては的確なものといえよう．$|E_D|$ の値は室温 (300 K) の熱エネルギー $\sim 1/40 = 0.025$ eV に比べてそう大きくはない．したがって，室温で不純物原子は容易にイオン化して，電子は伝導帯に上がっていると考えてよい．

つぎに，Si 結晶にごく少量の 3 価の B 原子が混入した場合を考えよう．Si 原子に置き換わった B 原子が隣接する 4 個の各 Si 原子からの価電子と電子対を組んで共有結合を完成するためには電子が 1 個不足する．中性の 3 価の B 原子は 1 個の電子の孔を Si 結晶の中にもち込んだことになる．電子の孔は周りの Si 原子からの電子によって埋められる．このとき，B 原子は B^- イオンとなり，電子を供給した Si 原子の 4 本の共有結合の腕のうちの 1 つの電子対の片方は電子の抜け穴すなわち正孔となる．こうしてできた正孔は入れ代わり立ち代わり隣接する Si 原子の間をさ迷い，B 原子からかなり遊離して，固定された B^- イオンを中心としてゆるく束縛された状態をとる (図 4.7)．こ

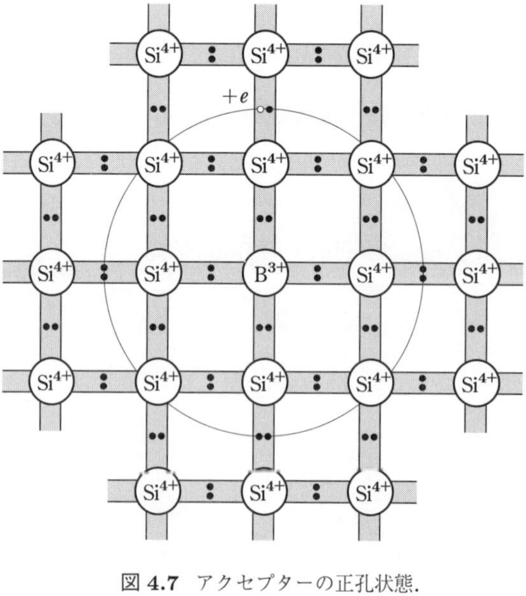

図 **4.7** アクセプターの正孔状態.

れは，電荷 $e\,(>0)$ の正孔が B^- イオンからクーロン引力を受けて運動している，いわば倒立した水素原子模型である．したがって，正孔の基底状態の軌道半径 a_A は

$$a_A = \frac{4\pi\varepsilon_s\hbar^2}{m_v e^2}, \tag{4.5}$$

そしてエネルギー準位は

$$E_A = -\frac{m_v e^4}{2(4\pi\varepsilon_s)^2\hbar^2} \tag{4.6}$$

となる．ここに，$m_v\,(>0)$ は正孔の有効質量，そして E_A の基点は価電子帯の上端である．(4.6) の E_A は $e\,(>0)$ の電荷をもった正孔に対するエネルギー尺度であることに注意しよう．

いまの束縛された正孔のエネルギーは自由な正孔 (価電子帯の頂上でエネルギー 0) のそれよりも低く，負である．このことを電子に対するバンド・エネルギー図の尺度に統一して表現するには，単に符号を価電子帯の上端に関して反転するだけでよい．すなわち，バンド図の中では，Si 結晶中にもち込まれた B 原子の正孔の基底状態のエネルギー準位は不純物準位として $-E_A$ だけ価電子帯の上端より高い準位となる (図 4.8)．そして，そこに価電子帯の頂上付近の電子は室温で容易に励起される．この不純物準位はアクセプター (acceptor) 準位と呼ばれる．実際，価電子帯の頂上に k 空間の原点をとれば，頂上近傍の電子状態は負の有効質量 ($-m_v$) をもった自由電子とみなされることを思い出そう (2.126)．アクセプター準位に電子が励起したあとには価電子帯の頂上近傍にまさに自由な正孔ができる．有効質量 $-m_v$，電荷 $-e$ の自由電子の抜け穴が有効質量 m_v，電荷 e の自由な正孔となる．正孔のイオン化エネルギー，すなわち正孔を不純物原子の束縛から開放して価電子帯に放出するのに必要なエネルギーは

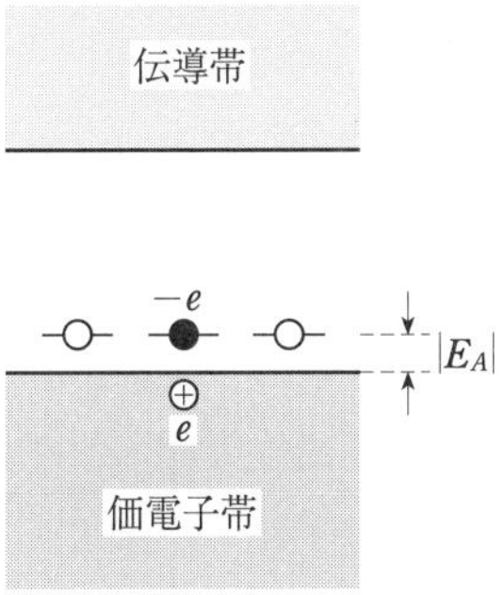

図 4.8 アクセプター準位．

$$|E_A| = \frac{m_v}{m}\left(\frac{\varepsilon_0}{\varepsilon_s}\right)^2 I_H \tag{4.7}$$

で与えられる．そして，不純物原子に束縛された正孔の基底状態の半径は

$$a_A = \frac{m}{m_v}\frac{\varepsilon_s}{\varepsilon_0}\,a_B \tag{4.8}$$

となる．Si の価電子帯の頂上は $\boldsymbol{k}=0$ にあって，2 つのバンドが縮退している．そして，それぞれ重い有効質量と軽い有効質量とをもつ．これらの幾何平均をとって，有効質量を $m_v \sim 0.273m$ とすれば，$|E_A| \sim 0.026\,\mathrm{eV}$，$a_A \sim 23\,\mathrm{\AA}$ の程度となる．$|E_A|$ の実測値は $0.045-0.065\,\mathrm{eV}$ と不純物によってばらつくが，$|E_D|$ と同程度である．したがって，この場合も室温においてアクセプター準位は容易に価電子帯の頂上付近の電子を捕らえて，正孔を価電子帯に開放する．

上に述べてきたように，IV 族の Si，Ge 結晶中に入った V 族の不純物 P，As，Sb などはそれぞれ余分にもっていた電子 1 個を伝導帯に供出するのでドナーと呼ばれる．これに対して，III 族の不純物 B，Al，Ga などは各々不足する電子 1 個を価電子帯から受けとることによって正孔 1 個を価電子帯に放出するのでアクセプターと呼ばれる．前者の場合，伝導帯の電子が電流の本体，すなわちキャリアーとなる．後者においては，価電子帯の正孔がキャリアーとなる．キャリアーが電子である半導体を n 型半導体，キャリアーが正孔である半導体を p 型半導体と呼ぶ．

結晶がドナーとアクセプターの両方を含むとき，単位体積当りのドナー数を N_D，アクセプター数を N_A とする．N_D，N_A をそれぞれドナー濃度，アクセプター濃度と呼ぶ．中性のドナー準位は電子 1 個をもっており，中性のアクセプター準位には電子 1 個の空席がある．十分な低温においては，ドナー準位の電子はまずアクセプター準位の空席を埋めてしまう．$N_D > N_A$ の場合，ドナー電子はアクセプター準位を埋めつくしてなお単位体積当り $N_D - N_A$ 個ほど残る．これらは温度が上がれば伝導帯に放出される．すなわち，$N_D > N_A$ の場合は n 型半導体である (図 4.9a)．反対の $N_D < N_A$ の場合には，すべての

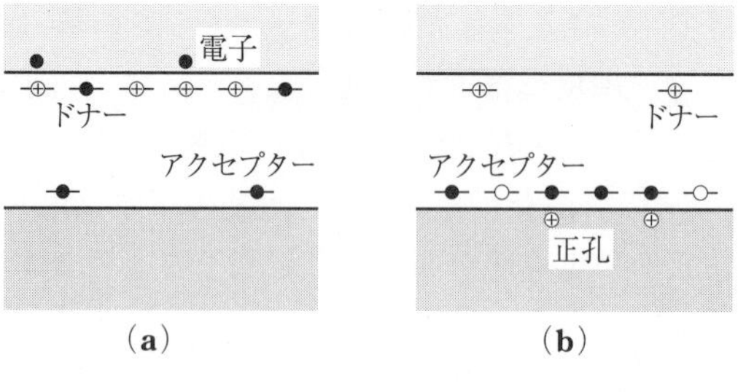

図 **4.9** 不純物半導体; (a) n 型 ($N_D > N_A$), (b) p 型 ($N_A > N_D$).

ドナー電子が下のアクセプター準位を埋めたのちにも，まだ $N_A - N_D$ のアクセプター濃度が残っている．温度が上がると，価電子帯の電子が残ったア

クセプター準位に捕らえられ，価電子帯に自由な正孔ができる．すなわち，$N_D < N_A$ の場合には半導体は p 型となる (図 4.9b)．ドナーとアクセプターの両者で多い方を多数派不純物 (Majority impurity)，少ない方を少数派不純物 (Minority impurity) と呼んでいる．少数派不純物を注入することを補償 (Compensation) と称する．極低温 (ヘリウム温度) においては，半導体は不純物伝導を展示する (4.5 節)．電子または正孔が補償によって空いたサイトをフォノンの助けを借りて渡り歩くのがホッピング伝導である．もともと室温においては，ドナーは容易に電子を伝導帯に放出し，アクセプターは容易に価電子帯から電子を受けとって代わりに正孔を放出するので，両方の不純物があれば不純物はすべてイオン化し，両方のキャリアーが存在する．そして，$n\,(p)$ 型半導体においては電子 (正孔) が多数派キャリアー (Majority carrier)，正孔 (電子) が少数派キャリアー (Minority carrier) と呼ばれる．

4.2 半導体の電子分布

電子は本来 Fermi 分布関数 (3.20) にしたがって分布する．Fermi 準位 E_F はその定義から 0 K における化学ポテンシャル μ_0 に等しいことが先に指摘された (3.22)．半導体の議論においては，Fermi 準位 E_F を有限温度での化学ポテンシャル μ と同義に用いる傾向がある．これは近似であるが，価電子帯を充満する電子系は縮退しているので許されよう．この章でも，この流儀を意識して用いることにして Fermi 分布関数を

$$f(E) = \left[e^{(E-E_F)/k_BT} + 1\right]^{-1} \tag{4.9}$$

と書いておく．$f(E_F) = 1/2$ を満たす．絶対零度では (4.9) は厳密さを復活して，階段関数 $f(E < E_F) = 1$，$f(E > E_F) = 0$ を与える．有限温度では，(4.9) は $E = E_F$ を中心に幅 k_BT の範囲で階段関数から崩れている．

真性半導体においいては，ギャップ E_G の大きさ (Si では 1.12eV) から見て，十分高温にならないと伝導帯に評価できるほどの電子数を見出せない．室温では Fermi 分布の崩れの幅 $k_BT \sim 1/40\,\text{eV}$ は E_G に比べて十分小さい．しかも，ギャップ内のエネルギー値は電子がとることを禁止されていて，その領域の $f(E)$ の値は存在しない．伝導帯内の電子分布 $f_c(E)$ は Fermi 分布の尻尾の先である．この部分の分布は Boltzmann 分布で近似できることが期待

される．実際，伝導帯に対しては $E - E_F \gg k_BT$ であるから (4.9) の分母の 1 は無視できて，

$$f_c(E) = e^{-(E-E_F)/k_BT} = e^{-(E_c-E_F)/k_BT} e^{-(E-E_c)/k_BT} \tag{4.10}$$

と近似される．ここに，E_c は伝導帯の下端のエネルギー値を示す (図 4.10)．

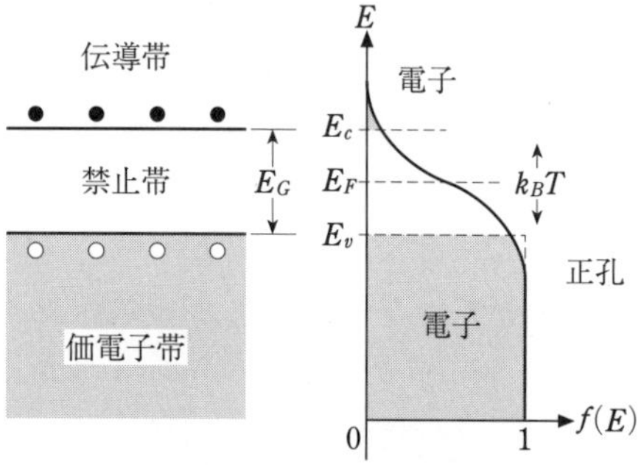

図 4.10　真性半導体のキャリアー分布．

価電子帯に対しては，$E - E_F \ll -k_BT$ であるからホール (正孔) の分布は

$$\begin{aligned} f_v(E) &= 1 - f(E) \cong 1 - \left[1 - e^{(E-E_F)/k_BT}\right] \\ &= e^{(E-E_F)/k_BT} = e^{(E_v-E_F)/k_BT} e^{(E-E_v)/k_BT} \end{aligned} \tag{4.11}$$

によって近似される．ここに，E_v は価電子帯の上端のエネルギー値である (図 4.10)．

半導体内のキャリアー (電子，ホール) の数を求めるためには伝導帯および価電子帯の状態密度を知らなければならない．これは (2.45) に与えられているが，バンド・エネルギー $E_n(\boldsymbol{k})$ の構造が複雑な場合には数値計算に頼らざるを得ない．いまの場合には，電子は伝導帯の底付近に，ホール (正孔) は価電子帯の頂上付近に存在している．既に (2.122), (2.125) で見たように，$\boldsymbol{k}$ の原点をそれぞれバンドの底または頂上にとれば，バンド・エネルギーは伝導帯の底の近くでは

$$E = E_c + \frac{\hbar^2 k^2}{2m_c}, \tag{4.12}$$

価電子帯の頂上の近くでは

$$E = E_v - \frac{\hbar^2 k^2}{2m_v} \tag{4.13}$$

のようにそれぞれ自由電子または自由ホールのエネルギースペクトルで近似される (図 4.11). ここに, m_c, m_v はそれぞれ伝導帯の底における電子および価電子帯の頂上におけるホールの有効質量である. こうして, 伝導帯の電子および価電子帯のホールの状態密度 $D_c(E)$, $D_v(E)$ は, 自由電子系の状態密度 (3.7) の $D(E)$ において E の代わりにそれぞれ $E-E_c$ または $E_v - E$ とおいて,

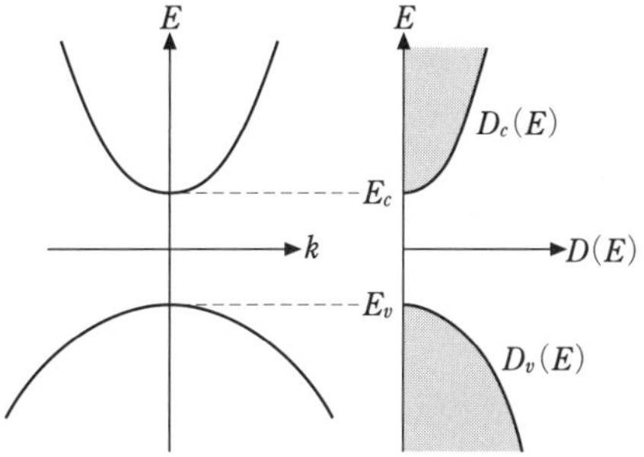

図 4.11 エネルギー・バンドと状態密度 (概念図).

$$D_c(E) = \frac{V}{4\pi^2}\left(\frac{2m_c}{\hbar^2}\right)^{3/2}\sqrt{E-E_c}\,, \tag{4.14}$$

$$D_v(E) = \frac{V}{4\pi^2}\left(\frac{2m_v}{\hbar^2}\right)^{3/2}\sqrt{E_v-E} \tag{4.15}$$

と得られる (図 4.11).

伝導帯の電子数密度 n は, スピン多重度 2 を考慮して, (4.10), (4.14) を用いれば,

$$\begin{aligned} n &= \frac{2}{V}\int_{E_c}^{\infty} f_c(E)\,D_c(E)\,dE \\ &= \frac{1}{2\pi^2}\left(\frac{2m_c k_B T}{\hbar^2}\right)^{3/2} e^{-(E_c-E_F)/k_BT}\int_0^{\infty} x^{1/2}e^{-x}dx \\ &= N_c e^{-(E_c-E_F)/k_BT} \end{aligned} \tag{4.16}$$

となる. ここに, 2 行目の積分はガンマ関数 $\Gamma(3/2)=\sqrt{\pi}/2$ であることを用いた. V は系の体積である. そして, N_c は

$$N_c = 2\left(\frac{2\pi m_c k_B T}{h^2}\right)^{3/2} \tag{4.17}$$

で与えられる. これは Boltzmann 統計の重率 (単位体積当りの 1 粒子分配関数) としてしばしば現れる因子であって, 室温 (300 K) で Si に対して $2.8\times 10^{19}\mathrm{cm}^{-3}$ となる.

価電子帯のホール数密度 p は，(4.11)，(4.15) を用いれば，同様にして

$$p = \frac{2}{V}\int_{-\infty}^{E_v} f_v(E)\,D_v(E)\,dE = N_v e^{(E_v - E_F)/k_B T} \tag{4.18}$$

となる．ここに，N_v は

$$N_v = 2\left(\frac{2\pi m_v k_B T}{h^2}\right)^{3/2} \tag{4.19}$$

で与えられる．これは室温において Si の場合 $1.04 \times 10^{19}\mathrm{cm}^{-3}$ となる．

真性半導体では

$$n = p = n_i \tag{4.20}$$

が成立する．ここに，固有キャリアー数密度 n_i，

$$\begin{aligned} n_i &= \sqrt{np} = \sqrt{N_c N_v}\, e^{-E_G/2k_B T} \\ &= 2\left(\frac{2\pi k_B T}{h^2}\right)^{3/2} (m_c m_v)^{3/4} e^{-E_G/2k_B T} \end{aligned} \tag{4.21}$$

を定義した．なお，$E_G \equiv E_c - E_v$ である．熱エネルギー $k_B T$ の吸収によるギャップ E_G を越えての励起が指数関数 $\exp(-E_G/2k_B T)$ によって支配されることに注目しよう．室温においては, Si の場合 $n_i = 1.45 \times 10^{10}\mathrm{cm}^{-3}$，GaAs の場合 $n_i = 1.79 \times 10^{6}\mathrm{cm}^{-3}$ の電子 (ホール) 数密度となる．条件 $n = p$ から

$$\begin{aligned} E_i \equiv E_F &= \frac{1}{2}(E_c + E_v) + \frac{1}{2} k_B T \log\left(\frac{N_v}{N_c}\right) \\ &= \frac{1}{2}(E_c + E_v) + \frac{3}{4} k_B T \log\left(\frac{m_v}{m_c}\right) \end{aligned} \tag{4.22}$$

が得られる．ここに, 真性半導体の Fermi 準位 E_i を導入した．室温では (4.22) の右辺第 2 項は第 1 項に比べて十分小さい．よって, 真性半導体の場合 Fermi 準位 E_i の位置はほとんどバンド・ギャップの中央に近い．

不純物半導体の電子分布を考えよう．前節で見たように, ドナー準位から伝導帯への電子励起, あるいはアクセプター準位から価電子帯へのホール励起が支配的になるので価電子帯から伝導帯への固有励起は数の上では問題にならなくなる．$10^{16}\mathrm{cm}^{-3}$ の濃度で Si にドープされたドナーは室温でほとんどすべてイオン化して電子を伝導帯に上げてしまう．この場合, 電子密度は $n \sim 10^{16}\mathrm{cm}^{-3}$ であって，真性半導体の室温での固有電子密度 $n_i \sim 10^{10}\mathrm{cm}^{-3}$ と比較して圧倒

的である．しかしながら，不純物半導体においても固有励起の電子数密度はちゃんと全体の電子数密度の中に収まっていて全体としての熱平衡キャリアー分布を構成することを忘れてはならない．

不純物半導体のキャリアー分布，すなわち電子分布およびホール分布もまたFermi分布 (4.9) によって与えられる．Fermi分布関数のFermi準位 E_F は，キャリアー数またはキャリアー密度によって定まるので，図4.12，図4.13に示されるように n 型の場合と p 型の場合とで異なったものになる．よほどの高濃度不純物によってドープされない限り，キャリアー分布はFermi分布の尻尾の部分となる．したがって，$f_c \ll 1$，$f_v \ll 1$ が成立し，電子分布またはホール分布はそれぞれ (4.10) または (4.11) によって近似される．そして，キャリアー密度に対しても前と同じ表式，すなわち電子密度は (4.16)，ホール密度は (4.18) によって与えられる．これらキャリアー密度の式を

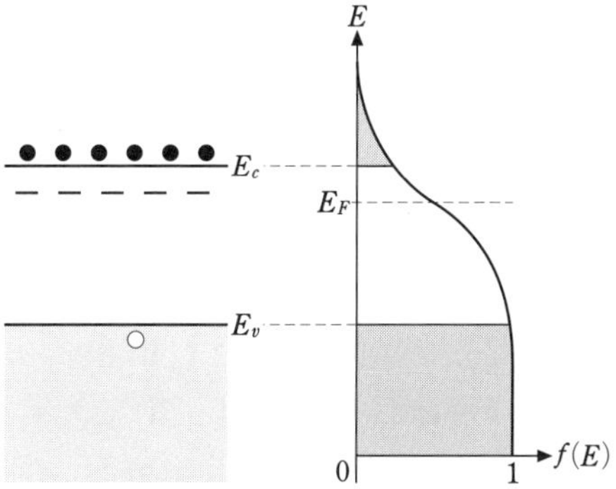

図 **4.12**　n 型半導体のキャリアー分布．

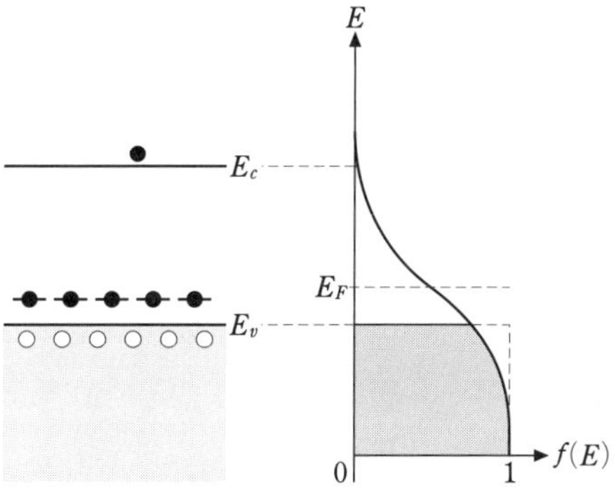

図 **4.13**　p 型半導体のキャリアー分布．

$$
\begin{aligned}
n &= N_c e^{-(E_c-E_F)/k_BT} = N_c e^{-(E_c-E_i)/k_BT} e^{-(E_i-E_F)/k_BT} \\
&= n_i e^{-(E_i-E_F)/k_BT},
\end{aligned}
\tag{4.23}
$$

$$
\begin{aligned}
p &= N_v e^{(E_v-E_F)/k_BT} = N_v e^{(E_v-E_i)/k_BT} e^{(E_i-E_F)/k_BT} \\
&= n_i e^{(E_i-E_F)/k_BT}
\end{aligned}
\tag{4.24}
$$

と書きなおしておくのも便利である．ここに，固有キャリアー密度 (4.20)

$$n_i = N_c e^{-(E_c-E_i)/k_BT} = N_v e^{(E_v-E_i)/k_BT}$$

を用いた．

室温 (300 K) における不純物半導体の Fermi 準位 E_F の値を評価してみよう．Si にドナーを $N_D \sim 10^{17}\text{cm}^{-3}$ だけドープしたとしよう．$n \sim 10^{17}$ cm^{-3}, $N_c \sim 2.8 \times 10^{19}\text{cm}^{-3}$ であるから，(4.23) の第 1 式より $E_c - E_F = k_BT \ln(N_c/n) \sim 0.14\,\text{eV}$ となって，E_F の位置は伝導帯の下方バンド・ギャップ E_G の 1/10 程度のところとなる．同様に，Si に $N_A \sim 10^{17}\text{cm}^{-3}$ でアクセプター原子をドープした場合，$p \sim 10^{17}\text{cm}^{-3}$，$N_v \sim 1.04 \times 10^{19}\text{cm}^{-3}$ である．(4.24) の第 1 式より $E_v - E_F = k_BT \ln(p/N_v) \sim -0.12\text{eV}$ となって，E_F は価電子帯の上方 E_G の 1/10 程度のところにある．

1 つの半導体 (n 型または p 型) を考えるとき，(4.23) と (4.24) とはその半導体のキャリアー密度それぞれ n および p を与える．このときには，両式内の Fermi 準位は (n または p 型として) 同一のものである．両式の積をとれば，

$$np = N_cN_v e^{-E_G/k_BT} = n_i^2 \tag{4.25}$$

が得られる．この関係は，バンド構造と温度に依存するだけで，ドープされた不純物の種類，濃度にはよらない．もちろん，真性半導体においては (4.20) のように $n = p = n_i$ であるから (4.25) は成立していた．(4.25) を化学平衡の場合にならって質量作用の法則として引き合いに出す．例えば，室温で Si 結晶に As をドープして電子密度 $n \sim 10^{16}\text{cm}^{-3}$ の n 型にすれば，$n_i \sim 10^{10}\text{cm}^{-3}$ であるからホール密度は $p = n_i^2/n \sim 10^4\text{cm}^{-3}$ と低いものになる．

n 型半導体の電子密度 n の温度依存性を，濃度 N_D のドナー準位内の電子分布 n_D を考察して，より立ち入って調べてみよう．ドナーは結晶母体原子に対して 1 個だけ過剰な電子をもって入ってきたものであるから，ドナー準位は電子 1 個の収容能力しかないとする．単位体積当り，N_D 個のドナーのうち n_D 個を選んで電子で埋め，かつその各電子は + スピンまたは − スピン状態をとるとしたときの場合の数 W は

$$W = \frac{N_D!}{n_D!(N_D - n_D)!} 2^{n_D}$$

である．Boltzmann の式によれば，エントロピー S は

$$S = k_B \log W = k_B \log \left[\frac{N_D!}{n_D!(N_D - n_D)!} 2^{n_D} \right] \tag{4.26}$$

によって与えられる．n_D の熱平衡値は S を条件

$$n_D(E_c - E_D) = \text{一定}, \tag{4.27}$$

$$n_D = \text{一定} \tag{4.28}$$

のもとで極大にする n_D を求めることによって得られる．Lagrange 乗数として $-1/T$ および E_F/T をそれぞれ (4.27) および (4.28) に掛けて，それらを (4.26) に足したものについて，

$$\delta[\, S - n_D(E_c - E_D)/T + n_D E_F/T \,] = 0$$

を δn_D に対して計算すればよい．このとき，Stirling の公式

$$\log x! \cong x \log x - x$$

を用いる．こうして，

$$n_D = \frac{N_D}{\frac{1}{2} e^{(E_c - E_D - E_F)/k_B T} + 1} \tag{4.29}$$

が得られる．ここに，ドナー準位は伝導帯の下端 E_c より $E_D (> 0)$ だけ下にあるとした．すなわち，E_D は (4.3) の意味である．伝導帯内の電子密度 n は (4.23) の第 1 式に与えられている．これと (4.29) 式から $E_c - E_F$ を消去すれば，

$$\frac{n(N_D - n_D)}{n_D} = \frac{N_c}{2} e^{-E_D/k_B T} \tag{4.30}$$

が得られる．

なお，価電子帯の上端 E_v より $E_A (> 0)$ だけ上にある濃度 N_A のアクセプター準位内の電子分布 n_A は，各アクセプターは電子 1 個しか収容できないとして，(4.29) を得たやり方と同様にして，

$$n_A = \frac{N_A}{\frac{1}{2} e^{(E_v + E_A - E_F)/k_B T} + 1} \tag{4.31}$$

となる．したがって，アクセプター準位内のホール密度 p_A は，

$$p_A = N_A - n_A = \frac{N_A}{1 + 2\, e^{-(E_v + E_A - E_F)/k_B T}} \tag{4.32}$$

と得られる．一方，価電子帯内のホール密度 p は (4.24) の第1式に与えられている．これと (4.31) から $E_v - E_F$ を消去すれば，

$$\frac{p(N_A - p_A)}{p_A} = 2N_v e^{-E_A/k_BT} \tag{4.33}$$

が得られる．これを (4.30) と比較して，因子2の入り方が違うことに注意しよう．

電気的中性条件は

$$n + N_A - p_A = p + N_D - n_D \tag{4.34}$$

である．n 型 ($N_D > N_A$) の場合，質量作用の法則 $np = n_i^2$ から $n \gg p$ が成立する．また，高温でない限り，ドナー電子は先ずアクセプターに落ち込むので $p_A \approx 0$ である．よって，(4.30) は，$n_D = N_D - N_A - n$ とおいて，

$$\frac{n(n + N_A)}{N_D - N_A - n} = \frac{N_c}{2}\, e^{-E_D/k_BT} \tag{4.35}$$

となる．まず，(i) 十分な低温領域で，n が非常に小さく $N_D - N_A$，N_A に比べて無視できるとき，(4.35) は

$$n = \frac{N_D - N_A}{N_A}\frac{N_c}{2}\, e^{-E_D/k_BT} \tag{4.36}$$

と書かれ，E_D が活性化エネルギーとなる．(ii) $N_D \gg n \gg N_A$ が成立する場合には，(i) の場合より少し高温の領域が現れて，(4.35) は

$$n = \left(\frac{N_D N_c}{2}\right)^{1/2} e^{-E_D/2k_BT} \tag{4.37}$$

となって，$E_D/2$ の活性化エネルギーを与える．(iii) $k_BT \sim E_D$ のような高温領域 (室温領域) になると，すべてのドナーの電子は伝導帯に上がってしまう．すなわち，

$$n \cong N_D - N_A \tag{4.38}$$

となる．(iv) さらに高温になると，価電子帯から伝導帯への電子励起が顕著になりだし，$n_i = N_D$ で定まる温度以上では電子密度は (4.21)

$$n = n_i = (N_c N_v)^{1/2}\, e^{-E_G/2k_BT}$$

によって与えられる．この温度領域を固有領域という．図 4.14 は以上の n の温度変化を図示したものである．(i), (ii), (iii) は不純物領域と呼ばれ，とくに (iii) は出払い領域といわれる．

p 型半導体のホール密度の温度依存性についても，(4.33) を議論することによって同様な結果が得られる．

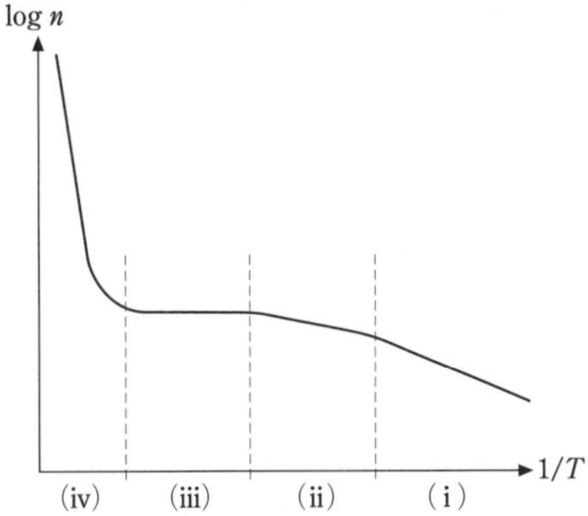

図 4.14 電子数密度 n の温度変化.

4.3 電気伝導

金属の場合はキャリアーは電子だけであるが，半導体においてはキャリアーに電子とホールの 2 種類がある．普通の金属 — 高温超伝導体や強磁性金属などの強相関電子系は除いて — においては電子系は縮退した Fermi 気体であり，電子密度は一定である．半導体の場合は通常キャリアーは非縮退系であって，前節で見てきたようにキャリアー密度は顕著な温度依存性を示す．自由なキャリアーが存在すれば，電場による加速と散乱による減速とが釣り合って定常な電流が得られる．また，過剰なキャリアーの注入などによって，キャリアー密度の空間的変動が存在する．この密度勾配に比例したキャリアーの拡散流が生じ，拡散電流となる．電場による流れの速度をドリフト速度，電流をドリフト電流と呼んで，キャリアーの拡散による拡散速度，拡散電流と使い分ける．

4.3.1 電気伝導度

電荷 $-e$，有効質量 m_n の電子の電場 $\boldsymbol{E}$ による定常なドリフト速度は

$$\boldsymbol{v}_n = -\frac{e\tau_n}{m_n}\boldsymbol{E} \tag{4.39}$$

となる．同様に，電荷 e，有効質量 m_p のホールのドリフト速度 $\boldsymbol{v}_p$ は

$$\boldsymbol{v}_p = \frac{e\tau_p}{m_p}\boldsymbol{E} \tag{4.40}$$

となる．ここに，τ_n，τ_p はそれぞれ電子およびホールの衝突の平均自由時間である．(4.39)，(4.40) を

$$\boldsymbol{v}_n = -\mu_n\boldsymbol{E}, \qquad \boldsymbol{v}_p = \mu_p\boldsymbol{E} \tag{4.41}$$

と書いて，電子およびホールの移動度 μ_n および μ_p を導入すれば，それぞれ

$$\mu_n = \frac{e\tau_n}{m_n}, \qquad \mu_p = \frac{e\tau_p}{m_p} \tag{4.42}$$

によって与えられる．電流密度 $\boldsymbol{j}$ は電子電流密度 $\boldsymbol{j}_n$ とホール電流密度 $\boldsymbol{j}_p$ との和

$$\boldsymbol{j} = \boldsymbol{j}_n + \boldsymbol{j}_p = -ne\boldsymbol{v}_n + pe\boldsymbol{v}_p = \sigma\boldsymbol{E} \tag{4.43}$$

である．よって，電気伝導度 σ は

$$\sigma = ne\mu_n + pe\mu_p = \frac{ne^2\tau_n}{m_n} + \frac{pe^2\tau_p}{m_p} \tag{4.44}$$

となる．

電場 $\boldsymbol{E}$ は静電ポテンシャル $\varphi(\boldsymbol{r})$ の下り勾配

$$\boldsymbol{E} = -\mathrm{grad}\varphi \tag{4.45}$$

によって与えられる．空間の各点において，伝導帯の底に存在する電子はバンド・エネルギー E_c をもっていたが，$\varphi(\boldsymbol{r})$ が掛かると電子のエネルギーは E_c より $-e\varphi$ だけ下がり，$E_c(\boldsymbol{r})$ となって空間座標に依存する．すなわち，

$$E_c(\boldsymbol{r}) = -e\varphi(\boldsymbol{r}) + E_c|_{\varphi=0}$$

となる．このことは，バンドの底 E_c のみならずバンド・エネルギーすべてに対して成立する (図 4.15)．したがって，(4.45) の電場 $\boldsymbol{E}$ は

$$\boldsymbol{E} = \frac{1}{e}\mathrm{grad}E_c(\boldsymbol{r}) = \frac{1}{e}\mathrm{grad}E_F(\boldsymbol{r}) \tag{4.46}$$

と書かれる．ここに，E_c に平行な準位 E_F，E_i，E_v などバンド・エネルギーとしてどれを用いてもよい．

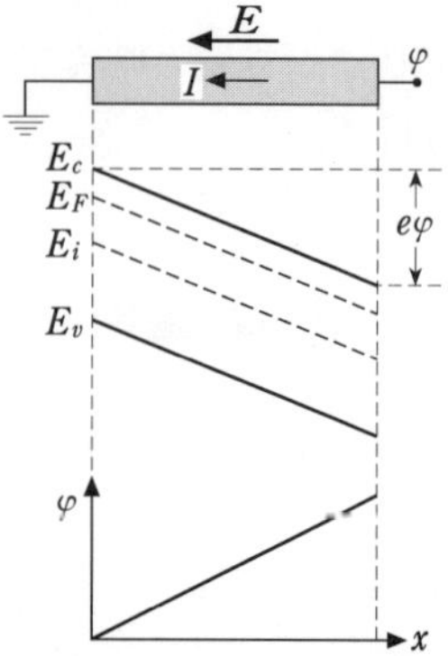

図 4.15 電圧とバンドエネルギー．

4.3.2 キャリアーの拡散

キャリアー密度が空間的に一様でない場合には，密度の高い領域から低い領域へ向かってキャリアーの拡散すなわちキャリアー密度の輸送が起こる．拡散の流れはキャリアーの密度勾配に比例する．キャリアーは電荷をもっているので，キャリアーの拡散は電流となる．これを拡散電流と呼ぶ．

初歩的な拡散理論を考えてみよう．いま，半導体の温度は空間的に一様であるとする．試料の x 軸方向に電子密度が変化しているとし，それを $n(x)$ で表す．電子の平均速度として熱運動の平均速度 $\bar{v}_n = \sqrt{\langle v_x^2 \rangle} = \sqrt{\langle v^2 \rangle / 3}$ を採用する．電子の平均自由行程 ℓ_n は平均自由時間 (衝突時間) τ_n を用いて

$$\ell_n = \bar{v}_n \tau_n \tag{4.47}$$

と書かれる．点 x における断面 A を単位面積当り単位時間に $+x$ 方向に横切ってゆく電子の数，すなわち拡散の電子流 f_x を求めたい．

図 4.16 に示すように，断面 A の $-$ 側の長さ ℓ_n，断面積 1 の直方体の中で $+x$ 方向に走る電子は距離 ℓ_n を時間 τ_n だけかけて衝突せずに走って A を横切ることができる．ℓ_n はミクロな長さであるから，この直方体の中の電子密度は点 $x - \ell_n$ における密度 $n(x - \ell_n)$ で代表される．平均的に $+x$ 方向に走る電子と $-x$ 方向に走る電子は同数あると考えられるので，直方体の中の半分の電子が A を横切る．したがって，断面 A の $-$ 側から $+$ 側へ単位面積当り単位時間に横切ってゆく電子数 f_+ は

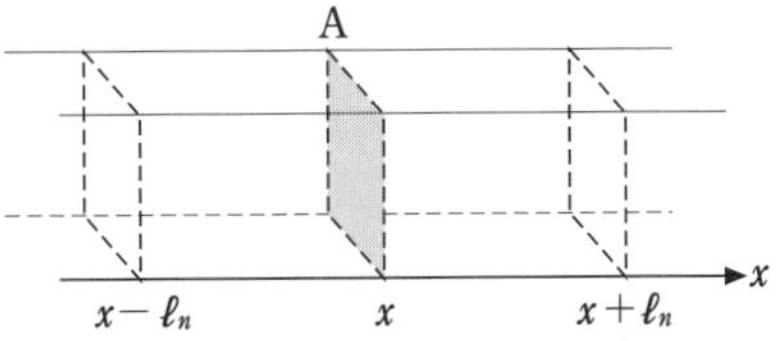

図 **4.16** キャリアーの拡散.

$$f_+ = \frac{1}{2} n(x - \ell_n)\, \ell_n \frac{1}{\tau_n} \tag{4.48}$$

となる．同様にして，断面 A の $+$ 側から $-$ 側へ単位面積当り単位時間に横切ってゆく電子数 f_- は

$$f_- = \frac{1}{2} n(x + \ell_n)\, \ell_n \frac{1}{\tau_n} \tag{4.49}$$

となる．よって，断面 A を $+x$ 方向に横切る正味の電子流 f_x は

$$f_x = f_+ - f_- = \frac{\ell_n}{2\tau_n} [n(x - \ell_n) - n(x + \ell_n)] = -D_n \frac{\partial n}{\partial x} \tag{4.50}$$

によって与えられる．ここに，

$$D_n \equiv \ell_n^2/\tau_n = \bar{v}_n^2\tau_n \tag{4.51}$$

は電子の拡散係数である．

電子分布 (4.10)，状態密度 (4.14) および (4.12) $m_n v^2/2 = E - E_c$ を用いて速度の二乗平均を求めれば，

$$\bar{v}_n^2 = \frac{1}{3}\langle v^2\rangle = \frac{k_B T}{m_n} \tag{4.52}$$

となるので，(4.51) および (4.42) より

$$D_n = \frac{k_B T}{e}\,\mu_n \tag{4.53}$$

が得られる．これは Einstein の関係式と呼ばれる．

電子の拡散電流密度 $\boldsymbol{j}_{n,x}$(diffusion) は拡散電子流 f_x に電子の電荷 $-e$ をかけて，

$$\boldsymbol{j}_{n,x}(\mathrm{diffusion}) = -e\,f_x = e\,D_n\frac{\partial n}{\partial x} \tag{4.54}$$

によって与えられる．同様にして，拡散ホール電流密度 $\boldsymbol{j}_{p,x}$(diffusion) はホール (正孔) の電荷 e を考慮して，

$$\boldsymbol{j}_{p,x}(\mathrm{diffusion}) = -e\,D_p\frac{\partial p}{\partial x} \tag{4.55}$$

となる．ここに，ホールの拡散係数

$$D_p = \ell_p^2/\tau_p = \bar{v}_p^2\tau_p \tag{4.56}$$

が定義された．ℓ_p はホールの平均自由行程であり，$\bar{v}_p = \sqrt{\langle v^2\rangle/3}$ はホールの 1 自由度当りの熱運動の平均速度である．(4.53) に対応して

$$D_p = \frac{k_B T}{e}\,\mu_p \tag{4.57}$$

が Einstein の関係式である．

電場 $\boldsymbol{E}$ に比例するドリフト電流とキャリアー密度勾配 ∇n (または ∇p) に比例する拡散電流とが共に存在する場合，電子電流密度 $\boldsymbol{j}_n$ およびホール電流密度 $\boldsymbol{j}_p$ はそれぞれ

$$\boldsymbol{j}_n = ne\mu_n\boldsymbol{E} + e\,D_n\,\nabla n\,, \tag{4.58}$$

$$\boldsymbol{j}_p = pe\mu_p\boldsymbol{E} - eD_p\nabla p \tag{4.59}$$

と書かれる．ここに，拡散電流 (4.54)，(4.55) の場合を 3 次元に拡張して書いた．これらの式は例えば p–n 接合の理論において基本的な役割を演ずる．

4.3.3 Hall 効果

磁場 H が z 方向に掛かるとき，キャリアーは Lorentz 力をうけて z 軸に垂直な xy 面内でサイクロトロン運動をする．そのとき，x 方向の電場成分があればキャリアーは $-y$ 方向にドリフト運動を起こし，Hall 効果が生ずる．

電子に対する Hall 係数 $R_{H,n}$ は (3.83) と同じく

$$R_{H,n} = -\frac{1}{nec} \tag{4.60}$$

で与えられ，電子の電荷 $-e$，密度 n と直結している．Hall 角 ϕ_n は (3.84) と同様

$$\tan\phi_n = -\omega_{c,n}\tau_n = -\frac{\mu_n H}{c} \tag{4.61}$$

で与えられる．ここに，$\omega_{c,n}$ は電子のサイクロトロン周波数

$$\omega_{c,n} = \frac{eH}{m_n c} \tag{4.62}$$

である．ホール (正孔) に対しては，電子の場合の結果において $-e$ の代わりに e と置き換えればよい．すなわち，ホールに対する Hall 係数 $R_{H,p}$ は

$$R_{H,p} = \frac{1}{pec} \tag{4.63}$$

となり，Hall 角 ϕ_p は

$$\tan\phi_p = \omega_{c,p}\tau_p = \frac{\mu_p H}{c} \tag{4.64}$$

となる．ここに，$\omega_{c,p}$ はホールのサイクロトロン周波数

$$\omega_{c,p} = \frac{eH}{m_p c} \tag{4.65}$$

である．

つぎに，電子とホール (正孔) とが共存する場合を考えよう．電子とホールのドリフト電流密度はそれぞれ

$$\boldsymbol{j}_n = ne\mu_n \left(\boldsymbol{E} - \frac{1}{nec} \boldsymbol{j}_n \times \boldsymbol{H} \right), \tag{4.66}$$

$$\boldsymbol{j}_p = pe\mu_p \left(\boldsymbol{E} + \frac{1}{pec} \boldsymbol{j}_p \times \boldsymbol{H} \right) \tag{4.67}$$

と書かれる．キャリアーが電子かまたはホールの片方だけの場合には全電流密度は $\boldsymbol{j}_n$ かまたはの $\boldsymbol{j}_p$ いずれか一方だけの寄与となり，(4.60), (4.61), (4.63), (4.64) の結果が得られる．2 種類のキャリアーが同時に存在するときには，電子電流密度とホール電流密度とを重ね合わせた全電流密度を考えなければならない．磁場 H が z 方向に掛かるとすると，(4.66) は

$$\left.\begin{aligned} j_{n,x} &= ne\mu_n E_x - \frac{\mu_n}{c} H j_{n,y} \\ j_{n,y} &= ne\mu_n E_y + \frac{\mu_n}{c} H j_{n,x} \\ j_{n,z} &= ne\mu_n E_z \end{aligned}\right\} \tag{4.68}$$

となる．はじめの 2 式から $j_{n,x}$，$j_{n,y}$ を求める．このとき，H について 2 次の項は小さいとして無視する (Hall 効果は H の 1 つぎに関係する)．そうすると，

$$\left.\begin{aligned} j_{n,x} &= ne\mu_n E_x - \frac{ne\mu_n^2}{c} H E_y \\ j_{n,y} &= ne\mu_n E_y + \frac{ne\mu_n^2}{c} H E_x \end{aligned}\right\} \tag{4.69}$$

が得られる．同様にして，ホール電流密度については

$$\left.\begin{aligned} j_{p,x} &= pe\mu_p E_x + \frac{pe\mu_p^2}{c} H E_y \\ j_{p,y} &= pe\mu_p E_y - \frac{pe\mu_p^2}{c} H E_x \end{aligned}\right\} \tag{4.70}$$

が得られる．よって，全電流密度は

$$\left.\begin{aligned} j_x = j_{n,x} + j_{p,x} &= (ne\mu_n + pe\mu_p) E_x - (n\mu_n^2 - p\mu_p^2) \frac{e}{c} H E_y \\ j_y = j_{n,y} + j_{p,y} &= (ne\mu_n + pe\mu_p) E_y + (n\mu_n^2 - p\mu_p^2) \frac{e}{c} H E_x \end{aligned}\right\} \tag{4.71}$$

となる．Hall 効果の実験条件は $j_y = 0$，すなわち，

$$(ne\mu_n + pe\mu_p) E_y + (n\mu_n^2 - p\mu_p^2) \frac{e}{c} H E_x = 0 \tag{4.72}$$

である．これより，Hall 角 ϕ は

$$\tan\phi = \frac{E_y}{E_x} = \frac{-n\mu_n^2 + p\mu_p^2}{n\mu_n + p\mu_p}\frac{H}{c} \tag{4.73}$$

となる．(4.72) の E_x を (4.71) の第 1 式に代入し，H^2 の項を省略すれば，Hall 係数 R_H は

$$R_H = \frac{E_y}{j_x H} = \frac{-n\mu_n^2 + p\mu_p^2}{(n\mu_n + p\mu_p)^2 ec} \tag{4.74}$$

で与えられる．Hall 効果の測定によってキャリアーの種類，密度が判明する．Hall 係数に加えて，抵抗率の測定から移動度を知ることができる.[2]

4.3.4 散乱の機構

移動度 μ はキャリアーの有効質量 m^* に逆比例し，衝突の平均自由時間 τ に比例する．まず，m^* に注目しよう．(2.123)，(2.126) によれば，m^* が小さいことは原子間の共鳴積分 $|J|$ が大きいことである．共鳴積分が大きいことはバンド幅の広いことを意味するので，幅の広いバンドにおいては有効質量は小さく，したがって移動度 μ は大きくなり，キャリアーは動きやすいことになる．

つぎに，平均自由時間 τ を決める散乱の機構について簡単に考察しておこう．半導体においても金属の場合と同様に，自由な電子あるいはホール (正孔) が散乱されるのは結晶の周期的ポテンシャル場の乱れによってである．高温 (室温) において支配的なものは格子振動，すなわち格子点を平衡点とするイオンの熱振動である．格子振動は調和振動の重ね合わせによってよく近似され，結晶中を波として伝わる．これを量子化したものがフォノンと呼ばれる．伝導電子と相互作用するのはこのうち長波長の縦波，すなわち結晶中の音波である．電子 (ホール) はフォノンによって散乱される．その衝突の確率は平均自由時間の逆数 $1/\tau$ で与えられる．そして，$1/\tau$ はフォノン数と電子の平均速度に比例する (第 5 章)．Bose 分布するフォノンの数は室温においては温度 T に比例する．平均速度の方は，(4.52) によって $\sqrt{T}$ に比例する (金属の場合はフェルミ速度で温度によらない)．よって，室温においては $1/\tau$ は $T^{3/2}$ に比例し，移動度 μ は $T^{-3/2}$ に比例する．

[2] P. P. Debye and E. M. Conwell : Phys. Rev. **93** (1954) 693.

低温においては，不純物など静的な乱れによる散乱が支配的になる．普通の金属の場合には残留抵抗を与える中性不純物による散乱を考えればよい．これに対して半導体においては，イオン化した不純物(ドナー，アクセプター)による散乱が重要となる．伝導電子の数が少なく，そのため遮蔽効果が小さいので，イオン化した不純物からのクーロン力がよく効く．さらに，低温においてキャリアーの熱エネルギー，したがって平均速度，が小さいほど散乱効率が増大する．Rutherford 散乱に基づく解析[3]が行われた． これによると，log の小さな補正因子を除いて，イオン化不純物散乱による移動度 μ は $T^{3/2}/N_i$ (N_i はイオン化した不純物の濃度) に比例することが示される．この温度依存性は奇しくもフォノン散乱の場合の逆冪になっている．後に行われた，不純物を高濃度にドープされた試料での低温における実験データはこの温度依存性の傾向と不純物濃度依存性を支持している．

4.4 浅い不純物準位

前節で議論されたように，半導体の電気的性質は存在する不純物の種類と濃度によって決定的に左右される．ドナー状態は電子がドナーにゆるく束縛された状態である．この電子は小さなエネルギー的刺激によって容易に伝導帯に励起されて伝導電子となりうる．同様に，アクセプター状態はホール(正孔)がアクセプターの周りにゆるく束縛された状態である．そして，このホールは小さな励起エネルギーでアクセプターの束縛から離れて価電子帯に移り，自由なホールとなりうる．このとき同時に，価電子帯の電子が入れ代わりにアクセプターに移っている．これらの過程において使われる励起エネルギーは 0.01－0.1 eV の程度で，バンド・ギャップ (∼ 1 eV) に比べて十分小さい．したがって，高温極限を除いて，不純物状態から熱的に励起される電子またはホールが半導体の電気的性質を支配する．これらの不純物状態は，その軌道半径が数十 Å におよび，その束縛エネルギーが 0.05 eV 程度のゆるく束縛された浅い状態である．前節ではこのような不純物状態を水素原子模型によって単純に理解してきた．例えば，ドナー電子が十分に大きい軌道をもてば，母体結晶は静的誘電率[4] ε_s をもつ媒質とみなされ，ドナーイオンの静電ポテン

---

[3]E. Conwell and V. F. Weisskopf : Phys. Rev. **77** (1950) 388.
[4]この節でも 4.1 節と同様に SI(国際単位系) を採用する．

シャルは$e/4\pi\varepsilon_s r$の形をとると考えられる．したがって，ドナー電子はシュレーディンガー方程式

$$\left(-\frac{\hbar^2}{2m^*}\nabla^2 - \frac{e^2}{4\pi\varepsilon_s r}\right)F(\boldsymbol{r}) = E\,F(\boldsymbol{r}) \tag{4.75}$$

によって記述される．ここに，m^*はバンド構造から決められる有効質量である．このことの基礎付けは，Wannierをはじめ Kittel-Mitchell，Kohn-Luttinger [5] 等によって議論された．これは有効質量(近似の)理論と呼ばれる．有効質量理論を紹介する前に，Si，Geのバンド構造に関する実験事実を簡単に見てみよう．

4.4.1 Si，Geのバンド構造

Si(シリコン)

Siの伝導帯は$(k_0,0,0)$，$(-k_0,0,0)$，$\cdots$，$(0,0,-k_0)$の$\boldsymbol{k}$空間の各座標軸上6個の等価な点に最低点(底)を有する(図4.17)．k_0の値は原点($\boldsymbol{k}=0$)とBrillouinゾーン境界との間の距離の約3/4といわれる．各$(k_0,0,0)$点にはスピンの2つの向きに対応して2つのBloch波が属する．サイクロトロン共鳴の実験によれば，最低点近傍での等エネルギー面は図のように$\langle 1\,0\,0\rangle$方向を長軸とする回転楕円体面の同等な6個で近似される．例えば，$[0\,0\,1]$軸上のk_0点でのBloch波のエネルギーは

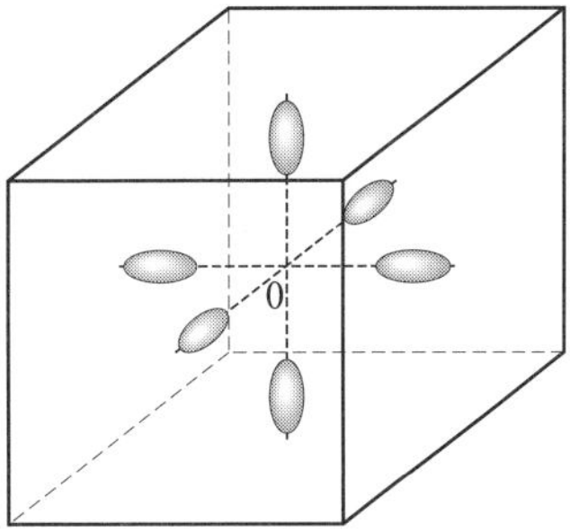

図 4.17 Siの伝導帯最低点近傍での等エネルギー面．

$$E = \frac{\hbar^2}{2m_t}(k_x^2+k_y^2) + \frac{\hbar^2}{2m_l}(k_z-k_0)^2 \tag{4.76}$$

と書かれる．ここに，バンドの底をエネルギーの0点とした．また，m_lおよびm_tはそれぞれ回転楕円体の長軸および短軸方向の有効質量であって，

$$m_l = 0.98m\,, \qquad m_t = 0.19m \tag{4.77}$$

[5] W. Kohn: *Solid State Physics* Vol.5, p.257, ed. F. Seitz and D. Turnbull (Academic Press, 1957).

の値をもつ．m は電子の裸の質量である．伝導帯の等価な底の一つ一つを谷間(バレー)と呼び，このような複数の谷間から成る構造をバンドの多谷間構造という．

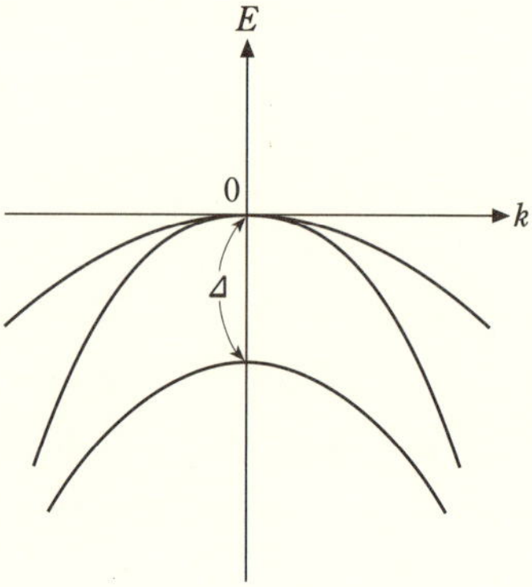

図 **4.18** Si の価電子帯上端.

Si の価電子帯の最高点は原点 $\boldsymbol{k} = 0$ にある(図4.18)．6重(スピン2重縮退を考慮して)に縮退した sp 軌道はスピン軌道相互作用によって部分的に分離して，頂上の4重に縮退した2本のバンドと直下の2重縮退した1本のバンドに分裂する．スピン軌道分裂は理論的に $\Delta \cong 0.035\,\text{eV}$ 程度である．頂上の2本のバンドは曲率が異なり，それぞれ重い有効質量 m_{hh} をもつホールと軽い有効質量 m_{lh} をもつホールとに対応する．そして，

$$m_{hh} = 0.50m\,, \qquad m_{lh} = 0.15m \tag{4.78}$$

の値をもつ．

Ge(ゲルマニウム)

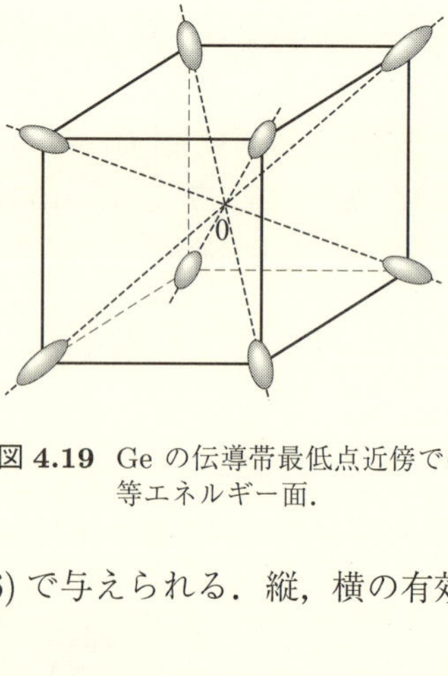

図 **4.19** Ge の伝導帯最低点近傍での等エネルギー面.

Ge の伝導帯の最低点はそれぞれ $\boldsymbol{k}$ 空間の $\langle 1\,1\,1 \rangle$ 軸上，Brillouin ゾーンの境界面上に存在する(図 4.19)．点 $(1, 1, 1)$ と $(-1, -1, -1)$ とは逆格子ベクトルだけ離れているので等価である．したがって，4個の等価なバンドの底が存在する．そして，これが Ge の多谷間構造である．$[1\,1\,1]$ 方向を改めて z 軸とし，点 $\boldsymbol{k} = 0$ からゾーンの境界面までの距離を k_0 とすると，最低点近傍の等エネルギー面は回転楕円体面(4.76)で与えられる．縦，横の有効質量はそれぞれ

$$m_l = 1.58m\,, \qquad m_t = 0.08m \tag{4.79}$$

の値をもつ.

Ge の価電子帯の構造は Si のそれと全く類似している. 点 $\boldsymbol{k}=0$ に存在する価電子帯の頂上は有効質量の重いバンドと軽いバンドとが縮退している. そして,

$$m_{hh} = 0.32m\,, \qquad m_{lh} = 0.043m \tag{4.80}$$

の値をもつ. また, この直下スピン軌道分裂 $\Delta \cong 0.29\,\mathrm{eV}$ (遠赤外吸収) だけ下に 1 本のバンドがある.

4.4.2 有効質量理論

Si, Ge のドナー状態の有効質量理論を以下に要約する. 簡単のために, まず伝導帯が点 $\boldsymbol{k}=0$ に単一の底をもつ場合を考えよう. $\boldsymbol{k}$ を第 1 Brillouin ゾーン内に限る還元ゾーン方式をとり, バンド指標を n とする. $n=0$ は最低の伝導帯を表し, その底をエネルギーの 0 点とする. 不純物の存在しないとき, 1 個の伝導電子のハミルトニアンは

$$\mathcal{H}_0 = -\frac{\hbar^2}{2m}\nabla^2 + V(\boldsymbol{r}) \tag{4.81}$$

と書かれる. ここに, $V(\boldsymbol{r})$ は結晶の周期的ポテンシャル場である. $\mathcal{H}_0$ の固有関数は Bloch 波 (2.39)

$$\psi_{n\boldsymbol{k}}(\boldsymbol{r}) = G^{-1/2} u_{n\boldsymbol{k}}(\boldsymbol{r})\, e^{i\boldsymbol{k}\cdot\boldsymbol{r}}$$

であり, 対応する固有値はバンドエネルギー $E_n(\boldsymbol{k})$ である.

いま, 1 つの格子点の原子がドナー不純物によって置き換えられるならば, 余分な 1 電子に対するハミルトニアンは

$$\mathcal{H} = \mathcal{H}_0 + U(\boldsymbol{r}) \tag{4.82}$$

と書かれる. そして, 不純物イオンから十分離れた位置においては

$$U(\boldsymbol{r}) = -\frac{e^2}{4\pi\varepsilon_s r} \tag{4.83}$$

である. ここに, ε_s は結晶の静的誘電率である. 不純物イオンのすぐ近くでは $U(\boldsymbol{r})$ は単純なクーロンポテンシャル (4.83) で表されないが, 結果的に不

純物イオンのすぐ近くは重要ではないので，すべての $\boldsymbol{r}$ に対して (4.83) を用いよう．

不純物電子の運動は (4.82) のハミルトニアン $\mathcal{H}$ によって支配される．その波動関数 ψ を無摂動系のハミルトニアン $\mathcal{H}_0$ の固有関数 $\psi_{n\boldsymbol{k}}$ で展開すれば，

$$\psi = \sum_{n,\boldsymbol{k}} A_n(\boldsymbol{k})\, \psi_{n\boldsymbol{k}} \tag{4.84}$$

と書かれる．不純物電子に対するシュレーディンガー方程式

$$(\mathcal{H}_0 + U)\psi = E\psi$$

の両辺に $\psi^*_{n\boldsymbol{k}}$ を掛けて内積をとれば，

$$[E_n(\boldsymbol{k}) - E]\, A_n(\boldsymbol{k}) + \sum_{n',\boldsymbol{k}'} (n\boldsymbol{k}|U|n'\boldsymbol{k}')\, A_{n'}(\boldsymbol{k}') = 0 \tag{4.85}$$

が得られる．ここに，

$$\begin{aligned}(n\boldsymbol{k}|U|n'\boldsymbol{k}') &= \int \psi^*_{n\boldsymbol{k}} \left(-\frac{e^2}{4\pi\varepsilon_s r}\right) \psi_{n'\boldsymbol{k}'}\, d\boldsymbol{r} \\ &= G^{-1}\int u^*_{n\boldsymbol{k}} u_{n'\boldsymbol{k}'}\, e^{i(\boldsymbol{k}'-\boldsymbol{k})\cdot\boldsymbol{r}} \left(-\frac{e^2}{4\pi\varepsilon_s r}\right) d\boldsymbol{r}\end{aligned} \tag{4.86}$$

である．この行列要素はさらに変形される．まず，$u^*_{n\boldsymbol{k}} u_{n'\boldsymbol{k}'}$ は格子の周期性をもつから，逆格子ベクトル $\boldsymbol{K}_\nu$ を用いたフーリエ級数展開 ((2.7) を参照)

$$u^*_{n\boldsymbol{k}} u_{n'\boldsymbol{k}'} = \Omega_0^{-1} \sum_\nu C_\nu(n\boldsymbol{k}; n'\boldsymbol{k}')\, e^{i\boldsymbol{K}_\nu\cdot\boldsymbol{r}} \tag{4.87}$$

が成立する．ここに，Ω_0 は結晶格子の単位胞の体積である．これを (4.86) に代入して積分を実行すれば，

$$(n\boldsymbol{k}|U|n'\boldsymbol{k}') = -\sum_\nu \frac{e^2}{L^3\varepsilon_s|\boldsymbol{K}_\nu + \boldsymbol{k}' - \boldsymbol{k}|^2}\, C_\nu(n\boldsymbol{k}; n'\boldsymbol{k}') \tag{4.88}$$

が得られる．ここに，L^3 は結晶の体積である．また，(4.87) において $\boldsymbol{k} = \boldsymbol{k}' = 0$ とし，両辺を単位胞にわたって積分すれば，

$$C_0(n0; n'0) = \delta_{nn'} \tag{4.89}$$

となる．ここで，$u_{n\boldsymbol{k}}$ は単位胞において規格化されていること (2.35) を用いた．

不純物イオンによるクーロン引力は誘電率によって相当に減殺される．かりに，クーロン引力が弱くなった極限を考えると，不純物電子の波動関数 ψ は伝導帯の底の Bloch 波に近づくであろう．したがって，(4.85) の解 $A_n(\boldsymbol{k})$ は $n=0$ かつ小さい $\boldsymbol{k}$ を有するものを除いて十分小さい．そこで，(4.85) において $n=0$ の項を抜き出して書けば，

$$[E_0(\boldsymbol{k})-E]\,A_0(\boldsymbol{k})+\sum_{\boldsymbol{k}'}(0\boldsymbol{k}|U|0\boldsymbol{k}')A_0(\boldsymbol{k}') + \sum_{n'\neq 0,\boldsymbol{k}'}(0\boldsymbol{k}|U|n'\boldsymbol{k}')A_{n'}(\boldsymbol{k}')=0\,, \tag{4.90}$$

$$[E_n(\boldsymbol{k})-E]\,A_n(\boldsymbol{k})+\sum_{\boldsymbol{k}'}(n\boldsymbol{k}|U|0\boldsymbol{k}')A_0(\boldsymbol{k}') + \sum_{n'\neq 0,\boldsymbol{k}'}(n\boldsymbol{k}|U|n'\boldsymbol{k}')A_{n'}(\boldsymbol{k}')=0\ \ (n\neq 0) \tag{4.91}$$

となる．まず，第1近似として $A_n(\boldsymbol{k})=0\ (n\neq 0)$ とする．そして，$E_0(\boldsymbol{k})$ および $(0\boldsymbol{k}|U|0\boldsymbol{k}')$ を小さな $\boldsymbol{k}$，$\boldsymbol{k}'$ に対する表現

$$E_0(\boldsymbol{k})=\frac{\hbar^2k^2}{2m^*}\,, \tag{4.92}$$

$$(0\boldsymbol{k}|U|0\boldsymbol{k}')=-\frac{e^2}{L^3\varepsilon_s|\boldsymbol{k}'-\boldsymbol{k}|^2} \tag{4.93}$$

によって置き換える．これらを (4.90) に代入すれば，

$$\left(\frac{\hbar^2k^2}{2m^*}-E\right)A_0(\boldsymbol{k})-\frac{e^2}{L^3\varepsilon_s}\sum_{\boldsymbol{k}'}\frac{1}{|\boldsymbol{k}-\boldsymbol{k}'|^2}A_0(\boldsymbol{k}')=0 \tag{4.94}$$

となる．ここに得られた方程式はクーロン引力 $-e^2/4\pi\varepsilon_s r$ の中で運動する有効質量 m^* の電子の $\boldsymbol{k}$ 空間におけるシュレーディンガー方程式にほかならない．ただし，$\boldsymbol{k}$，$\boldsymbol{k}'$ の変域は第1 Brillouin ゾーン内に限られている．しかし，さきに注意したように $A_0(\boldsymbol{k})$ は大きな $\boldsymbol{k}$ に対しては無視できるほどに小さいので，$\boldsymbol{k}$ の変域を全空間に拡大してよい．こうして，$A_0(\boldsymbol{k})$ のフーリェ変換

$$F(\boldsymbol{r})=\sum_{\boldsymbol{k}}A_0(\boldsymbol{k})\,e^{i\boldsymbol{k}\cdot\boldsymbol{r}} \tag{4.95}$$

を導入する．そして，(4.94) に $\exp(i\boldsymbol{k}\cdot\boldsymbol{r})$ を掛けて，$\boldsymbol{k}$ について和をとれば，水素原子模型の有効質量方程式 (4.75)

$$\left(-\frac{\hbar^2}{2m^*}\nabla^2-\frac{e^2}{4\pi\varepsilon_s r}\right)F(\boldsymbol{r})=E\,F(\boldsymbol{r}) \tag{4.96}$$

が得られる．(4.96) のエネルギースペクトルは

$$E_n = -\frac{1}{n^2}\frac{m^* e^4}{2(4\pi\varepsilon_s)^2\hbar^2}, \quad n = 1, 2, 3, \cdots \tag{4.97}$$

となる．そして，基底状態の波動関数は

$$F(\boldsymbol{r}) = (\pi a^{*3})^{-1/2} e^{-r/a^*} \tag{4.98}$$

で与えられる．ここに，a^* は有効 Bohr 半径

$$a^* = \frac{\hbar^2}{m^*(e^2/4\pi\varepsilon_s)} \tag{4.99}$$

である．

ドナー電子の全波動関数は $F(\boldsymbol{r})$ ではなくて，$n = 0$ に対する (4.84)

$$\begin{aligned}\psi(\boldsymbol{r}) &= \sum_{\boldsymbol{k}} A_0(\boldsymbol{k})\psi_{0\boldsymbol{k}}(\boldsymbol{r}) \\ &= G^{-1/2}\sum_{\boldsymbol{k}} A_0(\boldsymbol{k})u_{0\boldsymbol{k}}(\boldsymbol{r})e^{i\boldsymbol{k}\cdot\boldsymbol{r}}\end{aligned} \tag{4.100}$$

である．$A_0(\boldsymbol{k})$ は $\boldsymbol{k} = 0$ 近傍の領域においてのみ評価できる値をもつので，$u_{0\boldsymbol{k}} \approx u_{00}$ として和の前に出せば，

$$\begin{aligned}\psi(\boldsymbol{r}) &= G^{-1/2}u_{00}(\boldsymbol{r})\sum_{\boldsymbol{k}} A_0(\boldsymbol{k})e^{i\boldsymbol{k}\cdot\boldsymbol{r}} \\ &= \psi_{00}(\boldsymbol{r})F(\boldsymbol{r})\end{aligned} \tag{4.101}$$

となる．ここに，$\psi_{00} = G^{-1/2}u_{00}$ を用いた．また，エネルギーの 0 点は伝導帯 ($n = 0$) の底 ($\boldsymbol{k} = 0$) であること，すなわち ψ_{00} のエネルギー固有値 $E_0(0)$ を 0 としていることに注意しよう．

つぎに，伝導帯が $\boldsymbol{k}$ 空間の複数の等価な点に底を有して多谷間構造を作る場合を考えよう．等価なバンドの底の数を N とすれば，ドナー電子の波動関数 ψ は各最低点において (4.101) で与えられる分枝をもつので，

$$\psi(\boldsymbol{r}) = \sum_{j=1}^{N} \alpha_j F_j(\boldsymbol{r})\varphi_j(\boldsymbol{r}) \tag{4.102}$$

と表される．ここに，$\varphi_j(\boldsymbol{r})$ は j 番目の底における Bloch 波，α_j は適当な数係数，そして $F_j(\boldsymbol{r})$ は水素原子様の包絡面関数である．N の値は Si では 6，Ge

では多分 (底が正確にゾーン境界面上にあれば) 4 である．j 番目の底の近傍において伝導帯のエネルギーが

$$E_j(\boldsymbol{k}) = \sum_{\alpha,\beta=1}^{3} D_j^{\alpha\beta} k_\alpha k_\beta \tag{4.103}$$

の形をもつとする．ここに，底の位置を $\boldsymbol{k}$ の原点とする．そのとき，(4.96) を導いた方法と同様にして $F_j(\boldsymbol{r})$ は有効質量方程式

$$\left[E_j\left(\frac{1}{i}\nabla\right) - \frac{e^2}{4\pi\varepsilon_s r}\right] F_j(\boldsymbol{r}) = E\,F_j(\boldsymbol{r}) \tag{4.104}$$

を満たすことがわかる．例えば, Si においては [0 0 1] 軸上の底に対応する F は, (4.76) で $k_0 = 0$ として,

$$\left[-\frac{\hbar^2}{2m_t}\left(\frac{\partial^2}{\partial x^2} + \frac{\partial^2}{\partial y^2}\right) - \frac{\hbar^2}{2m_l}\frac{\partial^2}{\partial z^2} - \frac{e^2}{4\pi\varepsilon_s r}\right] F(\boldsymbol{r}) = E\,F(\boldsymbol{r}) \tag{4.105}$$

を満足する．

(4.105) は水素原子の波動方程式によく似ている．その差異は，自由電子の質量 m が 2 つの異なる有効質量 m_l，m_t によって置き換えられ，そして e^2 がはるかに小さい $e^2/4\pi\varepsilon_s$ によって置き換えられていることである．結果として，(4.105) の基底状態の解は

$$a^* = \frac{\hbar^2}{m^*(e^2/4\pi\varepsilon_s)} = a_B\,\frac{(\varepsilon_s/\varepsilon_0)}{(m^*/m)} \tag{4.106}$$

の大きさの平均"有効 Bohr 半径"をもつと近似することができる．ここに，m^* は m_t と m_l との適当な平均値を意味し，a_B は水素原子の Bohr 半径である．Si，Ge の比誘電率はそれぞれ 11.9 および 16.0 である．そして，(4.77), (4.79) に与えられた数値の適当な平均値で有効質量を見積もって, 有効 Bohr 半径を求めれば,

$$a^*_{Si} \approx 20\text{Å}\,, \tag{4.107}$$

$$a^*_{Ge} \approx 40\text{Å} \tag{4.108}$$

が得られる．これらの巨大な軌道は数千個の結晶の単位胞にまたがって広がったものである．

(4.102) で与えられるドナー電子の基底状態は N 重に縮退している．有効質量近似への補正がとり入れられれば，この縮退は部分的に解ける．ハミルトニアンの対称性に基づいた基底状態の詳細な議論は省略する．

最後に，(4.104) の包絡面関数 F_j を考えよう．伝導帯の 1 つの底をとり，その $\boldsymbol{k}$ ベクトルを z 軸とすると，規格化された波動関数は

$$F = \frac{1}{(\pi a^2 b)^{1/2}}\, e^{-\sqrt{(x^2+y^2)/a^2+z^2/b^2}} \tag{4.109}$$

と書かれる．この関数形は $m_t = m_l$ の極限で正確であり，また $m_l/m_t \to \infty$ の極限においても十分精度のよいものである．$m_l > m_t$ であるから，この波動関数は大きい m_l に対応する z 方向よりも小さな m_t に対応する xy 方向により広がっている．しかし，このゆがみ (球形からの) は比較的小さい．変分計算の結果はつぎの値を与えている：

$$\left.\begin{aligned} a_{Si} &= 25.0\times 10^{-8}\mathrm{cm}, &\quad b_{Si} &= 14.2\times 10^{-8}\mathrm{cm}, \\ a_{Ge} &= 64.5\times 10^{-8}\mathrm{cm}, &\quad b_{Ge} &= 22.7\times 10^{-8}\mathrm{cm}. \end{aligned}\right\} \tag{4.110}$$

Ge の場合，$m_l : m_t \approx 20:1$ であるが，$a:b \approx 3:1$ の程度である．

4.5　不純物伝導

前節までに議論されたように，不純物半導体においては不純物準位から熱励起した伝導帯の電子 (または価電子帯のホール) による伝導が普遍的である．ところが，こうした熱励起が起きないほどの低温においても，隣接する不純物原子間の重なり積分が認められる程度の不純物濃度がある限り，電子は隣接する空いた不純物原子の間をフォノンの助けを借りてホップして渡り歩くことができる．あるいは，不純物の配置は不規則であるが，十分な濃度があって遷移積分が評価できれば，電子の一種のバンド運動が可能になる．このような現象の指摘は随分古く (1935 年) からあったが，1950 年前後における再発見とともに米国Purdue大学のグループによって実験，理論両面での研究が精力的に推し進められ，不純物伝導ないしは不純物帯伝導の研究分野が形成された．この辺の研究結果については脚注の論文選集[6]を参照されたい．

[6]物理学論文選集 179 不純物伝導　佐々木 亘　編　(日本物理学会)

不純物伝導には当初からその伝導型に2つのレジーム — 低濃度型と高濃度型と，または絶縁体型と金属型と — が存在していた．両者の境界は，不純物準位の結合エネルギーや有効Bohr半径に数倍の差異があることからも想像できるように，Si と Ge とではかなり異なる．おおざっぱに見れば，Ge:Sb に対しては $N_D \sim 1 \times 10^{17}\,\mathrm{cm}^{-3}$ あたりが，Si:P では $N_D \sim 3 \times 10^{18}\,\mathrm{cm}^{-3}$ が境目である．以下に各伝導型について簡単に述べよう．

4.5.1 低濃度型 (絶縁体型)

電気伝導度の温度依存性は3種類の活性化エネルギーを用いて，

$$\sigma = \sigma_1 \exp(-\epsilon_1/k_B T) + \sigma_2 \exp(-\epsilon_2/k_B T) + \sigma_3 \exp(-\epsilon_3/k_B T) \quad (4.111)$$

と表される (図 4.20)．ここに，$\epsilon_1 > \epsilon_2 > \epsilon_3$ であって，各項が支配する温度領域が対応する．

(i) 第1項の ϵ_1 はドナーのイオン化エネルギーに相当する．このことは，電気伝導が不純物準位から伝導帯 (または価電子帯) へ熱励起される電子 (または空孔) によって担われることを意味する．したがって，これは不純物準位の上を電子が渡り歩く不純物伝導の範疇から外れる．

(ii) 液体ヘリウム温度領域での実験データのうち最低温度領域に対応するものが第3項

$$\sigma = \sigma_3 \exp(-\epsilon_3/k_B T) \quad (4.112)$$

である．Ge:Sb における $N_D \leq 1 \times 10^{16}\,\mathrm{cm}^{-3}$ の低濃度の試料では，Hall係数は測定に掛かっていない．補償から生じるイオン化不純物原子の不規則配置による局所電場の変動に起因する隣接サイト間の準位エネルギー

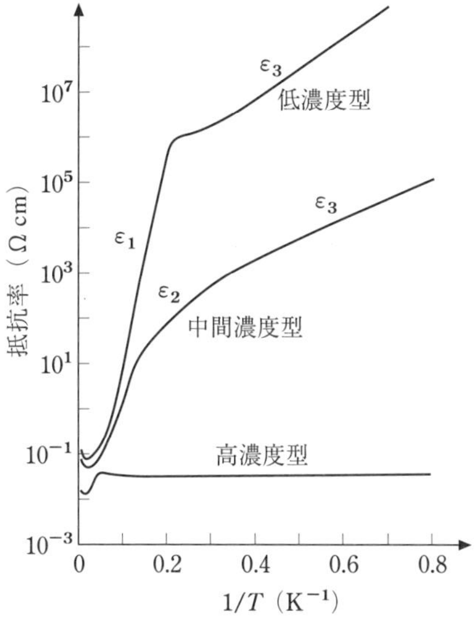

図 4.20 Ge:Sb における不純物伝導 (概念図).

差の存在が伝導過程を支配する．隣接する原子間の波動関数の重なりは小さいので，サイト間のエネルギー差に比べて遷移エネルギーまたは共鳴エネルギーははるかに小さく，電子はよく局在している．このサイト間のエネルギー差を埋め合わせるためにフォノンを吸収または放出して，電子は隣接する空いたサイトに時たまホップする．この系に外部電場をかけて電流を流せば(4.112)が得られる．Miller-Abrahams[7]の計算では

$$\epsilon_3 = (e^2/\varepsilon_s)(4\pi N_D/3)^{1/3}\left(1 - 1.35K^{1/3}\right) \tag{4.113}$$

と与えられる．ここに，$K = N_A/N_D$ は補償比である．

(iii) (4.111) の第2項

$$\sigma = \sigma_2 \exp(-\epsilon_2/k_B T) \tag{4.114}$$

は，Ge:Sb では大体 $10 > T > 3\,\mathrm{K}$ の温度範囲で認められる．しかも，$2.4\times 10^{16} \leq N_D \leq 5.5\times 10^{16}\,\mathrm{cm}^{-3}$ の狭い濃度領域において観測される．ϵ_2 によって特徴付けられる (4.114) の成立する濃度領域は中間濃度領域として引き合いに出される．これより高い $N_D \geq 1\times 10^{17}\,\mathrm{cm}^{-3}$ の領域は金属型の伝導が観測される高濃度領域につながる．この ϵ_2 の型の伝導過程の解明と関連して，金属–絶縁体転移が実現される1つの舞台である不純物伝導への関心が高まった．

今日では，不純物伝導における金属–絶縁体転移は Anderson 局在 (第8章)—乱れ (不規則性) による局在化—の現象として解釈されているが，当初はむしろ電子相関による転移 — Mott–Hubbard 転移 (第7章) — の問題としてとらえられた．本来ならば，Hubbard 模型 (同一サイトにおける斥力相関のみを考慮する模型) を不純物伝導に適用することが求められる．n 型半導体の場合ならば，中性ドナー原子でできた不規則格子の電子系に対する Hubbard 模型である．これは不規則系の電子相関を真っ向から問題にすることになる．

ところで，より取り扱いやすいとらえ方として，以下のような D^- バンド模型が提唱された．ドナー原子から放れた電子が別の中性ドナー原子にくっついて D^- イオン，すなわち負に荷電したドナーが作られる．中性ドナー原子系においては，このような D^- イオンの1電子状態 (D^- 状態) の間の共鳴によって D^- バンドが形成される．D^- バンドは Hubbard 分裂してできた上側のバンドに対応すると考えてよい．下側のバンドに関しては，D^- バンド模型

[7] A. Miller and E. Abrahams: Phys. Rev. **120** (1960) 745.

では考えないので，ドナー原子の基底状態のエネルギー E_1 で近似される．エネルギーギャップの評価としてはおおざっぱにはつぎのようになる．孤立ドナー原子のイオン化エネルギーを $-E_1$，D^- イオンのイオン化ポテンシャル (中性ドナー原子の電子親和力) を J とすれば，1 つの孤立した D^- イオンを作るのに必要な活性化エネルギーは $-E_1 - J$ である．このエネルギーギャップは D^- バンドの形成によって下げられ，(4.114) の ϵ_2 に導かれる．D^- バンド模型での 1 つの計算[8] の結果は

$$\left.\begin{aligned} \sigma &= \sigma_0 e^{-(E_m - E_1)/2k_BT} \\ \sigma_0 &= \frac{e^2 N_D^{1/2}(k_BT)^{3/4}\langle\tau\rangle}{(2\pi)^{3/4} m^{*1/4}\hbar^{3/2}} \end{aligned}\right\} \tag{4.115}$$

を与える．ここに，E_m は D^- バンドの底のエネルギー値 (伝導帯の底から測った)，m^* は D^- バンドの有効質量，$\langle\tau\rangle$ は衝突時間 τ の D^- バンド内電子分布による平均値である．(4.115) によれば，理論的には

$$\epsilon_2 = \frac{1}{2}(E_m - E_1) \tag{4.116}$$

と関係付けられる．数値的な評価は展開された理論の簡単な性格から見て満足できるものであろう．

4.5.2 高濃度型 (金属型)

4.5 節の始めに述べたように，不純物濃度が十分高ければ不純物帯が形成され，電気伝導は不純物帯中での縮退電子系のバンド運動によると考えられる．そして，電気抵抗の主な原因は不純物原子の不規則配置そのものであって，温度依存性は 10 K から 1 K 近くの低温まではないといってよい．補償は抵抗を増大させる．Hall 係数は一定である．以上は普通の金属型の伝導である．ところが，1960 年代の負の磁気抵抗の観測，さらに 1970 年後半以降における 1 K 以下での抵抗率の温度依存性に関する実験結果は，高濃度型の不純物伝導が普通の金属型の伝導とは違って，系の不規則性の反映を強く示唆する．これらの実験結果は，第 8 章で議論される Anderson 局在の問題の解明の発展に伴って，一応の解釈が与えられている．

---

[8] H. Nishimura: Phys. Rev. **138** (1965) A815.

4 人組みのスケーリング理論は Anderson 局在の問題に突破口を開いた．3 次元不規則系に対しては，無次元コンダクタンスである Thouless 数 g のスケーリング関数 $\beta(g)$ の不安定固定点として，$\beta(g_c) = 0$ を満たす g_c に対応する移動度端 E_c (1 つのバンドの下部では，$E < E_c$ の状態は局在，$E > E_c$ の状態は広がった状態) の存在が示された．そして，金属側において移動度端に接近 ($E \to E_c$) すれば，電気伝導度は (8.36) に示されるように 0 に近づく．不純物伝導における金属–絶縁体転移は，不純物濃度 (またはキャリアー密度) n が減少して Fermi エネルギー E_F が E_c を横切るときに起きる．したがって，

$$\sigma \propto (n - n_c)^{\nu} \tag{4.117}$$

が予想される．この式の理論的な導出はまだない．実験結果としては，補償試料では $\nu \approx 1$ という値が得られている．これに対して，無補償試料では $\nu \approx 0.5$ のあたりと $\nu \approx 1$ のあたりとにばらついている．

第5章　電気伝導の運動論的方法

Blochの定理によれば完全結晶格子の周期場中にある電子は結晶全体に行き渡った定常状態にあって，その速度の期待値したがって電荷や電子エネルギーの輸送は消えない．このことは電流や熱流が電場または温度勾配なしに生成されることを意味する．言い換えれば，完全結晶においては電気抵抗も熱抵抗も0である．抵抗は結晶格子の完全性の欠如，すなわち何らかの格子の乱れに起因する．抵抗は乱れによる電子の散乱，あるいは乱れとの電子の衝突の結果である．乱れの種類は格子振動，不純物や格子欠陥などである．また，電子間相互作用 (1電子問題からの外れ) も抵抗の原因となる．この章ではBoltzmann方程式に基いた運動論的方法を取り扱おう．

5.1　Boltzmann方程式

気体運動論では座標空間と運動量空間とを結合して分子位相空間を考える．そうすれば，N個の分子から成る気体の状態は分子位相空間内のN個の点の分布によって完全に指定される．その中の1点$(\boldsymbol{x},\boldsymbol{p})$のまわりの微分体積 $d\boldsymbol{x}d\boldsymbol{p} = dxdydzdp_xdp_ydp_z$ 内の時刻tにおける分子数を$f(\boldsymbol{x},\boldsymbol{p},t)\,d\boldsymbol{x}d\boldsymbol{p}$と書いて，$f(\boldsymbol{x},\boldsymbol{p},t)$を分子分布関数と呼ぶ．

位相空間における分布関数の定義は粒子が古典的な場合には明確である．しかし，電子のような量子論的な粒子の場合，位置と運動量とは不確定性関係によって同時に確定しない．そこで，運動量 (波数) に適当な幅$\Delta\boldsymbol{p}\,(\Delta\boldsymbol{k})$をもたせて波束を作り，これに電子を対応させる．電子の波数は波束内の平均波数に，電子の位置は波束の幅$\Delta\boldsymbol{x}$の中心に対応する．電子の位置の時間的変化すなわち速度は波束の群速度で与えられ，(2.115)

$$\boldsymbol{v} = \frac{1}{\hbar}\frac{\partial \boldsymbol{E_k}}{\partial \boldsymbol{k}}$$

となる．

電子論においては運動量 $\boldsymbol{p}\,(=\hbar\boldsymbol{k})$ よりも波数ベクトル $\boldsymbol{k}$ が前面に出てくるので，$\boldsymbol{k}$ 空間と座標空間とを結合して状態空間とした方が便利である．ここで，波数 $\boldsymbol{k}$ はもともと離散的変数であるが，巨視的な系ではその値は十分密に分布するので準連続変数として取り扱われることに注意しよう．そこで，系の単位体積 $(V=1)$ をとって，状態空間の1点 $(\boldsymbol{x},\boldsymbol{k})$ のまわりの体積要素 $(2/8\pi^3)d\boldsymbol{k}d\boldsymbol{x}$ の中にある電子の数を $(1/4\pi^3)f(\boldsymbol{x},\boldsymbol{k},t)d\boldsymbol{k}d\boldsymbol{x}$ と書いて，電子の分布関数 $f(\boldsymbol{x},\boldsymbol{k},t)$ を導入する．ここに，因子2は電子のスピン多重度である．

電子に外場による力 $\boldsymbol{K}$ が作用しているとき，電子の位置 $\boldsymbol{x}$ および運動量 $\boldsymbol{p}=\hbar\boldsymbol{k}$ の変化は半古典的な運動方程式

$$\dot{\boldsymbol{x}} = \frac{\partial\mathcal{H}}{\partial\boldsymbol{p}} = \boldsymbol{v}, \quad \dot{\boldsymbol{p}} = -\frac{\partial\mathcal{H}}{\partial\boldsymbol{x}} = \boldsymbol{K} \tag{5.1}$$

に支配される．ここに，$\mathcal{H}$ は1電子ハミルトニアンであり，外場が電場 $\boldsymbol{E}$ および磁場 $\boldsymbol{H}$ であれば，

$$\hbar\dot{\boldsymbol{k}} = \boldsymbol{K} = -e\Big(\boldsymbol{E} + \frac{1}{c}\boldsymbol{v}\times\boldsymbol{H}\Big) \tag{5.2}$$

と書かれる．完全結晶内の電子が加速方程式 (5.2) に従う量子力学的根拠はつぎのようなものである．(5.2) の電場に対する部分は，電場がバンド間の遷移を起こさない程度の弱いものとして，(2.117) に得られている．磁場の場合にはベクトルポテンシャルが電子の速度に加わり，(2.115) がそのまま成立しない．適当なゲージ変換を施してベクトルポテンシャルを消した上で，波束を考えればよい．ただし，Lorentz 力は仕事をしないので，電場の場合のように電子エネルギーの変化を扱うわけには行かない．波束の運動方程式を求めることになる．そして，(5.2) の磁場の項が成立するのは，サイクロトロン周波数 ω_c と衝突時間 τ との間に条件 $\omega_c\tau \ll 1$ が満たされる弱磁場の場合であることに注意しよう．磁場が強くて，衝突時間内に閉軌道が完成するときは軌道量子化が起きる．電子状態は $\boldsymbol{k}$ で指定される Bloch 状態ではなく，エネルギーは Landau 準位に量子化され，Bloch 電子の加速の概念は成立しない．

乱れとの衝突がなければ，任意の状態点 $(\boldsymbol{x},\boldsymbol{k})$ の電子は時間 dt の後に状態点 $(\boldsymbol{x}+\boldsymbol{v}dt, \boldsymbol{k}+\boldsymbol{K}dt/\hbar)$ に移動し，体積要素 $(1/4\pi^3)d\boldsymbol{k}d\boldsymbol{x}$ は不変である (Liouville の定理)．よって，その体積要素内の電子数 $f(\boldsymbol{x},\boldsymbol{k},t)\,d\boldsymbol{k}d\boldsymbol{x}/4\pi^3$ は

時間とともに変化することなく一定である．しかし，衝突によってこの電子数は変化する．この場合，体積要素の変動は高次の微少量となるから無視できる．そして，時間 dt の間におけるこの電子数の変化は，その時間中に衝突によって生じる体積要素 $(1/4\pi^3)d\boldsymbol{k}d\boldsymbol{x}$ 内の電子数の正味の変化量に等しいと考えることができる．すなわち，衝突による電子数の変化量を

$$\left(\frac{\partial f}{\partial t}\right)_{collision} dt \, \frac{1}{4\pi^3} d\boldsymbol{k}d\boldsymbol{x}$$

と書けば,

$$\begin{aligned}
&[f(\boldsymbol{x}+\boldsymbol{v}dt, \boldsymbol{k}+\boldsymbol{K}dt/\hbar, t+dt) - f(\boldsymbol{x},\boldsymbol{k},t)] \frac{1}{4\pi^3} d\boldsymbol{k}d\boldsymbol{x} \\
&= \left(\frac{\partial f}{\partial t}\right)_{collision} dt \frac{1}{4\pi^3} d\boldsymbol{k}d\boldsymbol{x}
\end{aligned} \tag{5.3}$$

となる．よって,

$$\frac{\partial f}{\partial t} + \boldsymbol{v}\cdot\frac{\partial f}{\partial \boldsymbol{x}} + \frac{\boldsymbol{K}}{\hbar}\cdot\frac{\partial f}{\partial \boldsymbol{k}} = \left(\frac{\partial f}{\partial t}\right)_{collision} \tag{5.4}$$

が得られる．この式の右辺の $(\partial f/\partial t)_{collision}$ を衝突項と呼ぶ．(5.4) が電子の分布関数 f に対する Boltzmann 方程式である．

時間的に定常な系においては $\partial f/\partial t = 0$ であるから，(5.4) は

$$\boldsymbol{v}\cdot\frac{\partial f}{\partial \boldsymbol{x}} + \frac{\boldsymbol{K}}{\hbar}\cdot\frac{\partial f}{\partial \boldsymbol{k}} = \left(\frac{\partial f}{\partial t}\right)_{collision}$$

となる．通常この式の左辺に負符号を掛けて得られるもの,

$$\left(\frac{\partial f}{\partial t}\right)_{drift} \equiv -\boldsymbol{v}\cdot\frac{\partial f}{\partial \boldsymbol{x}} - \frac{\boldsymbol{K}}{\hbar}\cdot\frac{\partial f}{\partial \boldsymbol{k}} \tag{5.5}$$

をドリフト項と呼ぶ．ドリフト項に状態空間の体積要素 $(1/4\pi^3)d\boldsymbol{k}d\boldsymbol{x}$ を掛けたものはこの微小体積内の電子数のドリフト (流れ) による時間的変化率 (減少) を与える．時間的全変化はドリフト項と衝突項の和であって，定常状態においては

$$\frac{\partial f}{\partial t} = \left(\frac{\partial f}{\partial t}\right)_{drift} + \left(\frac{\partial f}{\partial t}\right)_{collision} = 0 \tag{5.6}$$

が成立する．この形式が定常状態に対する Boltzmann 方程式であって，固体内電子系の輸送現象を取り扱うときの出発点となる．

5.2 衝突時間と電気伝導度

衝突項は一般に衝突の機構に基づく状態の遷移確率と衝突前後の分布関数とに係る積分演算子として表される．衝突の機構に関する議論は後回しにして，単純化できる場合には衝突項を

$$\left(\frac{\partial f}{\partial t}\right)_{collision} = -\frac{f(\boldsymbol{x}, \boldsymbol{k}) - f_0(\boldsymbol{k})}{\tau(\boldsymbol{k})} \tag{5.7}$$

と仮定することができる．ここに，$f_0(\boldsymbol{k})$ は熱平衡分布を表す Fermi 分布関数 (3.20) である．$\tau(\boldsymbol{k})$ は衝突時間または平均自由時間と呼ばれる．そして，τ はエネルギー $E_{\boldsymbol{k}}$ の関数であって，$\boldsymbol{k}$ の方向，向きには依存しない．すなわち，$\tau(\boldsymbol{k}) = \tau(E_{\boldsymbol{k}})$ として処理されている．(5.7) で導入される $1/\tau$ は電子が衝突を起こす単位時間当りの確率を与える．したがって，τ はつぎの衝突を起こすまでの平均時間という意味で平均自由時間という名称が的確であるが，簡単に衝突時間とも呼ばれる．

(5.2) を用いた (5.5) および (5.7) を (5.6) に代入して

$$\frac{\partial f}{\partial t} = \frac{e}{\hbar}\left(\boldsymbol{E} + \frac{1}{c}\boldsymbol{v} \times \boldsymbol{H}\right) \cdot \frac{\partial f}{\partial \boldsymbol{k}} - \boldsymbol{v} \cdot \frac{\partial f}{\partial \boldsymbol{x}} - \frac{f - f_0}{\tau} = 0 \tag{5.8}$$

が得られる．これが衝突時間 τ が存在する場合の Boltzmann 方程式である．

いま，座標空間的に一様な系 ($\partial f / \partial \boldsymbol{x} = 0$) に弱い電場のみが掛っているとしよう ($\boldsymbol{H} = 0$)．電場 $\boldsymbol{E}$ に関して 1 次の項のみを残すので，(5.8) において

$$f(\boldsymbol{k}) = f_0(E_{\boldsymbol{k}}) + f_1(\boldsymbol{k}) \tag{5.9}$$

と置いて，f_1 は $\boldsymbol{E}$ に関して 1 次の量とすることができる．(5.9) を (5.8) に代入すれば

$$f_1 = \frac{\tau e}{\hbar} \boldsymbol{E} \cdot \frac{\partial f_0}{\partial \boldsymbol{k}} = \tau e \boldsymbol{E} \cdot \boldsymbol{v} \frac{\partial f_0}{\partial E_{\boldsymbol{k}}} \tag{5.10}$$

が得られる．電流密度 $\boldsymbol{j}$ は $-e\boldsymbol{v}$ の分布平均で与えられ，(5.9) の f_0 の項からの寄与は消えるので，

$$\begin{aligned} \boldsymbol{j} &= -\frac{e}{4\pi^3}\int \boldsymbol{v} f(\boldsymbol{k})\, d\boldsymbol{k} = -\frac{e}{4\pi^3}\int \boldsymbol{v} f_1(\boldsymbol{k})\, d\boldsymbol{k} \\ &= -\frac{e^2}{4\pi^3}\int \tau(E_{\boldsymbol{k}}) \boldsymbol{v}\boldsymbol{v} \cdot \boldsymbol{E} \frac{\partial f_0}{\partial E_{\boldsymbol{k}}}\, d\boldsymbol{k} \end{aligned} \tag{5.11}$$

となる．直角成分で

$$j_\mu = \sum_\nu \sigma_{\mu\nu} E_\nu\,, \quad \mu, \nu = x, y, z\,, \tag{5.12}$$

$$\sigma_{\mu\nu} = -\frac{e^2}{4\pi^3}\int \tau(E_{\boldsymbol{k}}) v_\mu v_\nu \frac{\partial f_0}{\partial E_{\boldsymbol{k}}}\, d\boldsymbol{k} \tag{5.13}$$

と書かれる．ここに，$\sigma_{\mu\nu}$ は電気伝導度である．等方系，立方対称系に話を限り，かつエネルギースペクトルとして標準形

$$E = E_{\boldsymbol{k}} = \frac{\hbar^2 k^2}{2m^*} = \frac{1}{2} m^* v^2$$

を仮定すれば，(5.13) の計算は簡単であって，

$$\begin{aligned} \sigma_{\mu\nu} &= \sigma\, \delta_{\mu\nu}\,, \\ \sigma &= -\frac{e^2}{12\pi^3}\int \tau(E) v^2 \frac{\partial f_0}{\partial E}\, d\boldsymbol{k} \\ &= \frac{4e^2}{3m^*}\tau(E_F) E_F N(E_F) = \frac{ne^2\tau}{m^*} \end{aligned} \tag{5.14}$$

となる．ここに，$N(E)$ は単位体積当りの状態密度 ((3.7) を参照) である．そして，(3.32)，(3.35) の第 1 項を用いた．最後の式は (3.16) を用いて得られる．(5.14) は Drude の式にほかならない．

5.3 Wiedemann-Franz の法則

金属内に電場 $\boldsymbol{E}$ のほかに一様な温度勾配 ∇T が存在する場合を考えよう．磁場はかけない ($\boldsymbol{H} = 0$)．この場合，電流と熱流とが絡んでくる．$\boldsymbol{E}$ および ∇T が小さければ，これらの量の 1 次の範囲で議論できる．(5.9) においてFermi 分布関数 f_0 の中のパラメーターである温度 T, 化学ポテンシャル μ が温度勾配を通じて場所 $\boldsymbol{x}$ の関数であることに注意しよう．そして，(5.9) を (5.8) に代入するとき，ドリフト項では f を f_0 で置き換えて

$$\begin{aligned} \frac{\partial f_0}{\partial \boldsymbol{x}} &= -\frac{e^{\beta(E-\mu)}}{\left(e^{\beta(E-\mu)}+1\right)^2}\frac{\partial}{\partial \boldsymbol{x}}\left[\beta(E-\mu)\right] \\ &= \left[-T\frac{\partial}{\partial \boldsymbol{x}}\left(\frac{\mu}{T}\right) - \frac{E}{T}\frac{\partial T}{\partial \boldsymbol{x}}\right]\frac{\partial f_0}{\partial E} \end{aligned} \tag{5.15}$$

に注意すれば,

$$f_1 = \tau\left[e\boldsymbol{E} + T\frac{\partial}{\partial \boldsymbol{x}}\left(\frac{\mu}{T}\right) + \frac{E}{T}\frac{\partial T}{\partial \boldsymbol{x}}\right]\cdot \boldsymbol{v}\frac{\partial f_0}{\partial E} \tag{5.16}$$

が得られる.

等方的な金属においては電場も温度勾配もともに x 軸方向にとることができ, (5.16) は

$$f_1 = \tau\left[eE_x + T\frac{\partial}{\partial x}\left(\frac{\mu}{T}\right) + \frac{E}{T}\frac{\partial T}{\partial x}\right] v_x\frac{\partial f_0}{\partial E} \tag{5.17}$$

となる. したがって, 電流密度 j および熱流密度 q はそれぞれ

$$\begin{aligned} j &= -\frac{e}{4\pi^3}\int v_x f\, d\boldsymbol{k} \\ &= K_1\left[e^2E_x + eT\frac{\partial}{\partial x}\left(\frac{\mu}{T}\right)\right] + K_2\frac{e}{T}\frac{\partial T}{\partial x} \end{aligned} \tag{5.18}$$

$$\begin{aligned} q &= \frac{1}{4\pi^3}\int v_x E f\, d\boldsymbol{k} \\ &= -K_2\left[eE_x + T\frac{\partial}{\partial x}\left(\frac{\mu}{T}\right)\right] - K_3\frac{1}{T}\frac{\partial T}{\partial x} \end{aligned} \tag{5.19}$$

によって与えられる. ここに,

$$K_n = -\frac{1}{4\pi^3}\int \tau(E)v_x^2E^{n-1}\frac{\partial f_0}{\partial E}\, d\boldsymbol{k} \tag{5.20}$$

である. そして, エネルギースペクトルの標準形を採用すれば,

$$\begin{aligned} K_n &= -\frac{2(2m^*)^{1/2}}{3\pi^2\hbar^3}\int_0^\infty \tau(E)E^{n+1/2}\frac{\partial f_0}{\partial E}\, dE \\ &= -\frac{4}{3m^*}\int_0^\infty \tau(E)E^n\frac{\partial f_0}{\partial E}N(E)\, dE, \quad n = 1, 2, 3 \end{aligned} \tag{5.21}$$

と書かれる.

熱伝導度は電流が存在しない条件のもとで負の温度勾配に比例する熱流を測定して決定される. (5.18) の $j = 0$ と (5.19) とから

$$q = -\frac{K_1K_3 - K_2^2}{K_1T}\frac{\partial T}{\partial x} \tag{5.22}$$

が得られる. よって, 熱伝導度 κ は

$$\kappa = \frac{q}{-\partial T/\partial x} = \frac{K_1K_3 - K_2^2}{K_1T} \tag{5.23}$$

によって与えられる．

電気伝導度は，(5.18) において温度の位置座標依存性を 0 とおくことにより，

$$\sigma = e^2 K_1 \tag{5.24}$$

となる．これは既に前節で得られた (5.14) の第 1 式にほかならない．

縮退 Fermi 粒子系の公式 (3.32) を用いれば，(5.21) は

$$K_n = \frac{4}{3m^*}\left\{\tau(\mu)\mu^n N(\mu) + \frac{\pi^2}{6}(k_B T)^2 \frac{\partial^2}{\partial \mu^2}\left[\tau(\mu)\mu^n N(\mu)\right] + \cdots\right\} \tag{5.25}$$

と書かれる．これを使って (5.23)，(5.24) を計算すれば，生き残る展開の最低次において

$$\kappa = \frac{4\pi^2 k_B^2}{9m^*}\tau(\mu)\mu N(\mu) T \tag{5.26}$$

$$\sigma = \frac{4e^2}{3m^*}\tau(\mu)\mu N(\mu) \tag{5.27}$$

が得られる．縮退の強い極限で (5.27) は (5.14) となる．Lorenz 数 $L = \kappa/\sigma T$ を導入すると

$$L = \frac{\kappa}{\sigma T} = \frac{K_1 K_3 - K_2^2}{K_1^2 e^2 T^2} = \frac{\pi^2}{3}\left(\frac{k_B}{e}\right)^2 \tag{5.28}$$

が得られる．この結果の導出はエネルギースペクトルの標準形とそれから導かれる状態密度を用いてなされたが，結果が基本物理定数のみの組で与えられていることから見て，それはエネルギースペクトルの標準形の仮定に依存しないことを示唆する．実際，(5.20) においてエネルギースペクトルとして具体的な形を仮定することなく，状態密度には (2.45) を採用し，縮退系の公式 (3.32) を適用してこの事実を示すことができる．(5.28) は「定まった温度においては κ と σ との比は金属によらず一定である」という Wiedemann と Franz が実験的に得ていた法則 (3.74) にほかならない．

5.4 磁場の効果

これまで $\boldsymbol{H} = 0$ の場合を考えてきたが，今度は Boltzmann 方程式 (5.8) そのままが問題になる．(5.9) とおいて f_1 の形を (5.16) と類似な

$$f_1 = -\boldsymbol{v} \cdot \boldsymbol{g}(E)\frac{\partial f_0}{\partial E} \tag{5.29}$$

を仮定する．ここに，$\boldsymbol{g}(E)$ はエネルギー E の未知なベクトル関数である．前節でやったように，外場の 1 次の項を残すべくドリフト項で f を f_0 と置換えると $(\boldsymbol{v}\times\boldsymbol{H})\cdot\boldsymbol{v}\partial f_0/\partial E=0$ となって磁場を含む項は落ちる．磁場の効果は 2 次の項すなわち f_1 の項から出てくる．(5.29) においてエネルギースペクトルの標準形を仮定すれば，$\boldsymbol{v}=\hbar\boldsymbol{k}/m^*$ であるから，この項は

$$
\begin{aligned}
\frac{e}{\hbar c}(\boldsymbol{v}\times\boldsymbol{H})\cdot\frac{\partial f_1}{\partial\boldsymbol{k}} &= -\frac{e}{m^*c}(\boldsymbol{v}\times\boldsymbol{H})\cdot\frac{\partial}{\partial\boldsymbol{k}}\left(\boldsymbol{k}\cdot\boldsymbol{g}(E)\frac{\partial f_0}{\partial E}\right)\\
&= -\frac{e}{m^*c}(\boldsymbol{v}\times\boldsymbol{H})\cdot\left(\boldsymbol{g}(E)\frac{\partial f_0}{\partial E}+\hbar\boldsymbol{v}\boldsymbol{k}\cdot\frac{\partial}{\partial E}\left(\boldsymbol{g}(E)\frac{\partial f_0}{\partial E}\right)\right)\\
&= -\frac{e}{m^*c}(\boldsymbol{v}\times\boldsymbol{H})\cdot\boldsymbol{g}(E)\frac{\partial f_0}{\partial E} \qquad (5.30)
\end{aligned}
$$

となる．電場および温度勾配を含む項においては f を f_0 で置換える．そうすると，(5.8) は

$$\frac{1}{\tau}\boldsymbol{g}-(\boldsymbol{\omega}_c\times\boldsymbol{g}) = -e\boldsymbol{E}+T\frac{\partial}{\partial\boldsymbol{x}}\left(\frac{E-\mu}{T}\right) \qquad (5.31)$$

となる．ここに，$\boldsymbol{\omega}_c=e\boldsymbol{H}/m^*c$ は (3.81) で定義されたサイクロトロン周波数 ω_c に磁場の向きを付加したベクトルである．なお，(5.31) の右辺をベクトル $\boldsymbol{F}$,

$$\boldsymbol{F}\equiv -e\boldsymbol{E}+T\frac{\partial}{\partial\boldsymbol{x}}\left(\frac{E-\mu}{T}\right) \qquad (5.32)$$

とおく．

(5.31) から $\boldsymbol{g}(E)$ を求めるために $\boldsymbol{\omega}_c$ と (5.31) との内積と外積を作る．すなわち，

$$\frac{1}{\tau}\boldsymbol{\omega}_c\cdot\boldsymbol{g}=\boldsymbol{\omega}_c\cdot\boldsymbol{F}, \qquad (5.33)$$

$$\frac{1}{\tau}\boldsymbol{\omega}_c\times\boldsymbol{g}-\boldsymbol{\omega}_c(\boldsymbol{g}\cdot\boldsymbol{\omega}_c)+\boldsymbol{g}\omega_c^2=\boldsymbol{\omega}_c\times\boldsymbol{F} \qquad (5.34)$$

が得られる．(5.33) を (5.34) に使えば，

$$\frac{1}{\tau}\boldsymbol{\omega}_c\times\boldsymbol{g} = \tau(\boldsymbol{\omega}_c\cdot\boldsymbol{F})\boldsymbol{\omega}_c-\omega_c^2\boldsymbol{g}+\boldsymbol{\omega}_c\times\boldsymbol{F} \qquad (5.35)$$

となる．これを (5.31) に代入すれば，

$$\boldsymbol{g}=\tau\,\frac{\boldsymbol{F}+\tau(\boldsymbol{\omega}_c\times\boldsymbol{F})+\tau^2(\boldsymbol{\omega}_c\cdot\boldsymbol{F})\boldsymbol{\omega}_c}{1+(\omega_c\tau)^2} \qquad (5.36)$$

が得られる．これが (5.8) のいまの場合の解である．これを (5.29) に代入すれば，f_1 が求まって電流，熱流の計算ができる．

いま，電場と温度勾配とが xy 面内にあって，磁場は z 軸方向にあるとする．そのとき $\boldsymbol{\omega}_c \cdot \boldsymbol{F} = 0$ であるから，(5.36) の $\boldsymbol{g}$ は xy 面内にあることになり，

$$g_x = \tau \frac{F_x - \omega_c \tau F_y}{1 + (\omega_c \tau)^2}, \quad g_y = \tau \frac{F_y + \omega_c \tau F_x}{1 + (\omega_c \tau)^2} \tag{5.37}$$

となる．したがって，電流密度は (5.29) を用いて

$$\left.\begin{aligned} j_x &= \frac{e}{4\pi^3} \int v_x^2 g_x \frac{\partial f_0}{\partial E}\, d\boldsymbol{k} \\ &= \frac{4e}{3m^*} \int_0^\infty E g_x \frac{\partial f_0}{\partial E} N(E)\, dE\,, \\ j_y &= \frac{4e}{3m^*} \int_0^\infty E g_y \frac{\partial f_0}{\partial E} N(E)\, dE\,, \\ j_z &= 0 \end{aligned}\right\} \tag{5.38}$$

と書かれる．ここに，g_x, g_y は (5.37) に与えられており，その中の F_x, F_y は (5.32) によって電場と温度勾配で表される．(5.38) ではエネルギースペクトルの標準形 $E = \hbar^2 \boldsymbol{k}^2 / 2m^*$ が用いられた．同様にして，熱流密度は

$$\left.\begin{aligned} q_x &= -\frac{1}{4\pi^3} \int v_x^2 E g_x \frac{\partial f_0}{\partial E}\, d\boldsymbol{k} \\ &= -\frac{4}{3m^*} \int_0^\infty E^2 g_x \frac{\partial f_0}{\partial E} N(E)\, dE\,, \\ q_y &= -\frac{4}{3m^*} \int_0^\infty E^2 g_y \frac{\partial f_0}{\partial E} N(E)\, dE\,, \\ q_z &= 0 \end{aligned}\right\} \tag{5.39}$$

となる．この $\boldsymbol{H} \cdot \boldsymbol{F} = 0$ の場合を横効果と呼んでいる．

横効果で温度勾配のない場合を考えて話を進めよう．(5.32) は $\boldsymbol{F} = -e\boldsymbol{E}$ となる．電場を $\boldsymbol{E} = (E_x, E_y, 0)$ とし，磁場を $\boldsymbol{H} = (0, 0, H)$ ととる．このとき，(5.38) は

$$\left.\begin{aligned} j_x &= K_1' e^2 E_x - K_1'' e^2 E_y\,, \\ j_y &= K_1' e^2 E_y + K_1'' e^2 E_x \end{aligned}\right\} \tag{5.40}$$

となる ($j_z = 0$ は省略した). ここに,

$$\left.\begin{aligned} K_1' &= -\frac{4}{3m^*}\int_0^\infty \frac{\tau}{1+(\omega_c\tau)^2} E\frac{\partial f_0}{\partial E} N(E)\,dE\,, \\ K_1'' &= -\frac{4}{3m^*}\int_0^\infty \frac{\omega_c\tau^2}{1+(\omega_c\tau)^2} E\frac{\partial f_0}{\partial E} N(E)\,dE \end{aligned}\right\} \tag{5.41}$$

である.

まず, Hall 効果の条件 $j_y = 0$ より得られる

$$E_x = -\frac{K_1'}{K_1''} E_y$$

を (5.40) の第 1 式に代入して E_x を消去すれば,

$$j_x = -\frac{K_1'^2 + K_1''^2}{K_1''}\, e^2 E_y$$

となる. Hall 係数は

$$R = \frac{E_y}{j_x H} = -\frac{1}{e^2 H}\frac{K_1''}{K_1'^2 + K_1''^2} \tag{5.42}$$

で与えられる. 弱磁場で $\omega_c\tau \ll 1$ が成り立てば, 1 に対して $\omega_c\tau$ を, かつ K_1' に対して K_1'' を落すことができる. よって,

$$R = -\frac{3}{4ec}\frac{-\displaystyle\int_0^\infty \tau^2 E\frac{\partial f_0}{\partial E} N(E)\,dE}{\left(-\displaystyle\int_0^\infty \tau E\frac{\partial f_0}{\partial E} N(E)\,dE\right)^2} \tag{5.43}$$

となる. 縮退した電子系に対しては積分の計算は公式 (3.32) の最低次をとればよく, しかも完全縮退で成立する $\mu \to E_F$ でまにあって (5.43) は

$$R = -\frac{1}{nec} \tag{5.44}$$

となって, (3.83) を再現する. 半導体の場合のように, Boltzmann 統計にしたがう電子系に対しては (5.43) は

$$R = -\frac{1}{nec}\frac{\langle\tau^2\rangle}{\langle\tau\rangle^2} \tag{5.45}$$

と書ける．ここに，平均値

$$\langle \cdots \rangle \equiv \frac{-\int_0^\infty \cdots E\frac{\partial f_0}{\partial E}N(E)\,dE}{-\int_0^\infty E\frac{\partial f_0}{\partial E}N(E)\,dE} \tag{5.46}$$

を定義した．ただし，この場合の f_0 はBoltzmann分布

$$f_0 = e^{-(E-\mu)/k_BT} = \frac{n}{2}\left(\frac{h^2}{2\pi m^* k_BT}\right)^{3/2} e^{-E/k_BT} \tag{5.47}$$

である．具体的に $\tau(E) \propto E^p$ の依存性が仮定されれば，(5.45) の計算は容易に実行できて，

$$R = -\frac{1}{nec}\frac{3\sqrt{\pi}}{4}\frac{\int_0^\infty x^{2p+3/2}e^{-x}dx}{\left(\int_0^\infty x^{p+3/2}e^{-x}dx\right)^2} = \begin{cases} -\dfrac{1}{nec}\dfrac{315\pi}{512}, & (p=\dfrac{3}{2}), \\ -\dfrac{1}{nec}\dfrac{3\pi}{8}, & (p=-\dfrac{1}{2}) \end{cases}$$

が得られる．$p=3/2$ は衝突機構がイオン化不純物による場合，$p=-1/2$ はフォノンによる場合である．また，$\tau(E)$ の E 依存性を無視することができる場合には，(5.45) は (4.60) を再現する．

つぎに，磁気抵抗効果を議論しよう．磁場が H または 0 のときの電気伝導度をそれぞれ σ_H, σ_0 とする．各場合の抵抗率は $\rho_H = \sigma_H^{-1}$, $\rho_0 = \sigma_0^{-1}$ である．今度は $j_y = 0$ から得られる $E_y = -(K_1''/K_1')E_x$ を (5.40) の第1式に代入して E_y を消去すれば，

$$j_x = \left(K_1' + \frac{K_1''^2}{K_1'}\right)e^2E_x$$

となる．よって，

$$\sigma_H = \frac{j_x}{E_x} = e^2\frac{K_1'^2 + K_1''^2}{K_1'} \tag{5.48}$$

が得られる．磁場による抵抗率の変化の割合を表すのに磁気抵抗比

$$B = \frac{\rho_H - \rho_0}{\rho_0 H^2} = -\frac{\sigma_H - \sigma_0}{\sigma_H H^2} \tag{5.49}$$

を定義する．(5.24)，(5.48) を (5.49) に代入して

$$B = \frac{1}{H^2}\frac{K_1K_1' - K_1'^2 - K_1''^2}{K_1'^2 + K_1''^2} \tag{5.50}$$

が得られる．K_1', K_1'' に対して展開公式 (3.32) を適用すれば，

$$\left.\begin{aligned} K_1' =& \frac{4}{3m^*}\left\{\frac{\tau}{1+(\omega_c\tau)^2}\mu N(\mu)\right. \\ &\left.+\frac{(\pi k_B T)^2}{6}\frac{d^2}{d\mu^2}\left[\frac{\tau}{1+(\omega_c\tau)^2}\mu N(\mu)\right]+\cdots\right\} \\ K_1'' =& \frac{4}{3m^*}\left\{\frac{\omega_c\tau^2}{1+(\omega_c\tau)^2}\mu N(\mu)\right. \\ &\left.+\frac{(\pi k_B T)^2}{6}\frac{d^2}{d\mu^2}\left[\frac{\omega_c\tau^2}{1+(\omega_c\tau)^2}\mu N(\mu)\right]+\cdots\right\} \end{aligned}\right\} \tag{5.51}$$

となる．K_1 に対する展開式は (5.25) の $n=1$ として得られている．これらの式を (5.50) に代入して計算するとき，分子においては展開式の第 1 項からくる項は打ち消し合って $(k_BT)^2$ の項から始まる．したがって，B を展開の最低次すなわち $(k_BT)^2$ に比例する項において計算する限り，分母は第 1 項だけとって

$$K_1'^2 + K_1''^2 = \left(\frac{4}{3m^*}\right)^2 \frac{\tau^2}{1+(\omega_c\tau)^2}\mu^2 N(\mu)^2$$

としてよい．しかも，μ は $\mu_0 = E_F$ ととれる．分子の計算は多少長い単調なものである．結果は

$$\begin{aligned} B &= \frac{\pi^2}{3}\left(\frac{k_BT}{H^2}\right)^2 \frac{1}{1+(\omega_c\tau)^2}\left[\frac{d}{d\mu}\big(\omega_c\tau(\mu)\big)\right]^2_{\mu=E_F} \\ &= \frac{\pi^2}{3}\left(\frac{k_BTe}{m^*c}\right)^2 \frac{\big[d\tau(\mu)/d\mu\big]^2_{\mu=E_F}}{1+\big(eH/m^*c\big)^2\tau(E_F)^2} \end{aligned} \tag{5.52}$$

となる．(5.52) の数値は極めて小さいものとなる．もし，衝突時間 τ が定数ならば $B=0$ となり，横磁気抵抗効果は消える．自由電子のエネルギースペクトルが仮定される等方的な単一バンド内の電子系では各電子の平均速度は Fermi 速度 v_F となる．この場合，衝突時間は一定となる．そして，Hall 電場は磁場の横効果を打ち消してしまうので，磁気抵抗効果は消滅することになる．これに対して，2 つのバンド内キャリアが係る場合，平均速度および衝突時間の異なる 2 種のキャリア系となるので，磁気抵抗効果は存在する．

この節では，Boltzmann 方程式 (5.8) に基いて論議をおこなってきた．ところで，(5.8) のドリフト項が使えるのは加速方程式 (5.2) が成立する場合で

ある．そこでも注意したが，(5.2) の成立が正当化されるためには

$$\omega_c \tau \ll 1 \tag{5.53}$$

の条件が満たされていなければならない．これに対して，

$$\omega_c \tau \geq 1 \tag{5.54}$$

の場合においては，電子は古典的には閉軌道を完成して，その状態は Bloch 状態ではなく Landau 量子化されたものになり，問題は Boltzmann 方程式の適用限界の外になる．[1]

5.5 格子振動

これまでの議論では，不純物散乱や電子・フォノン相互作用などの電子の衝突機構を具体的にとり上げることなく，衝突時間 τ の存在を仮定することによって Boltzmann 方程式の衝突項を簡単に (5.7) のように設定し，電気伝導度や熱伝導度などの輸送係数を計算してそれらを τ を用いて表した．いまや，電子と格子の乱れとの衝突機構に立ち入って，衝突による電子数の変化を計算して衝突項を求め，Boltzmann 方程式を立てることを試みよう．この章では電子と動的な乱れである格子振動の量子 (フォノン) との衝突をとり上げる．まず，格子振動の理論を要約しよう．

N 個の単位胞から成る結晶格子を考え，一般的に各単位胞に r 個の原子が含まれるとする．格子ベクトル $\boldsymbol{R_n}$ ($\boldsymbol{n} = (n_1, n_2, n_3)$ の総数が N) で指定される単位胞内の $j\,(= 1, 2, \cdots, r)$ 番目の位置にある原子の平衡位置 (格子点) からの微小変位を $\boldsymbol{u}_{\boldsymbol{n},j}$ とするとき，原子間相互作用のポテンシャルエネルギー U は

$$U = U_0 + \frac{1}{2} \sum_{\boldsymbol{n},\boldsymbol{n}'} \sum_{j,j'} \boldsymbol{A}_{\boldsymbol{n},j;\boldsymbol{n}',j'} \boldsymbol{u}_{\boldsymbol{n},j} \boldsymbol{u}_{\boldsymbol{n}',j'} + \cdots \tag{5.55}$$

と変位 $\boldsymbol{u}_{\boldsymbol{n},j}$ の冪級数に展開される．ここに，U_0 は平衡配位 (すべての原子が格子点にあるとき) のポテンシャルエネルギー，$\boldsymbol{A}$ は 2 階の対称テンソルである．そして，1 次の項は平衡条件から落ちている．対称テンソル $\boldsymbol{A}$ は単位

[1] R. Kubo, S. J. Miyake and N. Hashitsume: *Solid State Physics* Vol.17, p.269, ed. F. Seitz and D. Turnbull (Academic Press, 1963)

胞の位置に関してはその相対的位置にのみ依存して，

$$\boldsymbol{A}_{\boldsymbol{n},j;\boldsymbol{n}',j'} = \boldsymbol{A}_{j,j'}(\boldsymbol{R}_{\boldsymbol{n}} - \boldsymbol{R}_{\boldsymbol{n}'}) = \boldsymbol{A}_{j',j}(\boldsymbol{R}_{\boldsymbol{n}'} - \boldsymbol{R}_{\boldsymbol{n}}) \tag{5.56}$$

を満たす．また，すべての原子に一様な変位を与えるとき，結晶は何ら変化しないので

$$\sum_{\boldsymbol{n}',j'} \boldsymbol{A}_{j,j'}(\boldsymbol{R}_{\boldsymbol{n}} - \boldsymbol{R}_{\boldsymbol{n}'}) = 0 \tag{5.57}$$

が成立する．

もともと結晶は N_e 個の電子 (または価電子) と N_i 個の原子核 (またはイオン・コア) とからなる多体系であった．1.1 節で触れたように，断熱近似法にしたがって電子系の運動を記述するとき，ある瞬間の核の位置 $\{\boldsymbol{R}_\lambda\}$ に対して電子系の運動を分離した．このときの電子系のエネルギー $E_e(\{\boldsymbol{R}_\lambda\})$ は核の位置をパラメーターとして含んでおり，この $E_e(\{\boldsymbol{R}_\lambda\})$ が核系の運動方程式のポテンシャルエネルギーの項となる．すなわち，$E_e(\{\boldsymbol{R}_\lambda\})$ が結晶の原子間相互作用のポテンシャルエネルギー U にほかならない．$E_e(\{\boldsymbol{R}_\lambda\})$ を理論的に求めるのは困難な問題であるので，$\{\boldsymbol{R}_\lambda\}$ は平衡位置としての格子点のまわりの微小振動であるという実験事実にたよって (5.55) としたのである．格子間隔に較べて変位 $\boldsymbol{u}_{\boldsymbol{n},j}$ が十分小さい限り，(5.55) は 3 次以上の項を無視して 2 次の項までで切ることが許される．これを調和近似と呼び，3 次以上の項を比調和項という．結晶の熱膨張，格子の熱伝導などは比調和項の役割である．以後は調和近似での話となる．

格子点 $(\boldsymbol{n}, j)$ の原子の質量を M_j とすれば，その運動方程式は

$$M_j \frac{d^2 \boldsymbol{u}_{\boldsymbol{n},j}}{dt^2} = -\sum_{\boldsymbol{n}',j'} \boldsymbol{A}_{\boldsymbol{n},j;\boldsymbol{n}',j'} \boldsymbol{u}_{\boldsymbol{n}',j'} = -\sum_{\boldsymbol{n}',j'} \boldsymbol{A}_{j,j'}(\boldsymbol{R}_{\boldsymbol{n}} - \boldsymbol{R}_{\boldsymbol{n}'}) \boldsymbol{u}_{\boldsymbol{n}',j'} \tag{5.58}$$

となる．(5.58) の解として，基準振動

$$\boldsymbol{u}_{\boldsymbol{n},j} \propto \boldsymbol{v}_j \exp[i(\boldsymbol{k}\cdot\boldsymbol{R}_{\boldsymbol{n}} - \omega t)], \quad (\omega > 0) \tag{5.59}$$

を求める．(5.59) を (5.58) に代入すれば，

$$M_j \omega^2 \boldsymbol{v}_j = \sum_{j'} \boldsymbol{G}_{j,j'}(\boldsymbol{k}) \boldsymbol{v}_{j'}, \tag{5.60}$$

$$\boldsymbol{G}_{j,j'}(\boldsymbol{k}) = \sum_{\boldsymbol{n}} \boldsymbol{A}_{j,j'}(\boldsymbol{R}_{\boldsymbol{n}}) \exp[-i\boldsymbol{k}\cdot\boldsymbol{R}_{\boldsymbol{n}}] \tag{5.61}$$

となる．(5.56) を用いれば,

$$\boldsymbol{G}_{j,j'}(\boldsymbol{k})^* = \boldsymbol{G}_{j,j'}(-\boldsymbol{k}) = \boldsymbol{G}_{j',j}(\boldsymbol{k}) \tag{5.62}$$

が成立する．ここに，肩付の $*$ は複素共役をとることである．各 $\boldsymbol{k}$ について (5.60) は $\boldsymbol{v}$ に対する $3r$ 元連立 1 次同次方程式である．この同次方程式がトリヴィアルでない解をもつためには係数の作る行列式が 0 でなければならない．この行列式 (永年方程式) は ω^2 の $3r$ 次方程式であって，一般に $3r$ 個の解をもつ．格子が安定な平衡配位であることから，これらの解はすべて実かつ正でなければならない．よって，各 $\boldsymbol{k}$ について $s = 1, 2, \cdots, 3r$ で指定される $\omega(\boldsymbol{k}, s)$ および $\boldsymbol{v}_j(\boldsymbol{k}, s)$ に対応する $3r$ 個の基準振動モードが存在する．

運動方程式 (5.58) の一般解はこれらすべての基準振動の重ね合わせとして

$$\boldsymbol{u}_{\boldsymbol{n},j} = \sum_{\boldsymbol{k},s} q_{\boldsymbol{k},s}(t)\, e^{i\boldsymbol{k}\cdot\boldsymbol{R}_{\boldsymbol{n}}} \boldsymbol{v}_j(\boldsymbol{k}, s) \tag{5.63}$$

によって与えられる．ここに，$\boldsymbol{k}$ の変域は逆格子空間の原点を含む単位胞 (第 1 Brillouin ゾーン) 内に限られる，すなわち $\boldsymbol{k}$ は還元波数ベクトルである．$q_{\boldsymbol{k},s}$ は基準座標と呼ばれ,

$$\frac{d^2 q_{\boldsymbol{k},s}}{dt^2} = -\omega^2 q_{\boldsymbol{k},s} \tag{5.64}$$

を満足する．

(5.60) の $-\boldsymbol{k}$ に対する解は, (5.62) と ω^2 が正の実数であることに注意すれば,

$$\boldsymbol{v}_j(-\boldsymbol{k}, s) = \boldsymbol{v}_j(\boldsymbol{k}, s)^*, \quad \omega^2(-\boldsymbol{k}) = \omega^2(\boldsymbol{k}) \tag{5.65}$$

の形で得られる．そして，(5.63) の $\boldsymbol{u}_{\boldsymbol{n},j}$ は実であるから,

$$q_{-\boldsymbol{k},s} = q^*_{\boldsymbol{k},s} \tag{5.66}$$

が成立する．

基準振動解の直交規格化は

$$\sum_{\boldsymbol{n},j} M_j \{\boldsymbol{v}_j(\boldsymbol{k}, s)\, e^{i\boldsymbol{k}\cdot\boldsymbol{R}_{\boldsymbol{n}}}\}^* \cdot \{\boldsymbol{v}_j(\boldsymbol{k}', s')\, e^{i\boldsymbol{k}'\cdot\boldsymbol{R}_{\boldsymbol{n}}}\} = M^{(N)} \delta_{\boldsymbol{k}\boldsymbol{k}'} \delta_{ss'} \tag{5.67}$$

の条件によって与えられる．ここに，$M^{(N)}$ は結晶全体の質量である．$\boldsymbol{n}$ に関する和を実行すれば，この条件は

$$\sum_j M_j \boldsymbol{v}_j(\boldsymbol{k}, s)^* \cdot \boldsymbol{v}_j(\boldsymbol{k}, s') = M^c \delta_{ss'} \tag{5.68}$$

となる．ここに，$M^c = M^{(N)}/N$ は単位胞の質量である．この条件の成立を確かめておこう．(5.60) を $(\boldsymbol{k}, s)$ に対して再び書けば，

$$M_j \omega(\boldsymbol{k}, s)^2 \boldsymbol{v}_j(\boldsymbol{k}, s) = \sum_{j'} \boldsymbol{G}_{j,j'}(\boldsymbol{k})\, \boldsymbol{v}_{j'}(\boldsymbol{k}, s) \tag{5.69}$$

である．これの複素共役をとれば，(5.62) に注意して，

$$M_j \omega(\boldsymbol{k}, s)^2 \boldsymbol{v}_j(\boldsymbol{k}, s)^* = \sum_{j'} \boldsymbol{G}_{j',j}(\boldsymbol{k})\, \boldsymbol{v}_{j'}(\boldsymbol{k}, s)^* \tag{5.70}$$

となる．この両辺に $\boldsymbol{v}_j(\boldsymbol{k}, s')$ を掛けて j について和をとり，(5.69) を参照すれば，

$$\begin{aligned}
&\omega(\boldsymbol{k}, s)^2 \sum_j M_j \boldsymbol{v}_j(\boldsymbol{k}, s)^* \cdot \boldsymbol{v}_j(\boldsymbol{k}, s') \\
&\quad = \sum_{j'} \sum_j \boldsymbol{G}_{j',j}(\boldsymbol{k})\, \boldsymbol{v}_j(\boldsymbol{k}, s') \cdot \boldsymbol{v}_{j'}(\boldsymbol{k}, s)^* \\
&\quad = \omega(\boldsymbol{k}, s')^2 \sum_{j'} M_{j'} \boldsymbol{v}_{j'}(\boldsymbol{k}, s') \cdot \boldsymbol{v}_{j'}(\boldsymbol{k}, s)^*
\end{aligned} \tag{5.71}$$

となる．固有値 $\omega(\boldsymbol{k}, s)$ に縮退がないとき，すなわち $s' \neq s$ ならば $\omega(\boldsymbol{k}, s') \neq \omega(\boldsymbol{k}, s)$ であるとき，(5.71) から

$$\sum_j M_j \boldsymbol{v}_j(\boldsymbol{k}, s)^* \cdot \boldsymbol{v}_j(\boldsymbol{k}, s') \begin{cases} = 0, & s \neq s' \\ \neq 0, & s = s' \end{cases} \tag{5.72}$$

が得られる．(5.72) の左辺の0でない値は，同次方程式 (5.69) において $\boldsymbol{v}_j(\boldsymbol{k}, s)$ が定数因子だけ不定であるので，

$$\sum_j M_j |\boldsymbol{v}_j(\boldsymbol{k}, s)|^2 = M^c \tag{5.73}$$

を満たすようにそれを選ぶことができる．(5.72), (5.73) をまとめると (5.68) となる．

固有関数の正規直交性 (5.67) は記号の簡略化によって見通しがよくなる．$\boldsymbol{n}$, j および3座標軸成分を一組にまとめて，代わりに記号νを当てる．νのとる値の個数は$3rN$である．$\boldsymbol{k}$, sの一組に対してはϕを用いる．ϕのとる値もνと同数の$3rN$個ある．そうすれば，$\boldsymbol{v}_j(\boldsymbol{k},s)\exp(i\boldsymbol{k}\cdot\boldsymbol{R_n})$ の1成分を$v_\nu(\phi)$と書くことができる．したがって，(5.67) は

$$\sum_\nu M_\nu v_\nu(\phi)^* v_\nu(\phi') \;=\; M^{(N)}\delta_{\phi\phi'} \tag{5.74}$$

となる．同様にして (5.63) は

$$u_\nu \;=\; \sum_{\phi'} q(\phi')\, v_\nu(\phi') \tag{5.75}$$

と書かれる．この両辺に$M_\nu v_\nu(\phi)^*$を掛けてνにつて和をとれば，(5.74) を用いて，

$$q(\phi) \;=\; \frac{1}{M^{(N)}}\sum_\nu M_\nu v_\nu(\phi)^* u_\nu \tag{5.76}$$

が得られる．これを (5.75) に再び代入すれば，

$$u_\nu \;=\; \frac{1}{M^{(N)}}\sum_\phi\sum_{\nu'} M_{\nu'} v_{\nu'}(\phi)^* u_{\nu'} v_\nu(\phi)$$

となる．任意の変位に対して左右両辺は一致すべきであるから，完備性の条件として

$$\sum_\phi v_\nu(\phi)\, v_{\nu'}(\phi)^* \;=\; \frac{M^{(N)}}{M_\nu}\,\delta_{\nu\nu'} \tag{5.77}$$

が成立する．(5.74), (5.77) はすべての基準振動解$v_\nu(\phi)$の集合は完備正規直交系を作ることを示す．そして，この関数系による任意の原子変位$u_{\boldsymbol{n},j}$の展開が (5.75) すなわち (5.63) である．

長波長の格子波が電子との相互作用に係るので，(5.60) においてまず$\boldsymbol{k}=0$，すなわち波長無限大の場合を考えよう．このとき，$\boldsymbol{v}_j$がjによらない同一のものであれば，(5.57) を用いて (5.60) は$\omega=0$の固有値をもつ．逆に，$\omega=0$に対応する解に対して (5.60) の右辺は0，すなわち

$$\sum_{j'} \boldsymbol{G}_{j,j'}(0)\,\boldsymbol{v}_{j'} \;=\; \sum_{j',\boldsymbol{n}'} \boldsymbol{A}_{j,j'}(\boldsymbol{R_n}-\boldsymbol{R_{n'}})\,\boldsymbol{v}_{j'} \;=\; 0$$

となる．これは，$\boldsymbol{u}_{\boldsymbol{n},j} = \mathrm{const.}\boldsymbol{v}_j$ に注意すれば，

$$\sum_{\boldsymbol{n}',j'} \boldsymbol{A}_{j,j'}(\boldsymbol{R}_{\boldsymbol{n}} - \boldsymbol{R}_{\boldsymbol{n}'})\,\boldsymbol{u}_{\boldsymbol{n}',j'} = 0$$

を意味する．よって，ポテンシャルエネルギー U は U_0 に等しくなり，これらの解はすべての原子の同一方向への一様な変位に対応し，$\boldsymbol{v}_j$ は j によらない同一の解 $\boldsymbol{v}$ であることとなる．$\boldsymbol{v}$ の空間方向は任意であるから，3 個の独立な解がある．単位胞に 1 原子のみ存在する場合，すなわち $r = 1$ の結晶では，$\boldsymbol{k} = 0$ に対する解は上記の $\omega = 0$ に対応する 3 個の解，すなわちすべての原子の 3 方向へのそれぞれ一様な変位だけである．$r \geq 2$ の場合には $3r - 3$ 個の $\omega \neq 0$ に対応する解が存在する．$r = 2$ の結晶で見れば，すべての原子がそろって同一の変位をする $\omega = 0$ をもつ 3 個の解と，すべての単位胞の対応する原子の変位は同じであるが，1 つの単位胞内の 2 原子は逆向きに変位する $\omega \neq 0$ の 3 個の解が存在する．このことは 2 種類の解の直交性から理解されよう．つぎに述べる有限な $\boldsymbol{k}$ の場合においても，$r = 2$ のときにはこれら 2 種類の解が存在し，$\boldsymbol{k} \to 0$ の極限でそれぞれ上記の各々に収束する．前者の $\omega = 0$ に対応する解を音響型分枝，後者の $\omega \neq 0$ の解を光学型分枝と呼ぶ．

つぎに，$\boldsymbol{k}$ は小さいが有限の大きさである場合 (長波長) を考えよう．この場合，解は $\boldsymbol{k} = 0$ の場合のものに近い．すなわち，ω が小さい 3 個の振動モードが常に存在する．そして，$r \geq 2$ の結晶では他に $3r - 3$ 個の高い周波数をもつ解が存在する．小さい $\boldsymbol{k}$ の低周波数振動は結晶中の音波を表す．$\boldsymbol{k} = 0$ のとき単位胞内の原子はすべて同じ変位をするが，小さい $\boldsymbol{k}$ のときもほとんど同じ変位をする．したがって，与えられた小さい $\boldsymbol{k}$ に対する 3 個の解はそれぞれこの変位の方向の違いに対応する．そして，これらのそれぞれが音波の異なる 3 つの偏りと呼ばれる．等方媒質中の音波の場合，3 つの偏りは 1 つの縦波と 2 つの横波であることが知られている．そして，与えられた $\boldsymbol{k}$ に対して 2 つの横波は同じ速さで伝わるが，それは縦波の速さより小さい．結晶の場合，一般には縦波，横波という偏りにはならない．しかし，立方結晶において $\boldsymbol{k}$ が主軸の方向に一致する場合には，小さい $\boldsymbol{k}$ に対する (5.60) の解は近似的に 1 つの縦波と 2 つの横波となる．2 つの横波の周波数は等しく，縦波のそれより小さい．

結晶中の音波の場合，(5.60) にしたがって ω^2 を $\boldsymbol{k}$ の冪級数に展開したとしよう．ω^2 は $\boldsymbol{k}$ の偶関数であるから，$\boldsymbol{k}$ の 1 次の項は存在しない．また，(5.57)

によって定数項 (初項) は消える．よって，ω^2 は k^2 に比例する項から始まり，与えられた伝播方向と偏りに対して ω は k に比例する．すなわち，

$$\omega(\boldsymbol{k}, s) = c_s(\theta, \varphi)\, k, \quad s = 1, 2, 3 \tag{5.78}$$

と書かれる．ここに，c_s は結晶中の音速である．s は 3 つの偏りの方向の指標，θ, φ は $\boldsymbol{k}$ の方向，向きを与える角度である．

古典理論を閉じる前に，格子振動系のエネルギーの表式を導いておこう．まず，ポテンシャルエネルギー (5.55) は，(5.75) を代入して，

$$U - U_0 = \frac{1}{2}\sum_{\nu,\nu'} A_{\nu,\nu'} \sum_{\phi,\phi'} v_\nu(\phi)^* v_{\nu'}(\phi')\, q(\phi)^* q(\phi')$$

と書かれる．ここに，計算の便宜上一方に複素共役 $u_\nu^*(= u_\nu)$ を用いた．この式に (5.60)，(5.74) を用いれば，

$$U - U_0 = \frac{1}{2} M^{(N)} \sum_{\phi} \omega(\phi)^2 |q(\phi)|^2 = \frac{1}{2} M^{(N)} \sum_{\boldsymbol{k},s} \omega(\boldsymbol{k}, s)^2 |q(\boldsymbol{k}, s)|^2 \tag{5.79}$$

となる．同様にして，運動エネルギー T は

$$T = \frac{1}{2}\sum_{\nu} M_\nu \dot{u}_\nu^2 = \frac{1}{2}\sum_{\nu} M_\nu \sum_{\phi,\phi'} v_\nu(\phi)^* v_\nu(\phi')\, \dot{q}(\phi)^* \dot{q}(\phi')$$

と書かれる．再び (5.74) を使えば，

$$T = \frac{1}{2} M^{(N)} \sum_{\phi} |\dot{q}(\phi)|^2 = \frac{1}{2} M^{(N)} \sum_{\boldsymbol{k},s} |\dot{q}(\boldsymbol{k}, s)|^2 \tag{5.80}$$

となる．よって，格子振動のハミルトニアンは

$$\mathcal{H} = T + U = U_0 + \frac{1}{2} M^{(N)} \sum_{\boldsymbol{k},s} \left(|\dot{q}(\boldsymbol{k}, s)|^2 + \omega(\boldsymbol{k}, s)^2 |q(\boldsymbol{k}, s)|^2 \right) \tag{5.81}$$

によって与えられる．

量子論にうつるには $\boldsymbol{u}_{\boldsymbol{n},j}$，$q_{\boldsymbol{k},s}$ などの力学変数を演算子と読みかえればよい．力学変数の複素共役をとることは対応する演算子のエルミート共役をとることになる．そして，空間座標 $\boldsymbol{u}_{\boldsymbol{n},j}$ と運動量 $M_j \dot{\boldsymbol{u}}_{\boldsymbol{n},j}$ との間に交換関係

$$[u_\nu, \dot{u}_{\nu'}] = \frac{i\hbar}{M_\nu}\delta_{\nu\nu'}, \quad [u_\nu, u_{\nu'}] = [\dot{u}_\nu, \dot{u}_{\nu'}] = 0 \tag{5.82}$$

を仮定することが出発点となる.

(5.76), (5.82) および直交規格化条件 (5.74) を用いれば,

$$[q(\phi), \dot{q}(\phi')^\dagger] = \frac{1}{\left(M^{(N)}\right)^2} \sum_{\nu,\nu'} M_\nu M_{\nu'} v_\nu(\phi)^* v_{\nu'}(\phi')[u_\nu, \dot{u}_{\nu'}]$$
$$= \frac{i\hbar}{\left(M^{(N)}\right)^2} \sum_{\nu} M_\nu v_\nu(\phi)^* v_\nu(\phi')$$
$$= \frac{i\hbar}{M^{(N)}} \delta_{\phi\phi'} \tag{5.83}$$

となる. また,

$$M^{(N)} \dot{q}(\phi)^\dagger = p(\phi) \tag{5.84}$$

とおけば, 交換関係

$$[q(\phi), p(\phi')] = i\hbar\delta_{\phi\phi'}, \quad [q(\phi), q(\phi')] = [p(\phi), p(\phi')] = 0 \tag{5.85}$$

が得られる. さらに,

$$\left.\begin{aligned} q(\phi) &= \sqrt{\frac{\hbar}{2M^{(N)}\omega(\phi)}}\left(b_\phi + b^\dagger_{-\phi}\right) \\ p(\phi) &= i\sqrt{\frac{M^{(N)}\hbar\omega(\phi)}{2}}\left(b^\dagger_\phi - b_{-\phi}\right) \end{aligned}\right\} \tag{5.86}$$

とおけば, b_ϕ, $b^\dagger_\phi$ は交換関係

$$[b_\phi, b^\dagger_{\phi'}] = \delta_{\phi\phi'}, \quad [b_\phi, b_{\phi'}] = [b^\dagger_\phi, b^\dagger_{\phi'}] = 0 \tag{5.87}$$

を満たす. 付録Aを参照されたい.

(5.86) を (5.81) に代入すれば,

$$\mathcal{H} = \sum_\phi \hbar\omega(\phi)\left(b^\dagger_\phi b_\phi + \frac{1}{2}\right) \tag{5.88}$$

が得られる. ここで定数項 U_0 は落した. (5.87) は光子 (フォトン) などのBose粒子 (ボゾン) の演算子の満たす交換関係である. そして, (5.86) は格子振動の基準座標とそれに共役な運動量をボゾン演算子で表すものである. 格子振動のボゾンをフォノンと呼ぶ. 数表示の固有関数を $|N_\phi\rangle$ で表すとき, b_ϕ, $b^\dagger_\phi$ はそれぞれ

$$b_\phi|N_\phi\rangle = \sqrt{N_\phi}|N_\phi - 1\rangle, \quad b^\dagger_\phi|N_\phi\rangle = \sqrt{N_\phi + 1}|N_\phi + 1\rangle \tag{5.89}$$

を満たす．このことは，$b_\phi = b_{\boldsymbol{k},s}$ はモード $(\boldsymbol{k}, s)$ のフォノンを 1 個消す演算子 (消滅演算子)，$b_\phi^\dagger$ はこのフォノンを 1 個作る演算子 (生成演算子) であることを示す．(5.89) によれば，演算子 $b_\phi^\dagger b_\phi$ の固有値は $N_\phi = 0, 1, 2, \cdots$ であり，これはフォノンの個数を表す．そして，(5.88) はフォノンのエネルギーが $\hbar\omega$ であることを示す．量子化された格子振動はフォノンの集団と同等であることがわかる．すべての ϕ に対して $b_\phi^\dagger b_\phi|0\rangle = 0|0\rangle$ を満たす状態 $|0\rangle$ (フォノン真空) が最低状態であり，そのとき格子振動系はエネルギー $\sum_\phi \hbar\omega(\phi)/2$ をもつ．これを零点エネルギーと呼び，この最低状態を零点振動という．

(5.86) を (5.63) に代入して，変位 $\boldsymbol{u}_{\boldsymbol{n},j}$ をフォノン演算子で表そう．簡単さのため結晶格子の単位胞がただ 1 個の原子を含む $(r = 1)$ とする．このとき，原子と単位胞の数は一致して N，指標 j は不要となって原子の質量は M と書かれ，$M^c = M$, $M^{(N)} = NM$ となる．そして，直交規格化条件 (5.68) は偏りベクトル $\boldsymbol{v}(\boldsymbol{k}, s)$ が直交する単位ベクトル $i\boldsymbol{e}_{\boldsymbol{k},s}$ であることを意味する．虚数単位 i を付けたのは後の便宜のためである．(5.65) から，$\boldsymbol{e}_{\boldsymbol{k},s}$ は

$$\boldsymbol{e}^*_{\boldsymbol{k},s} = -\boldsymbol{e}_{-\boldsymbol{k},s} \tag{5.90}$$

を満たす単位ベクトルである．したがって，(5.63) は

$$\begin{aligned}\boldsymbol{u}_{\boldsymbol{n}} &= i\sum_{\boldsymbol{k}}\sum_{s=1}^{3} \boldsymbol{e}_{\boldsymbol{k},s} q_{\boldsymbol{k},s} e^{i\boldsymbol{k}\cdot\boldsymbol{R}_{\boldsymbol{n}}} \\ &= i\sum_{\boldsymbol{k}}\sum_{s=1}^{3} \sqrt{\frac{\hbar}{2NM\omega(\boldsymbol{k}, s)}}\, \boldsymbol{e}_{\boldsymbol{k},s}\left(b_{\boldsymbol{k},s} + b^\dagger_{-\boldsymbol{k},s}\right) e^{i\boldsymbol{k}\cdot\boldsymbol{R}_{\boldsymbol{n}}}\end{aligned} \tag{5.91}$$

と書かれる．

有限温度におけるフォノンの分布則を求めよう．格子振動はモード $\phi \equiv (\boldsymbol{k}, s)$ で指定される $3rN$ 個の独立な基準振動の重ね合わせ (5.63) で与えられ，そのエネルギーは (5.88) となる．したがって，結晶が温度 T の熱平衡状態にあるとき，各規準振動モードごとに温度 T の熱平衡状態にあることになる．それで，各モードごとにフォノンの分布を考えればよい．エネルギー $E(\phi) = \hbar\omega(\phi)\left(N_\phi + 1/2\right)$ の状態の実現確率は Boltzmann 因子 $\exp[-\beta E(\phi)]$, $\beta = 1/k_B T$ ，で与えられる．よって，平均フォノン数すなわち熱平衡状態でのフォノンの分布関数 $N_0(\phi)$ は

$$N_0(\phi)=\langle b_\phi^\dagger b_\phi\rangle=\frac{\displaystyle\sum_{N_\phi=0}^{\infty}N_\phi\exp\bigl[-\beta\hbar\omega(\phi)\bigl(N_\phi+\frac{1}{2}\bigr)\bigr]}{\displaystyle\sum_{N_\phi=0}^{\infty}\exp\bigl[-\beta\hbar\omega(\phi)\bigl(N_\phi+\frac{1}{2}\bigr)\bigr]} \tag{5.92}$$

である．この式の計算は，$x=\beta\hbar\omega(\phi)$ とおけば，

$$\frac{\displaystyle\sum_{N_\phi}N_\phi\exp(-xN_\phi)}{\displaystyle\sum_{N_\phi}\exp(-xN_\phi)}=-\frac{\partial}{\partial x}\log\sum_{N_\phi}e^{-xN_\phi}=-\frac{\partial}{\partial x}\log\frac{1}{1-e^{-x}}=\frac{1}{e^x-1}$$

となって，Planck分布 (B.35)

$$N_0(\phi)=\frac{1}{e^{\beta\hbar\omega(\phi)}-1} \tag{5.93}$$

が得られる．各モードの平均エネルギーは

$$\begin{aligned}\langle E(\phi)\rangle&=\hbar\omega(\phi)\bigl[\langle b_\phi^\dagger b_\phi\rangle+\frac{1}{2}\bigr]\\&=\frac{\hbar\omega(\phi)}{e^{\beta\hbar\omega(\phi)}-1}+\frac{1}{2}\hbar\omega(\phi)\end{aligned} \tag{5.94}$$

となる．したがって，結晶格子の全エネルギー E は

$$E=U_0+\frac{1}{2}\sum_{\boldsymbol{k},s}\hbar\omega(\boldsymbol{k},s)+\sum_{\boldsymbol{k},s}\frac{\hbar\omega(\boldsymbol{k},s)}{e^{\beta\hbar\omega(\boldsymbol{k},s)}-1} \tag{5.95}$$

である．この式の右辺第1，第2項はそれぞれ絶対零度における結晶のエネルギーおよび零点エネルギーである．第3項が有限温度での熱エネルギー

$$E_{th}=\sum_{\boldsymbol{k},s}\frac{\hbar\omega(\boldsymbol{k},s)}{e^{\beta\hbar\omega(\boldsymbol{k},s)}-1} \tag{5.96}$$

である．この式の解析的な計算は困難である．

まず，$\hbar\omega\ll k_BT$ が満たされる十分な高温では，(5.96) の分母の指数関数を冪級数に展開して，

$$E_{th}=3Nk_BT-\frac{1}{2}\sum_{\boldsymbol{k},s}\hbar\omega(\boldsymbol{k},s)+\frac{1}{12k_BT}\sum_{\boldsymbol{k},s}[\hbar\omega(\boldsymbol{k},s)]^2-\cdots \tag{5.97}$$

が得られる．ここに，各単位胞に1原子 $(r = 1)$ とした．右辺第1項は古典統計の結果に一致し，比熱のDulong-Petitの法則を与える．第2項はちょうど (5.95) において零点エネルギーを打ち消し，この事実も古典理論の結果である．$T \to \infty$ の極限で0となる第3項は古典理論からの外れを与える最初の量子効果である．

低温の場合，(5.96) への寄与は指数関数のために $\beta\hbar\omega(\boldsymbol{k}, s)$ のそう大きくない $\boldsymbol{k}$ 領域から与えられ，低温ほど低周波数スペクトルが重要になる．そして，低周波数部分は小さい $\boldsymbol{k}$ 領域に対応する ($r > 1$ の場合には音響型分枝に対してのみ成立する)．したがって，(5.78) の分散関係を仮定することができる．こうして (5.96) の波数積分を実行すれば，E_{th} の T^4 則が導かれる．これと同様な考え方は1912年Debyeによって始めて結晶固体に適用され，熱エネルギーの T^4 則つまり比熱の T^3 則が導かれた．Planckの作用量子の発見，Einsteinの光量子仮説につづいてEinsteinがエネルギー量子の考え方を固体の比熱の理論に適用した．Debyeはそれを引き継いで低温と高温とを結ぶ内挿公式を導き，低温極限における比熱の T^3 則をみごとに説明した．つぎに，Debyeの理論を紹介しよう．

Debye近似は結晶を弾性連続体で置換えるものである．等方的連続体中の音波は与えられた $\boldsymbol{k}$ に対して平行に振動する縦波とそれに垂直に振動する2つの横波との計3個の基準振動をもつ．縦波の音速は横波のそれに比べて大きいが，この差異を無視して音速は進行方向や偏りに関係なく一定の c_0 とする．分散関係は (5.78) に代って $\omega = c_0 k$ となる．連続体の場合，波長はいくらでも小さくなりうる，したがって $k \to \infty$ まで存在する．しかし，結晶の場合 $\boldsymbol{k}$ 積分の領域は単位胞内に限られるので，$\boldsymbol{k}$ 空間の積分領域を半径 k_{max} の球内に限って，その $\boldsymbol{k}$ 値の総数が原子数 N に等しくしなければならない．すなわち，結晶の体積を V として

$$k_{max} = \left(\frac{6\pi^2 N}{V}\right)^{1/3} \tag{5.98}$$

であり，最大周波数は次式で与えられる：

$$\omega_{max} = c_0 k_{max} \,. \tag{5.99}$$

以上の近似のもとで，(5.96) の計算は容易に行われる．$\boldsymbol{k}$ 空間の極座標を導

入すれば,

$$E_{th} = \frac{V}{(2\pi)^3}\sum_{s=1}^{3}\int_0^{k_{max}}\frac{\hbar c_0 k}{e^{\beta\hbar c_0 k}-1}4\pi k^2 dk$$

となる．ここで,

$$\Theta = \frac{\hbar\omega_{max}}{k_B} = \frac{\hbar c_0 k_{max}}{k_B} \tag{5.100}$$

とおけば,

$$E_{th} = 9Nk_BT\left(\frac{T}{\Theta}\right)^3\int_0^{\Theta/T}\frac{x^3}{e^x-1}dx \tag{5.101}$$

が得られる．このDebyeの式は，その導出に際して採用された近似から見て，厳密には定性的な意味しかもたないが，高温と低温とを結ぶ内挿公式として有用なものである．

1モルの結晶をとって$Nk_B = R$(気体定数)とし，(5.101)をTについて微分して部分積分してまとめれば，定積モル比熱

$$C_v = 9R\left(\frac{T}{\Theta}\right)^3\int_0^{\Theta/T}\frac{x^4e^x}{(e^x-1)^2}dx \tag{5.102}$$

が得られる．高温$(T > \Theta)$の場合，これは

$$C_v = 9R\left(\frac{T}{\Theta}\right)^3\frac{1}{3}\left(\frac{\Theta}{T}\right)^3 = 3R$$

となってDulong-Petitの法則に導く．低温$(T < \Theta)$の場合，kの小さい領域からの寄与しかないので，積分の上限を∞として(5.102)は

$$C_v = 9R\left(\frac{T}{\Theta}\right)^3\int_0^{\infty}\frac{x^4e^x}{(e^x-1)^2}dx = 36R\left(\frac{T}{\Theta}\right)^3\int_0^{\infty}\frac{x^3}{e^x-1}dx$$

となる．この最後の式の積分値は$\pi^4/15$と与えられるので,

$$C_v = \frac{12\pi^4R}{5}\left(\frac{T}{\Theta}\right)^3 = \frac{2\pi^2Vk_B^4T^3}{5\hbar^3c_0^3}$$

となって，比熱のT^3則が得られる．

(5.100)のΘはDebye温度と呼ばれる．(5.98)から$k_{max} \sim 10^8\mathrm{cm}^{-1}$である．これと$c_0 \sim 10^5\mathrm{cm}\cdot\mathrm{sec}^{-1}$, $k_B \sim 10^{-16}\mathrm{erg}\cdot\mathrm{deg}^{-1}$, $\hbar \sim 10^{-27}\mathrm{erg}\cdot\mathrm{sec}$とを(5.100)に代入すれば，$\Theta \sim 10^2\mathrm{K}$である．$\Theta$を理論的に定めることは困難であるが，これを適当にとれば実験値をかなりよく説明できる．比熱の測定から求められるΘの値を表5.1にあげておく．

表 **5.1** Debye 温度 Θ (K)

Zn	327	Si	640
Al	428	Ge	370
Ag	225	KCl	235
Cu	343	NaCl	321

5.6 電子・フォノン相互作用

電子が格子振動から受ける影響を問題にするとき，電子系は格子振動によって生ずるポテンシャル場の変動を遮蔽するように運動するであろう．このことは簡単に処理して，例えばThomas-Fermiの遮蔽効果をあとでとり入れることができる．残るは一体問題として，電子は振動する格子からどんな作用を受けるかが問題となる．原子 (イオン) が組んだ結晶格子が振動するときに，電子に作用するポテンシャル場 $V'(\boldsymbol{r})$ は静止した格子すなわち完全格子の周期的ポテンシャル場 $V(\boldsymbol{r})$ からどれだけ変化したものであろうか？この変化量がBloch電子が格子振動から受ける作用となる．大まかにいって，今日まで2通りの考え方が提出されている．1つはBlochの可変形イオン模型，もう1つはNordheimの剛体イオン模型である．

剛体イオン模型はイオンが点電荷のときには正当である．格子点に存在する個々のイオンのポテンシャル $v(\boldsymbol{r}-\boldsymbol{R_n})$ の総和が周期的ポテンシャル場 $V(\boldsymbol{r}) = \sum_{\boldsymbol{n}} v(\boldsymbol{r}-\boldsymbol{R_n})$ である．格子振動において各格子点のイオンは変位 $\boldsymbol{u_n}$ をする．このとき，剛体イオン模型では，イオンのポテンシャルは形を変えることなく $v(\boldsymbol{r}-\boldsymbol{R_n}-\boldsymbol{u_n})$ であるとする．よって，$V'(\boldsymbol{r}) = \sum_{\boldsymbol{n}} v(\boldsymbol{r}-\boldsymbol{R_n}-\boldsymbol{u_n})$ であり，格子振動によるポテンシャル場の変化量は

$$\Delta V(\boldsymbol{r}) = V'(\boldsymbol{r}) - V(\boldsymbol{r}) = -\sum_{\boldsymbol{n}} \boldsymbol{u_n}\cdot\nabla v(\boldsymbol{r}-\boldsymbol{R_n}) \tag{5.103}$$

となる．しかし，格子振動においてイオンは歪んで $v(\boldsymbol{r}-\boldsymbol{R_n})$ は変形すると考えられる．しかも，その変形は $\boldsymbol{n}$ に依存するであろう．

イオンが歪むことを多少とも考慮したものが可変形イオン模型である．電子とイオンとの相互作用のため，イオンは点電荷でない限り格子振動において歪んで変形すると考えられる．個々のイオンのポテンシャルを振動時において静止時と同じ形の $v(\boldsymbol{r}-\boldsymbol{R_n}-\boldsymbol{u_n})$ とすることは正当化されない．そこ

で，$\boldsymbol{R_n}$ の代わりに位置座標 $\boldsymbol{r}$ を入れて，点 $\boldsymbol{r}$ の変位を $\boldsymbol{u}(\boldsymbol{r})$ とする．そして，$\boldsymbol{r}$ 点のポテンシャル場 $V'(\boldsymbol{r})$ は $V(\boldsymbol{r})$ が $\boldsymbol{u}(\boldsymbol{r})$ だけ並進したものであると単純に考える．すなわち，$V'(\boldsymbol{r}) = V(\boldsymbol{r} - \boldsymbol{u}(\boldsymbol{r}))$ とする．したがって，Bloch 電子が受ける格子振動によるポテンシャル場の変化は

$$\Delta V(\boldsymbol{r}) = V(\boldsymbol{r} - \boldsymbol{u}(\boldsymbol{r})) - V(\boldsymbol{r}) = -\boldsymbol{u}(\boldsymbol{r}) \cdot \nabla V(\boldsymbol{r}) \tag{5.104}$$

となる．ここに，(5.91) によって

$$\boldsymbol{u}(\boldsymbol{r}) = i \sum_{\boldsymbol{q}} \sum_{\lambda=1}^{3} \boldsymbol{e}_{\boldsymbol{q},\lambda} Q_{\boldsymbol{q},\lambda} e^{i\boldsymbol{q}\cdot\boldsymbol{r}} \tag{5.105}$$

である．ただし，基準座標 q の代わりに Q，フォノンの波数として $\boldsymbol{k}$ の代わりに $\boldsymbol{q}$，そして偏りの指標 s の代わりに λ を用いた．

電子・フォノン相互作用 $\mathcal{H}'$ は，第 2 量子化の形式 (付録 A) で

$$\mathcal{H}' = \sum_{\boldsymbol{k},\boldsymbol{k}'} \langle \boldsymbol{k}' | \Delta V | \boldsymbol{k} \rangle \, a_{\boldsymbol{k}'}^{\dagger} a_{\boldsymbol{k}} \tag{5.106}$$

と書かれる．ここに，$a_{\boldsymbol{k}}^{\dagger}$, $a_{\boldsymbol{k}}$ は状態 $\boldsymbol{k}$ の電子の生成，消滅演算子である．電子スピンは無視した．衝突過程 $\boldsymbol{k} \to \boldsymbol{k}'$ の行列要素 $\langle \boldsymbol{k}' | \Delta V | \boldsymbol{k} \rangle$ の計算を可変形イオン模型 (5.104) に対して行ってみよう．Bloch 軌道関数 $\psi_{\boldsymbol{k}}(\boldsymbol{r}) = N^{-1/2} e^{i\boldsymbol{k}\cdot\boldsymbol{r}} u_{\boldsymbol{k}}(\boldsymbol{r})$ を用いれば，

$$\begin{aligned} \langle \boldsymbol{k}' | \Delta V | \boldsymbol{k} \rangle &= \int \psi_{\boldsymbol{k}'}^{*}(\boldsymbol{r}) \Delta V(\boldsymbol{r}) \, \psi_{\boldsymbol{k}}(\boldsymbol{r}) \, d\boldsymbol{r} \\ &= -\frac{i}{N} \sum_{\boldsymbol{q},\lambda} Q_{\boldsymbol{q},\lambda} \boldsymbol{e}_{\boldsymbol{q},\lambda} \cdot \int \nabla V \, u_{\boldsymbol{k}'}^{*} u_{\boldsymbol{k}} e^{i(\boldsymbol{k}+\boldsymbol{q}-\boldsymbol{k}')\cdot\boldsymbol{r}} d\boldsymbol{r} \end{aligned} \tag{5.107}$$

と書かれる．結晶全体にわたるこの積分を I として，これを単位胞ごとの積分の和に分割し，関数 V, $u_{\boldsymbol{k}}$ が格子の周期性を有することに注意すれば，

$$\begin{aligned} I &= \sum_{\boldsymbol{n}} e^{i(\boldsymbol{k}+\boldsymbol{q}-\boldsymbol{k}')\cdot\boldsymbol{R_n}} \int_0 \nabla V \; u_{\boldsymbol{k}'}^{*} u_{\boldsymbol{k}} e^{i(\boldsymbol{k}+\boldsymbol{q}-\boldsymbol{k}')\cdot\boldsymbol{r}} d\boldsymbol{r} \\ &= N \, \delta_{\boldsymbol{k}+\boldsymbol{q}-\boldsymbol{k}',\boldsymbol{K}} \int_0 \nabla V \, u_{\boldsymbol{k}'}^{*} u_{\boldsymbol{k}} e^{i(\boldsymbol{k}+\boldsymbol{q}-\boldsymbol{k}')\cdot\boldsymbol{r}} d\boldsymbol{r} \end{aligned} \tag{5.108}$$

となる．ここに，$\int_0$ は単位胞内での積分を表す．$\boldsymbol{K}$ は $\boldsymbol{q} = \boldsymbol{k}' - \boldsymbol{k} + \boldsymbol{K}$ を第 1 Brillouin ゾーンに還元するための逆格子ベクトルである．フォノンとの

衝突過程 $\boldsymbol{k} \to \boldsymbol{k}'$ において $\boldsymbol{K} \neq 0$ の場合を $\boldsymbol{K} = 0$ の場合に対して反転過程 (Umklapp process) と呼ぶ．積分 I を部分積分して，単位胞についての表面積分は消えることに注意すれば，(5.108) は

$$I = -N\delta_{\boldsymbol{k}+\boldsymbol{q}-\boldsymbol{k}',\boldsymbol{K}} \left\{ \int_0 V(\boldsymbol{r})\,\nabla(u^*_{\boldsymbol{k}'} u_{\boldsymbol{k}})\, e^{i(\boldsymbol{k}+\boldsymbol{q}-\boldsymbol{k}')\cdot\boldsymbol{r}} d\boldsymbol{r} + i(\boldsymbol{k}+\boldsymbol{q}-\boldsymbol{k}') \int_0 V(\boldsymbol{r})\, u^*_{\boldsymbol{k}'} u_{\boldsymbol{k}} e^{i(\boldsymbol{k}+\boldsymbol{q}-\boldsymbol{k}')\cdot\boldsymbol{r}} d\boldsymbol{r} \right\} \tag{5.109}$$

となる．右辺括弧内の第 2 項は $\boldsymbol{K} \neq 0$ の反転過程でのみ存在する．さらに，そこで長波長のフォノンとの衝突が重要であるとして $\boldsymbol{q} = 0$ とする．また，被積分関数の $V(\boldsymbol{r})$, $u_{\boldsymbol{k}}$ などは格子点近傍の原子の位置，すなわち単位胞の原点近くでのみ強く変動する関数であるから，$\exp[i(\boldsymbol{k}+\boldsymbol{q}-\boldsymbol{k}')\cdot\boldsymbol{r}] \sim 1$ とする．そうすれば，

$$I = -N\,\delta_{\boldsymbol{k}+\boldsymbol{q}-\boldsymbol{k}',\boldsymbol{K}} \left\{ \int_0 V(\boldsymbol{r})\,\nabla(u^*_{\boldsymbol{k}'} u_{\boldsymbol{k}})\, d\boldsymbol{r} + i(\boldsymbol{k}-\boldsymbol{k}') \int_0 V(\boldsymbol{r})\, u^*_{\boldsymbol{k}'} u_{\boldsymbol{k}} d\boldsymbol{r} \right\} \tag{5.110}$$

となる．$u_{\boldsymbol{k}}$, $u^*_{\boldsymbol{k}'}$ のしたがう波動方程式は

$$\left.\begin{aligned} &\frac{\hbar^2}{2m}\left(\nabla^2 u_{\boldsymbol{k}} + 2i\boldsymbol{k}\cdot\nabla u_{\boldsymbol{k}} - k^2 u_{\boldsymbol{k}}\right) + \left(E_{\boldsymbol{k}} - V\right) u_{\boldsymbol{k}} = 0\,, \\ &\frac{\hbar^2}{2m}\left(\nabla^2 u^*_{\boldsymbol{k}'} - 2i\boldsymbol{k}'\cdot\nabla u^*_{\boldsymbol{k}'} - k^2 u^*_{\boldsymbol{k}'}\right) + \left(E_{\boldsymbol{k}'} - V\right) u^*_{\boldsymbol{k}'} = 0 \end{aligned}\right\} \tag{5.111}$$

である．これの第 1 式に $\nabla u^*_{\boldsymbol{k}'}$ を掛け，第 2 式に $\nabla u_{\boldsymbol{k}}$ を掛けて相加え，単位胞にわたって積分することによって，

$$\int_0 V(\boldsymbol{r})\,\nabla(u^*_{\boldsymbol{k}'} u_{\boldsymbol{k}})\, d\boldsymbol{r} = \frac{i\hbar^2}{m}(\boldsymbol{k}-\boldsymbol{k}') : \int_0 \nabla u^*_{\boldsymbol{k}'} \nabla u_{\boldsymbol{k}} d\boldsymbol{r} + \left[E_{\boldsymbol{k}} - E_{\boldsymbol{k}'} - \frac{\hbar^2}{2m}(k^2 - k'^2)\right] \int_0 u_{\boldsymbol{k}} \nabla u^*_{\boldsymbol{k}'} d\boldsymbol{r} \tag{5.112}$$

が得られる．ここに，記号 : はベクトルとダイアッドとの積においてそれぞれプライムの付いたもの同士および付かないもの同士のスカラー積の和を意味する．ここで，$E_{\boldsymbol{k}} = \hbar^2 k^2 / 2m^*$ を仮定し，$m^* \sim m$ とすれば，(5.112) の右辺第 2 項は無視できる．そうして，(5.112) を (5.110) に代入したものを (5.107)

に代入すれば,

$$\langle \boldsymbol{k}'|\Delta V|\boldsymbol{k}\rangle = -\sum_{\boldsymbol{q},\lambda} \delta_{\boldsymbol{k}+\boldsymbol{q}-\boldsymbol{k}',\boldsymbol{K}} Q_{\boldsymbol{q},\lambda} \boldsymbol{e}_{\boldsymbol{q},\lambda} \cdot \\ \times \left\{ \frac{\hbar^2}{m}(\boldsymbol{k}-\boldsymbol{k}') : \int_0 \nabla u^*_{\boldsymbol{k}'} \nabla u_{\boldsymbol{k}} d\boldsymbol{r} + (\boldsymbol{k}-\boldsymbol{k}') \int_0 V(\boldsymbol{r})\, u^*_{\boldsymbol{k}'} u_{\boldsymbol{k}} d\boldsymbol{r} \right\} \quad (5.113)$$

となる. ここで, 粗っぽいが, $u_{\boldsymbol{k}'} \sim u_{\boldsymbol{k}}$ かつ $u_{\boldsymbol{k}}$ は $\boldsymbol{r}$ の球対称な関数であると仮定すると,

$$\boldsymbol{e}_{\boldsymbol{q},\lambda} \cdot \left[(\boldsymbol{k}-\boldsymbol{k}') : \int_0 \nabla u^*_{\boldsymbol{k}'} \nabla u_{\boldsymbol{k}} d\boldsymbol{r} \right] = \boldsymbol{e}_{\boldsymbol{q},\lambda} \cdot (\boldsymbol{k}-\boldsymbol{k}') \int_0 \frac{1}{3} |\nabla u_{\boldsymbol{k}}|^2 d\boldsymbol{r}$$

が成立する. これを (5.113) に用いれば,

$$\langle \boldsymbol{k}'|\Delta V|\boldsymbol{k}\rangle = -\sum_{\boldsymbol{q},\lambda} \delta_{\boldsymbol{k}+\boldsymbol{q}-\boldsymbol{k}',\boldsymbol{K}} Q_{\boldsymbol{q},\lambda} \boldsymbol{e}_{\boldsymbol{q},\lambda} \cdot (\boldsymbol{k}-\boldsymbol{k}') \\ \times \left\{ \frac{\hbar^2}{3m} \int_0 |\nabla u_{\boldsymbol{k}}|^2 d\boldsymbol{r} + \int_0 V(\boldsymbol{r}) |u_{\boldsymbol{k}}|^2 d\boldsymbol{r} \right\} \quad (5.114)$$

が得られる. ここで, (5.109) でも述べたように (5.113) の括弧内第 2 項は反転過程の場合にのみ存在する.

(5.114) を (5.106) に代入して (5.86) を用いれば, 電子・フォノン相互作用として

$$\mathcal{H}' = C \sum_{\boldsymbol{k},\boldsymbol{K},\boldsymbol{q},\lambda} \boldsymbol{e}_{\boldsymbol{q},\lambda} \cdot (\boldsymbol{q}-\boldsymbol{K})\, Q_{\boldsymbol{q},\lambda} a^\dagger_{\boldsymbol{k}+\boldsymbol{q}-\boldsymbol{K}} a_{\boldsymbol{k}} \\ = C \sum_{\boldsymbol{k},\boldsymbol{K},\boldsymbol{q},\lambda} \sqrt{\frac{\hbar}{2NM\,\omega(\boldsymbol{q},\lambda)}}\, \boldsymbol{e}_{\boldsymbol{q},\lambda} \cdot (\boldsymbol{q}-\boldsymbol{K}) \\ \times (\, b_{\boldsymbol{q},\lambda} + b^\dagger_{-\boldsymbol{q},\lambda})\, a^\dagger_{\boldsymbol{k}+\boldsymbol{q}-\boldsymbol{K}} a_{\boldsymbol{k}} \quad (5.115)$$

が得られる. ここに,

$$C = \frac{\hbar^2}{3m} \int_0 |\nabla u_{\boldsymbol{k}}|^2 d\boldsymbol{r} + \int_0 V(\boldsymbol{r})\, |u_{\boldsymbol{k}}|^2 d\boldsymbol{r} \quad (5.116)$$

である. 長波長の格子振動 (いまの場合, 音波) が重要となり, 1 つの縦波 $\boldsymbol{e}_{\boldsymbol{q},1}$ と 2 つの横波 $\boldsymbol{e}_{\boldsymbol{q},2}$, $\boldsymbol{e}_{\boldsymbol{q},3}$ で近似できるとすれば, $\boldsymbol{K}=0$ の正常過程においては $\boldsymbol{e}_{\boldsymbol{q},1} \cdot \boldsymbol{q} = q$, $\boldsymbol{e}_{\boldsymbol{q},2} \cdot \boldsymbol{q} = \boldsymbol{e}_{\boldsymbol{q},3} \cdot \boldsymbol{q} = 0$ となって縦波との結合のみが生き残る. $\boldsymbol{K}=0$ の

項を抜き出して，(5.115) は

$$\begin{aligned}\mathcal{H}' &= C_0 \sum_{\boldsymbol{k},\boldsymbol{q}} \sqrt{\frac{\hbar}{2NM\,\omega(\boldsymbol{q})}}\, q\,(b_{\boldsymbol{q}} + b^\dagger_{-\boldsymbol{q}})\, a^\dagger_{\boldsymbol{k}+\boldsymbol{q}} a_{\boldsymbol{k}} \\ &\quad + C \sum_{\boldsymbol{k},\boldsymbol{K},\boldsymbol{q},\lambda}{}' \sqrt{\frac{\hbar}{2NM\,\omega(\boldsymbol{q},\lambda)}}\, \boldsymbol{e}_{\boldsymbol{q},\lambda} \cdot (\boldsymbol{q} - \boldsymbol{K}) \\ &\quad \times (\, b_{\boldsymbol{q},\lambda} + b^\dagger_{-\boldsymbol{q},\lambda})\, a^\dagger_{\boldsymbol{k}+\boldsymbol{q}-\boldsymbol{K}} a_{\boldsymbol{k}} \end{aligned} \tag{5.117}$$

と書かれる．ここに，$\sum'$ では $\boldsymbol{K} = 0$ を除き，

$$C_0 = \frac{\hbar^2}{3m} \int_0 |\nabla u_{\boldsymbol{k}}|^2 d\boldsymbol{r} \tag{5.118}$$

である．C_0 は平均運動エネルギーの 2/3 倍，C は C_0 と平均ポテンシャルエネルギーとの和である．

以上，可変形イオン模型について計算したが，剛体イオン模型の場合も同様な計算によって (5.115) と類似の結果が得られる．

5.7 Boltzmann-Bloch 方程式

完全結晶の乱れとして格子振動のみをとり上げるとき，固体内電子系のハミルトニアンは

$$\left.\begin{aligned} \mathcal{H} &= \mathcal{H}_0 + \mathcal{H}_{ep}\,, \\ \mathcal{H}_0 &= \sum_{\boldsymbol{k},\sigma} E_{\boldsymbol{k}} a^\dagger_{\boldsymbol{k}\sigma} a_{\boldsymbol{k}\sigma} + \sum_{\boldsymbol{q},\lambda} \hbar\omega_{\boldsymbol{q}\lambda}\,(\, b^\dagger_{\boldsymbol{q}\lambda} b_{\boldsymbol{q}\lambda} + \frac{1}{2}\,)\,, \\ \mathcal{H}_{ep} &= \sum_{\boldsymbol{k}'=\boldsymbol{k}+\boldsymbol{q}\pm\boldsymbol{K}} \alpha_{\boldsymbol{q}\lambda}(\boldsymbol{k}' - \boldsymbol{k})\,\big(\, b_{\boldsymbol{q}\lambda} + b^\dagger_{-\boldsymbol{q}\lambda}\big)\, a^\dagger_{\boldsymbol{k}'\sigma} a_{\boldsymbol{k}\sigma} \end{aligned}\right\} \tag{5.119}$$

によって与えられる．ここに，$\mathcal{H}_0$ は無摂動エネルギー，すなわち Bloch 電子系およびフォノン系のエネルギーの和である．$a^\dagger_{\boldsymbol{k}\sigma}$, $a_{\boldsymbol{k}\sigma}$ は波数 $\boldsymbol{k}$，スピン σ の Bloch 電子の生成，消滅演算子；$b^\dagger_{\boldsymbol{q}\lambda}$, $b_{\boldsymbol{q}\lambda}$ は波数 $\boldsymbol{q}$，偏り λ のフォノンの生成，消滅演算子である．摂動エネルギー $\mathcal{H}_{ep}$ は電子・フォノン相互作用である．結合エネルギー $\alpha_{\boldsymbol{q}\lambda}(\boldsymbol{k}' - \boldsymbol{k})$ の形は前節 (5.115) に与えられたものである．和はすべての指標についてとられる．$\boldsymbol{K}$ は与えられた $\boldsymbol{k}$, $\boldsymbol{k}'$ に対し

て $\boldsymbol{q} = \boldsymbol{k}' - \boldsymbol{k} \pm \boldsymbol{K}$ を還元波数ベクトルにするために選ばれる逆格子ベクトルである.

摂動理論によれば，始め $(t=0)$ に状態 $|i\rangle$ にある電子が相互作用 $\mathcal{H}'$ の摂動を受けて時刻 t に終状態 $|f\rangle$ に見出される確率は

$$W_{if} = |\langle f|\mathcal{H}'|i\rangle|^2 D(E_f - E_i, t), \tag{5.120}$$

$$D(E,t) = \frac{t^2}{\hbar^2}\left[\frac{\sin(Et/2\hbar)}{Et/2\hbar}\right]^2 \tag{5.121}$$

で与えられる．ここに，E_i, E_f はそれぞれ $|i\rangle, |f\rangle$ での無摂動エネルギー固有値である．関数 $D(E,t)$ は，$E=0$ で最大値 $t^2/\hbar^2$ を有し，その幅は $2\pi\hbar/t$ と見積られる (図 5.1)．t を大きくとれば，最大値は急峻になる．そして，

$$\int_{-\infty}^{\infty} D(E,t)\,dE = 2\pi\frac{t}{\hbar}$$

であるから，$t \to \infty$ の極限では，

$$D(E,t) \to \frac{2\pi t}{\hbar}\delta(E) \tag{5.122}$$

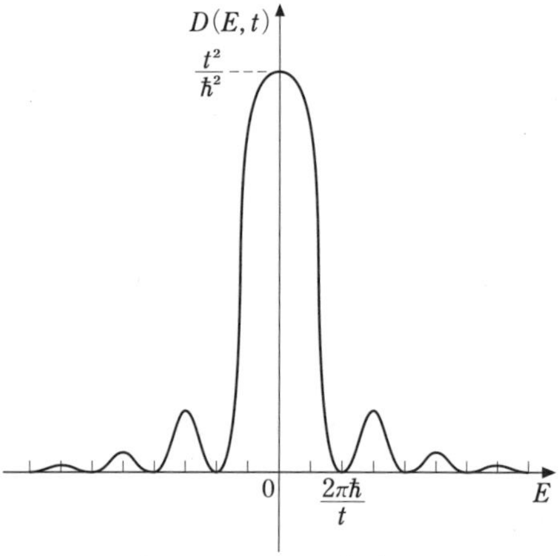

図 **5.1**　$D(E,t)$ の概念図.

と置き換えてよい．そのとき，単位時間当りの $|i\rangle$ から $|f\rangle$ への遷移確率は

$$P_{i,f} = \frac{2\pi}{\hbar}|\langle f|\mathcal{H}'|i\rangle|^2\delta(E_f - E_i) \tag{5.123}$$

となる．しかし，Boltzmann 方程式を立てるときには $D(E,t)$ に分布関数などの他の因子 $\phi(E)$ が掛った積分

$$\int \phi(E)\,D(E,t)\,dE$$

が問題となる．このとき (5.122) の置換えが許されるためには，$D(E,t)$ の幅 $\hbar/t$ 内での $\phi(E)$ の変動が緩やかであることが要求される．$\phi(E)$ が分布関

数であれば，$E \geq k_B T$ に対して $\phi(E)$ は大きく変動する．したがって，まず

$$k_B T \ > \ \hbar/t \tag{5.124}$$

でなければならない．他方，摂動論が成立するためには時間 t は衝突時間 τ より小さいこと $(t < \tau)$ が必要である．よって，(5.122) が使えるためには条件

$$k_B T \ > \ \hbar/\tau \tag{5.125}$$

の成立が前提となる．この条件が仮定されれば，十分長い時間 $t(> \hbar/k_B T)$ をとることができ，(5.122) の置換えが可能となる．$\delta(E_f - E_i)$ は衝突前後における無摂動エネルギーの保存則を表しており，このことが可能なためには衝突が完全に止んだ後でなければならない．この意味で $\hbar/k_B T$ は衝突持続時間と解釈される．つまり，条件 (5.125) は衝突時間 τ が衝突持続時間 $\hbar/k_B T$ より長いことを意味する．

電子・フォノン相互作用の行列要素 $\langle f|\mathcal{H}_{ep}|i\rangle$ で 0 でないものは，電子 1 個が状態 $\boldsymbol{k}$ から状態 $\boldsymbol{k}'$ に移るとき，フォノン 1 個が吸収されるかまたは放出されて，$|i\rangle$ における電子数 $n_{\boldsymbol{k}}$ と $n_{\boldsymbol{k}'}$ が $|f\rangle$ においてそれぞれ $n_{\boldsymbol{k}} - 1$ と $n_{\boldsymbol{k}'} + 1$ になる場合，およびこれらの逆の過程，すなわちフォノン 1 個を吸収または放出して電子数が $n_{\boldsymbol{k}}$, $n_{\boldsymbol{k}'}$ からそれぞれ $n_{\boldsymbol{k}}+1$, $n_{\boldsymbol{k}'}-1$ になる場合である (図 5.2).

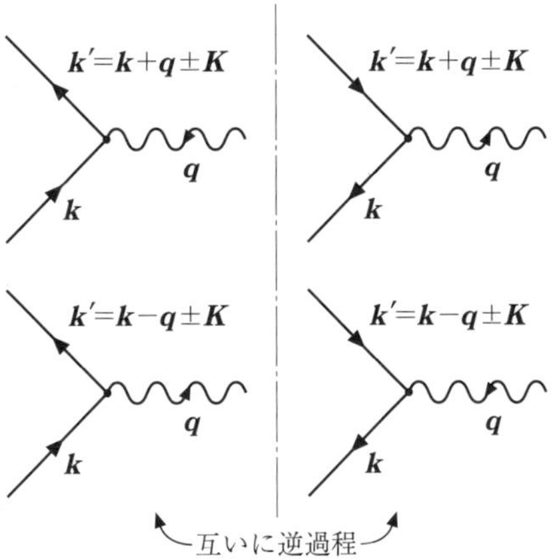

図 **5.2** 電子・フォノン相互作用.

前者の場合の行列要素を数表示で書けば，

$$\langle n_{\boldsymbol{k}} - 1, n_{\boldsymbol{k}'} + 1; N_{\boldsymbol{q}\lambda} - 1|\mathcal{H}_{ep}|n_{\boldsymbol{k}}, n_{\boldsymbol{k}'}; N_{\boldsymbol{q}\lambda}\rangle,$$

$$\langle n_{\boldsymbol{k}} - 1, n_{\boldsymbol{k}'} + 1; N_{\boldsymbol{q}\lambda} + 1|\mathcal{H}_{ep}|n_{\boldsymbol{k}}, n_{\boldsymbol{k}'}; N_{\boldsymbol{q}\lambda}\rangle$$

となる．このとき，上式のそれぞれにおいて波数の保存則 $\boldsymbol{k}' = \boldsymbol{k}+\boldsymbol{q}\pm\boldsymbol{K}$, $\boldsymbol{k}' = \boldsymbol{k} - \boldsymbol{q} \pm \boldsymbol{K}$ が満たされる．対応する遷移確率 (5.123) はそれぞれ

$$\frac{2\pi}{\hbar}|\alpha|^2 n_{\boldsymbol{k}}(1-n_{\boldsymbol{k}'})\,N_{\boldsymbol{q}\lambda}\delta(E_{\boldsymbol{k}'}-E_{\boldsymbol{k}}-\hbar\omega_{\boldsymbol{q}\lambda}),$$
$$\frac{2\pi}{\hbar}|\alpha|^2 n_{\boldsymbol{k}}(1-n_{\boldsymbol{k}'})(N_{\boldsymbol{q}\lambda}+1)\,\delta(E_{\boldsymbol{k}'}-E_{\boldsymbol{k}}+\hbar\omega_{\boldsymbol{q}\lambda})$$

と書かれる．後者の場合の遷移確率も同様にして得られる．これらをすべての $\boldsymbol{k}'(\neq \boldsymbol{k})$, $\boldsymbol{K}$ およびすべての $\boldsymbol{q}$, λ について加えれば，$n_{\boldsymbol{k}}$ の減少率または増加率となる．Boltzmann 方程式の衝突項を立てるためには，$n_{\boldsymbol{k}}$, $N_{\boldsymbol{q}\lambda}$ を分布関数すなわち統計平均 $f(\boldsymbol{k}) \equiv \langle n_{\boldsymbol{k}}\rangle$, $N(\boldsymbol{q},\lambda) \equiv \langle N_{\boldsymbol{q}\lambda}\rangle$ で置換えなければならない．こうして，フォノンとの衝突による $f(\boldsymbol{k})$ の時間変化率は増加率から減少率を差し引いて，

$$\begin{aligned}\left(\frac{\partial f(\boldsymbol{k})}{\partial t}\right)_{collision} &= \frac{2\pi}{\hbar}\sum_{\boldsymbol{k}'=\boldsymbol{k}+\boldsymbol{q}\pm\boldsymbol{K},\lambda}|\alpha_{\boldsymbol{q}\lambda}(\boldsymbol{k}'-\boldsymbol{k})|^2\\
&\times\Big\{f(\boldsymbol{k}')\big(1-f(\boldsymbol{k})\big)\big(N(\boldsymbol{q},\lambda)+1\big)\,\delta(E_{\boldsymbol{k}'}-E_{\boldsymbol{k}}-\hbar\omega_{\boldsymbol{q}\lambda})\\
&+ f(\boldsymbol{k}')\big(1-f(\boldsymbol{k})\big)\,N(-\boldsymbol{q},\lambda)\,\delta(E_{\boldsymbol{k}'}-E_{\boldsymbol{k}}+\hbar\omega_{\boldsymbol{q}\lambda})\\
&- f(\boldsymbol{k})\big(1-f(\boldsymbol{k}')\big)\,N(\boldsymbol{q},\lambda)\,\delta(E_{\boldsymbol{k}'}-E_{\boldsymbol{k}}-\hbar\omega_{\boldsymbol{q}\lambda})\\
&- f(\boldsymbol{k})\big(1-f(\boldsymbol{k}')\big)\big(N(-\boldsymbol{q},\lambda)+1\big)\,\delta(E_{\boldsymbol{k}'}-E_{\boldsymbol{k}}+\hbar\omega_{\boldsymbol{q}\lambda})\Big\}\end{aligned} \tag{5.126}$$

となる．他方，電子・フォノン相互作用によるフォノン分布の時間変化率は

$$\begin{aligned}\left(\frac{\partial N(\boldsymbol{q},\lambda)}{\partial t}\right)_{collision} &= \frac{2\pi}{\hbar}\sum_{\boldsymbol{k}'=\boldsymbol{k}+\boldsymbol{q}\pm\boldsymbol{K}}|\alpha_{\boldsymbol{q}\lambda}(\boldsymbol{k}'-\boldsymbol{k})|^2\\
&\times\Big\{\big(N(-\boldsymbol{q},\lambda)+1\big)\,f(\boldsymbol{k})\big(1-f(\boldsymbol{k}')\big)\,\delta(E_{\boldsymbol{k}'}-E_{\boldsymbol{k}}+\hbar\omega_{\boldsymbol{q}\lambda})\\
&+\big(N(\boldsymbol{q},\lambda)+1\big)\,f(\boldsymbol{k}')\big(1-f(\boldsymbol{k})\big)\,\delta(E_{\boldsymbol{k}'}-E_{\boldsymbol{k}}-\hbar\omega_{\boldsymbol{q}\lambda})\\
&- N(-\boldsymbol{q},\lambda)\,f(\boldsymbol{k}')\big(1-f(\boldsymbol{k})\big)\,\delta(E_{\boldsymbol{k}'}-E_{\boldsymbol{k}}+\hbar\omega_{\boldsymbol{q}\lambda})\\
&- N(\boldsymbol{q},\lambda)\,f(\boldsymbol{k})\big(1-f(\boldsymbol{k}')\big)\,\delta(E_{\boldsymbol{k}'}-E_{\boldsymbol{k}}-\hbar\omega_{\boldsymbol{q}\lambda})\Big\}\\
&= 2\frac{2\pi}{\hbar}\sum_{\boldsymbol{k}'=\boldsymbol{k}+\boldsymbol{q}\pm\boldsymbol{K}}|\alpha_{\boldsymbol{q}\lambda}(\boldsymbol{k}'-\boldsymbol{k})|^2\delta(E_{\boldsymbol{k}'}-E_{\boldsymbol{k}}-\hbar\omega_{\boldsymbol{q}\lambda})\\
&\times\Big\{\big(N(\boldsymbol{q},\lambda)+1\big)\,f(\boldsymbol{k}')\big(1-f(\boldsymbol{k})\big)-N(\boldsymbol{q},\lambda)\,f(\boldsymbol{k})\big(1-f(\boldsymbol{k}')\big)\Big\}\end{aligned} \tag{5.127}$$

となる．第 1 式から第 2 式へは，$N(-\boldsymbol{q},\lambda)$ を含む項について $\boldsymbol{k}\leftrightarrow\boldsymbol{k}'$, $-\boldsymbol{q}\rightarrow\boldsymbol{q}$ の入れ換えを行えば得られる．

衝突項 (5.126), (5.127) は，$f(\boldsymbol{k})$, $N(\boldsymbol{q},\lambda)$ の代わりにそれぞれ熱平衡分布 $f_0(\boldsymbol{k})$ (Fermi 分布), $N_0(\boldsymbol{q},\lambda)$ (Planck 分布) を入れれば，0 となる．また，熱平衡状態では外場も温度勾配も存在しないので，ドリフト項も消える．したがって，熱平衡分布は Boltzmann 方程式の定常解であることが判る．(5.126), (5.127) を衝突項とする Boltzmann 方程式は Bloch によって最初に立てられ，調べられたので，しばしば Bloch 方程式と呼ばれる．ここでは Boltzmann-Bloch 方程式と呼んでおこう．

Debye 温度 Θ より高温 ($T > \Theta$) ではフォノン同士の衝突が頻繁に起きて，フォノン系は熱平衡状態にあると仮定することができよう．電子系のみが熱平衡状態から外れており，

$$\left.\begin{aligned} f(\boldsymbol{k}) &= f_0(\boldsymbol{k}) + f_1(\boldsymbol{k}), \quad N(\boldsymbol{q},\lambda) = N_0(\boldsymbol{q}), \\ f_1(\boldsymbol{k}) &= -\,\Phi(\boldsymbol{k})\,\frac{\partial f_0(\boldsymbol{k})}{\partial E_{\boldsymbol{k}}} = \beta\Phi(\boldsymbol{k})\,f_0(1-f_0) \end{aligned}\right\} \tag{5.128}$$

とおける．ここに，f_1 は外場について 1 次の程度に小さい．(5.128) を (5.126) に代入すれば，

$$\begin{aligned} \left(\frac{\partial f}{\partial t}\right)_{collision} &= \frac{2\pi\beta}{\hbar}\sum_{\boldsymbol{k}'=\boldsymbol{k}+\boldsymbol{q}\pm\boldsymbol{K},\lambda} |\alpha_{\boldsymbol{q}\lambda}(\boldsymbol{k}'-\boldsymbol{k})|^2 N_0(\boldsymbol{q},\lambda) \\ &\times\left[\Phi(\boldsymbol{k}')-\Phi(\boldsymbol{k})\right]\left\{f_0(\boldsymbol{k})\big(1-f_0(\boldsymbol{k}')\big)\,\delta(E_{\boldsymbol{k}'}-E_{\boldsymbol{k}}-\hbar\omega_{\boldsymbol{q}\lambda})\right. \\ &\left.+\,f_0(\boldsymbol{k}')\big(1-f_0(\boldsymbol{k})\big)\,\delta(E_{\boldsymbol{k}'}-E_{\boldsymbol{k}}+\hbar\omega_{\boldsymbol{q}\lambda})\right\} \end{aligned} \tag{5.129}$$

となる．高温領域ではフォノンのエネルギー $\hbar\omega_{\boldsymbol{q}\lambda}$ は電子エネルギー $E_{\boldsymbol{k}}$, $E_{\boldsymbol{k}'}$ およびその差 $E_{\boldsymbol{k}'}-E_{\boldsymbol{k}} \simeq k_BT$ に比べて無視できるので，

$$\delta(E_{\boldsymbol{k}'}-E_{\boldsymbol{k}}\pm\hbar\omega_{\boldsymbol{q}\lambda}) \cong \delta(E_{\boldsymbol{k}'}-E_{\boldsymbol{k}})$$

とおける．つまり，電子はフォノンと弾性衝突をすると近似できる．こうして，(5.129) は

$$\begin{aligned} \left(\frac{\partial f(\boldsymbol{k})}{\partial t}\right)_{collision} &= -\,\frac{4\pi}{\hbar}\sum_{\boldsymbol{k}'=\boldsymbol{k}+\boldsymbol{q}\pm\boldsymbol{K},\lambda} |\alpha_{\boldsymbol{q}\lambda}(\boldsymbol{k}'-\boldsymbol{k})|^2 \\ &\times N_0(\boldsymbol{q},\lambda)\,\frac{\partial f_0(\boldsymbol{k})}{\partial E_{\boldsymbol{k}}}\left[\Phi(\boldsymbol{k}')-\Phi(\boldsymbol{k})\right]\delta(E_{\boldsymbol{k}'}-E_{\boldsymbol{k}}) \end{aligned} \tag{5.130}$$

となる．

外場は電場Eのみで温度勾配はないとすると，ドリフト項は

$$\left(\frac{\partial f(\boldsymbol{k})}{\partial t}\right)_{drift} = \frac{e}{\hbar}\boldsymbol{E}\cdot\frac{\partial f(\boldsymbol{k})}{\partial \boldsymbol{k}} = e\,\boldsymbol{E}\cdot\boldsymbol{v}\,\frac{\partial f_0(\boldsymbol{k})}{\partial E_{\boldsymbol{k}}} \tag{5.131}$$

と書かれる．したがって，(5.130)，(5.131) を用いて Boltzmann-Bloch 方程式は

$$e\,\boldsymbol{E}\cdot\boldsymbol{v} = \frac{4\pi}{\hbar}\sum_{\boldsymbol{k}'=\boldsymbol{k}+\boldsymbol{q}\pm\boldsymbol{K},\lambda}|\alpha_{\boldsymbol{q}\lambda}(\boldsymbol{k}'-\boldsymbol{k})|^2 N_0(\boldsymbol{q},\lambda) \times\left[\Phi(\boldsymbol{k}')-\Phi(\boldsymbol{k})\right]\delta(E_{\boldsymbol{k}'}-E_{\boldsymbol{k}}) \tag{5.132}$$

となる．ここに，この式の両辺には$\partial f_0/\partial E \sim -\delta(E-E_F)$が掛っていたので，$E_{\boldsymbol{k}} = E_{\boldsymbol{k}'} \simeq E_F$である．つまり，衝突はFermi面の近傍で起こっていることに再度注意しよう．(5.132) は

$$\Phi(\boldsymbol{k}) = e\,\boldsymbol{E}\cdot\boldsymbol{v}\,C(E_{\boldsymbol{k}}) \tag{5.133}$$

の形の解をもつ．$C(E_{\boldsymbol{k}})$は$E_{\boldsymbol{k}}$のみの関数で，

$$C(E_{\boldsymbol{k}})\,\frac{4\pi}{\hbar}\sum_{\boldsymbol{k}'=\boldsymbol{k}+\boldsymbol{q}\pm\boldsymbol{K},\lambda}|\alpha_{\boldsymbol{q}\lambda}(\boldsymbol{k}'-\boldsymbol{k})|^2 \times N_0(\boldsymbol{q},\lambda)\,(v_x'-v_x)\,\delta(E_{\boldsymbol{k}'}-E_{\boldsymbol{k}}) = v_x \tag{5.134}$$

を満たす．ここに, 電場$\boldsymbol{E}$をx軸方向とした．$\boldsymbol{k}'$積分を実行するには, $\boldsymbol{v}$の$\boldsymbol{k}$依存性を知る必要がある．簡単に標準形$E_{\boldsymbol{k}} = \hbar^2k^2/2m^*$を仮定すれば，$\boldsymbol{v} = \hbar\boldsymbol{k}/m^*$となる．そして，$k' = k \simeq k_F$である．このとき，(5.134) は

$$C(E_{\boldsymbol{k}})\,\frac{4\pi}{\hbar}\int dE_{\boldsymbol{k}'}\,D(E_{\boldsymbol{k}'})\int\frac{d\theta\sin\theta d\varphi}{4\pi}\sum_{\boldsymbol{q},\lambda}|\alpha_{\boldsymbol{q}\lambda}(\boldsymbol{k}'-\boldsymbol{k})|^2 \times N_0(\boldsymbol{q},\lambda)\,(k_x'-k_x)\,\delta(E_{\boldsymbol{k}'}-E_{\boldsymbol{k}}) = k_x \tag{5.135}$$

となる．ここに，$D(E_{\boldsymbol{k}'})$は状態密度 (3.8) である．$\boldsymbol{k}'$積分は$\boldsymbol{k}$を極軸とする極座標(k',θ,φ)で実行される．方位角φは$\boldsymbol{k}$(極軸) とx軸とで決定される平面から測られる (図 5.3)．極角θはフォノンとの衝突における散乱角にほかならない．また，$|\boldsymbol{k}'-\boldsymbol{k}| \simeq 2k_F\sin(\theta/2)$である．$\boldsymbol{k}, \boldsymbol{k}'$が$x$軸となす角をそれぞれ$\alpha, \alpha'$とすれば,

$$k_x' - k_x = k\,(\cos\alpha' - \cos\alpha)$$

$$\cos\alpha' = \cos\alpha\cos\theta + \sin\alpha\sin\theta\cos\varphi$$

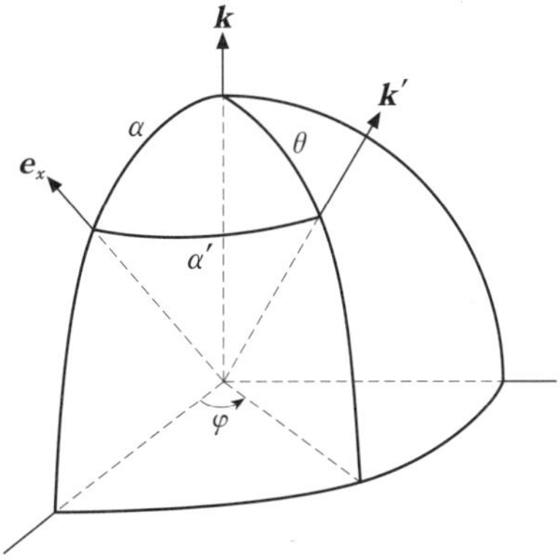

図 **5.3** フォノンによる電子散乱の極座標表示 (k', θ, φ).

の関係がある．φ に関して積分すれば，k'_x の第 2 項は 0 となる．$E_{\boldsymbol{k}'}$ についても積分すれば，(5.135) は

$$C(E_{\boldsymbol{k}})\,\frac{2\pi}{\hbar}\,D(E_{\boldsymbol{k}})\int_0^{\pi} d\theta \sin\theta \sum_{\boldsymbol{q},\lambda} |\alpha_{\boldsymbol{q}\lambda}(\boldsymbol{k}'-\boldsymbol{k})|^2 \times \frac{k_B T}{\hbar\omega_{\boldsymbol{q}\lambda}}\,(\cos\theta - 1) \,=\, 1 \tag{5.136}$$

となる．ここで，$N_0(\boldsymbol{q},\lambda) \simeq k_B T/\hbar\omega_{\boldsymbol{q}\lambda}$ を用いた．

電流密度は

$$\begin{aligned} \boldsymbol{j} &= -\frac{2e}{(2\pi)^3}\int \boldsymbol{v} f_1(\boldsymbol{k})\,d\boldsymbol{k} \\ &= \frac{e^2}{4\pi^3}\int \boldsymbol{v}\boldsymbol{v}\cdot\boldsymbol{E}\,C(E_{\boldsymbol{k}})\,\frac{\partial f_0}{\partial E_{\boldsymbol{k}}}\,d\boldsymbol{k} \end{aligned} \tag{5.137}$$

で与えられる．これを (5.11) と比較すれば，衝突時間 $\tau(E_F)$ は $-C(E_F)$ に等しく，(5.136) より

$$\begin{aligned} \frac{1}{\tau(E_F)} &= -\frac{1}{C(E_F)} \\ &= \frac{2\pi}{\hbar}\,D(E_F)\int_0^{\pi} \sum_{\boldsymbol{q},\lambda} |\alpha_{\boldsymbol{q}\lambda}(\boldsymbol{k}'-\boldsymbol{k})|^2\,\frac{k_B T}{\hbar\omega_{\boldsymbol{q}\lambda}}\,(1-\cos\theta)\sin\theta\,d\theta \end{aligned} \tag{5.138}$$

である．なお，この式の散乱角 θ に関する積分において，$\boldsymbol{q}$ は

$$\boldsymbol{k}' = \boldsymbol{k} + \boldsymbol{q} \pm \boldsymbol{K}$$

の関係を満たすように選ばれる．(5.138) の結果は，抵抗率の温度依存性

$$\rho \propto 1/\tau \propto T$$

を与える．このことは室温における金属の抵抗の温度依存性を説明する．衝突の確率はフォノン数に比例し，フォノン数は室温では温度 T に比例するので，抵抗は T に比例することになる．

(5.138) の計算をさらに進めるには，電子・フォノン相互作用の結合パラメーター $\alpha_{\boldsymbol{q}\lambda}(\boldsymbol{k}' - \boldsymbol{k})$ の具体的な形が必要になる．これには (5.115) その他がある．計算例もいくつかある[2]．いずれの場合においても相当な近似を用いることになる．例えば，フォノン周波数に対する Debye 近似の採用や反転過程における $\boldsymbol{q}$ の選択に対する計算可能な近似の採用などである．

(5.138) の $\alpha_{\boldsymbol{q}\lambda}$ の中のいろいろな因子などの大きさを見積って

$$\frac{1}{\tau} \sim \frac{k_B T}{\hbar} \sim 2.5 \times 10^{-14} \tag{5.139}$$

となる．これは正常金属の抵抗値から評価される衝突時間の大きさのオーダーを与える．(5.139) の結果は，実験事実と少なくとも定性的には両立するにもかかわらず，Boltzmann 方程式の衝突項の成立条件 (5.125) と矛盾する．このことは，いまの高温抵抗の場合だけでなく，不純物散乱の強い場合にも起こる．つまり，しばしば起こる．弾性衝突の場合に Landau などによって理由付けられたことであるが，(5.125) は強すぎる条件であって，$k_B T$ の代わりに化学ポテンシャル μ をとるのが自然で，

$$\hbar/\tau < \mu \tag{5.140}$$

が衝突時間に課せられる条件となる[3]．

---

[2]J. Bardeen: Phys. Rev. **52 (1937) 668.**

[3]R. E. Peierls: *Quantum Theory of Solids* Chap.6, (Clarendon Press, Oxford, 1955).

5.8 変分原理に基づく計算法

(5.119) の電子・フォノン相互作用において,

$$\alpha_{\boldsymbol{q}\lambda}(\boldsymbol{k}'-\boldsymbol{k}) = C_0\left(\frac{\hbar}{2NMc_0}\right)^{1/2} q^{1/2}\delta(\boldsymbol{k}'-\boldsymbol{k}-\boldsymbol{q}), \quad q < q_{max} \qquad (5.141)$$

とおこう．これは反転過程を無視し，そしてDebye近似 $\omega_{\boldsymbol{q}} = c_0 q$, $\omega_{max} = c_0 q_{max}$ を用いた結果である．$\boldsymbol{K}=0$ の正常過程においては電子は縦波とのみ相互作用することに注意しよう．(5.128) を仮定すれば，(5.126) は

$$\begin{aligned}\left(\frac{\partial f(\boldsymbol{k})}{\partial t}\right)_{collision} &= \frac{\pi C_0^2 \beta}{NMc_0}\sum_{\boldsymbol{q}}^{q<q_{max}} q\,N_0(\boldsymbol{q}) \\ &\times \left\{f_0(\boldsymbol{k})\bigl(1-f_0(\boldsymbol{k}+\boldsymbol{q})\bigr)\,\delta(E_{\boldsymbol{k}+\boldsymbol{q}}-E_{\boldsymbol{k}}-\hbar\omega_{\boldsymbol{q}})\right. \\ &\left.+ f_0(\boldsymbol{k}+\boldsymbol{q})\bigl(1-f_0(\boldsymbol{k})\bigr)\,\delta(E_{\boldsymbol{k}+\boldsymbol{q}}-E_{\boldsymbol{k}}+\hbar\omega_{\boldsymbol{q}})\right\}\bigl[\Phi(\boldsymbol{k}+\boldsymbol{q})-\Phi(\boldsymbol{k})\bigr]\end{aligned} \qquad (5.142)$$

となる．$\boldsymbol{q}$ 和を積分になおし，$\boldsymbol{q}$ 積分は $\boldsymbol{k}$ を極軸とする極座標 (q,θ,φ) を導入して行う．$\boldsymbol{k}, \boldsymbol{q}$ が x 軸となす角をそれぞれ α, α' とすると,

$$q_x = q\cos\alpha' = q\,(\cos\alpha\cos\theta + \sin\alpha\sin\theta\cos\varphi)$$

である．(5.133) に $\boldsymbol{v} = \hbar\boldsymbol{k}/m^*$ を用い，電場 $\boldsymbol{E}$ を x 軸方向にとれば,

$$\Phi(\boldsymbol{k}+\boldsymbol{q}) - \Phi(\boldsymbol{k}) = \frac{e\hbar|\boldsymbol{E}|}{m^*}\bigl[(k_x+q_x)\,C(E_{\boldsymbol{k}+\boldsymbol{q}}) - k_x C(E_{\boldsymbol{k}})\bigr]$$

となる．これを用いて φ 積分を実行すれば,

$$\int_0^{2\pi} q_x d\varphi = 2\pi q\cos\alpha\cos\theta = 2\pi q\cos\theta\, k_x/k$$

に注意して，(5.142) は

$$\begin{aligned}\left(\frac{\partial f}{\partial t}\right)_{collision} &= \frac{C_0^2\beta}{Mc_0}\frac{V_0}{4\pi}\frac{e\hbar|\boldsymbol{E}|}{m^*}\,k_x\int_0^{q_{max}} dq\,q^3 N_0(\boldsymbol{q}) \\ &\times \int_0^{\pi} d\theta\sin\theta\left\{f_0(\boldsymbol{k})\bigl(1-f_0(\boldsymbol{k}+\boldsymbol{q})\bigr)\,\delta(E_{\boldsymbol{k}+\boldsymbol{q}}-E_{\boldsymbol{k}}-\hbar\omega_{\boldsymbol{q}})\right. \\ &\left.+ f_0(\boldsymbol{k}+\boldsymbol{q})\bigl(1-f_0(\boldsymbol{k})\bigr)\,\delta(E_{\boldsymbol{k}+\boldsymbol{q}}-E_{\boldsymbol{k}}+\hbar\omega_{\boldsymbol{q}})\right\} \\ &\times \left[\left(1+\frac{q}{k}\cos\theta\right)C(E_{\boldsymbol{k}+\boldsymbol{q}}) - C(E_{\boldsymbol{k}})\right]\end{aligned} \qquad (5.143)$$

となる．ここに，V_0 は単位胞の体積である．(5.143) の δ 関数の引数は

$$E_{\boldsymbol{k}+\boldsymbol{q}} - E_{\boldsymbol{k}} \mp \hbar\omega_{\boldsymbol{q}} = \frac{\hbar^2 kq}{m^*}\left(\cos\theta + \frac{q}{2k} \mp \frac{m^*\omega_{\boldsymbol{q}}}{\hbar kq}\right)$$

と書かれることに注意して θ 積分を行えば，

$$\begin{aligned}\left(\frac{\partial f(\boldsymbol{k})}{\partial t}\right)_{collision} &= \frac{V_0 C_0^2}{4\pi M c_0}\frac{e|\boldsymbol{E}|}{\hbar}\frac{k_x}{k}\left(-\frac{\partial f_0(E_{\boldsymbol{k}})}{\partial E_{\boldsymbol{k}}}\right)\int_0^{q_{max}} dq\, q^2 N_0(\boldsymbol{q}) \\ &\times\left\{\frac{1-f_0(E_{\boldsymbol{k}}+\hbar\omega_{\boldsymbol{q}})}{1-f_0(E_{\boldsymbol{k}})}\Big[\big(1+\frac{m^*\omega_{\boldsymbol{q}}}{\hbar k^2}-\frac{q^2}{2k^2}\big)C(E_{\boldsymbol{k}}+\hbar\omega_{\boldsymbol{q}})-C(E_{\boldsymbol{k}})\Big]\right. \\ &\left.+\frac{f_0(E_{\boldsymbol{k}}-\hbar\omega_{\boldsymbol{q}})}{f_0(E_{\boldsymbol{k}})}\Big[\big(1-\frac{m^*\omega_{\boldsymbol{q}}}{\hbar k^2}-\frac{q^2}{2k^2}\big)C(E_{\boldsymbol{k}}-\hbar\omega_{\boldsymbol{q}})-C(E_{\boldsymbol{k}})\Big]\right\}\end{aligned} \tag{5.144}$$

が得られる．結局，Boltzmann-Bloch 方程式は (5.131) のドリフト項と (5.144) の衝突項との和を0とおいたものになる．これを Bloch の積分方程式と呼ぶ．Bloch は積分方程式の近似解法[4]によって，以下に述べる変分法による解法の第1近似の結果を得た．つぎに，変分法に基づく解法を簡単に紹介しよう．

変数変換

$$z = \beta\hbar\omega_{\boldsymbol{q}} = \beta\hbar c_0 q\,, \quad \varepsilon = \beta\,(E_{\boldsymbol{k}} - \mu) \tag{5.145}$$

をする．電子系は縮退している $(\beta\mu \gg 1)$ ので，$E = E_{\boldsymbol{k}}$ の変域 $(0,\infty)$ に対応して ε の変域は $(-\infty,\infty)$ となる．(5.144) は

$$\begin{aligned}\left(\frac{\partial f(\boldsymbol{k})}{\partial t}\right)_{collision} &= \frac{V_0 C_0^2}{4\pi M c_0^4}\frac{e|\boldsymbol{E}|}{\hbar^4}\frac{k_x}{k}\left(-\frac{\partial f_0}{\partial E}\right)\frac{1}{\beta^3 E} \\ &\times\int_{-\Theta/T}^{\Theta/T} dz\frac{z^2}{|1-e^{-z}|}\frac{e^{\varepsilon}+1}{e^{\varepsilon+z}+1} \\ &\times\left[\big(E+\frac{z}{2\beta}-\frac{\hbar^2 q^2}{4m^*}\big)\,C(\varepsilon+z) - E\,C(\varepsilon)\right]\end{aligned} \tag{5.146}$$

と書かれる．ここで関数 $C(\varepsilon)$ にかかる積分演算子 $\mathcal{L}$ を

$$\begin{aligned}\mathcal{L}C = &-\frac{\partial f_0}{\partial E}\frac{(m^*/2)^{1/2}}{\hbar^2\Lambda E^{3/2}}\left(\frac{T}{\Theta}\right)^3\int_{-\Theta/T}^{\Theta/T} dz\frac{z^2}{|1-e^{-z}|}\frac{e^{\varepsilon}+1}{e^{\varepsilon+z}+1} \\ &\times\left\{C(\varepsilon)\,E - C(\varepsilon+z)\Big[E+\frac{1}{2}k_B T z - D\left(\frac{T}{\Theta}\right)^2 z^2\Big]\right\}\end{aligned} \tag{5.147}$$

[4] F. Bloch: Z. Phys. **57** (1929) 545.

のように定義すれば，衝突項 (5.146) は

$$\left(\frac{\partial f(\boldsymbol{k})}{\partial t}\right)_{collision} = -\frac{e\hbar|\boldsymbol{E}|}{m^*}k_x\mathcal{L}C\,,$$

と表される．ここに，

$$\Lambda = \left(\frac{4\pi}{3}\right)^{1/3}\frac{4MV_0^{1/3}k_B\Theta}{3h^2C_0^2},\quad D = \frac{(6\pi^2)^{2/3}\hbar^2}{4m^*V_0^{2/3}} = \frac{\hbar^2q_{max}^2}{4m^*}$$

である．

(5.131) のドリフト項で電場 $\boldsymbol{E}$ を x 方向にとり，$\boldsymbol{v} = \hbar\boldsymbol{k}/m^*$ とすれば，Bloch の積分方程式は

$$\mathcal{L}C = \frac{\partial f_0}{\partial E} \tag{5.148}$$

の形をとる．いま，$c^{(n)}(E)$ が

$$\mathcal{L}c^{(n)} = E^{n-3/2}\frac{\partial f_0}{\partial E} \equiv \alpha^{(n)} \tag{5.149}$$

の解であるとすれば，(5.148) の解 $C(E)$ は

$$C(E) = c^{(3/2)}(E) \tag{5.150}$$

によって与えられる．

Bloch の積分方程式 (5.148)，またはそれを拡張した (5.149) の解の導出を変分原理によって定式化しよう．まず，変数 E ないしは ε の関数空間において内積

$$(a,b) = k_BT\int_{-\infty}^{\infty}E^{3/2}a(\varepsilon)b(\varepsilon)\,d\varepsilon = (b,a) \tag{5.151}$$

を定義する．積分演算子 $\mathcal{L}$ はこの関数空間における線形作用素である．$\mathcal{L}$ に関して自己共役性および非負値性

$$(a,\mathcal{L}b) = (b,\mathcal{L}a)\,, \tag{5.152}$$

$$(a,\mathcal{L}a) \geq 0 \tag{5.153}$$

が成立する．これを証明しておこう．

$$(b,\mathcal{L}a) = k_BT\int_{-\infty}^{\infty}E^{3/2}b(\varepsilon)\,\mathcal{L}a(\varepsilon)\,d\varepsilon$$

$$= \frac{(m^*/2)^{1/2}}{\hbar^2 \Lambda} \left(\frac{T}{\Theta}\right)^3 \int_{-\infty}^{\infty} d\varepsilon \int_{-\Theta/T}^{\Theta/T} dz \frac{z^2}{|1-e^{-z}|} \frac{1}{(e^{\varepsilon+z}+1)(e^{-\varepsilon}+1)}$$

$$\times \left\{ b(\varepsilon)\, a(\varepsilon)\, E - b(\varepsilon)\, a(\varepsilon+z) \left[E + \frac{1}{2} k_B T z - D \left(\frac{T}{\Theta}\right)^2 z^2 \right] \right\}$$

の最後の式の第2項は，変数変換$\varepsilon + z \to \varepsilon$をなせば，

$$\int_{-\infty}^{\infty} d\varepsilon \int_{-\Theta/T}^{\Theta/T} dz \frac{z^2}{|1-e^{-z}|} \frac{1}{(1+e^{-\varepsilon})(e^{z}+e^{\varepsilon})}$$

$$\times\, b(\varepsilon - z)\, a(\varepsilon) \left[E - \frac{1}{2} k_B T z - D \left(\frac{T}{\Theta}\right)^2 z^2 \right]$$

となる．ついで，$z \to -z$として

$$\int_{-\infty}^{\infty} d\varepsilon \int_{-\Theta/T}^{\Theta/T} dz \frac{z^2}{|1-e^{-z}|} \frac{1}{(1+e^{-\varepsilon})(1+e^{\varepsilon+z})}$$

$$\times\, a(\varepsilon)\, b(\varepsilon + z) \left[E + \frac{1}{2} k_B T z - D \left(\frac{T}{\Theta}\right)^2 z^2 \right]$$

となる．よって，$(b, \mathcal{L}\, a) = (a, \mathcal{L}\, b)$である．同様にして，

$$(a, \mathcal{L}\, a) = \frac{(m^*/2)^{1/2}}{\hbar^2 \Lambda} \left(\frac{T}{\Theta}\right)^3 \int_{-\infty}^{\infty} d\varepsilon \int_{-\Theta/T}^{\Theta/T} dz \frac{z^2}{|1-e^{-z}|}$$

$$\times \frac{1}{(e^{\varepsilon+z}+1)(e^{-\varepsilon}+1)} \left\{ a(\varepsilon)\, a(\varepsilon)\, E \right.$$

$$\left. - a(\varepsilon)\, a(\varepsilon+z) \left[E + \frac{1}{2} k_B T z - D \left(\frac{T}{\Theta}\right)^2 z^2 \right] \right\}$$

$$= \frac{(m^*/2)^{1/2}}{\hbar^2 \Lambda} \left(\frac{T}{\Theta}\right)^3 \int_{-\infty}^{\infty} d\varepsilon \int_{-\Theta/T}^{\Theta/T} dz \frac{z^2}{|1-e^{-z}|}$$

$$\times \frac{1}{(e^{\varepsilon}+1)(e^{-\varepsilon+z}+1)} \left\{ a(\varepsilon - z)\, a(\varepsilon - z) \left(E - k_B T z \right) \right.$$

$$\left. - a(\varepsilon - z)\, a(\varepsilon) \left[E - \frac{1}{2} k_B T z - D \left(\frac{T}{\Theta}\right)^2 z^2 \right] \right\}$$

$$= \frac{(m^*/2)^{1/2}}{\hbar^2 \Lambda} \left(\frac{T}{\Theta}\right)^3 \int_{-\infty}^{\infty} d\varepsilon \int_{-\Theta/T}^{\Theta/T} dz \frac{z^2}{|1-e^{-z}|}$$

$$\times \frac{1}{(e^{-\varepsilon}+1)(1+e^{\varepsilon+z})} \left\{ a(\varepsilon + z)\, a(\varepsilon + z) \left(E + k_B T z \right) \right.$$

$$
\begin{aligned}
&- a(\varepsilon)\, a(\varepsilon+z)\big[E + \frac{1}{2}k_B T z - D\left(\frac{T}{\Theta}\right)^2 z^2\big]\Big\} \\
&= \frac{(m^*/2)^{1/2}}{\hbar^2\Lambda}\left(\frac{T}{\Theta}\right)^3 \int_{-\infty}^{\infty} d\varepsilon \int_{-\Theta/T}^{\Theta/T} dz\, \frac{z^2}{|1-e^{-z}|} \\
&\times \frac{1}{(e^{\varepsilon+z}+1)(e^{-\varepsilon}+1)}\,\frac{1}{2}\Big\{a(\varepsilon)\, a(\varepsilon)\, E \\
&- 2a(\varepsilon)\, a(\varepsilon+z)\big[E + \frac{1}{2}k_B T z - D\left(\frac{T}{\Theta}\right)^2 z^2\big] \\
&+ a(\varepsilon+z)\, a(\varepsilon+z)\big(E + k_B T z\big)\Big\}
\end{aligned}
\tag{5.154}
$$

である．この式のこうもり括弧の中は $a(\varepsilon)$, $a(\varepsilon+z)$ の 2 次式である．その判別式に関して，

$$
\big[E + \frac{1}{2}k_B T z - D\left(\frac{T}{\Theta}\right)^2 z^2\big]^2 - E\big(E + k_B T\big) \le 0
$$

が満たされるならば，上の 2 次形式は非負値定形となる．この式は

$$
\frac{\hbar k}{m^* c_0} \ge |1 - \frac{\hbar\omega_{\boldsymbol{q}}}{2m^* c_0^2}| \tag{5.155}
$$

と書かれる．これは (5.143) の θ 積分が消えないための条件，すなわち電子・フォノン相互作用による遷移確率の存在条件にほかならない ($\omega_{\boldsymbol{q}}$ を波数保存則 $\boldsymbol{k}' = \boldsymbol{k} \pm \boldsymbol{q}$ に対応してそれぞれ $\omega_{\boldsymbol{q}}$, $-\omega_{\boldsymbol{q}}$ と読みかえることを約束すれば，エネルギー保存則は $E_{\boldsymbol{k}+\boldsymbol{q}} = E_{\boldsymbol{k}} + \hbar\omega_{\boldsymbol{q}}$ と書かれ，θ 積分の存在条件は (5.155) と 1 通りに書かれる)．つまり，(5.155) が満たされていなければ，(5.146) から (5.154) までが存在しなくなって論外なのである．よって，(5.154) の被積分関数は常に非負値であり，(5.153) が成立する．

さて，変分原理はつぎの通りである．補助条件

$$
(c^{(n)}, \mathcal{L}\, c^{(n)}) = k_B T \int_{-\infty}^{\infty} E^n c^{(n)} \frac{\partial f_0}{\partial E}\, d\varepsilon = (c^{(n)}, \alpha^{(n)}) \tag{5.156}
$$

を満たす $c^{(n)}$ の中で (5.149) の解は

$$
(c^{(n)}, \mathcal{L}\, c^{(n)}) = k_B T \int_{-\infty}^{\infty} E^{3/2} c^{(n)} \mathcal{L}\, c^{(n)}\, d\varepsilon \tag{5.157}
$$

を最大にするものである．

[証明] Lagrangeの未定乗数λを(5.157)に掛けたものと(5.156)とを加えて停留条件

$$\delta\big\{\lambda(c^{(n)},\mathcal{L}\,c^{(n)})+(c^{(n)},\mathcal{L}\,c^{(n)})-(c^{(n)},\alpha^{(n)})\big\} \;=\; 0$$

をとる．この変分を実行し，(5.152)を用いれば，

$$2(\lambda+1)\,(\delta c^{(n)},\mathcal{L}\,c^{(n)})-(\delta c^{(n)},\alpha^{(n)}) \;=\; 0$$

となる．変分$\delta c^{(n)}$は任意であるから，

$$2(\lambda+1)\,\mathcal{L}\,c^{(n)} \;=\; \alpha^{(n)}$$

が得られる．この式の両辺に左から$c^{(n)}$を掛けて内積を作り，補助条件(5.156)と比べると$2(\lambda+1)=1$となる．したがって，この変分原理が要求する$c^{(n)}$は(5.149)の解である．(5.156)を満たす関数のうちの任意の1つを$a^{(n)}$とすれば，(5.152)，(5.153)により

$$\begin{aligned}
0 \;&\le\; \big(c^{(n)}-a^{(n)},\mathcal{L}\,(c^{(n)}-a^{(n)})\big)\\
&=\; \big(c^{(n)},\mathcal{L}\,c^{(n)}\big)-2\big(a^{(n)},\mathcal{L}\,c^{(n)}\big)+\big(a^{(n)},\mathcal{L}\,a^{(n)}\big)\\
&=\; \big(c^{(n)},\mathcal{L}\,c^{(n)}\big)-2\big(a^{(n)},\alpha^{(n)}\big)+(a^{(n)},\mathcal{L}\,a^{(n)}\big)\\
&=\; \big(c^{(n)},\mathcal{L}\,c^{(n)}\big)-\big(a^{(n)},\mathcal{L}\,a^{(n)}\big)
\end{aligned}$$

となる．すなわち，$(c^{(n)},\mathcal{L}\,c^{(n)}) \;\ge\; (a^{(n)},\mathcal{L}\,a^{(n)})$である．これは$\mathcal{L}\,c^{(n)} \;=\; \alpha^{(n)}$の解である$c^{(n)}$が(5.157)を最大にすることを示す．[証明終]

(5.149)を解くために，$c^{(n)}(\varepsilon)$をεの冪級数

$$c^{(n)}(\varepsilon) \;=\; \sum_{r=0}^{\infty} c_r^{(n)}\varepsilon^r \tag{5.158}$$

に展開する．そして，

$$d_{rs}=(\varepsilon^r,\mathcal{L}\,\varepsilon^s)=k_BT\int_{-\infty}^{\infty}E^{3/2}\varepsilon^r\,\mathcal{L}\,\varepsilon^s d\varepsilon=d_{sr}\,, \tag{5.159}$$

$$\alpha_r^{(n)}=(\varepsilon^r,\alpha^{(n)})=\int_{-\infty}^{\infty}E^n\varepsilon^r\frac{\partial f_0}{\partial\varepsilon}\,d\varepsilon \tag{5.160}$$

とおけば,

$$(c^{(n)}, \mathcal{L}\, c^{(n)}) = \sum_{r,s} d_{rs} c_r^{(n)} c_s^{(n)}\,, \tag{5.161}$$

$$(c^{(n)}, \alpha^{(n)}) = \sum_{r} \alpha_r^{(n)} c_r^{(n)} \tag{5.162}$$

と書かれる.

変分原理は,補助条件 (5.156)

$$\sum_{r,s} d_{rs} c_r^{(n)} c_s^{(n)} - \sum_{r} \alpha_r^{(n)} c_r^{(n)} \;=\; 0$$

のもとに,(5.161) を最大にするものが (5.149) の解であることを主張する.冪展開 (5.158) の係数 $c_r^{(n)}$ に関して変分原理が定式化されることになるが,これを繰り返す必要はなかろう.(5.149) の左辺に (5.158) を代入すれば,

$$\sum_{s} c_s^{(n)} \mathcal{L}\, \varepsilon^s \;=\; \alpha^{(n)}$$

となる.これの両辺に左から ε^r を掛けて内積を作れば,

$$\sum_{s} c_s^{(n)} (\varepsilon^r, \mathcal{L}\, \varepsilon^s) \;=\; (\varepsilon^r, \alpha^{(n)})$$

が得られる.これが,(5.158) の係数 $c_r^{(n)}$ が満足すべき連立 1 次方程式

$$\sum_{s=0}^{\infty} d_{rs} c_s^{(n)} - \alpha_r^{(n)} = 0, \quad (r = 0, 1, 2, \cdots) \tag{5.163}$$

である.

(5.163) は形式的に

$$c_r^{(n)} = \sum_{s} d_{rs}^{-1} \alpha_s^{(n)} = \sum_{s} \Delta_{rs} \alpha_s^{(n)} / \mathcal{D} \tag{5.164}$$

と解かれる.ここに,d_{rs}^{-1} は行列 d の逆行列 d^{-1} の rs 要素である.また,$\mathcal{D} = \det(d_{rs})$, Δ_{rs} は d_{rs} の余因子である.$c_r^{(n)}$ が求められたので, (5.158), (5.150), (5.133),(5.128) より $f_1(\boldsymbol{k})$ が得られ,電流密度などの平均量が計算される.それに必要な量

$$(c^{(n)}, \alpha^{(m)}) = \int_{-\infty}^{\infty} c^{(n)}(\varepsilon)\, E^m \,\frac{\partial f_0}{\partial \varepsilon}\, d\varepsilon = \sum_{r} c_r^{(n)} \alpha_r^{(m)}$$

を求めておこう．(5.164) を用いれば，

$$\sum_r \alpha_r^{(m)} c_r^{(n)} = \sum_{r,s} \alpha_r^{(m)} \Delta_{rs} \alpha_s^{(n)} / \mathcal{D} = -\,\mathcal{D}_{m,n}/\mathcal{D} \tag{5.165}$$

が得られる．ここに，$\mathcal{D}_{m,n}$ は行列式

$$\mathcal{D}_{m,n} = \begin{vmatrix} 0 & \alpha_0^{(n)} & \alpha_1^{(n)} & \cdots \\ \alpha_0^{(m)} & d_{00} & d_{01} & \cdots \\ \alpha_1^{(m)} & d_{10} & d_{11} & \cdots \\ \cdots & \cdots & \cdots & \cdots \end{vmatrix} = \mathcal{D}_{n,m} \tag{5.166}$$

である．

電流密度は，電場 $\boldsymbol{E}$ を x 軸方向にとるとき，

$$\begin{aligned} j_x &= -\frac{e}{4\pi^3}\int v_x f_1(\boldsymbol{k})\,d\boldsymbol{k} \;=\; \frac{2\sqrt{2m^*}e^2|\boldsymbol{E}|}{3\pi^2\hbar^3}\int_{-\infty}^{\infty} E^{3/2} c^{(3/2)}(\varepsilon)\,\frac{\partial f_0}{\partial \varepsilon}\,d\varepsilon \\ &= \mathcal{K}_{\frac{3}{2},\frac{3}{2}}\, e^2 |\boldsymbol{E}| \end{aligned} \tag{5.167}$$

と書かれる．ここに，第 2 式は (5.128)，(5.133)，$E = \hbar^2 k^2/2m^*$ および (5.150) を用いて得られる．そして，

$$\begin{aligned} \mathcal{K}_{m,n} &= \frac{2\sqrt{2m^*}}{3\pi^2\hbar^3}\int_{-\infty}^{\infty} E^m c^{(n)}(\varepsilon)\,\frac{\partial f_0}{\partial \varepsilon}\,d\varepsilon \\ &= \frac{2\sqrt{2m^*}}{3\pi^2\hbar^3}\sum_r \alpha_r^{(m)} c_r^{(n)} \;=\; \mathcal{K}_{n,m} \end{aligned} \tag{5.168}$$

である．ここに，最後の式は (5.163)，(5.159)，または (5.165)，(5.166) を用いて得られる．(5.167)，(5.168)，(5.165) から電気伝導度は

$$\sigma \;=\; e^2 \mathcal{K}_{\frac{3}{2},\frac{3}{2}} \;=\; -\,\frac{2\sqrt{2m^*}e^2}{3\pi^2\hbar^3}\frac{\mathcal{D}_{\frac{3}{2},\frac{3}{2}}}{\mathcal{D}} \tag{5.169}$$

によって与えられる．

σ への第 1 近似として (5.166) から 2 行 2 列をとれば，

$$\sigma^{(0)} \;=\; \frac{2\sqrt{2m^*}e^2}{3\pi^2\hbar^3}\frac{\left(\alpha_0^{(\frac{3}{2})}\right)^2}{d_{00}} \tag{5.170}$$

と書かれる．まず，(3.28) より $k_B T/\mu$ の第 0 次までで

$$\alpha_0^{(3/2)} = \int_{-\infty}^{\infty} E^{3/2}\frac{\partial f_0}{\partial E}\,dE \approx -\,\mu^{3/2} \approx -\,E_F^{3/2} \tag{5.171}$$

となる．そして，

$$d_{00} = \frac{\sqrt{m^*/2}}{\hbar^2\Lambda}\left(\frac{T}{\Theta}\right)^3\int_{-\infty}^{\infty}d\varepsilon\int_{-\Theta/T}^{\Theta/T}dz\frac{1}{(e^{\varepsilon+z}+1)(e^{-\varepsilon}+1)}$$
$$\times\frac{z^2}{|1-e^{-z}|}\left[D\left(\frac{T}{\Theta}\right)^2 z^2-\frac{1}{2}k_BTz\right] \tag{5.172}$$

である．ここで，

$$\int_{-\infty}^{\infty}\frac{d\varepsilon}{(e^{\varepsilon+z}+1)(e^{-\varepsilon}+1)} = \frac{1}{e^z-1}\int_{-\infty}^{\infty}\left(\frac{1}{e^{\varepsilon}+1}-\frac{1}{e^{\varepsilon+z}+1}\right)d\varepsilon$$
$$= \frac{z}{e^z-1} \tag{5.173}$$

に注意しよう．この最後の式へは部分積分を用いればよい．(5.173) を (5.172) に代入して

$$d_{00} = \frac{\sqrt{2m^*}}{\hbar^2\Lambda}D\left(\frac{T}{\Theta}\right)^5 J_5\left(\frac{\Theta}{T}\right), \tag{5.174}$$

$$J_n\left(\frac{\Theta}{T}\right) = \int_0^{\Theta/T}\frac{z^n}{(e^z-1)(1-e^{-z})}dz \tag{5.175}$$

が得られる．(5.171)，(5.174) を (5.170) へ代入すれば，

$$\sigma^{(0)} = \frac{2e^2\Lambda E_F^3}{3\pi^2\hbar D}\left(\frac{\Theta}{T}\right)^5 / J_5\left(\frac{\Theta}{T}\right) \tag{5.176}$$

となる．(5.147) の Λ, D を元に戻して，抵抗率 $\rho^{(0)} = {\sigma^{(0)}}^{-1}$ で書けば，

$$\rho^{(0)} = \frac{9\pi h^2\sqrt{m^*}C_0^2}{8\sqrt{2}e^2V_0Mk_B\Theta nE_F^{3/2}}\left(\frac{T}{\Theta}\right)^5 J_5\left(\frac{\Theta}{T}\right) \tag{5.177}$$

である．これは Grüneisen[5] の式と呼ばれる．この式は Grüneisen が実験事実に基いて立てたが，Bloch が理論的に導いた．ここで述べた変分法による解法は Kohler[6], Sonndheimer[7] によるものである．

高温 ($T \gg \Theta$) においては，$e^z = 1+z+z^2/2+\cdots$ を用いて，

$$J_5\left(\frac{\Theta}{T}\right) = \int_0^{\Theta/T} z^3\left(1-\frac{z^2}{12}+\cdots\right)dz \cong \frac{1}{4}\left(\frac{\Theta}{T}\right)^4 \tag{5.178}$$

[5] E. Grüneisen: Ann. Phys. **16** (1933) 530.
[6] M. Kohler: Z. Phys. **124** (1948) 772.
[7] E. H. Sondheimer: Proc. Roy. Soc. **A203** (1950) 75.

となる．これを (5.176) に代入すれば，電気伝導度 σ は

$$\sigma^{(0)} = \text{const.}\,\frac{1}{T} \tag{5.179}$$

となる．したがって，抵抗率 $\rho = \sigma^{-1}$ は温度 T に比例する．この結果は前節の (5.138) において反転過程を無視し ($\boldsymbol{K} = 0$)，$\alpha_{\boldsymbol{q}\lambda}(\boldsymbol{k}' - \boldsymbol{k})$ として (5.141) を仮定した場合に得られるものである．

低温 ($T \ll \Theta$) では $\Theta/T \to \infty$ として，

$$\begin{aligned}\lim_{\Theta/T\to\infty} J_5\left(\frac{\Theta}{T}\right) &= \lim_{\Theta/T\to\infty}\left\{-\frac{(\Theta/T)^5}{e^{\Theta/T}-1} + 5\int_0^{\Theta/T}\frac{z^4}{e^z-1}\,dz\right\}\\ &= 5\int_0^{\infty}\frac{z^4}{e^z-1}\,dz = 5\sum_{n=1}^{\infty}\int_0^{\infty} z^4 e^{-nz}dz\\ &= 5!\sum_{n=1}^{\infty}\frac{1}{n^5} = 120\,\zeta(5) = 124.4\end{aligned} \tag{5.180}$$

である．ここに，$\zeta(x) = \sum_{n=1}^{\infty} 1/n^x \ (x > 1)$ は Riemann のツェーター関数である．これを (5.176) に代入すれば，

$$\sigma^{(0)} = \text{const.}\,\frac{1}{T^5} \tag{5.181}$$

が得られる．よって，$\rho^{(0)} \propto T^5$ となる．(5.181) は低温における実験事実を説明する．

Grüneisen-Bloch の式 (5.176) は，高温および低温の両極限の実験値をよく説明するので，内挿公式の性格をもつと考えられる．Grüneisen は $\Theta \approx T$ の温度領域を含めて $J_5(\Theta/T)$ の数値計算を行い，Θ の値を適当にとれば，金，銅などの実験事実をかなりよく説明することを示した．一つの特徴ある結果は，高温と低温とにおける電気伝導度 (5.176) の比をとることによって見られる．$T_1 \ll \Theta \ll T_2$ として，対応する伝導度をそれぞれ σ_1, σ_2 とすれば，(5.176) より

$$\frac{\sigma_2}{\sigma_1} = 497.6\left(\frac{T_1}{\Theta}\right)^4\frac{T_1}{T_2} \tag{5.182}$$

が得られる．金，銅に対する実験値との比較はよい一致を示している．

第6章　グリーン関数の方法

物理量の統計平均値を求めるのに統計演算子の全情報は必要ではなく，通常2体分布関数までで足りる．固体物理学において使われるグリーン関数は分布関数あるいは相関関数の進化したものであって，場の量子論におけるグリーン関数を有限温度に拡張したものである．

6.1　2時間グリーン関数

有限温度2時間グリーン関数は時間相関関数と密接に関係する．2時間グリーン関数としてBogolyubov-Tyablikov[1]によって導入された遅延グリーン関数 $G^r(t,t')$ および先進グリーン関数 $G^a(t,t')$：

$$G^r(t,t') \equiv \langle\!\langle A(t);B(t')\rangle\!\rangle^r = (i\hbar)^{-1}\theta(t-t')\langle[A(t),B(t')]_\mp\rangle, \tag{6.1}$$

$$G^a(t,t') \equiv \langle\!\langle A(t);B(t')\rangle\!\rangle^a = -(i\hbar)^{-1}\theta(t'-t)\langle[A(t),B(t')]_\mp\rangle \tag{6.2}$$

の2つを考察する．ここに，$\langle\cdots\rangle$ は付録Bに与えられたグランドカノニカル・アンサンブル平均

$$\left.\begin{aligned} \langle\cdots\rangle &= Z^{-1}\mathrm{Tr}\, e^{-\beta \mathsf{H}}\cdots = \mathrm{Tr}\, e^{\beta(\Phi-\mathsf{H})}\cdots, \\ Z &= \mathrm{Tr}\, e^{-\beta\mathsf{H}} = e^{-\beta\Phi} \end{aligned}\right\} \tag{6.3}$$

である．Z は大分配関数，Φ は熱力学的ポテンシャルである．なお，拡張されたハミルトニアン H は

$$\mathsf{H} = \mathcal{H} - \mu\mathcal{N} \tag{6.4}$$

で定義される．ここに，$\mathcal{H}$ はハミルトニアン，$\mathcal{N}$ は粒子数演算子である．

---

[1] N. N. Bogolyubov and S. V. Tyablikov: Soviet Physics Dan (USSR) (1959) 589. D. N. Zubarev: Usp. Fiz. Nauk **71** (1960) 71; Translation, Soviet Phys. Usp. **3** 320.

$\mathcal{H}$ と $\mathcal{N}$ とが可換である場合 (相互作用が粒子数を保存する場合) には (6.4) の H を用いた Boltzmann 因子を使うのが便利である．$A(t)$, $B(t)$ は演算子 A, B の Heisenberg 表示

$$A(t) = e^{i\mathsf{H}t/\hbar} A\, e^{-i\mathsf{H}t/\hbar} \tag{6.5}$$

である．$\theta(t)$ は階段関数

$$\theta(t) = \begin{cases} 1 & t > 0 \\ 0 & t < 0 \end{cases} \tag{6.6}$$

である．そして，$[A,B]_{\mp}$ はそれぞれボゾンまたはフェルミオン演算子に対する交換子または反交換子

$$[A,B]_{\mp} = AB \mp BA \tag{6.7}$$

を意味する．

6.1.1　運動方程式

グリーン関数 (6.1)，(6.2) を時間 t について微分すれば，どちらも

$$\begin{aligned} i\hbar\frac{dG}{dt} &= i\hbar\frac{d}{dt}\langle\langle A; B\rangle\rangle \\ &= \delta(t-t')\langle[A(t), B(t')]_{\mp}\rangle + \langle\langle i\hbar\frac{dA(t)}{dt}; B(t')\rangle\rangle \end{aligned} \tag{6.8}$$

となる．ここに，

$$\frac{d\theta(t)}{dt} = \delta(t) \tag{6.9}$$

の関係を用いた．$A(t)$ の運動方程式

$$i\hbar\frac{dA(t)}{dt} = [A(t), \mathcal{H}(t)] = A(t)\mathcal{H}(t) - \mathcal{H}(t)A(t) \tag{6.10}$$

を (6.8) に代入すれば，グリーン関数の運動方程式

$$i\hbar\frac{dG}{dt} = \delta(t-t')\langle[A(t), B(t)]_{\mp}\rangle + \langle\langle\{A(t)\mathcal{H}(t) - \mathcal{H}(t)A(t)\}\,; B(t')\rangle\rangle \tag{6.11}$$

が得られる．

グリーン関数を求めるにはグリーン関数のしたがう運動方程式 (6.11) を解かなければならない．(6.11) を見ると，右辺第2項に始めのグリーン関数より高次のグリーン関数が入っている．この新たに入ってきたグリーン関数の運動方程式を立てると，さらに高次のグリーン関数が現れる．こうして，グリーン関数の運動方程式の無限の連鎖が生ずる．グリーン関数の解を得るには，どこかで連鎖を切断して方程式系を閉じさせる必要がある．連鎖を切断するには方程式に現れた高次のグリーン関数をより低次のグリーン関数の積にうまく分解しなければならない．最低次で切断すれば，簡単だが結果がトリビアルになる．高次で切断すれば，解法の複雑さは倍増することになる．具体的な計算例が 7.3 節で与えられている．

6.1.2 時間相関関数

$A(t)$, $B(t')$ の相関関数として

$$\left.\begin{aligned} F_{AB}(t-t') &= \langle A(t)\,B(t')\rangle \\ F_{BA}(t-t') &= \langle B(t')\,A(t)\rangle \end{aligned}\right\} \tag{6.12}$$

の2つを考察する．ここに，$\langle\cdots\rangle$ は (6.3) に与えられたものである．Tr の記号のもとでの演算子の循環的可換性から，相関関数は時間の差 $t-t'$ の関数である．(6.12) の Tr を H を対角にする表示 $|\alpha'\rangle$,

$$\mathsf{H}\,|\alpha'\rangle = E'|\alpha'\rangle\,, \tag{6.13}$$

を用いて書き下せば,

$$\langle B(t')\,A(t)\rangle = \sum_{\alpha',\alpha''} e^{\beta(\Phi-E')}\langle\alpha'|B|\alpha''\rangle\langle\alpha''|A|\alpha'\rangle \times e^{-i(E'-E'')(t-t')}, \tag{6.14}$$

$$\begin{aligned} \langle A(t)\,B(t')\rangle &= \sum_{\alpha',\alpha''} e^{\beta(\Phi-E')}\langle\alpha'|A|\alpha''\rangle\langle\alpha''|B|\alpha'\rangle \\ &\qquad\times e^{i(E'-E'')(t-t')} \\ &= \sum_{\alpha',\alpha''} e^{\beta(\Phi-E')}\langle\alpha'|B|\alpha''\rangle\langle\alpha''|A|\alpha'\rangle \\ &\qquad\times e^{\beta(E'-E'')}e^{-i(E'-E'')(t-t')} \end{aligned} \tag{6.15}$$

となる．ここに，$\hbar = 1$ とする単位系を用いた．この節では以下これを用いる．

フーリェ変換 $I(\omega)$ を

$$F_{BA}(t-t') = \frac{1}{2\pi}\int_{-\infty}^{\infty} I(\omega)\, e^{-i\omega(t-t')} d\omega \tag{6.16}$$

によって定義すれば，(6.14) より

$$I(\omega) = \sum_{\alpha',\alpha''} e^{\beta(\Phi - E')} \langle\alpha'|B|\alpha''\rangle\langle\alpha''|A|\alpha'\rangle 2\pi\delta(E' - E'' - \omega) \tag{6.17}$$

が得られる．$I(\omega)$ を $F_{BA}(t-t')$ のスペクトル強度という．$I(\omega)$ を用いて (6.15) はフーリェ積分

$$F_{AB}(t-t') = \frac{1}{2\pi}\int_{-\infty}^{\infty} I(\omega)\, e^{\beta\omega} e^{-i\omega(t-t')} d\omega \tag{6.18}$$

で与えられる．

6.1.3　スペクトル表示

H を対角にする表示 (6.13) をとって遅延グリーン関数 (6.1) の Tr を書き下せば，

$$\begin{aligned} G^r(t,t') &= -i\,\theta(t-t') \sum_{\alpha',\alpha''} e^{\beta(\Phi-E')} \Big\{\langle\alpha'|A|\alpha''\rangle\langle\alpha''|B|\alpha'\rangle \\ &\qquad \times e^{i(E'-E'')(t-t')} \mp \langle\alpha'|B|\alpha''\rangle\langle\alpha''|A|\alpha'\rangle\, e^{-i(E'-E'')(t-t')}\Big\} \\ &= -i\,\theta(t-t') \sum_{\alpha',\alpha''} e^{\beta(\Phi-E')} \langle\alpha'|B|\alpha''\rangle\langle\alpha''|A|\alpha'\rangle \\ &\qquad \times \big[e^{\beta(E'-E'')} \mp 1\big]\, e^{-i(E'-E'')(t-t')} \end{aligned} \tag{6.19}$$

となる．$G^r(t-t')$ のフーリェ変換

$$G^r(\omega) = \int_{-\infty}^{\infty} G^r(t-t')\, e^{i\omega(t-t')} d\,(t-t') \tag{6.20}$$

をとれば，

$$G^r(\omega) = -i \sum_{\alpha',\alpha''} e^{\beta(\Phi-E')} \langle\alpha'|B|\alpha''\rangle\langle\alpha''|A|\alpha'\rangle \big[e^{\beta(E'-E'')} \mp 1\big]$$

$$\times \int_{-\infty}^{\infty} \theta(t-t')\, e^{i(\omega - E' + E'')(t-t')} d\,(t-t') \tag{6.21}$$

と書かれる．ここで，時間積分は$\theta(t)$のフーリェ変換になっていることに注意して，これを求めることを考えよう．(6.9) を積分すれば，

$$\theta(t) \;=\; \int_{-\infty}^{t} \delta(\tau)\, d\tau \tag{6.22}$$

である．δ関数の積分表示

$$\delta(\tau) \;=\; \frac{1}{2\pi} \int_{-\infty}^{\infty} e^{-ix\tau} dx \tag{6.23}$$

を (6.22) に代入すれば，積分順序を変更して

$$\theta(t) \;=\; \frac{1}{2\pi} \int_{-\infty}^{\infty} \Bigl(\int_{-\infty}^{t} e^{-ix\tau} d\tau \Bigr)\, dx$$

となる．先に実行するτ積分の収束性を保証するためにxの代わりに$x + i\,\delta$ ($\delta \to 0+$) とする必要がある．よって，

$$\theta(t) \;=\; \frac{i}{2\pi} \int_{-\infty}^{\infty} \frac{e^{-ixt}}{x + i\,\delta}\, dx\,, \quad \delta \to 0+ \tag{6.24}$$

が得られる．この式は右辺を複素積分になおして留数定理を使えば直接確かめられる．(6.24) の逆変換は

$$\int_{-\infty}^{\infty} \theta(t)\, e^{ixt} dt \;=\; \frac{i}{x + i\,\delta} \tag{6.25}$$

となる．(6.25) を (6.21) に用いれば，

$$G^r(\omega) = \sum_{\alpha', \alpha''} e^{\beta(\Phi - E')} \langle \alpha' | B | \alpha'' \rangle \langle \alpha'' | A | \alpha' \rangle \frac{e^{\beta(E' - E'')} \mp 1}{\omega - (E' - E'') + i\,\delta} \tag{6.26}$$

が得られる．(6.17) に与えられたF_{BA}のスペクトル強度$I(\omega)$を用いて，(6.26) は

$$G^r(\omega) \;=\; \frac{1}{2\pi} \int_{-\infty}^{\infty} \frac{I(\omega')\bigl(e^{\beta\omega'} \mp 1\bigr)}{\omega - \omega' + i\,\delta}\, d\omega' \tag{6.27}$$

と表される．これは$G^r(\omega)$のスペクトル表示を与える．(6.2) に対して同様なことをすれば，先進グリーン関数$G^a(\omega)$に対するスペクトル表示

$$G^a(\omega) \;=\; \frac{1}{2\pi} \int_{-\infty}^{\infty} \frac{I(\omega')\bigl(e^{\beta\omega'} \mp 1\bigr)}{\omega - \omega' - i\,\delta}\, d\omega' \tag{6.28}$$

が得られる．

ω を複素平面 $\angle z$ に拡張するとき，$G^r(\omega)$ および $G^a(\omega)$ はそれぞれ上半面および下半面に解析接続される．そのとき，実軸に沿って分岐線を入れることによって，上下両半面において解析的な関数

$$G(z) = \begin{cases} G^r(z) & \Im z > 0 \\ G^a(z) & \Im z < 0 \end{cases} \tag{6.29}$$

を定義することができる．この 2 つの分枝 G^r, G^a がそれぞれ遅延および先進グリーン関数のフーリェ変換に対応する．(6.27)，(6.28) を用いて，

$$\begin{aligned} G(\omega + i\,\delta) - G(\omega - i\,\delta) &= G^r(\omega) - G^a(\omega) \\ &= \frac{1}{2\pi}\int_{-\infty}^{\infty}\left(e^{\beta\omega'} \mp 1\right) I(\omega') \left\{\frac{1}{\omega - \omega' + i\,\delta} - \frac{1}{\omega - \omega' - i\,\delta}\right\} d\omega' \end{aligned} \tag{6.30}$$

と書かれる．ここで，公式

$$\frac{1}{x \pm i\,\delta} = \wp\left(\frac{1}{x}\right) \mp i\pi\,\delta(x)$$

を用いれば，(6.30) は

$$G(\omega + i\,\delta) - G(\omega - i\,\delta) = -\,i\left(e^{\beta\omega} \mp 1\right) I(\omega) \tag{6.31}$$

となる．この $I(\omega)$ を (6.16) に代入すれば，

$$F_{BA}(t - t') = \frac{i}{2\pi}\int_{-\infty}^{\infty} \frac{G(\omega + i\,\delta) - G(\omega - i\,\delta)}{e^{\beta\omega} \mp 1}\, e^{-i\omega(t-t')} d\omega \tag{6.32}$$

が得られる．ここに，$\mp$ はそれぞれボゾンまたはフェルミオン演算子に対応する．6.1.1 節の運動方程式の方法で遅延および先進グリーン関数が求められれば，(6.32) によって相関関数が計算される．例えば，7.3 節 Hubbard 模型の (7.114) を見よ．

6.2 線形応答理論

時間 $t=-\infty$ において系は熱平衡状態にあるとする．外部からの擾乱が系のハミルトニアン $\mathcal{H}$ への付加項 $\mathcal{H}'(t)$ で表されるとすれば，全ハミルトニアンは

$$\mathcal{H}_T = \mathcal{H} + \mathcal{H}'(t) \tag{6.33}$$

となる．そして，対応する統計演算子 (付録 B.2 を参照) は

$$w_T = w_e + w'(t) \tag{6.34}$$

と書かれる．ここに，w_e は熱平衡分布 ($[\mathcal{H}, w_e]=0$) である．[2]

Neumann 方程式は $\mathcal{H}'(t)$ について 1 次まで (線形近似) とって，

$$i\hbar\frac{\partial w'}{\partial t} = [\mathcal{H}, w'] + [\mathcal{H}', w_e] \tag{6.35}$$

となる．これを初期条件 $w'(-\infty)=0$ のもとで解こう．(6.35) の同次方程式 (右辺第 2 項の落ちたもの) の解は

$$w'(t) = e^{-i\mathcal{H}t/\hbar} w'(0)\, e^{i\mathcal{H}t/\hbar} \tag{6.36}$$

である．この $w'(0)$ を時間に依存するとして (定数変化の方法) これを (6.35) に代入すれば，

$$i\hbar\frac{\partial w'(0)}{\partial t} = e^{i\mathcal{H}t/\hbar}[\mathcal{H}', w_e]\, e^{-i\mathcal{H}t/\hbar} \tag{6.37}$$

となる．したがって，

$$w'(0) = (i\hbar)^{-1}\int_{-\infty}^{t} dt' e^{i\mathcal{H}t'/\hbar}[\mathcal{H}'(t'), w_e]\, e^{-i\mathcal{H}t'/\hbar} \tag{6.38}$$

である．これを (6.36) に代入すれば，

$$w'(t) = (i\hbar)^{-1}\int_{-\infty}^{t} dt' e^{-i\mathcal{H}(t-t')/\hbar}[\mathcal{H}'(t'), w_e]\, e^{i\mathcal{H}(t-t')/\hbar} \tag{6.39}$$

が得られる．

物理量 B としてはその熱平衡値を差し引いておく，すなわち

---

[2] この節ではカノニカル・アンサンブルをとる．演算子は本来の Heisenberg 表示である．

$$\mathrm{Tr}\, w_e B \,=\, 0 \tag{6.40}$$

と仮定する．よって，B の統計的期待値は

$$\langle B \rangle_T \,=\, \mathrm{Tr}\, w_T B \,=\, \mathrm{Tr}\, w' B \tag{6.41}$$

で与えられる．

外場による付加項 $\mathcal{H}'(t)$ は物理量 A を演算子として

$$\mathcal{H}'(t) \,=\, -\, A\, e^{-i\omega t} \tag{6.42}$$

の時間依存性をもつとしてよい．(6.39)，(6.42) を (6.41) に代入して積分変数の変換をすれば，

$$\begin{aligned}\langle B \rangle_T &= \frac{i}{\hbar}\int_{-\infty}^{t} dt' e^{-i\omega t'}\, \mathrm{Tr}\left(e^{-i\mathcal{H}(t-t')/\hbar}[A, w_e]\, e^{i\mathcal{H}(t-t')/\hbar} B\right)\\ &= \frac{i}{\hbar}\int_{0}^{\infty} d\tau\, e^{i\omega\tau - i\omega t}\mathrm{Tr}\left(e^{-i\mathcal{H}\tau/\hbar}[A, w_e]\, e^{i\mathcal{H}\tau/\hbar} B\right)\end{aligned} \tag{6.43}$$

となる．(6.42) に対する応答として

$$\langle B \rangle_T \,=\, B(\omega)\, e^{-i\omega t} \tag{6.44}$$

とおけば，(6.43) から

$$\begin{aligned}B(\omega) &= \frac{i}{\hbar}\int_{0}^{\infty} d\tau e^{i\omega\tau}\, \mathrm{Tr}\left(e^{-i\mathcal{H}\tau/\hbar}[A, w_e]\, e^{i\mathcal{H}\tau/\hbar} B\right)\\ &= \frac{i}{\hbar}\int_{0}^{\infty} d\tau e^{i\omega\tau}\langle [B(\tau), A]\rangle\end{aligned} \tag{6.45}$$

が得られる．ここに，最後の式では Tr の記号のもとでの演算子の循環的可換性を使った．遅延グリーン関数の定義 (6.1) を参照すれば，(6.45) は

$$B(\omega) \,=\, -\int_{-\infty}^{\infty} d\tau e^{i\omega\tau} G^r(B(\tau), A) \tag{6.46}$$

と表される．この式の右辺は遅延グリーン関数のフーリエ変換であるから，ω は $\omega + i\delta$ ($\delta \to 0+$) と解釈され，$\tau \to \infty$ での収束性が保証される．(6.42) の外場は $\omega + i\delta$ と陽に書けば，

$$\mathcal{H}'(t) \,=\, -\, A\, e^{-i\omega t + \delta t}$$

となって，$t\to-\infty$ において $\mathcal{H}'(-\infty)=0$ となる．つまり，外場の摂動は $t\to-\infty$ において断熱的に入れられる．この事実は $t\to-\infty$ において系が熱平衡状態にあったことと両立する．

恒等式

$$\left.\begin{aligned} -(i\hbar)^{-1}[F,e^{-\beta\mathcal{H}}] &= e^{-\beta\mathcal{H}}\int_0^\beta d\lambda\, e^{\lambda\mathcal{H}}\dot{F}e^{-\lambda\mathcal{H}}, \\ \dot{F} &= (i\hbar)^{-1}[F,\mathcal{H}] \end{aligned}\right\} \tag{6.47}$$

を用いて，(6.45) は

$$\begin{aligned} B(\omega) &= \int_0^\infty d\tau\, e^{i\omega\tau}\int_0^\beta d\lambda\,\mathrm{Tr}\left[e^{\beta(\Psi-\mathcal{H})}e^{\lambda\mathcal{H}}\dot{A}\,e^{-\lambda\mathcal{H}}B(\tau)\right] \\ &= \int_0^\infty d\tau\, e^{i\omega\tau}\int_0^\beta d\lambda\langle\dot{A}\,B(\tau+i\hbar\lambda)\rangle \end{aligned} \tag{6.48}$$

と書かれる．ここに，$\Psi\,(e^{-\beta\Psi}=\mathrm{Tr}\,e^{-\beta\mathcal{H}})$ は自由エネルギーである．最後の式は Heisenberg 表示 $e^{-\lambda\mathcal{H}}B\,e^{\lambda\mathcal{H}}=B(i\hbar\lambda)$ を用いた．(6.45) ないしは (6.48) は外場 (6.42) に対する B の応答を与えるもので，上述の線形応答理論は久保[3]による．

恒等式 (6.47) の証明をしておこう．まず，

$$\frac{\partial}{\partial\lambda}e^{\lambda\mathcal{H}}F\,e^{-\lambda\mathcal{H}} = e^{\lambda\mathcal{H}}[\mathcal{H},F]\,e^{-\lambda\mathcal{H}} = -i\hbar\,e^{\lambda\mathcal{H}}\dot{F}\,e^{-\lambda\mathcal{H}}$$

が成立する．両辺を λ について 0 から β まで積分すれば，

$$e^{\beta\mathcal{H}}F\,e^{-\beta\mathcal{H}}-F = -i\hbar\int_0^\beta d\lambda\,e^{\lambda\mathcal{H}}\dot{F}\,e^{-\lambda\mathcal{H}}$$

となる．したがって，

$$F\,e^{-\beta\mathcal{H}}-e^{-\beta\mathcal{H}}F = -i\hbar e^{-\beta\mathcal{H}}\int_0^\beta d\lambda\,e^{\lambda\mathcal{H}}\dot{F}\,e^{-\lambda\mathcal{H}}$$

である．これは (6.47) である．[証明終]

[3] R. Kubo: J. Phys. Soc. Japan **12** (1957) 570.

6.2.1 電気伝導度

電子系 (電荷 $-e$) に電場 $\boldsymbol{E}\,e^{-i\omega t}$ をかけるとき,

$$\mathcal{H}'(t) = -\sum_i(-\,e\boldsymbol{x}_i)\cdot\boldsymbol{E}\,e^{-i\omega t} \tag{6.49}$$

と書かれる. ここに, $\boldsymbol{x}_i$ は i 番目の電子の位置ベクトルである. (6.42) の A は

$$A = -e\sum_i \boldsymbol{x}_i\cdot\boldsymbol{E} \tag{6.50}$$

である. そして, (6.48) の $\dot{A}$ は

$$\begin{aligned}\dot{A} = (i\hbar)^{-1}[A,\mathcal{H}] &= -\,e\sum_i \dot{\boldsymbol{x}}_i\cdot\boldsymbol{E}\\ &= -\,e\sum_i \boldsymbol{v}_i\cdot\boldsymbol{E} = \boldsymbol{J}\cdot\boldsymbol{E}\end{aligned} \tag{6.51}$$

となる. ここに, $\boldsymbol{v}_i = \dot{\boldsymbol{x}}_i$ は電子の速度であり,

$$\boldsymbol{J} = -\,e\sum_i \boldsymbol{v}_i \tag{6.52}$$

は全電流演算子である. 電流密度演算子は

$$\boldsymbol{j} = \boldsymbol{J}/V \tag{6.53}$$

で与えられる. ここに, V は系の体積である. B として成分 j_μ をとり, (6.51) を (6.48) に代入すれば,

$$j_\mu = \sum_\nu \sigma_{\mu\nu}(\omega)\,E_\nu \tag{6.54}$$

となって, 電気伝導度テンソル成分は

$$\sigma_{\mu\nu} = \frac{1}{V}\int_0^\infty d\tau\,e^{i\omega\tau}\int_0^\beta d\lambda\langle J_\nu J_\mu(\tau+i\hbar\lambda)\rangle \tag{6.55}$$

によって与えられる. この式の右辺は電流・電流相関関数のラプラス変換となっている. (6.55) を久保公式と呼ぶ.

(6.55) を変形しておこう．$\omega = \omega + i\delta, \delta \to 0+$ に注意して τ について部分積分を行えば，

$$\begin{aligned}\sigma_{\mu\nu}(\omega) &= -\frac{1}{i\omega V}\int_0^\beta d\lambda\langle J_\nu J_\mu(i\hbar\lambda)\rangle \\ &\quad -\frac{1}{i\omega V}\int_0^\infty d\tau\, e^{i\omega\tau}\int_0^\beta d\lambda\langle J_\nu(-i\hbar\lambda)\,\dot{J}_\mu(\tau)\rangle \\ &= -\frac{1}{i\omega V}\int_0^\beta d\lambda\langle J_\nu(-i\hbar\lambda)\,J_\mu\rangle \\ &\quad +\frac{1}{i\omega V}\int_0^\infty d\tau\, e^{i\omega\tau}\int_0^\beta d\lambda\langle \dot{J}_\nu(-i\hbar\lambda)\,J_\mu(\tau)\rangle \\ &= -\frac{1}{i\omega V}\int_0^\beta d\lambda\langle J_\nu(-i\hbar\lambda)\,J_\mu\rangle + \frac{1}{\hbar\omega V}\int_0^\infty d\tau e^{i\omega\tau}\langle[J_\mu(\tau), J_\nu]\rangle\end{aligned} \tag{6.56}$$

となる．式の変形には Tr の中での演算子の循環的可換性を各所に使った．そして，最後の式の第 2 項への変形には恒等式 (6.47) を用いた．(6.56) の右辺第 1 項は (6.52)，(6.47) を用いれば，

$$\begin{aligned}-\frac{1}{i\omega V}\int_0^\beta d\lambda\langle J_\nu(-i\hbar\lambda)\,J_\mu\rangle &= -\frac{1}{i\omega V}\int_0^\beta d\lambda\langle e^2\sum_{i,j}\dot{x}_{i\nu}(-i\hbar\lambda)\,\dot{x}_{j\mu}\rangle \\ = \frac{1}{i\omega V}\frac{e^2}{i\hbar}\langle\sum_{i,j}[\dot{x}_{j\mu}, x_{i\nu}]\rangle &= \frac{1}{i\omega V}\frac{e^2}{m^* i\hbar}\langle\sum_{i.j}[p_{j\mu}, x_{i\nu}]\rangle \\ = \frac{iNe^2}{\omega m^* V}\,\delta_{\mu\nu} = \frac{ine^2}{\omega m^*}\,\delta_{\mu\nu} &= \frac{i\omega_p^2}{4\pi\omega}\,\delta_{\mu\nu}\end{aligned} \tag{6.57}$$

となる．ここに，$\omega_p = \sqrt{4\pi ne^2/m^*}$ はプラズマ周波数である．(6.57) を (6.56) に代入すれば，

$$\sigma_{\mu\nu}(\omega) = \frac{i\omega_p^2}{4\pi\omega}\,\delta\mu\nu + \frac{1}{\hbar\omega V}\int_0^\infty dt\, e^{i\omega t}\langle[J_\mu(t), J_\nu]\rangle \tag{6.58}$$

である．この式の第 2 項に対して遅延グリーン関数を用いれば，

$$\left.\begin{aligned}\sigma_{\mu\nu} = \ & \frac{i\omega_p^2}{4\pi\omega}\,\delta_{\mu\nu} + \frac{i}{\omega V}\int_{-\infty}^\infty dt\, e^{i\omega t}G^r(J_\mu(t), J_\nu)\,, \\ & G^r(J_\mu(t), J_\nu) = (i\hbar)^{-1}\theta(t)\langle[J_\mu(t), J_\nu]\rangle\end{aligned}\right\} \tag{6.59}$$

が得られる．ここに，電気伝導度は電流・電流相関の遅延グリーン関数を求め，そのフーリェ変換をとることによって与えられるという定式化が設定された．計算の具体例は 6.3.4 節において与えられる．

6.2.2 誘電関数

電子系としては 7.1 節の電子ガス模型，すなわち一様で剛い正の背景電荷の中の電子群を考える．外部からの擾乱がなければ電子数密度も一様，$\rho(\boldsymbol{r},t) = n =$ 一定，になって背景正電荷と中和している．

外部電荷 $\rho_e(\boldsymbol{r},t)\,d\boldsymbol{r}$ が持込まれれば，電子系との間に相互作用

$$\mathcal{H}'(t) = \sum_i \int d\boldsymbol{r}\, \frac{(-e)\,\rho_e(\boldsymbol{r},t)}{|\boldsymbol{r}-\boldsymbol{r}_i|} \tag{6.60}$$

が生ずる．ここに，$\boldsymbol{r}_i$ は i 番目の電子の位置ベクトルである．外部電荷密度を

$$\rho_e(\boldsymbol{r},t) = e\,r_{\boldsymbol{q}} e^{i(\boldsymbol{q}\cdot\boldsymbol{r}-\omega t)} \tag{6.61}$$

とすると，(6.42) の A は

$$A = \sum_i \int d\boldsymbol{r}\, \frac{e^2 r_{\boldsymbol{q}}}{|\boldsymbol{r}-\boldsymbol{r}_i|}\, e^{i\boldsymbol{q}\cdot\boldsymbol{r}} \tag{6.62}$$

となる．クーロン相互作用をフーリェ級数

$$v(\boldsymbol{r}) = \frac{e^2}{r} = V^{-1} \sum_{\boldsymbol{q}\neq 0} v(\boldsymbol{q})\, e^{i\boldsymbol{q}\cdot\boldsymbol{r}}, \qquad r = |\boldsymbol{r}| \tag{6.63}$$

に展開すれば，フーリェ係数は

$$v(\boldsymbol{q}) = \int_V v(\boldsymbol{r})\, e^{-i\boldsymbol{q}\cdot\boldsymbol{r}} d\boldsymbol{r} = \begin{cases} \dfrac{4\pi e^2}{q^2} & \boldsymbol{q} \neq 0 \\ 0 & \boldsymbol{q} = 0 \end{cases} \tag{6.64}$$

で与えられる．ここに，実効的に $V \to \infty$ ととられる．$v(\boldsymbol{q}=0) = \int_V (e^2/r)\, d\boldsymbol{r}$ は n を掛ければ原点にある 1 個の電子と電子系との間の相互作用のエネルギーであるが，これはその電子と正の背景電荷との間の相互作用

のエネルギーによって打ち消されるので$v(\boldsymbol{q}=0)=0$ととられた．多体理論的には7.1.1節を参照されたい．(6.63) を用いれば，(6.62) は

$$A=\sum_i V^{-1}\sum_{\boldsymbol{k}\neq 0} v(\boldsymbol{k})\,r_{\boldsymbol{q}}\int_V e^{i\boldsymbol{q}\cdot\boldsymbol{r}+i\boldsymbol{k}\cdot(\boldsymbol{r}-\boldsymbol{r}_i)}d\boldsymbol{r}$$
$$=\sum_{\boldsymbol{k}\neq 0} v(\boldsymbol{k})\,r_{\boldsymbol{q}}\delta_{\boldsymbol{q},-\boldsymbol{k}}\sum_i e^{-i\boldsymbol{k}\cdot\boldsymbol{r}_i} = v(\boldsymbol{q})\,r_{\boldsymbol{q}}\rho_{-\boldsymbol{q}} \tag{6.65}$$

となる．ここに，電子数密度のフーリェ成分$\rho_{\boldsymbol{q}}=\sum_i e^{-i\boldsymbol{q}\cdot\boldsymbol{r}_i}$を用いた．

電荷密度の応答は$B=\rho_{\boldsymbol{q}}$ととって (6.65) とともに (6.46) に代入すれば，

$$\left.\begin{aligned}\rho_{\boldsymbol{q}}(\omega) &= -\,v(\boldsymbol{q})\,r_{\boldsymbol{q}}\int_{-\infty}^{\infty} e^{i\omega t}G^r(\rho_{\boldsymbol{q}}(t),\rho_{-\boldsymbol{q}})\,dt\,,\\ G^r(\rho_{\boldsymbol{q}}(t),\rho_{-\boldsymbol{q}}) &= (i\hbar)^{-1}\theta(t)\langle[\rho_{\boldsymbol{q}}(t),\rho_{-\boldsymbol{q}}]\rangle\end{aligned}\right\} \tag{6.66}$$

となる．$-e\rho_{\boldsymbol{q}}(t)$が外部電荷密度$\rho_e(\boldsymbol{r},t)$によって誘起された誘導電荷密度である．

電荷密度と電場の関係はガウスの法則

$$\left.\begin{aligned}\mathrm{div}\boldsymbol{D} &= 4\pi\rho_e(\boldsymbol{r},t)\,,\\ \mathrm{div}\boldsymbol{E} &= 4\pi\big[\rho_e(\boldsymbol{r},t)-e\,\rho(\boldsymbol{r},t)\big]\end{aligned}\right\} \tag{6.67}$$

によって与えられる．電場の縦成分のみをとって，(6.67) をフーリェ成分で書けば，

$$\left.\begin{aligned}iqD(\boldsymbol{q},\omega) &= 4\pi\rho_e(\boldsymbol{q},\omega)\,,\\ iqE(\boldsymbol{q},\omega) &= 4\pi\big[\rho_e(\boldsymbol{q},\omega)-e\,\rho_{\boldsymbol{q}}(\omega)\big]\end{aligned}\right\} \tag{6.68}$$

となる．外部電荷 (6.61) のフーリェ成分は

$$\rho_e(\boldsymbol{q},\omega) = e\,r_{\boldsymbol{q}}V \tag{6.69}$$

と書かれる．遅延グリーン関数のフーリェ変換を$G^r(\boldsymbol{q};\omega)$で表せば，(6.66) は

$$\left.\begin{aligned}\rho_{\boldsymbol{q}}(\omega) &= -\,v(\boldsymbol{q})\,r_{\boldsymbol{q}}G^r(\boldsymbol{q};\omega)\,,\\ G^r(\boldsymbol{q};\omega) &= \int_{-\infty}^{\infty} e^{i\omega t}G^r(\rho_{\boldsymbol{q}}(t),\rho_{-\boldsymbol{q}})\,dt\end{aligned}\right\} \tag{6.70}$$

と書かれる．(6.69)，(6.70) を用いれば，

$$\frac{1}{\varepsilon(\boldsymbol{q},\omega)} = \frac{E(\boldsymbol{q},\omega)}{D(\boldsymbol{q},\omega)} = 1+\frac{v(\boldsymbol{q})}{V}\,G^r(\boldsymbol{q};\omega) \tag{6.71}$$

が得られる．$\varepsilon(\boldsymbol{q},\omega)$は縦誘電関数と呼ばれる．

6.2.3　動的帯磁率

電子スピン $\boldsymbol{S}_i$ の電子系のスピン密度

$$\boldsymbol{S}(\boldsymbol{r}) = \sum_i \delta(\boldsymbol{r}-\boldsymbol{r}_i)\,\boldsymbol{S}_i \tag{6.72}$$

をフーリエ展開して

$$\boldsymbol{S}(\boldsymbol{r}) = V^{-1}\sum_{\boldsymbol{q}} \boldsymbol{S}_{\boldsymbol{q}} e^{i\boldsymbol{q}\cdot\boldsymbol{r}} \tag{6.73}$$

とすれば，フーリエ成分は

$$\boldsymbol{S}_{\boldsymbol{q}} = \int \boldsymbol{S}(\boldsymbol{r})\,e^{-i\boldsymbol{q}\cdot\boldsymbol{r}} d\boldsymbol{r} = \sum_i \boldsymbol{S}_i e^{-i\boldsymbol{q}\cdot\boldsymbol{r}_i} \tag{6.74}$$

となる．

外部磁場 $\boldsymbol{H}(\boldsymbol{r},t)$ による Zeeman エネルギーは，$g\mu_B = 1$ の単位系において（$g = 2.0023$ は g 値，μ_B は Bohr マグネトンである），

$$\mathcal{H}'(t) = -\int \boldsymbol{S}(\boldsymbol{r})\cdot\boldsymbol{H}(\boldsymbol{r},t)\,d\boldsymbol{r} \tag{6.75}$$

と書かれる．いま，$\boldsymbol{H}(\boldsymbol{r},t)$ を振動磁場

$$\boldsymbol{H}(\boldsymbol{r},t) = \boldsymbol{H}_{\boldsymbol{q}} e^{i(\boldsymbol{q}\cdot\boldsymbol{r}-\omega t)} \tag{6.76}$$

とすると，(6.75) は (6.42) の形に

$$\mathcal{H}'(t) = -\boldsymbol{S}_{-\boldsymbol{q}}\cdot\boldsymbol{H}_{\boldsymbol{q}} e^{-i\omega t} \tag{6.77}$$

と書かれる．そして，

$$A = \boldsymbol{S}_{-\boldsymbol{q}}\cdot\boldsymbol{H}_{\boldsymbol{q}} \tag{6.78}$$

である．B として $\boldsymbol{S}_{\boldsymbol{q}}$ をとり，(6.78) とともに (6.45) に代入すれば，

$$\boldsymbol{S}_{\boldsymbol{q}}(\omega) = \frac{i}{\hbar}\int_0^\infty dt\,e^{i\omega t}\langle[\boldsymbol{S}_{\boldsymbol{q}}(t),\boldsymbol{S}_{-\boldsymbol{q}}]\rangle\cdot\boldsymbol{H}_{\boldsymbol{q}} \tag{6.79}$$

となる．これを

$$S^{\mu}_{\boldsymbol{q}}(\omega) = \sum_{\nu}\chi^{\mu\nu}(\boldsymbol{q},\omega)\,H^{\nu}_{\boldsymbol{q}}\,, \qquad \mu,\nu = x,y,z \tag{6.80}$$

と書いて，複素帯磁率テンソル

$$\chi^{\mu\nu}(\boldsymbol{q},\omega) = \frac{i}{\hbar}\int_0^\infty dt\, e^{i\omega t}\langle\big[S^\mu_{\boldsymbol{q}}(t), S^\nu_{-\boldsymbol{q}}\big]\rangle \tag{6.81}$$

が定義される．これは ω に依存するので，動的帯磁率と呼ばれる．

z 軸のまわりに回転する磁場 $\boldsymbol{H} = (H^x, H^y, 0)$,

$$\left.\begin{aligned} H^x(\boldsymbol{r},t) &= H_{\boldsymbol{q}}\cos(\boldsymbol{q}\cdot\boldsymbol{r} - \omega t)\,, \\ H^y(\boldsymbol{r},t) &= H_{\boldsymbol{q}}\sin(\boldsymbol{q}\cdot\boldsymbol{r} - \omega t) \end{aligned}\right\} \tag{6.82}$$

がかけられたとしよう．Zeeman エネルギーは

$$\begin{aligned} \mathcal{H}'(t) &= -\int \boldsymbol{S}(\boldsymbol{r})\cdot\boldsymbol{H}(\boldsymbol{r},t)\,d\boldsymbol{r} \\ &= -\frac{1}{2}\int\big[\boldsymbol{S}^+(\boldsymbol{r})\,H^-(\boldsymbol{r},t) + S^-(\boldsymbol{r})\,H^+(\boldsymbol{r},t)\big]\,d\boldsymbol{r} \\ &= -\frac{1}{2}\big(S^+_{\boldsymbol{q}}H_{\boldsymbol{q}}e^{i\omega t} + S^-_{-\boldsymbol{q}}H_{\boldsymbol{q}}e^{-i\omega t}\big) \\ &= -\Re\big(S^-_{-\boldsymbol{q}}H_{\boldsymbol{q}}e^{-i\omega t}\big) \end{aligned} \tag{6.83}$$

と書かれる．ここに，

$$\left.\begin{aligned} &H^\pm(\boldsymbol{r},t) = H^x \pm i\,H^y = H_{\boldsymbol{q}}e^{\pm i(\boldsymbol{q}\cdot\boldsymbol{r}-\omega t)} \\ &S^\pm(\boldsymbol{r}) = S^x(\boldsymbol{r}) \pm i\,S^y(\boldsymbol{r}) \end{aligned}\right\} \tag{6.84}$$

である．(6.83) より

$$A = S^-_{-\boldsymbol{q}}H_{\boldsymbol{q}} \tag{6.85}$$

ととり，そして $B = S^+_{\boldsymbol{q}}$,

$$\langle S^+_{\boldsymbol{q}}\rangle_T = S^+_{\boldsymbol{q}}(\omega)\,e^{-i\omega t} \tag{6.86}$$

として (6.45) に代入すれば，

$$S^+_{\boldsymbol{q}}(\omega) = \frac{i}{\hbar}\int_0^\infty dt e^{i\omega t}\langle\big[S^+_{\boldsymbol{q}}(t), S^-_{-\boldsymbol{q}}\big]\rangle H_{\boldsymbol{q}} \tag{6.87}$$

となる．よって，動的帯磁率

$$\chi^{+-}(\boldsymbol{q},\omega) = \frac{i}{\hbar}\int_0^\infty dt e^{i\omega t}\langle\big[S^+_{\boldsymbol{q}}(t), S^-_{-\boldsymbol{q}}\big]\rangle \tag{6.88}$$

が定義される．

6.3 温度グリーン関数

時間発展のユニタリー演算子と統計演算子 (Boltzmann 因子) との間の類似:

ユニタリー演算子		Boltzmann 因子
$e^{-i\mathcal{H}t/\hbar}$	$\longleftrightarrow$	$e^{-\beta\mathcal{H}}$
$it/\hbar$	$\longleftrightarrow$	β

に着目しよう．ただし，以下この節では $\mathcal{H}$ の代わりに $\mathsf{H} = \mathcal{H} - \mu\mathcal{N}$ を用いたグランドカノニカル・アンサンブルの Boltzmann 因子を採用する．

任意の演算子の Heisenberg 表示 (6.5) に対して，$t \to -i\hbar\tau$ の置き換えを行った "温度に関する Heisenberg 表示",

$$A(\tau) = e^{\tau\mathsf{H}} A\, e^{-\tau\mathsf{H}}, \qquad 0 \le \tau \le \beta = (k_B T)^{-1} \tag{6.89}$$

を定義することができる．$\tau\,(\to it/\hbar)$ を虚時間と呼ぶことがある．そして，温度グリーン関数は

$$G(\tau,\tau') = -\langle T\, A(\tau)\, B(\tau')\rangle \tag{6.90}$$

によって定義される．ここに，$\langle\cdots\rangle$ はグランドカノニカル・アンサンブル平均 (6.3) を意味する．記号 T は Wick の時間順序付け演算子

$$T\, A(\tau)\, B(\tau') = \begin{cases} A(\tau)\, B(\tau') & \tau > \tau', \\ \pm B(\tau')\, A(\tau) & \tau < \tau' \end{cases} \tag{6.91}$$

である．負符号 $-$ は，$A(\tau)\, B(\tau') \to B(\tau')\, A(\tau)$ の置換においてフェルミオン演算子の奇置換が含まれる場合に付く．(6.91) は階段関数 $\theta(t)$ を用いれば,

$$T\, A(\tau)\, B(\tau') = \theta(\tau-\tau')\, A(\tau)\, B(\tau') \pm \theta(\tau'-\tau)\, B(\tau')\, A(\tau) \tag{6.92}$$

と書かれる．温度グリーン関数を松原グリーン関数[4]とも呼ぶ．

温度グリーン関数の解析的性質を調べよう．H を対角的にする表示 (6.13) を使って (6.90) を展開すれば,

[4]T. Matsubara: Prog. Theor. Phys. **14** (1955) 351.

$$G(\tau,\tau') = \sum_{\alpha',\alpha''} e^{\beta(\Phi-E')}\Big\{-\theta(\tau-\tau')\langle\alpha'|A|\alpha''\rangle\langle\alpha''|B|\alpha'\rangle \times e^{(E'-E'')(\tau-\tau')}$$
$$\mp\theta(\tau'-\tau)\langle\alpha'|B|\alpha''\rangle\langle\alpha''|A|\alpha'\rangle\, e^{-(E'-E'')(\tau-\tau')}\Big\} \qquad (6.93)$$

となる．これは $G(\tau,\tau')$ が $\tau-\tau'$ $(\beta>\tau-\tau'>-\beta)$ のみの関数であることを示す．

$G(\tau,\tau')$ はつぎの周期性または反周期性，

$$G(\tau-\tau'+\beta) = \begin{cases} \ \ G(\tau-\tau') & , \\ -G(\tau-\tau') \end{cases} \qquad (6.94)$$

を満たす．ここに，反周期性 (− 符号がつく場合) は置換 $A(\tau)\,B(\tau') \rightarrow B(\tau')\,A(\tau)$ におけるフェルミオン演算子の反交換性からくる．

[証明]　まず，反周期性の場合からいこう．かりに $\beta>\tau-\tau'>0$ とすると $2\beta>\tau-\tau'+\beta>\beta$ となるので，2β だけ引き戻して $0>\tau-\tau'-\beta>-\beta$ の場合となる．よって，(6.93) より

$$\begin{aligned}G(\tau-\tau'-\beta) &= \sum_{\alpha',\alpha''} e^{\beta(\Phi-E')}\langle\alpha'|B|\alpha''\rangle\langle\alpha''|A|\alpha'\rangle \\ &\qquad \times e^{-(E'-E'')(\tau-\tau'-\beta)} \\ &= \sum_{\alpha',\alpha''} e^{\beta(\Phi-E'')}\langle\alpha''|A|\alpha'\rangle\langle\alpha'|B|\alpha''\rangle \\ &\qquad \times e^{(E''-E')(\tau-\tau')} \\ &= -G(\tau-\tau')\end{aligned}$$

となる．この最後の等式は $\alpha'\leftrightarrow\alpha''$ の交換をして (6.93) と比較すればよい．$0>\tau-\tau'>-\beta$ のときも同様である．

周期性の場合．かりに $0>\tau-\tau'>-\beta$ とすると $\beta>\tau-\tau'+\beta>0$ である．したがって，(6.93) より

$$\begin{aligned}G(\tau-\tau'+\beta) &= -\sum_{\alpha',\alpha''} e^{\beta(\Phi-E')}\langle\alpha'|A|\alpha''\rangle\langle\alpha''|B|\alpha'\rangle \\ &\qquad \times e^{(E'-E'')(\tau-\tau'+\beta)} \\ &= -\sum_{\alpha',\alpha''} e^{\beta(\Phi-E'')}\langle\alpha''|B|\alpha'\rangle\langle\alpha'|A|\alpha''\rangle\end{aligned}$$

$$\times\, e^{-(E''-E')(\tau-\tau')}$$
$$= G(\tau-\tau') \qquad\qquad [\text{証明終}].$$

グリーン関数を $-\beta < \tau-\tau' < \beta$ でフーリエ級数

$$G(\tau-\tau') \,=\, \beta^{-1}\sum_{\omega_\ell} G(\,;i\omega_\ell)\, e^{-i\omega_\ell(\tau-\tau')} \tag{6.95}$$

に展開する．ここに，

$$\omega_\ell = \frac{2\ell\pi}{2\beta} = \frac{\ell\pi}{\beta}, \quad \ell = 0, \pm 1, \pm 2, \cdots \tag{6.96}$$

である．(6.95) の逆変換は

$$G(\,;i\omega_\ell) \,=\, \frac{1}{2}\int_{-\beta}^{\beta} G(\tau-\tau')\, e^{i\omega_\ell(\tau-\tau')} d(\tau-\tau') \tag{6.97}$$

となる．

フーリエ展開 (6.95) は周期 2β として書かれているが，(6.94) の反周期性が成立する場合，

$$e^{\pm i\omega_\ell\beta} \,=\, e^{\pm i\ell\pi} \,=\, -1$$

が満たされねばならないので，ℓ は奇数 $\ell = 2n+1$ のみが許されて

$$\omega_\ell = \omega_n = \frac{(2n+1)\pi}{\beta}, \quad n = 0, \pm 1, \pm 2, \cdots \tag{6.98}$$

となる．また，周期性が成立する場合には，

$$e^{\pm i\omega_\ell\beta} \,=\, e^{\pm i\ell\pi} \,=\, 1$$

であるから，ℓ は偶数 $\ell = 2n$ で

$$\omega_\ell = \omega_n = \frac{2n\pi}{\beta}, \quad n = 0, \pm 1, \pm 2, \cdots \tag{6.99}$$

となる．(6.98)，(6.99) の ω_n を松原周波数と呼ぶ．フーリエ変換 (6.97) は

$$G(\,;i\omega_\ell) = \frac{1}{2}\int_{-\beta}^{\beta} G(\tau)\, e^{i\omega_\ell\tau} d\tau$$
$$= \frac{1}{2}\Big\{\int_{0}^{\beta} G(\tau)\, e^{i\omega_\ell\tau} d\tau \,+\, \int_{-\beta}^{0} G(\tau)\, e^{i\omega_\ell\tau} d\tau\Big\}$$

である．この右辺第 2 項は

$$\int_{-\beta}^{0} G(\tau)\, e^{i\omega_\ell \tau} d\tau = \int_0^{\beta} G(\tau' - \beta)\, e^{i\omega_\ell(\tau'-\beta)} d\tau'$$
$$= \int_0^{\beta} \left[\pm G(\tau')\right]\left[\pm e^{i\omega_\ell \tau'}\right] d\tau' = \int_0^{\beta} G(\tau')\, e^{i\omega_\ell \tau'} d\tau'$$

となるので，(6.97) は

$$G(\ ; i\omega_\ell) = \int_0^{\beta} G(\tau)\, e^{i\omega_\ell \tau} d\tau \tag{6.100}$$

と書かれる．

1 電子温度グリーン関数は

$$G_{\sigma,\sigma'}(\boldsymbol{k}, \boldsymbol{k}'; \tau - \tau') = -\langle T\, \tilde{a}_{\boldsymbol{k}\sigma}(\tau)\, \tilde{a}^{\dagger}_{\boldsymbol{k}'\sigma'}(\tau')\rangle \tag{6.101}$$

で与えられる．ここに，温度に関する Heisenberg 表示

$$\left.\begin{aligned} \tilde{a}_{\boldsymbol{k}\sigma}(\tau) &= e^{\tau \mathsf{H}} a_{\boldsymbol{k}\sigma} e^{-\tau \mathsf{H}}, \\ \tilde{a}^{\dagger}_{\boldsymbol{k}\sigma}(\tau) &= e^{\tau \mathsf{H}} a^{\dagger}_{\boldsymbol{k}\sigma} e^{-\tau \mathsf{H}} \end{aligned}\right\} \tag{6.102}$$

における $a^{\dagger}_{\boldsymbol{k}\sigma}$, $a_{\boldsymbol{k}\sigma}$ は電子の生成，消滅演算子である (付録 A).

簡単な例として，自由電子系と自由フォノン系を考えてみよう．

(i) 自由電子系．ハミルトニアンは

$$\left.\begin{aligned} \mathsf{H} = \mathsf{H}_0 &= \textstyle\sum_{\boldsymbol{k},\sigma} \varepsilon_{\boldsymbol{k}} a^{\dagger}_{\boldsymbol{k}\sigma} a_{\boldsymbol{k}\sigma}, \\ \varepsilon_{\boldsymbol{k}} &= \frac{\hbar^2 k^2}{2m} - \mu \end{aligned}\right\} \tag{6.103}$$

である．$\tilde{a}_{\boldsymbol{k}\sigma}(\tau)$ を τ について微分すれば，

$$\frac{d\tilde{a}_{\boldsymbol{k}\sigma}(\tau)}{d\tau} = e^{\tau \mathsf{H}} [\mathsf{H}, a_{\boldsymbol{k}\sigma}]\, e^{-\tau \mathsf{H}} = -\,\varepsilon_{\boldsymbol{k}} \tilde{a}_{\boldsymbol{k}\sigma}(\tau)$$

となる．同様にして，

$$\frac{d\tilde{a}^{\dagger}_{\boldsymbol{k}\sigma}(\tau)}{d\tau} = \varepsilon_{\boldsymbol{k}} \tilde{a}^{\dagger}_{\boldsymbol{k}\sigma}(\tau)$$

である．したがって，自由電子の場合には，

$$\tilde{a}_{\boldsymbol{k}\sigma}(\tau) = a_{\boldsymbol{k}\sigma} e^{-\varepsilon_{\boldsymbol{k}} \tau}, \quad \tilde{a}^{\dagger}_{\boldsymbol{k}\sigma}(\tau) = a^{\dagger}_{\boldsymbol{k}\sigma} e^{\varepsilon_{\boldsymbol{k}} \tau} \tag{6.104}$$

が得られる．(6.104) を (6.101) に代入すれば，

$$G_{\sigma\sigma'}(\boldsymbol{k},\boldsymbol{k}';\tau-\tau') \to \delta_{\sigma\sigma'}\delta_{\boldsymbol{k}\boldsymbol{k}'}G^0(\boldsymbol{k},\tau-\tau'), \tag{6.105}$$

$$\begin{aligned} G^0(\boldsymbol{k},\tau-\tau') &= -\Big\{\theta(\tau-\tau')\langle a_{\boldsymbol{k}\sigma}a^\dagger_{\boldsymbol{k}\sigma}\rangle e^{-\varepsilon_{\boldsymbol{k}}(\tau-\tau')} \\ &\quad -\theta(\tau'-\tau)\langle a^\dagger_{\boldsymbol{k}\sigma}a_{\boldsymbol{k}\sigma}\rangle e^{-\varepsilon_{\boldsymbol{k}}(\tau-\tau')}\Big\} \\ &= -\theta(\tau-\tau')\big[1-f(\varepsilon_{\boldsymbol{k}})\big]\,e^{-\varepsilon_{\boldsymbol{k}}(\tau-\tau')} \\ &\quad +\theta(\tau'-\tau)\,f(\varepsilon_{\boldsymbol{k}})\,e^{-\varepsilon_{\boldsymbol{k}}(\tau-\tau')} \end{aligned} \tag{6.106}$$

となる．ここに，$f(\varepsilon_{\boldsymbol{k}})$ は Fermi 分布関数 (3.20) である．(6.106) のフーリエ変換 (6.97) をとれば，

$$\begin{aligned} G^0(\boldsymbol{k},i\omega_n) &= \frac{1}{2}\bigg\{-\int_0^\beta\big[1-f(\varepsilon_{\boldsymbol{k}})\big]\,e^{(i\omega_n-\varepsilon_{\boldsymbol{k}})(\tau-\tau')}d(\tau-\tau') \\ &\quad +\int_{-\beta}^0 f(\varepsilon_{\boldsymbol{k}})\,e^{(i\omega_n-\varepsilon_{\boldsymbol{k}})(\tau-\tau')}d(\tau-\tau')\bigg\} \\ &= \frac{1}{2}\bigg\{\big[1-f(\varepsilon_{\boldsymbol{k}})\big]\,\frac{1-e^{\beta(i\omega_n-\varepsilon_{\boldsymbol{k}})}}{i\omega_n-\varepsilon_{\boldsymbol{k}}} \\ &\quad + f(\varepsilon_{\boldsymbol{k}})\,\frac{1-e^{-\beta(i\omega_n-\varepsilon_{\boldsymbol{k}})}}{i\omega_n-\varepsilon_{\boldsymbol{k}}}\bigg\} \\ &= \frac{1}{i\omega_n-\varepsilon_{\boldsymbol{k}}} \end{aligned} \tag{6.107}$$

が得られる．ここに，$\omega_n=(2n+1)\pi/\beta$ は松原周波数 (6.98) である．これを複素平面 $\angle z$ 上に解析接続すれば，

$$G^0(\boldsymbol{k},z) = \frac{1}{z-\varepsilon_{\boldsymbol{k}}} \tag{6.108}$$

が得られる．これは実軸上の点 $z=\varepsilon_{\boldsymbol{k}}$ に極をもつ．そして，その極が自由電子系の 1 電子励起エネルギーを与える．この (6.107)，(6.108) の簡単な形は記憶しておこう．それは，摂動展開の各項を演算子 a, $a^\dagger$ の対に分解 (コントラクションという) して 0 次のグリーン関数 G^0 の積で表すので，以後しばしば使われるからである．

(6.107) を (6.95) に代入すれば，

$$G^0(\boldsymbol{k},\tau-\tau') = \beta^{-1}\sum_n \frac{e^{-i\omega_n(\tau-\tau')}}{i\omega_n-\varepsilon_{\boldsymbol{k}}} \tag{6.109}$$

となる．(6.109) が (6.106) に等しいことを複素積分によって示そう．まず，$i\omega_n = (2n+1)\pi i/\beta$ は $e^{\pm\beta z} = -1$ の根，つまり $1/(e^{\pm\beta z}+1)$ の極である．そして，その留数は $\mp\beta^{-1}$ であることに注意しよう．$\tau' - \tau > 0$ と仮定すると，(6.109) は

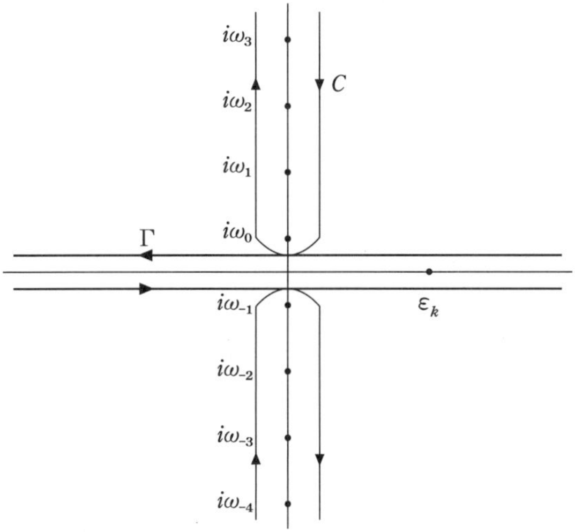

図 **6.1** 複素 z 平面における積分路．

$$G^0(\boldsymbol{k}, \tau - \tau') = \frac{1}{2\pi i}\oint_C \frac{e^{-z(\tau-\tau')}}{z - \varepsilon_{\boldsymbol{k}}} \frac{1}{e^{\beta z}+1}\, dz$$
$$= \frac{1}{2\pi i}\oint_C \frac{1}{(z-\varepsilon_{\boldsymbol{k}})\big(e^{(\beta+\tau-\tau')z} + e^{(\tau-\tau')z}\big)}\, dz$$

と書かれる．この積分路 C は図 6.1 に示される．$(\beta+\tau-\tau')(\tau-\tau') < 0$ であるので，$\Re z = \pm\infty$ の円周上で被積分関数は消える．したがって，C を Γ で置き換えることができる．よって，

$$G^0 = \frac{1}{2\pi i}\oint_\Gamma \frac{e^{-z(\tau-\tau')}}{(z-\varepsilon_{\boldsymbol{k}})(e^{\beta z}+1)}\, dz = \frac{e^{-\varepsilon_{\boldsymbol{k}}(\tau-\tau')}}{e^{\beta\varepsilon_{\boldsymbol{k}}}+1}$$

となる．これは (6.106) の第 2 項である．$\tau - \tau' > 0$ の場合には，

$$G^0(\boldsymbol{k}, \tau - \tau') = -\frac{1}{2\pi i}\oint_C \frac{e^{-z(\tau-\tau')}}{z - \varepsilon_{\boldsymbol{k}}} \frac{1}{e^{-\beta z}+1}\, dz$$
$$= -\frac{1}{2\pi i}\oint_\Gamma \frac{e^{-z(\tau-\tau')}}{(z-\varepsilon_{\boldsymbol{k}})(e^{-\beta z}+1)}\, dz = -\frac{e^{-\varepsilon_{\boldsymbol{k}}(\tau-\tau')}}{e^{-\beta\varepsilon_{\boldsymbol{k}}}+1}$$

となって，(6.106) の第 1 項を与える．

同時刻のグリーン関数 $G^0(\boldsymbol{k}, 0)$ は $\tau' = \tau + 0\,(\tau' > \tau)$ として定義される．

それは同時刻のコントラクションは 1 つの相互作用の上で起こり，このとき $a^\dagger a$ の順序になっているからである．すなわち，

$$
\begin{aligned}
G^0(\boldsymbol{k},0) &= \beta^{-1}\sum_n \frac{e^{i\omega_n 0}}{i\omega_n - \varepsilon_{\boldsymbol{k}}} \\
&= \langle a^\dagger_{\boldsymbol{k}\sigma}(\tau+0)\,a_{\boldsymbol{k}\sigma}(\tau)\rangle \;=\; f(\varepsilon_{\boldsymbol{k}})\,e^{\varepsilon_{\boldsymbol{k}}0}
\end{aligned}
\tag{6.110}
$$

である．

(ii) 自由フォノン系．フォノンの場合，$\langle\mathcal{N}\rangle = N$ の条件がないので $\mu = 0$ である．よって，$\mathsf{H} = \mathcal{H}$，そして (5.88)

$$
\mathcal{H} = \mathcal{H}_0 = \sum_{\boldsymbol{q},\lambda}\hbar\omega_{\boldsymbol{q}\lambda}(b^\dagger_{\boldsymbol{q}\lambda}b_{\boldsymbol{q}\lambda} + \frac{1}{2})
$$

である．個々のフォノン演算子 $b, b^\dagger$ の代わりに

$$
\phi_{\boldsymbol{q}\lambda} = b_{\boldsymbol{q}\lambda} + b^\dagger_{-\boldsymbol{q}\lambda} \tag{6.111}
$$

を用いる．温度に関する Heisenberg 表示 (6.89) は自由フォノンの場合

$$
\tilde{\phi}_{\boldsymbol{q}\lambda}(\tau) = \tilde{b}_{\boldsymbol{q}\lambda}(\tau) + \tilde{b}^\dagger_{-\boldsymbol{q}\lambda}(\tau) = b_{\boldsymbol{q}\lambda}e^{-\hbar\omega_{\boldsymbol{q}\lambda}\tau} + b^\dagger_{-\boldsymbol{q}\lambda}e^{\hbar\omega_{\boldsymbol{q}\lambda}\tau} \tag{6.112}
$$

である．

フォノン・グリーン関数

$$
D(\,;\tau,\tau') \;=\; -\,\langle T\,\tilde{\phi}_{\boldsymbol{q}\lambda}(\tau)\,\tilde{\phi}_{\boldsymbol{q}'\lambda'}(\tau')\rangle \tag{6.113}
$$

を定義すれば，自由フォノン系の場合，

$$
D(\,;\tau,\tau') \to \delta_{\boldsymbol{q},-\boldsymbol{q}'}\delta_{\lambda\lambda'}D^0(\boldsymbol{q}\lambda,\tau-\tau')\,, \tag{6.114}
$$

$$
\begin{aligned}
D^0(\boldsymbol{q}\lambda,\tau-\tau') &= -\,\langle T(b_{\boldsymbol{q}\lambda}e^{-\hbar\omega_{\boldsymbol{q}\lambda}\tau} + b^\dagger_{-\boldsymbol{q}\lambda}e^{\hbar\omega_{\boldsymbol{q}\lambda}\tau}) \\
&\qquad \times(b_{-\boldsymbol{q}\lambda}e^{-\hbar\omega_{\boldsymbol{q}\lambda}\tau'} + b^\dagger_{\boldsymbol{q}\lambda}e^{\hbar\omega_{\boldsymbol{q}\lambda}\tau'})\rangle \\
&= -\,\theta(\tau-\tau')\Big\{\langle b_{\boldsymbol{q}\lambda}b^\dagger_{\boldsymbol{q}\lambda}\rangle e^{-\hbar\omega_{\boldsymbol{q}\lambda}(\tau-\tau')} \\
&\qquad + \langle b^\dagger_{-\boldsymbol{q}\lambda}b_{-\boldsymbol{q}\lambda}\rangle e^{\hbar\omega_{\boldsymbol{q}\lambda}(\tau-\tau')}\Big\} \\
&\quad -\,\theta(\tau'-\tau)\Big\{\langle b_{-\boldsymbol{q}\lambda}b^\dagger_{-\boldsymbol{q}\lambda}\rangle e^{\hbar\omega_{\boldsymbol{q}\lambda}(\tau-\tau')} \\
&\qquad + \langle b^\dagger_{\boldsymbol{q}\lambda}b_{\boldsymbol{q}\lambda}\rangle e^{-\hbar\omega_{\boldsymbol{q}\lambda}(\tau-\tau')}\Big\}
\end{aligned}
\tag{6.115}
$$

である．ここで，熱平衡状態での平均フォノン数

$$\langle b^\dagger_{\boldsymbol{q}\lambda} b_{\boldsymbol{q}\lambda}\rangle = \langle b^\dagger_{-\boldsymbol{q}\lambda} b_{-\boldsymbol{q}\lambda}\rangle = N_0(\boldsymbol{q},\lambda) = \frac{1}{e^{\beta\hbar\omega_{\boldsymbol{q}\lambda}} - 1}$$

は Planck 分布 (5.93) である．

0 次のフォノン・グリーン関数 (6.115) をフーリエ級数

$$D^0(\boldsymbol{q}\lambda, \tau-\tau') = \beta^{-1}\sum_{\ell} D^0(\boldsymbol{q}\lambda, i\nu_\ell)\, e^{-i\nu_\ell(\tau-\tau')}\,, \tag{6.116}$$

$$\nu_\ell = \frac{2\ell\pi}{\beta}\,, \qquad \ell = 0, \pm 1, \pm 2, \cdots$$

に展開する．ここに，ν_ℓ は松原周波数 (6.99) である．(6.116) の逆変換をとれば，

$$\begin{aligned}
D^0(\boldsymbol{q}\lambda, i\nu_\ell) \;&=\; \frac{1}{2}\int_{-\beta}^{\beta} D^0(\boldsymbol{q}\lambda, \tau-\tau')\, e^{i\nu_\ell(\tau-\tau')} d(\tau-\tau') \\
&= \frac{1}{2}\Bigg\{[1+N_0(\boldsymbol{q},\lambda)]\,\frac{1-e^{-\beta\hbar\omega_{\boldsymbol{q}\lambda}}}{i\nu_\ell - \hbar\omega_{\boldsymbol{q}\lambda}} + N_0(\boldsymbol{q},\lambda)\,\frac{1-e^{\beta\hbar\omega_{\boldsymbol{q}\lambda}}}{i\nu_\ell + \hbar\omega_{\boldsymbol{q}\lambda}} \\
&\quad - [1+N_0(\boldsymbol{q},\lambda)]\,\frac{1-e^{-\beta\hbar\omega_{\boldsymbol{q}\lambda}}}{i\nu_\ell + \hbar\omega_{\boldsymbol{q}\lambda}} - N_0(\boldsymbol{q},\lambda)\,\frac{1-e^{\beta\hbar\omega_{\boldsymbol{q}\lambda}}}{i\nu_\ell - \hbar\omega_{\boldsymbol{q}\lambda}}\Bigg\} \\
&= \frac{1}{i\nu_\ell - \hbar\omega_{\boldsymbol{q}\lambda}} - \frac{1}{i\nu_\ell + \hbar\omega_{\boldsymbol{q}\lambda}} \;=\; -\,\frac{2\hbar\omega_{\boldsymbol{q}\lambda}}{\nu_\ell^2 + \hbar^2\omega_{\boldsymbol{q}\lambda}^2}
\end{aligned} \tag{6.117}$$

となる．

6.3.1 スペクトル表示

(6.93) のフーリエ変換 (6.97) をとれば，

$$\begin{aligned}
G(i\omega_\ell) &= \sum_{\alpha',\alpha''} e^{\beta(\varPhi - E')}\frac{1}{2}\Bigg\{-\int_0^{\beta} d\tau \langle\alpha'|A|\alpha''\rangle\langle\alpha''|B|\alpha'\rangle \\
&\quad \times\; e^{(i\omega_\ell + E' - E'')\tau} \\
&\quad \mp \int_{-\beta}^{0} d\tau \langle\alpha'|B|\alpha''\rangle\langle\alpha''|A|\alpha'\rangle e^{(i\omega_\ell - E' + E'')\tau}\Bigg\} \\
&= \sum_{\alpha',\alpha''} e^{\beta(\varPhi - E')}\frac{1}{2}\Bigg\{\langle\alpha'|A|\alpha''\rangle\langle\alpha''|B|\alpha'\rangle\,\frac{1-e^{\beta(i\omega_\ell + E' - E'')}}{i\omega_\ell + E' - E''}
\end{aligned}$$

$$\left.\mp\langle\alpha'|B|\alpha''\rangle\langle\alpha''|A|\alpha'\rangle\,\frac{1-e^{-\beta(i\omega_\ell-E'+E'')}}{i\omega_\ell-E'+E''}\right\}$$

$$=\sum_{\alpha',\alpha''}e^{\beta(\Phi-E')}\langle\alpha'|B|\alpha''\rangle\langle\alpha''|A|\alpha'\rangle\,\frac{e^{\beta(E'-E'')}\mp 1}{i\omega_\ell-(E'-E'')} \tag{6.118}$$

となる．ここに，復号 $\mp$ はそれぞれボゾンおよびフェルミオン演算子の統計性に対応する．(6.118) を複素平面 $\angle z$ 上に解析接続すれば，

$$\left.\begin{aligned}G(z)&=\frac{1}{2\pi}\int_{-\infty}^{\infty}\frac{I(\omega)\big(e^{\beta\omega}\mp 1\big)}{z-\omega}\,d\omega\,,\\ I(\omega)&=\sum_{\alpha',\alpha''}e^{\beta(\Phi-E')}\langle\alpha'|B|\alpha''\rangle\langle\alpha''|A|\alpha'\rangle\\ &\qquad\times 2\pi\delta(\omega-E'+E'')\end{aligned}\right\} \tag{6.119}$$

と表される．ここに，$I(\omega)$ は相関関数 $F_{BA}(t-t')$ のスペクトル強度 (6.17) にほかならない．この形の表示を Lehmann の展開と呼んでいる．複素関数論によれば，$I(\omega)$ が連続関数であれば，(6.119) の $G(z)$ は z の上半面および下半面においてそれぞれ解析関数を与える．

(6.119) を実軸に上側から接近すれば，すなわち $z\to\omega+i\delta\,(\delta=0+)$ とすれば，

$$G(\omega+i\delta)=\frac{1}{2\pi}\int_{-\infty}^{\infty}\frac{I(\omega')\big(e^{\beta\omega'}\mp 1\big)}{\omega-\omega'+i\delta}\,d\omega' \tag{6.120}$$

となる．これを (6.27) と比較すれば，

$$G(\omega+i\delta)\;=\;G^r(\omega) \tag{6.121}$$

が得られる．すなわち，温度グリーン関数のフーリェ変換 $G(i\omega_\ell)$ を解析接続した $G(z)$ において $z\;=\;\omega+i\delta$ とおけば遅延グリーン関数のフーリェ変換 $G^r(\omega)$ が求まる．同様に，(6.119) を実軸の下側から接近，$z\to\omega-i\delta$，すれば，先進グリーン関数

$$G(\omega-i\delta)\;=\;G^a(\omega) \tag{6.122}$$

が得られる．(6.121)，(6.122) は (6.29) にほかならない．つまり，(6.29) の $G(z)$ は温度グリーン関数のフーリェ変換を解析接続することによって具体的な表現を獲得することになる．重要なことは遅延および先進グリーン関数

を求めるには温度グリーン関数をまず求めればよいという 1 つの処方箋が与えられたことである．

6.3.2 摂動論

系のハミルトニアンは相互作用の項を分離して

$$\mathcal{H} = \mathcal{H}_0 + \mathcal{H}_1$$

と書かれる．ここに，相互作用 $\mathcal{H}_1$ が摂動項となる．無摂動ハミルトニアン $\mathcal{H}_0$ の解は得られているとして，問題を $\mathcal{H}_1$ の冪級数に展開して近似解を求める方法が摂動論である．この節では以下 $\mathcal{H}$, $\mathcal{H}_0$ は $-\mu\mathcal{N}$ を含むものとする．すなわち H, H_0 の文字は使わない．

統計演算子 $\exp(-\beta\mathcal{H})$ を

$$e^{-\beta(\mathcal{H}_0+\mathcal{H}_1)} = e^{-\beta\mathcal{H}_0}\mathcal{S}(\beta), \quad \mathcal{S}(0) = 1 \tag{6.123}$$

と書いて，両辺を β について微分すれば，

$$\frac{\partial\mathcal{S}(\beta)}{\partial\beta} = -\mathcal{H}_1(\beta)\,\mathcal{S}(\beta) \tag{6.124}$$

が得られる．ここに，

$$\mathcal{H}_1(\tau) = e^{\tau\mathcal{H}_0}\mathcal{H}_1 e^{-\tau\mathcal{H}_0} \tag{6.125}$$

は "温度に関する相互作用表示" である．(6.124) を初期条件 $\mathcal{S}(0) = 1$ のもとに積分すれば，

$$\mathcal{S}(\beta) = 1 - \int_0^\beta \mathcal{H}_1(\tau)\,\mathcal{S}(\tau)\,d\tau \tag{6.126}$$

となる．これを反復すれば，

$$\begin{aligned}\mathcal{S}(\beta) &= 1 - \int_0^\beta d\tau_1\mathcal{H}_1(\tau_1) + \int_0^\beta d\tau_1\int_0^{\tau_1} d\tau_2\mathcal{H}_1(\tau_1)\mathcal{H}_1(\tau_2) - \cdots \\ &= \sum_{n=0}^\infty \frac{(-1)^n}{n!}\int_0^\beta d\tau_1\cdots\int_0^\beta d\tau_n\mathcal{P}[\mathcal{H}_1(\tau_1)\cdots\mathcal{H}_1(\tau_n)]\end{aligned} \tag{6.127}$$

と書かれる．ここに，$\mathcal{P}$ は Dyson の $\mathcal{P}$ 記号で，$\mathcal{H}_1(\tau_1)\,\mathcal{H}_1(\tau_2)\cdots$ を $\tau_i(i = 1, 2, \cdots, n)$ の大きい順に左から並べる操作を意味する．例えば，

$$\mathcal{P}[\mathcal{H}_1(\tau_1)\,\mathcal{H}_1(\tau_2)] = \theta(\tau_1-\tau_2)\,\mathcal{H}_1(\tau_1)\,\mathcal{H}_1(\tau_2) + \theta(\tau_2-\tau_1)\,\mathcal{H}_1(\tau_2)\,\mathcal{H}_1(\tau_1)\,,$$

$$\int_0^\beta d\tau_1\int_0^\beta d\tau_2\mathcal{P}[\mathcal{H}_1(\tau_1)\,\mathcal{H}_1(\tau_2)] = \int_0^\beta d\tau_1\int_0^{\tau_1} d\tau_2\mathcal{H}_1(\tau_1)\,\mathcal{H}_1(\tau_2)$$

$$+\int_0^\beta d\tau_2\int_0^{\tau_2} d\tau_1\mathcal{H}_1(\tau_2)\,\mathcal{H}_1(\tau_1) = 2\int_0^\beta d\tau_1\int_0^{\tau_1} d\tau_2\mathcal{H}_1(\tau_1)\,\mathcal{H}_1(\tau_2)$$

である．電子数を保存する相互作用 $\mathcal{H}_1(\tau)$ は $a_{\boldsymbol{k}\sigma}(\tau)$, $a^\dagger_{\boldsymbol{k}\sigma}(\tau)$ を対で含むので，(6.127) の $\mathcal{P}$ 記号を Wick の T 記号に換えてよい．したがって，

$$\mathcal{S}(\beta) = \sum_{n=0}^{\infty}\frac{(-1)^n}{n!}\int_0^\beta d\tau_1\cdots\int_0^\beta d\tau_n T[\mathcal{H}_1(\tau_1)\cdots\mathcal{H}_1(\tau_n)]$$

$$\equiv T\,\exp\Big[-\int_0^\beta \mathcal{H}_1(\tau)\,d\tau\Big] \tag{6.128}$$

と書かれる．この第2式は，非可換な変数の積からなる級数を可換な場合にそれに移行する指数関数を用いて記号的に表したもので，“ordered exponential” と呼ばれる．

大きい状態和 Z は (6.123) を用いて，

$$Z = \mathrm{Tr}\,e^{-\beta\mathcal{H}_0}\mathcal{S}(\beta) = Z_0\langle\mathcal{S}(\beta)\rangle_0 \tag{6.129}$$

となる．ここに，Z_0 および $\langle\cdots\rangle_0$ はそれぞれ無摂動系における状態和と平均

$$Z_0 = \mathrm{Tr}\,e^{-\beta\mathcal{H}_0}\,, \tag{6.130}$$

$$\langle Q\rangle_0 = Z_0^{-1}\mathrm{Tr}\,e^{-\beta\mathcal{H}_0}Q \tag{6.131}$$

である．(6.128) を (6.129) に代入して log をとれば熱力学的ポテンシャル Φ の摂動展開が得られ，熱平衡状態での諸量の摂動計算が可能になるが，ここでは輸送係数などの動的な量の計算に関心があるので直接にグリーン関数の摂動展開に進もう．

1電子温度グリーン関数 (6.101) の摂動展開を例としてとりあげよう．電子演算子の “Heisenberg” 表示は

$$\tilde{a}_{\boldsymbol{k}\sigma}(\tau) = e^{\tau(\mathcal{H}_0+\mathcal{H}_1)}a_{\boldsymbol{k}\sigma}e^{-\tau(\mathcal{H}_0+\mathcal{H}_1)}$$

$$= \mathcal{S}(\tau)^{-1} e^{\tau\mathcal{H}_0} a_{\boldsymbol{k}\sigma} e^{-\tau\mathcal{H}_0} \mathcal{S}(\tau)$$

$$= \mathcal{S}(\tau)^{-1} a_{\boldsymbol{k}\sigma}(\tau)\, \mathcal{S}(\tau) \tag{6.132}$$

と書かれる．ここに，$a_{\boldsymbol{k}\sigma}(\tau)$ は "相互作用表示"

$$a_{\boldsymbol{k}\sigma}(\tau) \;=\; e^{\tau\mathcal{H}_0} a_{\boldsymbol{k}\sigma} e^{-\tau\mathcal{H}_0} \tag{6.133}$$

である．いま，$\tau > \tau'$ とすると，(6.132) を (6.101) に代入して

$$\begin{aligned} G(\,;\tau-\tau') \;=&\; -Z^{-1}\mathrm{Tr}\big[e^{-\beta(\mathcal{H}_0+\mathcal{H}_1)} \tilde{a}_{\boldsymbol{k}\sigma}(\tau)\, \tilde{a}^{\dagger}_{\boldsymbol{k}'\sigma'}(\tau')\big] \\ =&\; -Z_0^{-1}\langle\mathcal{S}(\beta)\rangle_0^{-1}\mathrm{Tr}\big[e^{-\beta\mathcal{H}_0}\mathcal{S}(\beta)\mathcal{S}(\tau)^{-1}a_{\boldsymbol{k}\sigma}(\tau)\mathcal{S}(\tau) \\ &\times\mathcal{S}(\tau')^{-1}a^{\dagger}_{\boldsymbol{k}'\sigma'}(\tau')\,\mathcal{S}(\tau')\big] \\ =&\; -Z_0^{-1}\langle\mathcal{S}(\beta)\rangle_0^{-1}\mathrm{Tr}\big[e^{-\beta\mathcal{H}_0}\mathcal{S}(\beta,\tau)\, a_{\boldsymbol{k}\sigma}(\tau) \\ &\times\mathcal{S}(\tau,\tau')\, a^{\dagger}_{\boldsymbol{k}'\sigma'}(\tau')\mathcal{S}(\tau',0)\big] \end{aligned} \tag{6.134}$$

と書かれる．ただし，ここに

$$\mathcal{S}(\tau,\tau') \;=\; \mathcal{S}(\tau)\,\mathcal{S}(\tau')^{-1}, \quad \mathcal{S}(\tau',\tau') \;=\; 1 \tag{6.135}$$

を定義した．(6.124) を参照して，これを τ について微分すると

$$\frac{\partial\mathcal{S}(\tau,\tau')}{\partial\tau} \;=\; -\,\mathcal{H}_1(\tau)\,\mathcal{S}(\tau,\tau') \tag{6.136}$$

となる．よって，$\mathcal{S}(\beta)$ の展開と同様にして

$$\mathcal{S}(\tau,\tau') \;=\; T\,\exp\Big[-\int_{\tau'}^{\tau}\mathcal{H}_1(\tau_1)\,d\tau_1\Big] \tag{6.137}$$

が得られる．これを (6.134) に代入すれば，その $\mathrm{Tr}[\cdots]$ 部分は

$$\begin{aligned} \mathrm{Tr}\Big[e^{-\beta\mathcal{H}_0}T\big(e^{-\int_{\tau}^{\beta}\mathcal{H}_1(\tau_1)\,d\tau_1}\big)\,a_{\boldsymbol{k}\sigma}(\tau)\,T\big(e^{-\int_{\tau'}^{\tau}\mathcal{H}_1(\tau_1)\,d\tau_1}\big) \\ \times\, a^{\dagger}_{\boldsymbol{k}'\sigma'}(\tau')\,T\big(e^{-\int_0^{\tau'}\mathcal{H}_1(\tau_1)\,d\tau_1}\big)\Big] \end{aligned}$$

となる．これは 1 つの T 記号の中にまとめて書けるから，

$$\begin{aligned} &Z_0\langle T\big(e^{-\int_0^{\beta}\mathcal{H}_1(\tau_1)\,d\tau_1}a_{\boldsymbol{k}\sigma}(\tau)\,a^{\dagger}_{\boldsymbol{k}'\sigma'}(\tau')\big)\rangle_0 \\ &=\; Z_0\langle T\big[\mathcal{S}(\beta)\,a_{\boldsymbol{k}\sigma}(\tau)\,a^{\dagger}_{\boldsymbol{k}'\sigma'}(\tau')\big]\rangle_0 \end{aligned} \tag{6.138}$$

となる．この結果は $\tau' > \tau$ のときにもそのまま成立する．したがって，(6.137) を (6.134) に代入したものを (6.101) の展開式とすることができる．$\mathcal{S}(\beta)$ の摂動展開 (6.128) を用いれば，温度グリーン関数の摂動展開

$$\begin{aligned} G(\ ;\tau-\tau') &= -\langle T\big[\mathcal{S}(\beta)\, a_{\boldsymbol{k}\sigma}(\tau)\, a^{\dagger}_{\boldsymbol{k}'\sigma'}(\tau')\big]\rangle_0/\langle\mathcal{S}(\beta)\rangle_0 \\ &= -\sum_{n=0}^{\infty}\frac{(-1)^n}{n!}\int_0^{\beta}d\tau_1\cdots\int_0^{\beta}d\tau_n\langle T\big[\mathcal{H}_1(\tau_1)\cdots\mathcal{H}_1(\tau_n) \\ &\qquad \times a_{\boldsymbol{k}\sigma}(\tau)\, a^{\dagger}_{\boldsymbol{k}'\sigma'}(\tau')\big]\rangle_0/\langle\mathcal{S}(\beta)\rangle_0 \end{aligned} \tag{6.139}$$

が得られる．

6.3.3　不純物散乱 (ダイヤグラム法)

ランダム分布して静止する不純物原子の位置を $\boldsymbol{R}_\lambda\ (\lambda = 1, 2, \cdots, N_i)$，電子の位置を $\boldsymbol{r}_i\ (i = 1, 2, \cdots, N)$ とする．1 つの不純物原子が電子におよぼすポテンシャルエネルギーを u とするとき，電子・不純物相互作用は

$$\mathcal{H}_1 = \sum_i\sum_\lambda u(\boldsymbol{r}_i - \boldsymbol{R}_\lambda) = \sum_i U(\boldsymbol{r}_i) = \int U(\boldsymbol{r})\,\rho(\boldsymbol{r})\,d\boldsymbol{r} \tag{6.140}$$

と書かれる．ここに，

$$\left.\begin{aligned} U(\boldsymbol{r}) = \sum_\lambda u(\boldsymbol{r}-\boldsymbol{R}_\lambda) &= \int u(\boldsymbol{r}-\boldsymbol{R})\,\xi(\boldsymbol{R})\,d\boldsymbol{R}, \\ \xi(\boldsymbol{R}) &= \sum_\lambda \delta(\boldsymbol{R}-\boldsymbol{R}_\lambda) \end{aligned}\right\} \tag{6.141}$$

は位置 $\boldsymbol{r}$ にある 1 個の電子に不純物全部がおよぼすポテンシャルエネルギーであり，$\rho(\boldsymbol{r})$ は電子数密度 (7.7)

$$\rho(\boldsymbol{r}) = \sum_i \delta(\boldsymbol{r}-\boldsymbol{r}_i) = V^{-1}\sum_{\boldsymbol{q}}\rho_{\boldsymbol{q}}e^{i\boldsymbol{q}\cdot\boldsymbol{r}}$$

である．(6.141) の $\xi(\boldsymbol{R})$ は不純物数密度である．そして，$U(\boldsymbol{r})$ のフーリェ展開とそのフーリェ係数は

$$U(\boldsymbol{r}) = V^{-1}\sum_{\boldsymbol{q}} U_{\boldsymbol{q}}e^{i\boldsymbol{q}\cdot\boldsymbol{r}}, \tag{6.142}$$

$$U_{\boldsymbol{q}} = \int U(\boldsymbol{r})\, e^{-i\boldsymbol{q}\cdot\boldsymbol{r}} d\boldsymbol{r} \;=\; u_{\boldsymbol{q}}\xi_{\boldsymbol{q}} \tag{6.143}$$

で与えられる．ここに，

$$u_{\boldsymbol{q}} = \int u(\boldsymbol{r})\, e^{-i\boldsymbol{q}\cdot\boldsymbol{r}} d\boldsymbol{r}\,, \tag{6.144}$$

$$\xi_{\boldsymbol{q}} = \int \xi(\boldsymbol{R})\, e^{-i\boldsymbol{q}\cdot\boldsymbol{R}} d\boldsymbol{R} \;=\; \sum_{\lambda} e^{-i\boldsymbol{q}\cdot\boldsymbol{R}_\lambda} \tag{6.145}$$

はそれぞれuおよびξのフーリェ成分である．U_0 ($\boldsymbol{q}=0$成分)，

$$U_0 = u_0\xi_0 = N_i \int u(\boldsymbol{r})\, d\boldsymbol{r} = \text{一定}$$

は電子エネルギーの原点を変えるだけですむので，$\boldsymbol{q}=0$の項は除いておく．こうして，相互作用のエネルギー (6.140) はフーリェ展開 (6.142) を用いれば，

$$\mathcal{H}_1 \;=\; V^{-1} \sum_{\boldsymbol{q}\neq 0} U_{\boldsymbol{q}} \rho_{-\boldsymbol{q}} \tag{6.146}$$

となる．この式で (A.57) $\rho_{-\boldsymbol{q}} = \sum_{\boldsymbol{k},\sigma} a^\dagger_{\boldsymbol{k}+\boldsymbol{q}\,\sigma} a_{\boldsymbol{k}\sigma}$ とおけば第 2 量子化の形式が得られる．系のハミルトニアンは

$$\left.\begin{aligned} \mathcal{H} \;&=\; \mathcal{H}_0 \,+\, \mathcal{H}_1\,, \\ \mathcal{H}_0 \;&=\; \sum_{\boldsymbol{k},\sigma} \varepsilon_{\boldsymbol{k}} a^\dagger_{\boldsymbol{k}\sigma} a_{\boldsymbol{k}\sigma}\,, \\ \mathcal{H}_1 \;&=\; V^{-1} \sum_{\boldsymbol{q}\neq 0} \sum_{\boldsymbol{k},\sigma} U_{\boldsymbol{q}} a^\dagger_{\boldsymbol{k}+\boldsymbol{q}\,\sigma} a_{\boldsymbol{k}\sigma} \end{aligned}\right\} \tag{6.147}$$

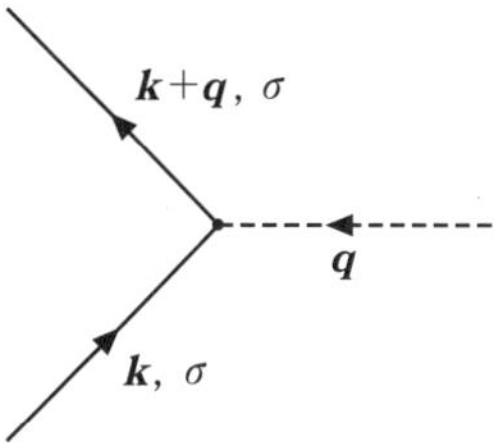

図 **6.2** 電子・不純物相互作用．

となる．図 6.2 のように相互作用をグラフで表すと，バーテックス (節点) において波数$\boldsymbol{k}$，スピンσの電子 (電子線で表す) が不純物ポテンシャル$U_{\boldsymbol{q}}$ (点線で表す) によって散乱されて消滅し，波数$\boldsymbol{k}+\boldsymbol{q}$，スピン$\sigma$の電子となって生成される過程を簡明に示すことができる．相互作用において波数 (運動量) が保存される．不純物との衝突は弾性衝突で (5.123) の遷移確率を計算すれば$\delta(E_{\boldsymbol{k}+\boldsymbol{q}} - E_{\boldsymbol{k}})$の因子がつく．

空間的に一様で並進対称性があれば，座標表示で書かれたグリーン関数は$\boldsymbol{r}-\boldsymbol{r}'$のみの関数であって，波数 (運動量) 表示のグリーン関数は対角的 ($\boldsymbol{k} =$

$\boldsymbol{k}'$) になる．しかし，不純物原子のランダム分布のため (6.147) の $\mathcal{H}_1$ は並進対称性を有しない．したがって，波数表示のグリーン関数は非対角的であって (6.101) のままである．

グリーン関数の摂動展開 (6.139) は (6.147) の $\mathcal{H}_1$ を代入して

$$\begin{aligned} G_{\sigma\sigma'}(\boldsymbol{k},\boldsymbol{k}';\tau-\tau') &= -\langle\mathcal{S}(\beta)\rangle_0^{-1}\sum_{n=0}^{\infty}\frac{(-1)^n}{n!}\int_0^{\beta}d\tau_1\cdots\int_0^{\beta}d\tau_n \\ &\times V^{-n}\sum_{\{\sigma_i\}}\sum_{\{\boldsymbol{q}_i\}}\sum_{\{\boldsymbol{k}_i'=\boldsymbol{k}_i+\boldsymbol{q}_i\}} U_{\boldsymbol{q}_1}\cdots U_{\boldsymbol{q}_n} \\ &\times \langle T\, a^{\dagger}_{\boldsymbol{k}_1'\sigma_1}(\tau_1)\, a_{\boldsymbol{k}_1\sigma_1}(\tau_1)\cdots a^{\dagger}_{\boldsymbol{k}_n'\sigma_n}(\tau_n)\, a_{\boldsymbol{k}_n\sigma_n}(\tau_n) \\ &\times a_{\boldsymbol{k}\sigma}(\tau)\, a^{\dagger}_{\boldsymbol{k}'\sigma'}(\tau')\rangle_0 \end{aligned} \tag{6.148}$$

となる．以下にこの展開の各項を調べよう．

まず，$n=0$，すなわち $\mathcal{H}_1$ について 0 次の項は

$$\begin{aligned} G^{(0)}_{\sigma\sigma'}(\boldsymbol{k},\boldsymbol{k}';\tau-\tau') &= -\langle T\, a_{\boldsymbol{k}\sigma}(\tau)\, a^{\dagger}_{\boldsymbol{k}'\sigma'}(\tau')\rangle_0 \\ &= \delta_{\sigma\sigma'}\delta_{\boldsymbol{k}\boldsymbol{k}'}G^0(\boldsymbol{k},\tau-\tau') \end{aligned} \tag{6.149}$$

となる．ここに，$G^0(\boldsymbol{k},\tau-\tau')$ は (6.106) に与えられている．

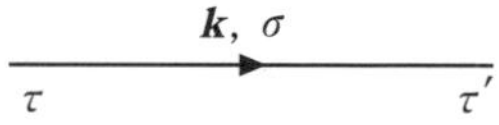

図 **6.3** 0 次の温度グリーン関数.

摂動展開の各項を Feynman ダイヤグラムと呼ばれる図形に対応させる有効な便法がある．(6.149) は τ から τ' に向けて引いた 1 本の実線に対応させる (図 6.3)．これに波数 $\boldsymbol{k}$，スピン σ を付与して 0 次のグリーン関数を表す．この実線を電子線と呼ぶ．$\tau' > \tau$ (これを時間とすると τ' が τ より前と思うが，実線を単に座標軸とせよ．) とすれば，グリーン関数は $\langle a^{\dagger}_{\boldsymbol{k}\sigma}(\tau')\, a_{\boldsymbol{k}\sigma}(\tau)\rangle_0$ である．これは電子 (空孔) が τ から τ' のあいだ状態 $(\boldsymbol{k},\sigma)$ に存在する確率振幅の統計平均を意味する．この意味でグリーン関数を伝播関数とも呼ぶ.

つぎに，$n=1$，すなわち $\mathcal{H}_1$ について 1 次の項を考えよう．(6.148) の分子から

$$\begin{aligned} -(-1)\int_0^{\beta}d\tau_1 V^{-1}\sum_{\boldsymbol{q}_1,\boldsymbol{k}_1,\sigma_1} U_{\boldsymbol{q}_1}\langle T\, a^{\dagger}_{\boldsymbol{k}_1+\boldsymbol{q}_1\sigma_1}(\tau_1)\, a_{\boldsymbol{k}_1\sigma_1}(\tau_1) \\ \times a_{\boldsymbol{k}\sigma}(\tau)\, a^{\dagger}_{\boldsymbol{k}'\sigma'}(\tau')\rangle_0 \end{aligned} \tag{6.150}$$

がでる．この式のT積の平均値をWickの定理 (Bloch-DeDominicisの定理) によって分解すれば，

$$
\begin{aligned}
&\langle T\, a^{\dagger}_{\boldsymbol{k}_1+\boldsymbol{q}_1\sigma_1}(\tau_1)\, a_{\boldsymbol{k}_1\sigma_1}(\tau_1)\, a_{\boldsymbol{k}\sigma}(\tau)\, a^{\dagger}_{\boldsymbol{k}'\sigma'}(\tau')\rangle_0 \\
&\quad = \langle T\, a_{\boldsymbol{k}\sigma}(\tau)\, a^{\dagger}_{\boldsymbol{k}_1+\boldsymbol{q}_1\sigma_1}(\tau_1)\rangle_0 \langle T\, a_{\boldsymbol{k}_1\sigma_1}(\tau_1)\, a^{\dagger}_{\boldsymbol{k}'\sigma'}(\tau')\rangle_0 \\
&\qquad + \langle T\, a^{\dagger}_{\boldsymbol{k}_1+\boldsymbol{q}_1\sigma_1}(\tau_1)\, a_{\boldsymbol{k}_1\sigma_1}(\tau_1)\rangle_0 \langle T\, a_{\boldsymbol{k}\sigma}(\tau)\, a^{\dagger}_{\boldsymbol{k}'\sigma'}(\tau')\rangle_0
\end{aligned}
\tag{6.151}
$$

が得られる．Wickの定理によれば，演算子のT積$\langle T\, a^{\dagger}a\cdots aa^{\dagger}\rangle_0$をすべての可能な対の積$\{\langle Taa^{\dagger}\rangle_0\langle Ta^{\dagger}a\rangle_0\cdots\}$の総和で与えることができる．対$\langle Taa^{\dagger}\rangle_0$を作ることをコントラクション (縮約) という．1つのコントラクションを作るのにフェルミオン演算子の奇置換が要求される場合に負符号 (−) がつく．(6.151) の右辺を0次のグリーン関数を用いて書けば，

$$
\begin{aligned}
&\langle T\, a^{\dagger}_{\boldsymbol{k}_1+\boldsymbol{q}_1\sigma_1}(\tau_1)\, a_{\boldsymbol{k}_1\sigma_1}(\tau_1)\, a_{\boldsymbol{k}\sigma}(\tau)\, a^{\dagger}_{\boldsymbol{k}'\sigma'}(\tau')\rangle_0 \\
&\quad = \delta_{\sigma,\sigma_1}\delta_{\sigma_1\sigma'}\delta_{\boldsymbol{k},\boldsymbol{k}_1+\boldsymbol{q}_1}\delta_{\boldsymbol{k}_1\boldsymbol{k}'}G^0(\boldsymbol{k},\tau-\tau_1)\, G^0(\boldsymbol{k}',\tau_1-\tau') \\
&\qquad - \delta_{\sigma\sigma'}\delta_{\boldsymbol{k}_1,\boldsymbol{k}_1+\boldsymbol{q}_1}\delta_{\boldsymbol{k}\boldsymbol{k}'}G^0(\boldsymbol{k}_1,0)\, G^0(\boldsymbol{k},\tau-\tau')
\end{aligned}
\tag{6.152}
$$

となる．ここに，同時刻のグリーン関数$G^0(\boldsymbol{k}_1,0)$については (6.110) に与えられている．(6.152) を (6.150) に代入すれば，

$$
\begin{aligned}
&\int_0^{\beta} d\tau_1 \delta_{\sigma\sigma'}\big\{G^0(\boldsymbol{k},\tau-\tau_1)\, V^{-1}U_{\boldsymbol{k}-\boldsymbol{k}'}G^0(\boldsymbol{k}',\tau_1-\tau') \\
&\qquad - \delta_{\boldsymbol{k}\boldsymbol{k}'}G^0(\boldsymbol{k},\tau-\tau')\, V^{-1}U_0 \sum_{\boldsymbol{k}_1,\sigma_1} G^0(\boldsymbol{k}_1,0)\big\}
\end{aligned}
\tag{6.153}
$$

となる．(6.153) の第1, 2項に対応するダイヤグラムはそれぞれ図6.4の (a) および (b) である．

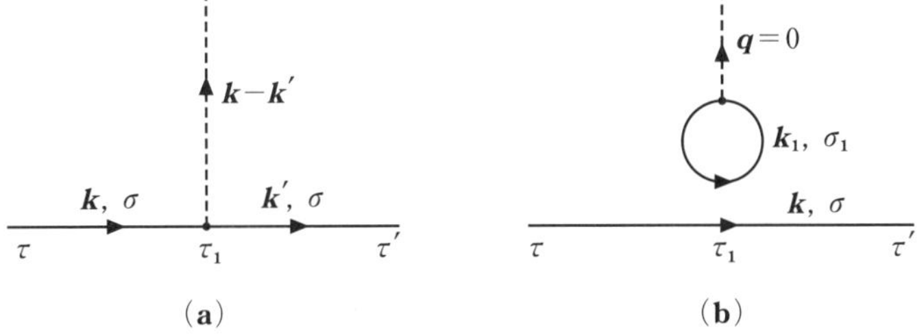

図 **6.4** 1次のグリーン関数; (a) 連結図形, (b) 非連結図形.

実線 (電子線) は示された波数，スピンをもつ 0 次のグリーン関数である．時刻 τ_1 にバーテックスにおいて不純物ポテンシャル $U_{\boldsymbol{q}}$ と相互作用する．そして，破線は $U_{\boldsymbol{q}}/V$ に対応する．相互作用において波数の保存則が成立する．図 a, b の相違に注目しよう．図 a はひとつながりの図形，つまりリンクしたダイヤグラム (linked diagram) であり，これに対して図 b は離れた 2 つの部分からなる図形，すなわちリンクしていないダイヤグラム (unlinked diagram) である．この 2 種類のダイヤグラムは一般の展開項において現れる．いまの不純物散乱の場合，U_0 は除かれているので，図 b は存在しないのであるが，一般論のために図 b を議論の中に入れておこう．

他方，$\mathcal{H}_1$ の 1 次の項は (6.148) の分母の $\langle\mathcal{S}(\beta)\rangle_0$ の展開 (6.128)

$$\begin{aligned}\langle\mathcal{S}(\beta)\rangle_0 &= 1 - \int_0^\beta d\tau_1 \sum_{\boldsymbol{q}_1,\boldsymbol{k}_1,\sigma_1} V^{-1}U_{\boldsymbol{q}_1}\langle T\, a^\dagger_{\boldsymbol{k}_1+\boldsymbol{q}_1\sigma_1}(\tau_1)\, a_{\boldsymbol{k}_1\sigma_1}(\tau_1)\rangle_0 \\ &\quad + \cdots \\ &= 1 - \int_0^\beta d\tau_1 \sum_{\boldsymbol{k}_1,\sigma_1} V^{-1}U_0 G^0(\boldsymbol{k}_1, 0) + \cdots \end{aligned} \tag{6.154}$$

の第 2 項からもくる．すなわち，この第 2 項の符号を変えたものと分子の 0 次のグリーン関数との積が展開項の 1 次の項の中に入ってくる．そして，これは (6.153) の第 2 項をちょうど打ち消す．ダイヤグラムでいえば，リンクしていない図 b のダイヤグラムは摂動展開の中で打ち消し合ってしまう．(この事実は 2 次以上の項についても成立する.)　結局，1 次の項は (6.148) の分子のリンクしたダイヤグラム a からの寄与，

$$\begin{aligned} G^{(1)}_{\sigma\sigma'}(\boldsymbol{k},\boldsymbol{k}';\tau-\tau') = \delta_{\sigma\sigma'}\int_0^\beta d\tau_1 G^0(\boldsymbol{k},\tau-\tau_1) \\ \times V^{-1}U_{\boldsymbol{k}-\boldsymbol{k}'}G^0(\boldsymbol{k}',\tau_1-\tau') \end{aligned} \tag{6.155}$$

のみとなる．

$n=2$，$\mathcal{H}_1$ について 2 次の項はまず (6.148) の分子から

$$\begin{aligned} &-\frac{(-1)^2}{2!}\int_0^\beta d\tau_1\int_0^\beta d\tau_2 V^{-2} \sum_{\boldsymbol{q}_1,\boldsymbol{k}_1,\sigma_1}\sum_{\boldsymbol{q}_2,\boldsymbol{k}_2,\sigma_2} U_{\boldsymbol{q}_1}U_{\boldsymbol{q}_2} \\ &\times\langle T\, a^\dagger_{\boldsymbol{k}_1+\boldsymbol{q}_1\sigma_1}(\tau_1)\, a_{\boldsymbol{k}_1\sigma_1}(\tau_1)\, a^\dagger_{\boldsymbol{k}_2+\boldsymbol{q}_2\sigma_2}(\tau_2)\, a_{\boldsymbol{k}_2\sigma_2}(\tau_2) \\ &\times a_{\boldsymbol{k}\sigma}(\tau)\, a^\dagger_{\boldsymbol{k}'\sigma'}(\tau')\rangle_0 \end{aligned} \tag{6.156}$$

がでる．この式の T 積の期待値は，部分的にコントラクションをとって

$$\begin{aligned}
&\langle T\, a_{\boldsymbol{k}\sigma}(\tau)\, a^{\dagger}_{\boldsymbol{k}_1+\boldsymbol{q}_1\sigma_1}(\tau_1)\rangle_0 \langle T a_{\boldsymbol{k}_1\sigma_1}(\tau_1)\, a^{\dagger}_{\boldsymbol{k}_2+\boldsymbol{q}_2\sigma_2}(\tau_2)\rangle_0 \\
&\quad \times\ \langle T\, a_{\boldsymbol{k}_2\sigma_2}(\tau_2)\, a^{\dagger}_{\boldsymbol{k}'\sigma'}(\tau')\rangle_0 + (\tau_1 \leftrightarrow \tau_2) \\
&+ \langle T\, a^{\dagger}_{\boldsymbol{k}_1+\boldsymbol{q}_1\sigma_1}(\tau_1)\, a_{\boldsymbol{k}_1\sigma_1}(\tau_1)\, a^{\dagger}_{\boldsymbol{k}_2+\boldsymbol{q}_2\sigma_2}(\tau_2)\, a_{\boldsymbol{k}_2\sigma_2}(\tau_2)\rangle_0 \\
&\quad \times\ \langle T\, a_{\boldsymbol{k}\sigma}(\tau)\, a^{\dagger}_{\boldsymbol{k}'\sigma'}(\tau')\rangle_0 + \langle T\, a^{\dagger}_{\boldsymbol{k}_1+\boldsymbol{q}_1\sigma_1}(\tau_1)\, a_{\boldsymbol{k}_1\sigma_1}(\tau_1)\rangle_0 \\
&\quad \times\ \langle T\, a^{\dagger}_{\boldsymbol{k}_2+\boldsymbol{q}_2\sigma_2}(\tau_2)\, a_{\boldsymbol{k}_2\sigma_2}(\tau_2)\, a_{\boldsymbol{k}\sigma}(\tau)\, a^{\dagger}_{\boldsymbol{k}'\sigma'}(\tau')\rangle_0 + (\tau_1 \leftrightarrow \tau_2)
\end{aligned} \tag{6.157}$$

と分解される．ここに，$(\tau_1 \leftrightarrow \tau_2)$ はその直前の項の τ_1 の演算子と τ_2 の演算子とを交換した項を意味する．(6.157) の第 1，2 項はそれぞれリンクしたダイヤグラム図 6.5 の (a) および (b) に導く．

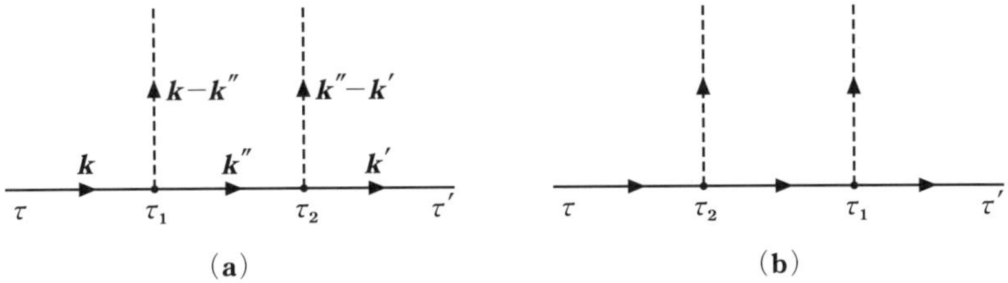

図 **6.5** 2 次のグリーン関数に対応する連結図形.

τ_1, τ_2 に関する積分があるので，図 6.5 の両者は等しい寄与を与える．したがって，第 1 項のみをとって数因子の中の 1/2! を忘れてよい．(6.157) の第 3 項は，先頭の T 積に対して可能なコントラクションの積の和に分解すれば，図 6.6 の 2 つのダイヤグラムになる．この第 3 項は分母の $\langle \mathcal{S}(\beta)\rangle_0$ から

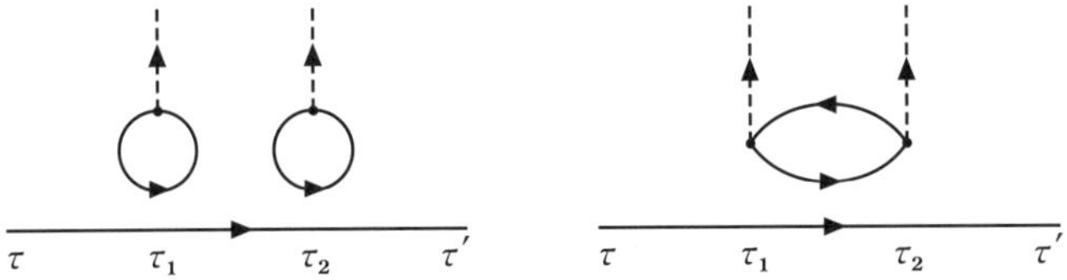

図 **6.6** 2 次の非連結図形の例.

くる 2 次の項と分子の 0 次の項との積から生ずる項によって打ち消される．第 4，5 項についても数因子を忘れて一方 (4 項) だけをとればよい．この項

からの (6.156) への寄与は 1 次のグリーン関数 $G^{(1)}$ と $\langle\mathcal{S}(\beta)\rangle_0$ の 1 次の項との積の形になっている．したがって，これは分母からくる $\mathcal{S}(\beta)\rangle_0^{-1}$ の 1 次の項と分子の 1 次の項 $G^{(1)}$ との積から生じる項によって打ち消される．結局，展開 (6.148) の 2 次の項は分子のリンクしたダイヤグラムからの寄与のみとなって，

$$G^{(2)}_{\sigma\sigma'}(\boldsymbol{k},\boldsymbol{k}';\tau-\tau') = \delta_{\sigma\sigma'}\int_0^\beta d\tau_1\int_0^\beta d\tau_2\sum_{\boldsymbol{k}''}G^0(\boldsymbol{k},\tau-\tau_1)$$
$$\times V^{-1}U_{\boldsymbol{k}-\boldsymbol{k}''}\,G^0(\boldsymbol{k}'',\tau_1-\tau_2)\,V^{-1}U_{\boldsymbol{k}''-\boldsymbol{k}'}G^0(\boldsymbol{k}',\tau_2-\tau') \quad (6.158)$$

と書かれる．

さらに高次の項に対しても上と同様な手続きが成立することが理解されよう．すなわち，(6.148) の計算においては，分子のリンクしていないダイヤグラムからの寄与は分母からの寄与によって打ち消されるので，分子の展開項のリンクしたダイヤグラムからの寄与のみを考慮すればよい．よって，

$$G_{\sigma\sigma'}(\boldsymbol{k},\boldsymbol{k}';\tau-\tau') = -\sum_{n=0}^{\infty}\frac{(-1)^n}{n!}\int_0^\beta d\tau_1\cdots\int_0^\beta d\tau_n$$
$$\times V^{-n}\sum_{\{\sigma_i\}}\sum_{\{\boldsymbol{q}_i\}}\sum_{\{\boldsymbol{k}'_i=\boldsymbol{k}_i+\boldsymbol{q}_i\}}U_{\boldsymbol{q}_1}\cdots U_{\boldsymbol{q}_n}$$
$$\times \langle T\,a^\dagger_{\boldsymbol{k}'_1\sigma_1}(\tau_1)\,a_{\boldsymbol{k}_1\sigma_1}(\tau_1)\cdots a^\dagger_{\boldsymbol{k}'_n\sigma_n}(\tau_n)\,a_{\boldsymbol{k}_n\sigma_n}(\tau_n)$$
$$\times a_{\boldsymbol{k}\sigma}(\tau)\,a^\dagger_{\boldsymbol{k}'\sigma'}(\tau')\rangle_{0\mathrm{L}} \quad (6.159)$$

が得られる．ここに，T 積の期待値に付けた L はリンクした図形をのみとることを意味する．これを連結図形展開定理 (Linked diagram expansion theorem) という．

n 次の Feynman ダイヤグラムを作ってグリーン関数への寄与を求めるときの規則はつぎのようになる：

1^0 (虚時間) τ から始まって τ' に終わる 1 本の実線上に座標 $\tau<\tau_1<\tau_2<\cdots<\tau_n<\tau'$ をもつ n 個のバーテックス (節点) をとり，各バーテックスからそれぞれ 1 本の破線を立てる．ここに，バーテックスによって分けられた $n+1$ 本の実線 (電子線) と n 本の破線ができる．

2^0 n 本の各破線 $(\tau_i;\,i=1,\cdots,n)$ にそれぞれ $-U_{\boldsymbol{q}_i}/V$ を付与する．

3^0 τ_{j-1}, $\tau_j(j=1,\cdots,n+1;\,\tau_0=\tau,\,\tau_{n+1}=\tau')$ の間の実線に 0 次のグリーン関数 $\delta_{\sigma_{j-1}\sigma_j}\delta_{\boldsymbol{k}_{j-1},\boldsymbol{k}_j+\boldsymbol{q}_j}G^0(\boldsymbol{k}_{j-1},\tau_{j-1}-\tau_j)$ に -1 を掛けたものを対応させ

る．ただし，$\sigma_0 = \sigma, \sigma_{n+1} = \sigma'$; $\boldsymbol{k}_0 = \boldsymbol{k}, \boldsymbol{k}_{n+1} + \boldsymbol{q}_{n+1} = \boldsymbol{k}'$ である．

4^0 $\boldsymbol{k}_i, \boldsymbol{q}_i, \sigma_i\,(i = 1, \cdots, n)$ についての和をとる．

5^0 各 $\tau_i\,(i = 1, \cdots, n)$ について 0 から β まで積分する．この積分によって $\tau_1, \cdots, \tau_n$ の順列 $n!$ が掛り数因子 $1/n!$ を打ち消す．

6^0 全体にグリーン関数の定義からくる -1 を掛ける．これによって全体は正符号となる．なぜならば，符号は 2^0, 3^0, 6^0 からくるが，2^0 の破線の数が偶数 (奇数) の場合には 3^0 の実線の数は奇数 (偶数) となり，6^0 によって全体で正符号となる．したがって，便法としては 2^0, 3^0, 6^0 の -1 はすべて忘れてよい．

例として，3 次の項を求めよう．1^0 によってダイヤグラムを描けば，図 6.7 となる．

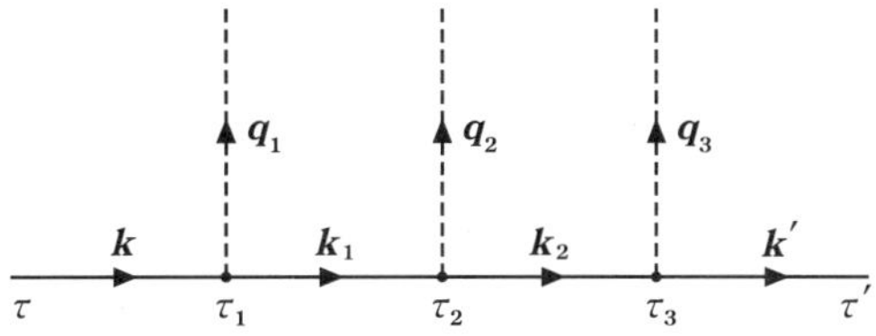

図 **6.7** 3 次のグリーン関数に対応する連結図形.

6^0 によって符号を無視して 2^0, 3^0 より

$$\begin{aligned}&\delta_{\sigma\sigma_1}\delta_{\sigma_1\sigma_2}\delta_{\sigma_2\sigma_3}\delta_{\sigma_3\sigma'}\delta_{\boldsymbol{k},\boldsymbol{k}_1+\boldsymbol{q}_1}\delta_{\boldsymbol{k}_1,\boldsymbol{k}_2+\boldsymbol{q}_2}\delta_{\boldsymbol{k}_2,\boldsymbol{k}_3+\boldsymbol{q}_3}\delta_{\boldsymbol{k}_3\boldsymbol{k}'}\\ &\quad\times V^{-3}U_{\boldsymbol{q}_1}U_{\boldsymbol{q}_2}U_{\boldsymbol{q}_3}G^0(\boldsymbol{k}, \tau-\tau_1)\\ &\quad\times G^0(\boldsymbol{k}_1, \tau_1-\tau_2)\,G^0(\boldsymbol{k}_2, \tau_2-\tau_3)\,G^0(\boldsymbol{k}', \tau_3-\tau')\end{aligned}$$

が得られる．4^0 を実行すれば，この式は

$$\begin{aligned}&\delta_{\sigma\sigma'}V^{-3}\sum_{\boldsymbol{q}_1,\boldsymbol{q}_2}U_{\boldsymbol{q}_1}U_{\boldsymbol{q}_2}U_{\boldsymbol{k}-\boldsymbol{q}_1-\boldsymbol{q}_2-\boldsymbol{k}'}G^0(\boldsymbol{k}, \tau-\tau_1)\\ &\times G^0(\boldsymbol{k}-\boldsymbol{q}_1, \tau_1-\tau_2)\,G^0(\boldsymbol{k}-\boldsymbol{q}_1-\boldsymbol{q}_2, \tau_2-\tau_3)\,G^0(\boldsymbol{k}', \tau_3-\tau')\end{aligned}$$

となる．5^0 によって 3 次の展開項

$$\begin{aligned}G^{(3)}_{\sigma\sigma'}(\boldsymbol{k}, \boldsymbol{k}'; \tau-\tau') &= \delta_{\sigma\sigma'}\int_0^\beta d\tau_1\int_0^\beta d\tau_2\int_0^\beta d\tau_3\\ &\quad\times V^{-3}\sum_{\boldsymbol{k}'',\boldsymbol{k}'''}U_{\boldsymbol{k}-\boldsymbol{k}''}U_{\boldsymbol{k}''-\boldsymbol{k}'''}U_{\boldsymbol{k}'''-\boldsymbol{k}'}G^0(\boldsymbol{k}, \tau-\tau_1)\end{aligned}$$

$$\times\, G^0(\boldsymbol{k}'', \tau_1 - \tau_2)\, G^0(\boldsymbol{k}''', \tau_2 - \tau_3)\, G^0(\boldsymbol{k}', \tau_3 - \tau') \tag{6.160}$$

が得られる．τ_i 積分を実行するためには 0 次のグリーン関数のフーリェ展開 (6.95)，(6.107) を代入すればよい．例えば，(6.155) の τ_1 積分は

$$\begin{aligned}
&\int_0^\beta d\tau_1 G^0(\boldsymbol{k}, \tau - \tau_1)\, G^0(\boldsymbol{k}', \tau_1 - \tau') \\
&\quad = \beta^{-2} \sum_{n,m} G^0(\boldsymbol{k}, i\omega_n)\, G^0(\boldsymbol{k}', i\omega_m) \int_0^\beta d\tau_1 e^{-i\omega_n(\tau-\tau_1) - i\omega_m(\tau_1 - \tau')} \\
&\quad = \beta^{-1} \sum_n G^0(\boldsymbol{k}, i\omega_n)\, G^0(\boldsymbol{k}', i\omega_n)\, e^{-i\omega_n(\tau - \tau')}
\end{aligned}$$

となる．ここで，

$$\int_0^\beta e^{i(\omega_n - \omega_m)\tau_1} d\tau_1 \;=\; \beta\, \delta_{nm} \tag{6.161}$$

を用いた．また，(6.158) の τ_1, τ_2 に関する積分は

$$\begin{aligned}
&\int_0^\beta d\tau_1 \int_0^\beta d\tau_2 G^0(\boldsymbol{k}, \tau - \tau_1)\, G^0(\boldsymbol{k}'', \tau_1 - \tau_2)\, G^0(\boldsymbol{k}', \tau_2 - \tau') \\
&\quad = \beta^{-3} \sum_{n,m,l} G^0(\boldsymbol{k}, i\omega_n)\, G^0(\boldsymbol{k}'', i\omega_m)\, G^0(\boldsymbol{k}', i\omega_l) \\
&\qquad \times \int_0^\beta d\tau_1 \int_0^\beta d\tau_2 e^{-i\omega_n(\tau - \tau_1) - i\omega_m(\tau_1 - \tau_2) - i\omega_l(\tau_2 - \tau')} \\
&\quad = \beta^{-1} \sum_n G^0(\boldsymbol{k}, i\omega_n)\, G^0(\boldsymbol{k}'', i\omega_n)\, G^0(\boldsymbol{k}', i\omega_n)\, e^{-i\omega_n(\tau - \tau')}
\end{aligned}$$

となる．$n = 3$ 以上の項についても同様である．よって，(6.159) のフーリェ変換は

$$\begin{aligned}
G_{\sigma\sigma'}(\boldsymbol{k}, \boldsymbol{k}'; i\omega_n) \;=\; &\delta_{\sigma\sigma'} \left\{ \delta_{\boldsymbol{k}\boldsymbol{k}'} G^0(\boldsymbol{k}, i\omega_n) \right. \\
&+ V^{-1} U_{\boldsymbol{k}-\boldsymbol{k}'} G^0(\boldsymbol{k}, i\omega_n)\, G^0(\boldsymbol{k}', i\omega_n) \\
&+ V^{-2} \sum_{\boldsymbol{k}_1} U_{\boldsymbol{k}-\boldsymbol{k}_1} U_{\boldsymbol{k}_1 - \boldsymbol{k}'} G^0(\boldsymbol{k}, i\omega_n)\, G^0(\boldsymbol{k}_1, i\omega_n)\, G^0(\boldsymbol{k}', i\omega_n) \\
&\left. + \cdots \right\}
\end{aligned} \tag{6.162}$$

と書かれる．これをダイヤグラムで表せば図 6.8 となる．ここに，求めるグリーン関数 $G(\ ; i\omega_n)$ は 2 重線で表された．$G^0(\boldsymbol{k}_j, i\omega_n)$ を表す電子線は波数 (運動

量) $\boldsymbol{k}$ とエネルギー $i\omega_n$ を運搬しており，破線は不純物ポテンシャル $U_{\boldsymbol{q}_j}$ を表す．バーテックスにおいて波数は保存される．静的な不純物との衝突は弾性的であるので，電子のエネルギーは保存されて $i\omega_n$ は変わらない．

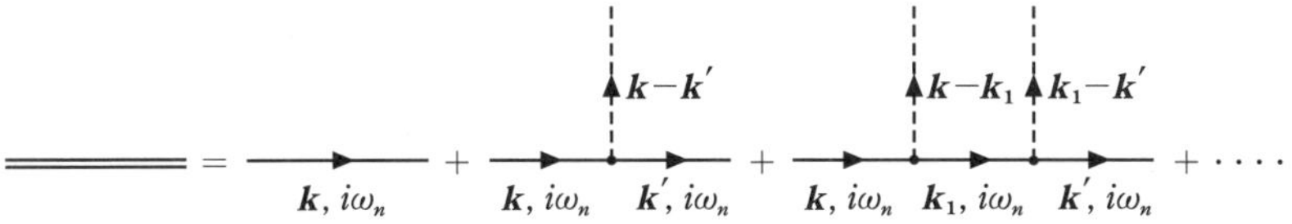

図 6.8 1 電子温度グリーン関数 (不規則分布平均をとる前).

不純物ポテンシャル $U_{\boldsymbol{q}}$ は (6.145) の $\xi_{\boldsymbol{q}}$ を通して不純物原子のランダムな位置 $\boldsymbol{R}_\lambda$ の関数である．観測量の計算のためには $\boldsymbol{R}_\lambda$ のランダム分布のついてグリーン関数の平均をとる必要がある．いま，空間の各点は不純物原子の位置 $\boldsymbol{R}_\lambda$ に関して等しい確率をもつとして，$\boldsymbol{R}_\lambda$ についての空間積分を平均操作とする．よって，

$$
\begin{aligned}
\overline{\xi_{\boldsymbol{q}}} &= \sum_{\lambda=1}^{N_i} \overline{e^{-i\boldsymbol{q}\cdot\boldsymbol{R}_\lambda}} \\
&= \sum_{\lambda} V^{-1} \int_V e^{-i\boldsymbol{q}\cdot\boldsymbol{R}_\lambda} d\boldsymbol{R}_\lambda = \begin{cases} N_i\,, & \boldsymbol{q}=0 \\ 0\,, & \boldsymbol{q}\neq 0 \end{cases}
\end{aligned} \tag{6.163}
$$

となる．ここに，上に付けた横棒は平均操作を意味する．$u_{\boldsymbol{q}=0} = 0$ であるので，

$$
\overline{U_{\boldsymbol{q}}} = u_{\boldsymbol{q}} \overline{\xi_{\boldsymbol{q}}} = 0 \tag{6.164}
$$

である．つぎに，

$$
\begin{aligned}
\overline{\xi_{\boldsymbol{q}_1}\xi_{\boldsymbol{q}_2}} &= \sum_{\lambda,\mu} \overline{e^{-i(\boldsymbol{q}_1\cdot\boldsymbol{R}_\lambda+\boldsymbol{q}_2\cdot\boldsymbol{R}_\mu)}} \\
&= \sum_{\lambda} \overline{e^{-i(\boldsymbol{q}_1+\boldsymbol{q}_2)\cdot\boldsymbol{R}_\lambda}} + \sum_{\lambda\neq\mu} \overline{e^{-i(\boldsymbol{q}_1\cdot\boldsymbol{R}_\lambda+\boldsymbol{q}_2\cdot\boldsymbol{R}_\mu)}} \\
&= N_i\delta(\boldsymbol{q}_1+\boldsymbol{q}_2) + N_i(N_i-1)\,\delta(\boldsymbol{q}_1)\,\delta(\boldsymbol{q}_2)
\end{aligned} \tag{6.165}
$$

となる．ここに，デルタ関数は Kronecker デルタの代わりに用いられた．よって，ポテンシャルに対しては

$$
\overline{U_{\boldsymbol{q}_1}U_{\boldsymbol{q}_2}} = N_i|u_{\boldsymbol{q}_1}|^2\delta(\boldsymbol{q}_1+\boldsymbol{q}_2) \tag{6.166}
$$

である．同様にして，

$$\overline{U_{\boldsymbol{q}_1} U_{\boldsymbol{q}_2} U_{\boldsymbol{q}_3}} = N_i u_{\boldsymbol{q}_1} u_{\boldsymbol{q}_2} u_{\boldsymbol{q}_3} \delta(\boldsymbol{q}_1 + \boldsymbol{q}_2 + \boldsymbol{q}_3), \tag{6.167}$$

$$\begin{aligned} \overline{U_{\boldsymbol{q}_1} U_{\boldsymbol{q}_2} U_{\boldsymbol{q}_3} U_{\boldsymbol{q}_4}} &= u_{\boldsymbol{q}_1} u_{\boldsymbol{q}_2} u_{\boldsymbol{q}_3} u_{\boldsymbol{q}_4} \{ N_i \delta(\boldsymbol{q}_1 + \boldsymbol{q}_2 + \boldsymbol{q}_3 + \boldsymbol{q}_4) \\ &+ N_i^2 \big[\delta(\boldsymbol{q}_1 + \boldsymbol{q}_2)\, \delta(\boldsymbol{q}_3 + \boldsymbol{q}_4) + \delta(\boldsymbol{q}_1 + \boldsymbol{q}_3)\, \delta(\boldsymbol{q}_2 + \boldsymbol{q}_4) \\ &+ \delta(\boldsymbol{q}_1 + \boldsymbol{q}_4)\, \delta(\boldsymbol{q}_2 + \boldsymbol{q}_3) \big] \} \end{aligned} \tag{6.168}$$

などとなる．

上述の平均操作を (6.162) に施すと，$U_{\boldsymbol{q}}$ に関して 1 次の項は消える．そして，2 次の項は

$$\delta_{\sigma\sigma'} \delta_{\boldsymbol{k}\boldsymbol{k}'} V^{-2} N_i \sum_{\boldsymbol{q}} |u_{\boldsymbol{q}}|^2 G^0(\boldsymbol{k}, i\omega_n)\, G^0(\boldsymbol{k} - \boldsymbol{q}, i\omega_n)\, G^0(\boldsymbol{k}, i\omega_n) \tag{6.169}$$

となる．これに対するダイヤグラムは，図 6.8 の 2 次の項で 2 本の破線を結び合わせた図 6.9 によって表される．今度は，N_i が付与される結び目の × 印に集る破線は $u_{\boldsymbol{q}}/V$, $u_{-\boldsymbol{q}}/V$ を表し，それらの波数の和は 0 である．3 次, 4 次の項のダイヤグラム表示は図 6.10 となる．平均操作 (6.166), (6.167), $\cdots$ をとることで (6.162) の各項は $\delta_{\boldsymbol{k}\boldsymbol{k}'}$ の因子を与える．よって，ランダム分布する不純物原子の位置について平均した (6.162) は

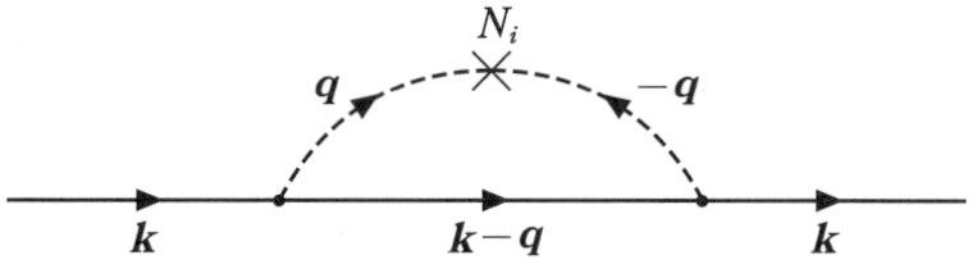

図 6.9 2 次の温度グリーン関数.

$$\overline{G}_{\sigma\sigma'}(\boldsymbol{k}, \boldsymbol{k}'; i\omega_n) = \delta_{\sigma\sigma'} \delta_{\boldsymbol{k}\boldsymbol{k}'} \overline{G}(\boldsymbol{k}, i\omega_n) \tag{6.170}$$

と書かれ，空間的な並進対称性が復活する．各ダイヤグラムにおいて外線と呼ばれる両端の電子線を除いた部分 (図 6.11) を自己エネルギー部分という．自己エネルギー部分の内部の電子線のどれか 1 本を切断して，ダイヤグラムを分離した 2 つの部分にすることができる場合，これを improper であるといい，2 つの部分に分離できない場合を proper であるという．図 6.11 の (a), (b), (c) は proper であり，(d) は improper である．proper な自己エネルギー部分からの寄与の総和を

$$\Sigma(\boldsymbol{k}, i\omega_n) =$$ 

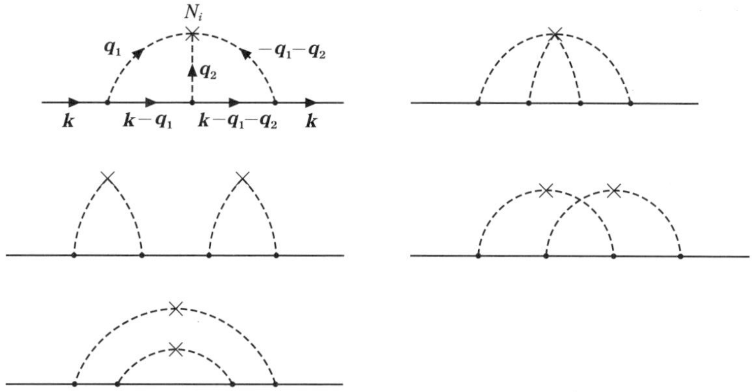

図 **6.10** 高次の温度グリーン関数の例.

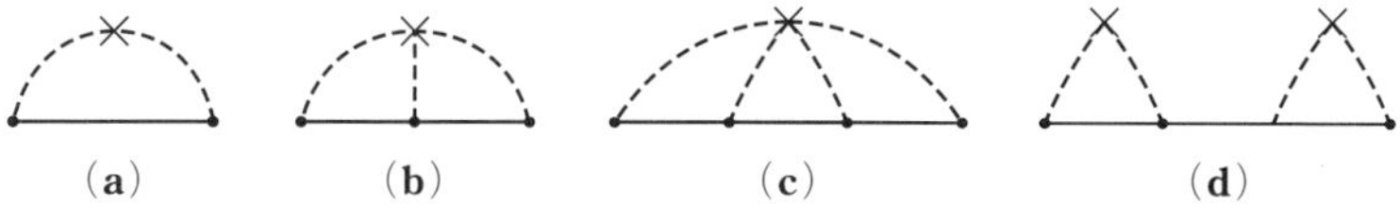

図 **6.11** 自己エネルギー部分の例.

で表せば，この中に図 6.11 の (a), (b), (c) などすべての proper な自己エネルギー部分が入る．対応するダイヤグラムは右辺の斜影を施した太い丸である．これを用いれば，(6.170) の右辺のグリーン関数 $\overline{G}(\boldsymbol{k}, i\omega_n)$ は

$$\begin{aligned}\overline{G} &= G^0 + G^0\Sigma G^0 + G^0\Sigma G^0\Sigma G^0 + \cdots \\ &= G^0 + G^0\Sigma\overline{G}\end{aligned} \tag{6.171}$$

によって与えられる．これを Dyson 方程式と呼ぶ．これに対応するダイヤグラム表示は図 6.12 である．(6.171) は形式的に解けて，

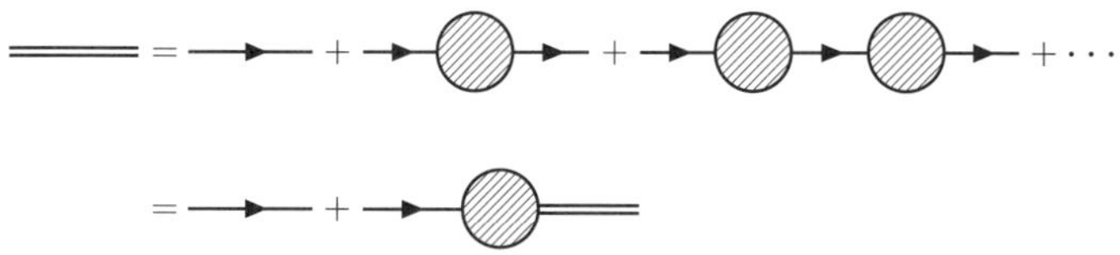

図 **6.12** Dyson 方程式.

$$\overline{G}(\boldsymbol{k}, i\omega_n) = \left[G^0(\boldsymbol{k}, i\omega_n)^{-1} - \Sigma(\boldsymbol{k}, i\omega_n)\right]^{-1}$$
$$= \frac{1}{i\omega_n - \varepsilon_{\boldsymbol{k}} - \Sigma(\boldsymbol{k}, i\omega_n)} \tag{6.172}$$

となる．結局，グリーン関数は proper な自己エネルギー部分が求められれば求まる．自己エネルギー部分の実数部はエネルギースペクトルへの相互作用からの補正を与え，虚数部は無摂動状態の寿命を与える．

最も簡単な近似は自己エネルギー部分として最低次の項 (図 6.11 a) をとり，

$$\Sigma(\boldsymbol{k}, i\omega_n) = n_i V^{-1} \sum_{\boldsymbol{q}} |u_{\boldsymbol{q}}|^2 G^0(\boldsymbol{k} - \boldsymbol{q}, i\omega_n) \tag{6.173}$$

図 **6.13**　2 次の自己エネルギー部分から生成されるグリーン関数．

とすることである．ここに，$n_i = N_i/V$ である．この近似はグリーン関数に対しては図 6.13 に示される (6.171) の展開級数の部分和を与える．(6.173) は，$\boldsymbol{q}$ 和を $\boldsymbol{k}' = \boldsymbol{k} - \boldsymbol{q}$ についての積分になおして，

$$\Sigma(\boldsymbol{k}, i\omega_n) = \frac{n_i}{(2\pi)^3} \int d\boldsymbol{k}' |u_{\boldsymbol{k}-\boldsymbol{k}'}|^2 \frac{1}{i\omega_n - \varepsilon_{\boldsymbol{k}'}}$$
$$= n_i \int \frac{d\Omega'}{4\pi} \int_{-\mu}^{\infty} d\varepsilon' N(\varepsilon') |u_{\boldsymbol{k}-\boldsymbol{k}'}|^2 \frac{1}{i\omega_n - \varepsilon'} \tag{6.174}$$

と書かれる．ここに，$\boldsymbol{k}'$ 積分はエネルギー $\varepsilon' = \hbar^2 k'^2/2m - \mu$ に関する積分と $\boldsymbol{k}$ を極軸として $\boldsymbol{k}'$ の張る立体角 Ω' に関する方向積分とに変換された．$N(\varepsilon')$ は単位体積単位スピン当りの状態密度 $D(\varepsilon')/V$ である．散乱の緩和時間 $\tau(\varepsilon')$ を

$$\frac{1}{\tau(\varepsilon')} = \frac{2\pi n_i}{\hbar} \int N(\varepsilon') |u(\theta_{\boldsymbol{k}\boldsymbol{k}'})|^2 \frac{d\Omega'}{4\pi} \tag{6.175}$$

によって定義すれば，(6.174) は

$$\Sigma(\boldsymbol{k}, i\omega_n) = -\frac{\hbar}{2\pi} \int_{-\infty}^{\infty} \frac{d\varepsilon'}{\tau(\varepsilon')} \frac{1}{\varepsilon' - i\omega_n} \tag{6.176}$$

となる．ここに，電子系は強く縮退しているとして ε' 積分の下限において $\mu \to \infty$ とした．$\theta_{\boldsymbol{k}\boldsymbol{k}'}$ はベクトル $\boldsymbol{k}, \boldsymbol{k}'$ のなす角である．$u(\boldsymbol{r})$ は $|\boldsymbol{r}|$ にのみ依存する

ので，$u_{\boldsymbol{q}}$ は $|\boldsymbol{q}|$ にのみ依存することと，$|\boldsymbol{k}| \cong |\boldsymbol{k}'| \cong k_F$ に注意しよう．また，(6.176) の ε' 積分への主な寄与は Fermi 面 $\varepsilon' = 0$ の近傍からくるので，$\tau(\varepsilon') \sim \tau(0) \equiv \tau$ として積分の外に出せば，

$$\Sigma(\boldsymbol{k}, i\omega_n) \cong -\frac{\hbar}{2\pi\tau}\int_{-\infty}^{\infty}\frac{d\varepsilon'}{\varepsilon' - i\omega_n}$$
$$= -\frac{i\hbar}{\pi\tau}\left[\tan^{-1}\frac{\varepsilon'}{\omega_n}\right]_0^{\infty} \simeq -\frac{i\hbar}{2\tau}\frac{\omega_n}{|\omega_n|} \tag{6.177}$$

となる．

(6.177) を (6.172) に代入したもの (図 6.13) を ∠z 平面に解析接続すれば，

$$\overline{G}(\boldsymbol{k}, z) = \frac{1}{z - \varepsilon_{\boldsymbol{k}} + \dfrac{i\hbar}{2\tau}\,\mathrm{sgn}(\Im z)} \tag{6.178}$$

が得られる．ここに，sgn は符号関数

$$\mathrm{sgn}(x) = \begin{cases} 1, & x > 0 \\ -1, & x < 0 \end{cases}$$

である．z の上半面 ($\Im z > 0$) において (6.178) の分母は 0 となることはない．すなわち，$\overline{G}(z)$ は上半面で解析的である．同様に，下半面においても (6.178) は解析関数を与える．当然のことながら，(6.178) は (6.119) が示す一般的なグリーン関数の解析性をもっている．(6.178) において $z = \hbar\omega + i\delta\ (\delta \to 0+)$ とおけば，(6.121) によって遅延グリーン関数のフーリェ変換

$$\overline{G}^r(\boldsymbol{k}, \omega) = \frac{1}{\hbar\omega - \varepsilon_{\boldsymbol{k}} + i\hbar/2\tau} \tag{6.179}$$

が得られる．これの逆変換

$$\overline{G}^r(\boldsymbol{k}, t) = \frac{1}{2\pi\hbar}\int_{-\infty}^{\infty}\frac{e^{-i\omega t}}{\omega - \varepsilon_{\boldsymbol{k}}/\hbar + i/2\tau}\,d\omega$$

は, $t < 0$ ならば上半面を囲む半径 ∞ の半円を付けて積分路を閉じさせ, $t > 0$ ならば下半面を囲む半径 ∞ の半円を付けて積分路を閉じさせることによって，

$$\overline{G}^r(\boldsymbol{k}, t) = -\frac{i}{\hbar}\,\theta(t)\,e^{-i\varepsilon_{\boldsymbol{k}}t/\hbar}e^{-t/2\tau} \tag{6.180}$$

となる．(6.180) は状態 $\boldsymbol{k}$ にある電子が不純物散乱のために有限の寿命 τ をもつことを意味する．ただし，次節で示されるように，電気抵抗を決める平均自由時間はこの寿命 τ そのままではない．

6.3.4 残留抵抗

電気伝導度の久保公式を遅延グリーン関数で表した (6.59) の計算例として，不純物散乱による残留抵抗をとり上げよう．6.3.1 節で示されたように，遅延グリーン関数のフーリェ変換を求めるためには対応する温度グリーン関数のフーリェ変換を求めて解析接続すればよい．

(6.59) の遅延グリーン関数に対応する温度グリーン関数は

$$\begin{aligned} G(J_\mu(\tau), J_\nu) &= -\langle T\, J_\mu(\tau)\, J_\nu\rangle \\ &= -\left(\frac{e}{m}\right)^2 \sum_{\boldsymbol{k},\sigma}\sum_{\boldsymbol{k}',\sigma'} \hbar^2 k_\mu k'_\nu \langle T\, \tilde{a}^\dagger_{\boldsymbol{k}\sigma}(\tau)\, \tilde{a}_{\boldsymbol{k}\sigma}(\tau)\, \tilde{a}^\dagger_{\boldsymbol{k}'\sigma'} \tilde{a}_{\boldsymbol{k}'\sigma'}\rangle \end{aligned} \tag{6.181}$$

で与えられる．ここに，全電流演算子は磁場のない場合には第 2 量子化の形式で

$$J_\mu = -\frac{e}{m}\sum_{\boldsymbol{k},\sigma} \hbar k_\mu a^\dagger_{\boldsymbol{k}\sigma} a_{\boldsymbol{k}\sigma} \tag{6.182}$$

と書かれることを用いた．そして，温度に関する Heisenberg 表示 $\tilde{a}^\dagger_{\boldsymbol{k}\sigma}(\tau)$ などは (6.102) に定義されている．

まず，2 体温度グリーン関数

$$K_{\sigma\sigma'}(\boldsymbol{k}, \boldsymbol{k}'; \tau) = -\langle T\, \tilde{a}^\dagger_{\boldsymbol{k}\sigma}(\tau) \tilde{a}_{\boldsymbol{k}\sigma}(\tau) \tilde{a}^\dagger_{\boldsymbol{k}'\sigma'} \tilde{a}_{\boldsymbol{k}'\sigma'}\rangle \tag{6.183}$$

を定義し，そのフーリェ展開

$$\left.\begin{aligned} K_{\sigma\sigma'}(\boldsymbol{k}, \boldsymbol{k}'; \tau) &= \beta^{-1}\sum_{\ell} K_{\sigma\sigma'}(\boldsymbol{k}, \boldsymbol{k}'; i\nu_\ell)\, e^{-i\nu_\ell\tau}\,, \\ K_{\sigma\sigma'}(\boldsymbol{k}, \boldsymbol{k}'; i\nu_\ell) &= \frac{1}{2}\int_{-\beta}^{\beta} K_{\sigma\sigma'}(\boldsymbol{k}, \boldsymbol{k}'; \tau)\, e^{i\nu_\ell\tau} d\tau\,, \\ \nu_\ell &= \frac{2\pi\ell}{\beta}, \quad \ell = 0, \pm 1, \pm 2, \cdots \end{aligned}\right\} \tag{6.184}$$

を導入する．(6.183) の摂動展開は (6.139) と同様に，(6.128) の $\mathcal{S}(\beta)$ の展開とともに，

$$K_{\sigma\sigma'}(\boldsymbol{k}, \boldsymbol{k}'; \tau) = -\langle T\, a^\dagger_{\boldsymbol{k}\sigma}(\tau)\, a_{\boldsymbol{k}\sigma}(\tau)\, a^\dagger_{\boldsymbol{k}'\sigma'} a_{\boldsymbol{k}'\sigma'} \mathcal{S}(\beta)\rangle_0 / \langle \mathcal{S}(\beta)\rangle_0 \tag{6.185}$$

によって与えられる．そしていまの場合，相互作用のハミルトニアン $\mathcal{H}_1$ は (6.147) に書かれている．(6.185) の展開の 0 次の項は

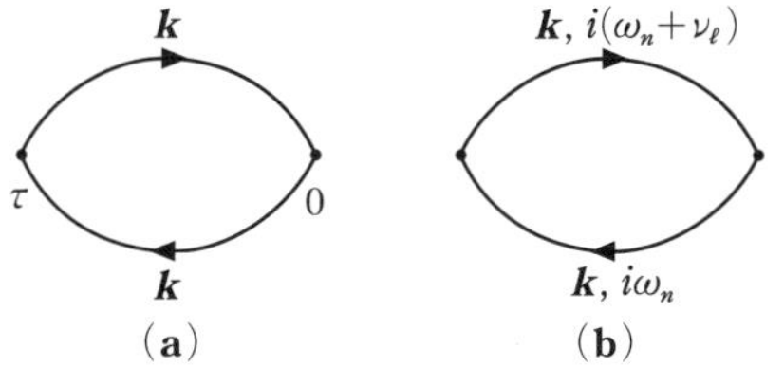

図 **6.14** 0 次の 2 体グリーン関数; (a) 虚時間表示, (b) フーリェ変換.

$$
\begin{aligned}
K^{(0)}_{\sigma\sigma'}(\boldsymbol{k},\boldsymbol{k}';\tau) &= -\langle T\,a^\dagger_{\boldsymbol{k}\sigma}(\tau)\,a_{\boldsymbol{k}\sigma}(\tau)\,a^\dagger_{\boldsymbol{k}'\sigma'}a_{\boldsymbol{k}'\sigma'}\rangle_0 \\
&= \langle T\,a_{\boldsymbol{k}\sigma}(\tau)\,a^\dagger_{\boldsymbol{k}'\sigma'}\rangle_0\langle T\,a_{\boldsymbol{k}'\sigma'}a^\dagger_{\boldsymbol{k}\sigma}(\tau)\rangle_0 \\
&= \delta_{\sigma\sigma'}\delta_{\boldsymbol{k}\boldsymbol{k}'}G^0(\boldsymbol{k},\tau)\,G^0(\boldsymbol{k},-\tau) \qquad (6.186)
\end{aligned}
$$

である．ここに，$G^0(\boldsymbol{k},\tau)$ は (6.106) に与えられている．(6.186) は図 6.14a の τ から 0 に向かう電子線と 0 から τ に向かう電子線との 2 本の実線をもつダイヤグラムで表される．(6.186) のフーリェ変換 (6.184) をとれば,

$$
\begin{aligned}
K^{(0)}_{\sigma\sigma'}(\boldsymbol{k},\boldsymbol{k}';i\nu_\ell) \;&=\; \delta_{\sigma\sigma'}\delta_{\boldsymbol{k}\boldsymbol{k}'}\frac{1}{2}\int_{-\beta}^{\beta}d\tau\, e^{i\nu_\ell\tau} \\
&\quad\times\;\beta^{-2}\sum_{n,n'}G^0(\boldsymbol{k},i\omega_n)\,G^0(\boldsymbol{k},i\omega'_n)\,e^{-i(\omega_n-\omega'_n)\tau} \\
&=\;\delta_{\sigma\sigma'}\delta_{\boldsymbol{k}\boldsymbol{k}'}\beta^{-1}\sum_n G^0(\boldsymbol{k},i(\omega_n+\nu_\ell))\,G^0(\boldsymbol{k},i\omega_n) \qquad (6.187)
\end{aligned}
$$

となる．ここに，フーリェ展開 (6.95) を用いた．また，$G^0(\boldsymbol{k},i\omega_n)$ は (6.107) に与えられている．(6.187) も図 6.14b のダイヤグラムで表される．同様にして，1 次，2 次，$\cdots$ の項に対しても図形と式とを得ることができる．

2 体温度グリーン関数 (6.185) の摂動展開に対しても連結図形展開定理が成立し，(6.159) と同様に,

$$
\begin{aligned}
K_{\sigma\sigma'}(\boldsymbol{k},\boldsymbol{k}';\tau) \;&=\; -\sum_{n=0}^{\infty}\frac{(-1)^n}{n!}\int_0^\beta d\tau_1\cdots\int_0^\beta d\tau_n \\
&\quad\times\;\langle T\,\mathcal{H}_1(\tau_1)\cdots\mathcal{H}_1(\tau_n)\,a^\dagger_{\boldsymbol{k}\sigma}(\tau)\,a_{\boldsymbol{k}\sigma}(\tau)\,a^\dagger_{\boldsymbol{k}'\sigma'}a_{\boldsymbol{k}'\sigma'}\rangle_{0\mathrm{L}} \qquad (6.188)
\end{aligned}
$$

と書かれる．(6.95), (6.184) を参照して (6.188) をフーリェ変換し，展開の各項を不純物原子の位置のランダム分布について平均する．その結果はダイ

ヤグラム表示を用いて,

$$\overline{K}_{\sigma\sigma'}(\boldsymbol{k},\boldsymbol{k}';i\nu_\ell) =$$

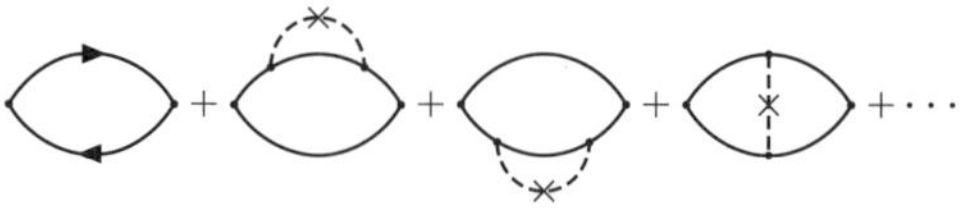

(6.189)

と表される．この右辺第 1 項は図 6.14b にある．相互作用に関して 3 次以上の項の中には多くの種類のダイヤグラムが含まれることに注意しよう．その中から意味のある結果に導く比較的簡単な部分和を求めることが重要である．

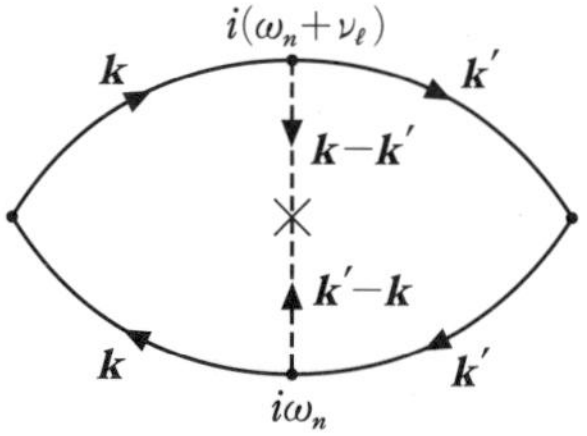

図 6.15　梯子の最低次 (2 次).

まず, (6.189) の右辺第 4 項のダイヤグラム (図 6.15) を考えよう．これは, 不純物原子の位置について平均した 2 次の項

$$-\frac{(-1)^2}{2!}\int_0^\beta d\tau_1\int_0^\beta d\tau_2 V^{-2}\sum_{\sigma_1,\sigma_2}\sum_{\boldsymbol{k}_1,\boldsymbol{k}_2}\sum_{\substack{\boldsymbol{q}_1,\boldsymbol{q}_2\\(\boldsymbol{k}'_i=\boldsymbol{k}_i+\boldsymbol{q}_i)}}\overline{U_{\boldsymbol{q}_1}U_{\boldsymbol{q}_2}}$$
$$\times\ \langle T\,a^\dagger_{\boldsymbol{k}'_1\sigma_1}(\tau_1)\,a_{\boldsymbol{k}_1\sigma_1}(\tau_1)\,a^\dagger_{\boldsymbol{k}'_2\sigma_2}(\tau_2)\,a_{\boldsymbol{k}_2\sigma_2}(\tau_2)$$
$$\times\ a^\dagger_{\boldsymbol{k}\sigma}(\tau)\,a_{\boldsymbol{k}\sigma}(\tau)\,a^\dagger_{\boldsymbol{k}'\sigma'}a_{\boldsymbol{k}'\sigma'}\rangle_{0\mathrm{L}}$$

において, $-\langle T\cdots\rangle_{0\mathrm{L}}$ の分解のうち

$$\langle T\,a_{\boldsymbol{k}\sigma}(\tau)\,a^\dagger_{\boldsymbol{k}_1+\boldsymbol{q}_1\sigma_1}(\tau_1)\rangle_0\langle T\,a_{\boldsymbol{k}_1\sigma_1}(\tau_1)\,a^\dagger_{\boldsymbol{k}'\sigma'}\rangle_0\langle T\,a_{\boldsymbol{k}_2\sigma_2}(\tau_2)\,a^\dagger_{\boldsymbol{k}\sigma}(\tau)\,\rangle_0$$
$$\times\langle T\,a_{\boldsymbol{k}'\sigma'}a^\dagger_{\boldsymbol{k}_2+\boldsymbol{q}_2\sigma_2}(\tau_2)\,\rangle_0 = \delta_{\sigma\sigma_1}\delta_{\sigma_1\sigma'}\delta_{\sigma_2\sigma}\delta_{\sigma'\sigma_2}\delta_{\boldsymbol{k},\boldsymbol{k}_1+\boldsymbol{q}_1}\delta_{\boldsymbol{k}_1\boldsymbol{k}'}$$
$$\times\,\delta_{\boldsymbol{k}_2\boldsymbol{k}}\delta_{\boldsymbol{k}',\boldsymbol{k}_2+\boldsymbol{q}_2}G^0(\boldsymbol{k},\tau-\tau_1)\,G^0(\boldsymbol{k}',\tau_1)\,G^0(\boldsymbol{k},\tau_2-\tau)\,G^0(\boldsymbol{k}',-\tau_2)$$

に対応する項からでる．τ_1, τ_2 の入れ代った分解項は積分によって同じ寄与をするから因子 2! は消える．σ_1, σ_2, $\boldsymbol{k}_1$, $\boldsymbol{k}_2$, $\boldsymbol{q}_1$, $\boldsymbol{q}_2$ について和をとると, 図 6.15 のダイヤグラムに対応する項

$$\delta_{\sigma\sigma'}\int_0^\beta d\tau_1\int_0^\beta d\tau_2 V^{-2}\overline{U_{\boldsymbol{k}-\boldsymbol{k}'}U_{\boldsymbol{k}'-\boldsymbol{k}}}$$
$$\times\ G^0(\boldsymbol{k},\tau-\tau_1)\,G^0(\boldsymbol{k}',\tau_1)\,G^0(\boldsymbol{k},\tau_2-\tau)\,G^0(\boldsymbol{k}',-\tau_2)$$

が得られる．フーリエ展開して τ_1, τ_2 に関する積分を実行すれば，

$$\delta_{\sigma\sigma'}V^{-2}\overline{U_{\boldsymbol{k}-\boldsymbol{k}'}U_{\boldsymbol{k}'-\boldsymbol{k}}}\beta^{-2}\sum_{n,n'}G^0(\boldsymbol{k},i\omega_n)\,G^0(\boldsymbol{k}',i\omega_n)$$
$$\times\ G^0(\boldsymbol{k},i\omega'_n)\,G^0(\boldsymbol{k}',i\omega'_n)\,e^{-i(\omega_n-\omega'_n)\tau}$$

となる．これのフーリエ変換 (6.184) をとれば，(6.189) の第 4 項

$$\overline{K}^{(2)}_{\sigma\sigma'}(\boldsymbol{k},\boldsymbol{k}';i\nu_\ell)\ =\ \delta_{\sigma\sigma'}\beta^{-1}\sum_n G^0(\boldsymbol{k},i(\omega_n+\nu_\ell))\,G^0(\boldsymbol{k},i\omega_n)$$
$$\times\ n_iV^{-1}|u_{\boldsymbol{k}-\boldsymbol{k}'}|^2G^0(\boldsymbol{k}',i(\omega_n+\nu_\ell))\,G^0(\boldsymbol{k}',i\omega_n) \qquad (6.190)$$

が得られる．4 次の展開項においても上記と同様な考察をすれば，図 6.16 のダイヤグラムに対して，

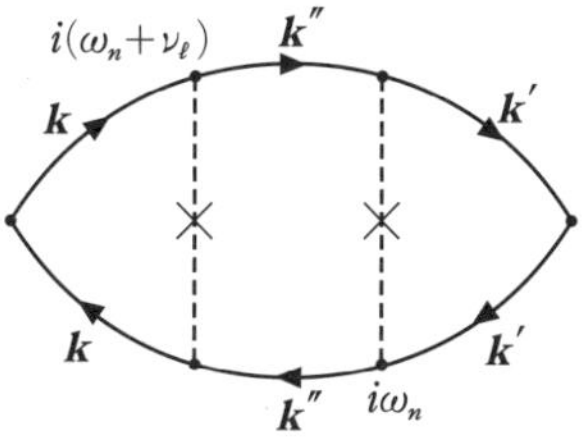

図 6.16 梯子の 4 次.

$$\overline{K}^{(4)}_{\sigma\sigma'}(\boldsymbol{k},\boldsymbol{k}';i\nu_\ell)\ =\ \delta_{\sigma\sigma'}\beta^{-1}\sum_n G^0(\boldsymbol{k},i(\omega_n+\nu_\ell))\,G^0(\boldsymbol{k},i\omega_n)$$
$$\times\ n_iV^{-1}\sum_{\boldsymbol{k}''}|u_{\boldsymbol{k}-\boldsymbol{k}''}|^2G^0(\boldsymbol{k}'',i(\omega_n+\nu_\ell))\,G^0(\boldsymbol{k}'',i\omega_n)$$
$$\times\ n_iV^{-1}|u_{\boldsymbol{k}''-\boldsymbol{k}'}|^2G^0(\boldsymbol{k}',i(\omega_n+\nu_\ell))\,G^0(\boldsymbol{k}',i\omega_n) \qquad (6.191)$$

が得られる．

摂動展開 (6.189) において，まず 2 本の電子線にまたがる破線を 1 本も含まないダイヤグラムをすべて加え合わせよう．その結果は図 6.17 のダイヤグラムによって表される．これに対する表式は (6.187) を参照して，

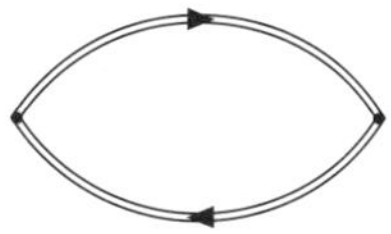

図 6.17 (6.192) の図形.

$$\delta_{\sigma\sigma'}\delta_{\boldsymbol{k}\boldsymbol{k}'}\beta^{-1}\sum_n\overline{G}(\boldsymbol{k},i(\omega_n+i\nu_\ell))\,\overline{G}(\boldsymbol{k},i\omega_n) \qquad (6.192)$$

である．ここに，2 重の実線に対応する $\overline{G}$ は散乱の効果を完全にとり入れた 1 電子グリーン関数 (6.172) であるが，これを (6.178)

$$\overline{G}(\boldsymbol{k}, i\omega_n) = \left[i\omega_n - \varepsilon_{\boldsymbol{k}} + \frac{i\hbar}{2\tau}\,\mathrm{sgn}(\omega_n)\right]^{-1} \tag{6.193}$$

で近似しよう．ここに，$z = i\omega_n$ とおいた．

つぎに，2 本の電子線にまたがる破線が 1 本だけあるダイヤグラムの総和を考えよう．その中で図 6.18 で表されるものまでをとる．これからの寄与は (6.190) を参照して，

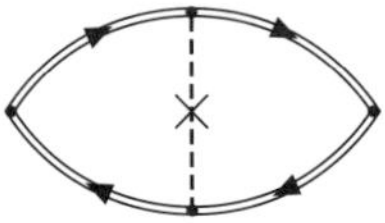

図 **6.18** (6.194) の図形．

$$\begin{aligned}&\delta_{\sigma\sigma'}\beta^{-1}\sum_n \overline{G}(\boldsymbol{k}, i(\omega_n+\nu_\ell))\,\overline{G}(\boldsymbol{k}, i\omega_n)\\&\qquad\times\, n_i V^{-1}|u_{\boldsymbol{k}-\boldsymbol{k}'}|^2\overline{G}(\boldsymbol{k}', i(\omega_n+\nu_\ell))\,\overline{G}(\boldsymbol{k}', i\omega_n)\end{aligned} \tag{6.194}$$

と書かれる．

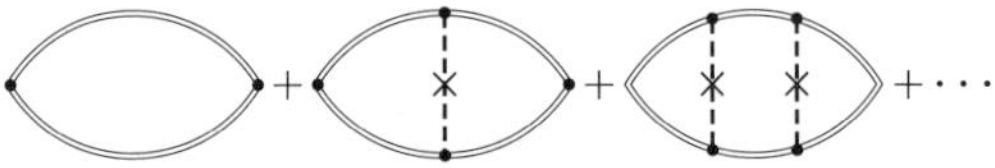

図 **6.19** 梯子近似．

同様にして，2 本の電子線にまたがる破線が 2 本，3 本，$\cdots$ と梯子段状に増えてゆくダイヤグラムからの寄与の総和 (図 6.19) をとりあげる．これを 2 体グリーン関数に対する梯子近似という．これに対応する表式は

$$\overline{K}_{\sigma\sigma'}(\boldsymbol{k}, \boldsymbol{k}'; i\nu_\ell) \cong \delta_{\sigma\sigma'}\beta^{-1}\sum_n F(\boldsymbol{k}, \boldsymbol{k}'; i\omega_n, i\nu_\ell)\,, \tag{6.195}$$

$$\begin{aligned}F(\boldsymbol{k}, \boldsymbol{k}'; i\omega_n, i\nu_\ell) \;=\;& \delta_{\boldsymbol{k}\boldsymbol{k}'}\overline{G}(\boldsymbol{k}, i(\omega_n+\nu_\ell))\,\overline{G}(\boldsymbol{k}, i\omega_n)\\&+\,\overline{G}(\boldsymbol{k}, i(\omega_n+\nu_\ell))\,\overline{G}(\boldsymbol{k}, i\omega_n)\,n_i V^{-1}|u_{\boldsymbol{k}-\boldsymbol{k}'}|^2\\&\times\,\overline{G}(\boldsymbol{k}', i(\omega_n+\nu_\ell))\,\overline{G}(\boldsymbol{k}', i\omega_n)\;+\;\overline{G}(\boldsymbol{k}, i(\omega_n+\nu_\ell))\,\overline{G}(\boldsymbol{k}, i\omega_n)\\&\times\, n_i V^{-1}\sum_{\boldsymbol{k}''}|u_{\boldsymbol{k}-\boldsymbol{k}''}|^2\overline{G}(\boldsymbol{k}'', i(\omega_n+\nu_\ell))\,\overline{G}(\boldsymbol{k}'', i\omega_n)\\&\times\, n_i V^{-1}|u_{\boldsymbol{k}''-\boldsymbol{k}'}|^2\overline{G}(\boldsymbol{k}', i(\omega_n+\nu_\ell))\,\overline{G}(\boldsymbol{k}', i\omega_n)\\&+\,\cdots\end{aligned}$$

$$= \overline{G}(\boldsymbol{k}, i(\omega_n + \nu_\ell))\,\overline{G}(\boldsymbol{k}, i\omega_n)\big\{\,\delta_{\boldsymbol{k}\boldsymbol{k}'} + n_i V^{-1}\sum_{\boldsymbol{k}''}|u_{\boldsymbol{k}-\boldsymbol{k}''}|^2$$
$$\times F(\boldsymbol{k}'', \boldsymbol{k}'; i\omega_n, i\nu_\ell)\big\} \tag{6.196}$$

となる．$F(\;;\;)$ に対する第1式の第3項については (6.191) を参照すればよい．

(6.181) のフーリェ変換を用意し，それに (6.195)，(6.196) を代入して計算を進めるとき，まず

$$\begin{aligned}\Pi_\nu(\boldsymbol{k}; i\omega_n, i\nu_\ell) &= \sum_{\boldsymbol{k}'} k'_\nu F(\boldsymbol{k}, \boldsymbol{k}'; i\omega_n, i\nu_\ell)\\ &= \overline{G}(\boldsymbol{k}, i(\omega_n + \nu_\ell))\,\overline{G}(\boldsymbol{k}, i\omega_n)\big\{k_\nu\\ &\quad + n_i V^{-1}\sum_{\boldsymbol{k}'}|u_{\boldsymbol{k}-\boldsymbol{k}'}|^2\Pi_\nu(\boldsymbol{k}'; i\omega_n, i\nu_\ell)\big\}\end{aligned} \tag{6.197}$$

なる量を導入し，さらに

$$\begin{aligned}L_\nu(\boldsymbol{k}; i\omega_n, i\nu_\ell) &= n_i V^{-1}\sum_{\boldsymbol{k}'}|u_{\boldsymbol{k}-\boldsymbol{k}'}|^2\Pi_\nu(\boldsymbol{k}'; i\omega_n, i\nu_\ell)\\ &= n_i V^{-1}\sum_{\boldsymbol{k}'}|u_{\boldsymbol{k}-\boldsymbol{k}'}|^2\overline{G}(\boldsymbol{k}', i(\omega_n + \nu_\ell))\,\overline{G}(\boldsymbol{k}', i\omega_n)\\ &\quad \times\big\{k'_\nu + L_\nu(\boldsymbol{k}'; i\omega_n, i\nu_\ell)\big\}\end{aligned} \tag{6.198}$$

なる量を導入するのが便利である．ここで，(6.193) を用いて (6.198) の第1項

$$I_\nu \equiv n_i V^{-1}\sum_{\boldsymbol{k}'}|u_{\boldsymbol{k}-\boldsymbol{k}'}|^2\overline{G}(\boldsymbol{k}', i(\omega_n + i\nu_\ell))\,\overline{G}(\boldsymbol{k}', i\omega_n)\,k'_\nu \tag{6.199}$$

の計算をしよう．$\boldsymbol{k}'$ に関する和を積分

$$\sum_{\boldsymbol{k}'}\cdots = \frac{V}{(2\pi)^3}\int d\boldsymbol{k}'\cdots = V\int\frac{d\Omega'}{4\pi}\int d\varepsilon' N(\varepsilon')\cdots$$

になおす．(6.199) の 2 つのグリーン関数はともに分母に ε' をもつので，Fermi 面 ($\varepsilon' = 0$) 近傍からの寄与が大きいことに注意すれば，

$$I_\nu = n_i k_\nu\int\frac{d\Omega'}{4\pi}N(0)\,\cos\theta\int d\varepsilon'|u(\theta)|^2\overline{G}(\boldsymbol{k}', i(\omega_n + \nu_\ell))\,\overline{G}(\boldsymbol{k}', i\omega_n)$$

となる．ここに，$\boldsymbol{k}, \boldsymbol{k}'$ のなす角を θ とし，$\boldsymbol{k}$ を ν 軸として ($k_\nu = k$)，

$$k'_\nu = k'\cos\theta \simeq k_F\cos\theta \simeq k\cos\theta = k_\nu\cos\theta$$

を使った．$\boldsymbol{k}$ も Fermi 面に近いとした．そこで，

$$\frac{1}{\tau_1} = n_i \frac{2\pi}{\hbar} \int N(0)|u(\theta)|^2 \cos\theta \, \frac{d\Omega'}{4\pi} \tag{6.200}$$

は ε' によらないとみなすと ((6.175) を参照)，(6.199) は

$$I_\nu = \frac{\hbar k_\nu}{\tau_1} \int_{-\infty}^{\infty} \frac{d\varepsilon'}{2\pi} \frac{1}{\varepsilon' - i(\omega_n + \nu_\ell) - \dfrac{i\hbar}{2\tau}\mathrm{sgn}(\omega_n + \nu_\ell)} \times \frac{1}{\varepsilon' - i\omega_n - \dfrac{i\hbar}{2\tau}\mathrm{sgn}(\omega_n)} \tag{6.201}$$

と書かれる．この積分は，複素平面 $\angle\varepsilon'$ 上で 2 つの因子がそれぞれ別々に上半面および下半面に極をもつとき — すなわち $\omega_n(\omega_n + \nu_\ell) < 0$ — のとき，にのみ 0 でない．そのとき，

$$I_\nu = \frac{\hbar k_\nu}{\tau_1} \frac{i}{i|\nu_\ell| + i\hbar/\tau} \tag{6.202}$$

となる．いま，

$$L_\nu(\boldsymbol{k}; i\omega_n, i\nu_\ell) = k_\nu \Lambda(i\omega_n, i\nu_\ell) \tag{6.203}$$

と仮定して (6.198) に代入すれば，

$$k_\nu \Lambda = I_\nu (1 + \Lambda)$$

となる．したがって，

$$\Lambda = \frac{i\hbar/\tau_1}{i|\nu_\ell| + i\hbar/\tau_{\mathrm{tr}}} \tag{6.204}$$

が得られる．ここに定義された τ_{tr}，

$$\frac{1}{\tau_{\mathrm{tr}}} = \frac{1}{\tau} - \frac{1}{\tau_1} = \frac{2\pi n_i}{\hbar} N(0) \int |u(\theta)|^2 (1 - \cos\theta) \, \frac{d\Omega}{4\pi}, \tag{6.205}$$

は電気抵抗を決める衝突時間となる．(6.203) を (6.197) に代入すれば，

$$\Pi_\nu(\boldsymbol{k}; i\omega_n, i\nu_\ell) = k_\nu (1 + \Lambda) \overline{G}(\boldsymbol{k}, i(\omega_n + \nu_\ell)) \overline{G}(\boldsymbol{k}, i\omega_n)$$

となる．これに k_μ を掛けて $\boldsymbol{k}$ について和をとれば，

$$\sum_{\boldsymbol{k}} k_\mu \Pi_\nu(\boldsymbol{k};\ ) = \sum_{\boldsymbol{k},\boldsymbol{k}'} k_\mu k'_\nu F(\boldsymbol{k}, \boldsymbol{k}'; i\omega_n, i\nu_\ell)$$

$$
\begin{aligned}
&= \sum_{\boldsymbol{k}} k_\mu k_\nu (1+\Lambda)\, \overline{G}(\boldsymbol{k}, i(\omega_n+\nu_\ell))\, \overline{G}(\boldsymbol{k}, i\omega_n) \\
&= V \int \frac{d\Omega}{4\pi} \int_{-\mu}^{\infty} d\varepsilon N(\varepsilon)\, k_\mu k_\nu (1+\Lambda)\, \overline{G}(\boldsymbol{k}, i(\omega_n+\nu_\ell))\, \overline{G}(\boldsymbol{k}, i\omega_n) \\
&\simeq \delta_{\mu\nu} (1+\Lambda)\, \frac{V}{3} N(0)\, k_F^2 \int_{-\infty}^{\infty} d\varepsilon\, \overline{G}(\boldsymbol{k}, i(\omega_n+\nu_\ell))\, \overline{G}(\boldsymbol{k}, i\omega_n) \\
&= \delta_{\mu\nu} \frac{\pi m n V}{\hbar^2} \frac{i}{i|\nu_\ell| + i\hbar/\tau_{\rm tr}}
\end{aligned} \tag{6.206}
$$

が得られる．ここに，ε 積分は (6.201) の ε' 積分と同種であるので，Fermi 面近傍からの寄与が大きいことに注意した．$N(0) = mk_F/2\pi^2\hbar^2$, $k_F^3 = 3\pi^2 n$，そして (6.204) が用いられた．さらに，(6.195) を参照してつぎの式を求めておく：

$$
\begin{aligned}
\beta^{-1} \sum_n \sum_{\boldsymbol{k},\boldsymbol{k}'} k_\mu k'_\nu F(\boldsymbol{k}, \boldsymbol{k}'; i\omega_n, i\nu_\ell) &= \delta_{\mu\nu} \frac{\pi m n V}{\hbar^2} \beta^{-1} \sum_n \frac{i}{i|\nu_\ell| + i\hbar/\tau_{\rm tr}} \\
&= \delta_{\mu\nu} \frac{m n V}{2\hbar^2} \frac{i|\nu_\ell|}{i|\nu_\ell| + i\hbar/\tau_{\rm tr}}\,.
\end{aligned} \tag{6.207}
$$

ここに，(6.206) の複素積分が 0 でないための条件 $\omega_n(\omega_n + \nu_\ell) < 0$ から n についての和に限界が存在し，可能な n は ℓ 個あることを用いた．

(6.181) のフーリェ変換は，(6.207) を代入して，

$$
\begin{aligned}
G(J_\mu, J_\nu; i\nu_\ell) &= \left(\frac{e}{m}\right)^2 \sum_{\sigma,\sigma'} \sum_{\boldsymbol{k},\boldsymbol{k}'} \hbar^2 k_\mu k'_\nu \overline{K}_{\sigma\sigma'}(\boldsymbol{k}, \boldsymbol{k}'; i\nu_\ell) \\
&= \left(\frac{e}{m}\right)^2 \sum_{\sigma,\sigma'} \hbar^2 \sum_{\boldsymbol{k},\boldsymbol{k}'} k_\mu k'_\nu \delta_{\sigma\sigma'} \beta^{-1} \sum_n F(\boldsymbol{k}, \boldsymbol{k}'; i\omega_n, i\nu_\ell) \\
&= \delta_{\mu\nu} V \frac{ne^2}{m} \frac{i|\nu_\ell|}{i|\nu_\ell| + i\hbar/\tau_{\rm tr}}
\end{aligned} \tag{6.208}
$$

となる．これを上半面に解析接続して $z \to \hbar\omega + i\delta$ とすれば，

$$
\int_{-\infty}^{\infty} G^r(J_\mu(t), J_\nu)\, e^{i\omega t} dt \,=\, \delta_{\mu\nu} V \frac{ne^2}{m} \frac{\omega}{\omega + i/\tau_{\rm tr}} \tag{6.209}
$$

が得られる．

電気伝導度は (6.59) に (6.209) を代入して，

$$
\Re\, \sigma_{\mu\nu}(\omega) = \delta_{\mu\nu} \frac{ne^2}{m} \Re \frac{i}{\omega + i/\tau_{\rm tr}}
$$

$$= \delta_{\mu\nu} \frac{ne^2 \tau_{\rm tr}}{m} \frac{1}{1 + (\omega \tau_{\rm tr})^2} \tag{6.210}$$

である．この式は現象論的に (3.69) に求められており，通常の金属の残留抵抗を説明する．(6.210) は Boltzmann 方程式によっても導かれるが，統計力学的に基礎付けられた久保公式から出発して場の理論の計算法によって導かれたことは有意義なことである．第 8 章で示されるように，Anderson 局在のスケーリング理論に対応する微視的理論がこの節で採用された梯子近似より一歩進んだ近似を用いて構築される．この章の方法論は固体電子論の展開にとって極めて重要なものである．

第7章　電子相関

固体内の電子系は，(1) 格子点に存在する原子イオンからのクーロン引力および (2) 電子相互間のクーロン斥力という 2 つの決定的なポテンシャル場の中にある多体系である．第 1 章からここまでのところでは，まず (2) の電子間相互作用に対して (3) Hartree-Fock の自己無撞着場近似を採用して (4) 電子相関を遺棄し，独立電子模型に立脚した．(1) に対しては，理想結晶または完全結晶の格子を採用し，これに (3) の平均場を重ねて格子の周期性をもつポテンシャル場を設定した．この周期場をもつ 1 電子波動方程式の解としての Bloch 軌道関数 (または Bloch 波) で表される電子が固体電子論の出発点に存在する．そして，結晶構造が簡単で，豊富な伝導電子を有する Na, Al のような単純金属においては，Bloch 電子すなわちバンド電子が，その質量を裸の質量の代わりに有効質量またはバンド質量で置き換えた自由電子によってよく近似される．また，バンド理論は半導体とくに Si, Ge あるいは GaAs のような代表的な物質の電子構造の解明に極めて有効に適用された．

(1) および (2) に関して残された問題のうち，(4) の電子相関についてこの章で議論する．(1) に関しては，結晶格子の不完全性または乱れに起因する電子状態の (5) 局在化の問題が重要である．この (5) は第 8 章で議論されよう．

7.1　電子ガス模型

この模型のハミルトニアンは運動エネルギーとクーロン相互作用エネルギーとの 2 項から成る．電子ガスと名付けられているが，これら両エネルギーの大小関係のよって電子気体，電子液体 (例えば Fermi 液体) あるいは電子結晶 (例えば Wigner 結晶) となり得る．

7.1.1　ハミルトニアン

N_I 個の各格子点に存在する電荷 Ze の正イオンをすべて塗りつぶして，一様な正電荷の背景で置き換える．電荷 $-e$ の電子 N 個はこの正電荷の背景の中でクーロン相互作用しながら運動する．これが電子ガス模型と呼ばれるものである．電気的中性条件は

$$N_I Z e = N e, \text{ または } n_I Z e = n e \tag{7.1}$$

である．この後者は単位体積当りにしたものである．全系のハミルトニアンは

$$\begin{aligned}\mathcal{H} = &\sum_{i=1}^{N} \frac{p_i^2}{2m} + \frac{1}{2}\sum_{i\neq j} \frac{e^2}{|\boldsymbol{r}_i - \boldsymbol{r}_j|} \\ &+\frac{1}{2}\int\!\!\int \frac{(n_I Z\, e)^2}{|\boldsymbol{R} - \boldsymbol{R}'|}\, d\boldsymbol{R} d\boldsymbol{R}' - \sum_{i=1}^{N}\int \frac{n_I Z\, e^2}{|\boldsymbol{r}_i - \boldsymbol{R}|}\, d\boldsymbol{R}\end{aligned} \tag{7.2}$$

と書かれる．この式の第 1，2 項はそれぞれ電子系の運動エネルギーおよび電子間クーロン相互作用のエネルギーである．第 3 項は背景正電荷の間の相互作用，第 4 項は電子系と背景正電荷との間の相互作用のエネルギーである．

クーロンポテンシャル

$$v(\boldsymbol{r}) = \frac{e^2}{r}, \quad r = |\boldsymbol{r}| \tag{7.3}$$

をフーリェ展開すれば，

$$v(\boldsymbol{r}) = V^{-1} \sum_{\boldsymbol{q}} v_{\boldsymbol{q}} e^{i\boldsymbol{q}\cdot\boldsymbol{r}} \tag{7.4}$$

と書かれ，フーリェ係数は

$$v_{\boldsymbol{q}} = \lim_{V\to\infty} \int_V v(\boldsymbol{r})\, e^{-i\boldsymbol{q}\cdot\boldsymbol{r}} d\boldsymbol{r} = \frac{4\pi e^2}{q^2} \tag{7.5}$$

となる．ただし，$\boldsymbol{q} = 0$ 成分は

$$v_0 = \int_V v(\boldsymbol{r})\, d\boldsymbol{r} \tag{7.6}$$

で与えられる．ここに，V は系の体積である．電子数密度もフーリェ展開して

$$\rho(\boldsymbol{r}) = \sum_{i=1}^{N} \delta(\boldsymbol{r} - \boldsymbol{r}_i) = V^{-1} \sum_{\boldsymbol{q}} \rho_{\boldsymbol{q}} e^{i\boldsymbol{q}\cdot\boldsymbol{r}} \tag{7.7}$$

と書かれ，フーリェ成分は

$$\left.\begin{aligned}\rho_{\boldsymbol{q}} &= \int \rho(\boldsymbol{r})\, e^{-i\boldsymbol{q}\cdot\boldsymbol{r}} d\boldsymbol{r} = \sum_{i=1}^{N} e^{-i\boldsymbol{q}\cdot\boldsymbol{r}_i}\,, \\ \rho_0 &= \int \rho(\boldsymbol{r})\, d\boldsymbol{r} = N\end{aligned}\right\} \tag{7.8}$$

となる．

(7.2) の第 2 項は，フーリェ展開 (7.4) を用いて (7.8) に注意すれば，

$$\begin{aligned}\frac{1}{2}\sum_{i\neq j} v(\boldsymbol{r}_i - \boldsymbol{r}_j) &= \frac{1}{2V}\sum_{\boldsymbol{q}} v_{\boldsymbol{q}}\,(\rho_{-\boldsymbol{q}}\rho_{\boldsymbol{q}} - N) \\ &= \frac{1}{2V}{\sum_{\boldsymbol{q}}}' v_{\boldsymbol{q}}\,(\rho_{-\boldsymbol{q}}\rho_{\boldsymbol{q}} - N) + \frac{N^2 v_0}{2V}\big(1 - \frac{1}{N}\big)\end{aligned} \tag{7.9}$$

となる．ここに，最後の式の第 1 項における $\sum'$ は $\boldsymbol{q} = 0$ の項を除いて和をとることを意味し，第 2 項は $\boldsymbol{q} = 0$ の項である．(7.2) の第 3，4 項は (7.1)，(7.6) を用いれば，

$$\frac{1}{2}Vn^2 v_0 - Vn^2 v_0 = -\frac{N^2 v_0}{2V} \tag{7.10}$$

となる．よって，電子間相互作用 (7.9) の $\boldsymbol{q} = 0$ の項は，$O(1/N)$ を無視すれば，背景正電荷の影響 (7.10) と相殺する．こうして，(7.2) は

$$\mathcal{H} = \sum_{i=1}^{N} \frac{p_i^2}{2m} + \frac{1}{2V}{\sum_{\boldsymbol{q}}}' v_{\boldsymbol{q}}\,(\rho_{-\boldsymbol{q}}\rho_{\boldsymbol{q}} - N) \tag{7.11}$$

となる．ここに，$v_{\boldsymbol{q}}\,(\boldsymbol{q} \neq 0)$ は (7.5) によって与えられる．(7.11) が電子ガス模型のハミルトニアンである．

(7.11) に対して第 2 量子化 (付録 A) の表現を用いよう．完備正規直交系としての平面波 (3.4) を基底にとるとき，$a_{\boldsymbol{k}\sigma}$ は波数ベクトル $\boldsymbol{k}$，スピン σ (= ±1 または ↑↓) で指定される状態 $(\boldsymbol{k}, \sigma)$ の電子の消滅演算子である．同じ状態の電子の生成演算子は $a^\dagger_{\boldsymbol{k}\sigma}$ である．a_ϕ, $a^\dagger_\phi$ $(\phi \equiv (\boldsymbol{k}, \sigma))$ は交換関係

$$\{a_\phi, a^\dagger_{\phi'}\} = \delta_{\phi\phi'},\ \ \{a_\phi, a_{\phi'}\} = \{a^\dagger_\phi, a^\dagger_{\phi'}\} = 0 \tag{7.12}$$

を満たす．ここに，$\{A, B\} \equiv AB + BA$ である．(A.57), (A.60) の第 1 項を

用いれば，(7.11) は

$$\left.\begin{aligned}\mathcal{H} &= \mathcal{H}_0 + \mathcal{H}_1\,,\\ \mathcal{H}_0 &= \sum_{\boldsymbol{k},\sigma}\frac{\hbar^2k^2}{2m}\,a^\dagger_{\boldsymbol{k}\sigma}a_{\boldsymbol{k}\sigma}\,,\\ \mathcal{H}_1 &= \frac{1}{2V}\sum_{\boldsymbol{q}}{}'\,\frac{4\pi e^2}{q^2}\sum_{\boldsymbol{k},\boldsymbol{k}'}\sum_{\sigma,\sigma'}a^\dagger_{\boldsymbol{k}+\boldsymbol{q}\sigma}a^\dagger_{\boldsymbol{k}'-\boldsymbol{q}\sigma'}a_{\boldsymbol{k}'\sigma'}a_{\boldsymbol{k}\sigma}\end{aligned}\right\}\tag{7.13}$$

となる．相互作用 $\mathcal{H}_1$ を図 7.1 のように描くと便利である．$\mathcal{H}_1$ の素過程は，$(\boldsymbol{k},\sigma)$, $(\boldsymbol{k}',\sigma')$ の 2 電子がクーロンポテンシャルのフーリエ成分 $v_{\boldsymbol{q}}$ を媒介に相互作用して消滅し，その際 $\boldsymbol{k}'$ の電子が失った $\boldsymbol{q}$ を $\boldsymbol{k}$ の電子が獲得して $(\boldsymbol{k}+\boldsymbol{q},\sigma)$, $(\boldsymbol{k}'-\boldsymbol{q},\sigma')$ の 2 電子が生成されるという過程である．クーロン相互作用はスピンに依存しないので，それぞれのスピン σ, σ' の変化は起きない．さきにも述べたように，電子ガス模型のハミルトニアン (7.13) は，$\mathcal{H}_0$ と $\mathcal{H}_1$ との間の大小関係の程度に対応して，電子気体あるいは電子液体を記述する．さらにまた，$\mathcal{H}_0 \ll \mathcal{H}_1$ の極限では電子結晶 (Wigner 結晶) の可能性を内蔵している．しかしながら現在のところ，電子ガス模型に対して明確な理論的結果が得られているのは摂動展開の有効な場合であって，$\mathcal{H}_0 \gg \mathcal{H}_1$ が成立する高密度極限においてのみ正当化される．

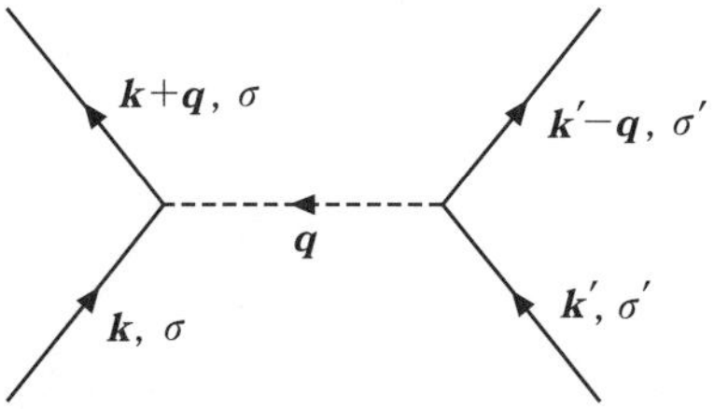

図 7.1 電子間相互作用.

7.1.2 基底状態のエネルギー

基底状態の波動関数を $|G\rangle$，エネルギー固有値を E_G とすれば，

$$\mathcal{H}|G\rangle = E_G|G\rangle \tag{7.14}$$

である．$\mathcal{H}_1$ を摂動とするとき，摂動論は

$$|G\rangle = |0\rangle + \sum{}'_n \frac{|n\rangle\langle n|\mathcal{H}_1|0\rangle}{E_0 - E_n} + \cdots\,, \tag{7.15}$$

$$E_G = E_0 + \langle 0|\mathcal{H}_1|0\rangle + \sum{}'_n \frac{|\langle n|\mathcal{H}_1|0\rangle|^2}{E_0 - E_n} + \cdots \tag{7.16}$$

を与える．第 0 次は無摂動基底状態 $|0\rangle$ に対する波動方程式

$$\mathcal{H}_0|0\rangle = E_0|0\rangle \tag{7.17}$$

の解であって，$|0\rangle$ は $a^\dagger_{\boldsymbol{k}\sigma}(|\boldsymbol{k}| \le k_F; \sigma = \uparrow, \downarrow)$ で作られる占拠数表示の波動関数または平面波 (3.4) にスピン関数の掛った $\psi_{\boldsymbol{k}\sigma}$ で作られる Slater 行列式関数で与えられる．E_0 は (3.15) に与えられている．これを 1 電子当り Rydberg $(me^4/2\hbar^2 = 13.6\,\mathrm{eV})$ で測れば，

$$\varepsilon_0 = \frac{E_0/N}{me^4/2\hbar^2} = \frac{3\hbar^4 k_F^2}{5m^2e^4} = \frac{3}{5}\,a_B^2 k_F^2 \tag{7.18}$$

となる．ここに，$a_B\,(= \hbar^2/me^2)$ は Bohr 半径である．1 電子当りの体積 $1/n$ を換算した球の半径を $r_0\,\left(= (9\pi/4)^{1/3}/k_F\right)$ として，

$$r_s = \frac{r_0}{a_B} = \left(\frac{9\pi}{4}\right)^{1/3} \frac{1}{a_B k_F} \tag{7.19}$$

を定義する．これを用いれば，(7.18) は

$$\varepsilon_0 = \frac{3}{5}\left(\frac{9\pi}{4}\right)^{2/3} \frac{1}{r_s^2} \simeq \frac{2.21}{r_s^2} \tag{7.20}$$

となる．

1 次の摂動エネルギー

$$\begin{aligned} E_1 &= \langle 0|\mathcal{H}_1|0\rangle \\ &= \frac{1}{2V}\sum_{\boldsymbol{q}}{}' \frac{4\pi e^2}{q^2} \sum_{\boldsymbol{k},\boldsymbol{k}'}\sum_{\sigma,\sigma'} \langle 0|a^\dagger_{\boldsymbol{k}+\boldsymbol{q}\sigma} a^\dagger_{\boldsymbol{k}'-\boldsymbol{q}\sigma'} a_{\boldsymbol{k}'\sigma'} a_{\boldsymbol{k}\sigma}|0\rangle \end{aligned} \tag{7.21}$$

の行列要素は，$\boldsymbol{k}+\boldsymbol{q} = \boldsymbol{k}$, $\boldsymbol{k}'-\boldsymbol{q} = \boldsymbol{k}'$ または $\boldsymbol{k}+\boldsymbol{q} = \boldsymbol{k}'$, $\boldsymbol{k}'-\boldsymbol{q} = \boldsymbol{k}$; $\sigma = \sigma'$ の場合にのみ 0 でない．前者の Hartree 項は $\boldsymbol{q} = 0$ を要求するので除外される．よって，後者の交換項

$$\langle 0|a^\dagger_{\boldsymbol{k}+\boldsymbol{q}\sigma} a^\dagger_{\boldsymbol{k}'-\boldsymbol{q}\sigma'} a_{\boldsymbol{k}'\sigma'} a_{\boldsymbol{k}\sigma}|0\rangle = -\,n_{\boldsymbol{k}\sigma} n_{\boldsymbol{k}+\boldsymbol{q}\sigma} \delta_{\boldsymbol{k}',\boldsymbol{k}+\boldsymbol{q}} \delta_{\sigma\sigma'}$$

のみとなる．ここに，$n_{\boldsymbol{k}\sigma}$ は (3.11) の 0 K での Fermi 分布関数である．よって，交換エネルギー E_{ex}，

$$E_{ex} = E_1 = -\frac{1}{2V}\sum_{\boldsymbol{q}}{}' \frac{4\pi e^2}{q^2} \sum_{\boldsymbol{k},\sigma} n_{\boldsymbol{k}\sigma} n_{\boldsymbol{k}+\boldsymbol{q}\sigma}$$

$$= -\frac{1}{V}\sum_{\boldsymbol{k}_1\neq\boldsymbol{k}_2}\sum_{\sigma}\frac{2\pi e^2}{|\boldsymbol{k}_1-\boldsymbol{k}_2|^2}n_{\boldsymbol{k}_1\sigma}n_{\boldsymbol{k}_2\sigma} \tag{7.22}$$

が得られる．エネルギー期待値 $\langle 0|\mathcal{H}_1|0\rangle$ を Feynman 図形で表すと便利である．いまの場合除外される Hartree 項も一緒に表すと図 7.2 のようになる．交換エネルギー (7.22) の計算法はいろいろあるが，ここでは多少幾何学的につぎのように行おう．まず，$\boldsymbol{k}$ に関する和を積分になおし，スピン和も実行すれば，

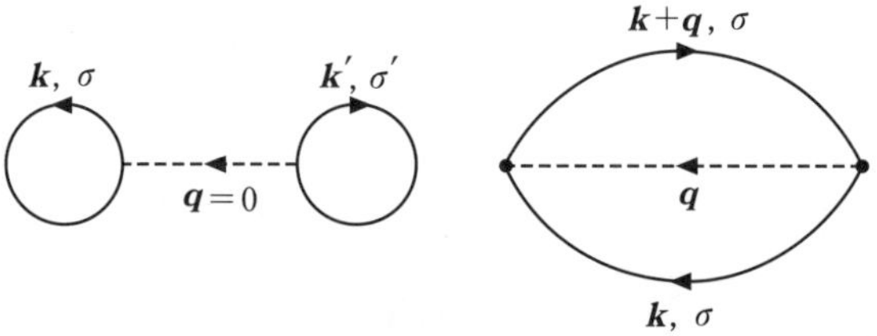

図 **7.2**　1 次摂動のエネルギー．

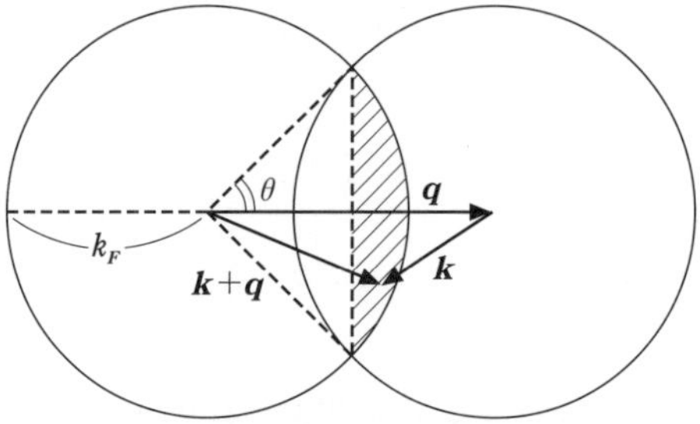

図 **7.3**　交換エネルギーの積分領域．

$$E_1 = -\sum_{\boldsymbol{q}}{}' \frac{4\pi e^2}{q^2}\frac{1}{(2\pi)^3}\int_{k,|\boldsymbol{k}+\boldsymbol{q}|\le k_F} d\boldsymbol{k} \tag{7.23}$$

と書かれる．この式の右辺の $\boldsymbol{k}$ 積分は中心が $|\boldsymbol{q}|$ だけ離れた 2 つの Fermi 球の共通部分の体積に等しい (図 7.3)．これを $I(\boldsymbol{q})$ とすれば，$I(\boldsymbol{q})$ は図の斜線部分の 2 倍である．斜線部分の体積は球の頂角 2θ 分の体積から円錐部分を差し引いたものである．よって，頂角 2θ のところの立体角は $2\pi(1-\cos\theta)$ であることに注意すれば，

$$I(\boldsymbol{q}) = 2\left\{\frac{4\pi}{3}k_F^3\frac{1}{2}(1-\cos\theta) - \frac{\pi}{3}(k_F\sin\theta)^2\frac{q}{2}\right\}$$

$$= 2\pi \left(\frac{2}{3}k_F^3 - \frac{1}{2}k_F^2 q + \frac{1}{24}q^3 \right)$$

が得られる．$\boldsymbol{q}$ 積分の寄与する領域は $0 < q \leq 2k_F$ に限られる．よって，(7.23) は

$$\begin{aligned} E_1 &= -\frac{e^2}{\pi}\frac{V}{(2\pi)^3}\int_0^{2k_F}\frac{1}{q^2}\left(\frac{2}{3}k_F^3 - \frac{1}{2}k_F^2 q + \frac{1}{24}q^3 \right) 4\pi q^2 dq \\ &= -\frac{Ve^2}{4\pi^3}k_F^4 = -\frac{3N}{4\pi}e^2 k_F \end{aligned} \tag{7.24}$$

となる．これを 1 電子当り Rydberg 単位で表すと

$$\varepsilon_1 = -\frac{3}{2\pi}\left(\frac{9\pi}{4}\right)^{1/3}\frac{1}{r_s} \simeq -\frac{0.916}{r_s} \tag{7.25}$$

となる．以上 (7.13) のハミルトニアンで記述される電子ガスの Hartree-Fock エネルギーは摂動展開の 1 次までで打切ったものであり，

$$\varepsilon_{HF} = \varepsilon_0 + \varepsilon_1 = \frac{2.21}{r_s^2} - \frac{0.916}{r_s} \tag{7.26}$$

で与えられる．

7.1.3 相関エネルギー

相関エネルギーは Hartree-Fock エネルギーより高次の，すなわち 2 次以上の摂動エネルギーとして定義される．スピン平行な電子間には Pauli の原理による相関がもとから入っているが，スピン反平行な電子間の反発相関は Hartree-Fock 近似すなわち 1 次摂動の範囲では入らない．クーロン相互作用の反発効果は，波動関数では 1 次の項から出始めるが，エネルギーには 2 次摂動から現れてくる．

2 次の摂動エネルギー E_2 は (7.16) の右辺第 3 項

$$E_2 = {\sum_n}' \frac{\langle 0|\mathcal{H}_1|n\rangle\langle n|\mathcal{H}_1|0\rangle}{E_0 - E_n} \tag{7.27}$$

である．中間状態 $|n\rangle$ の中でつぎの 2 電子励起に対応するものが問題となる．それは，Fermi 球の内部の状態 $(\boldsymbol{k}, \sigma)$, $(\boldsymbol{k}', \sigma')$ を占める 2 電子がクーロン相互

作用して Fermi 球の外側の 2 状態 $(\boldsymbol{k}+\boldsymbol{q},\sigma)$, $(\boldsymbol{k}'-\boldsymbol{q},\sigma')$ に励起される過程で到達される状態である．この過程の励起エネルギーは

$$\Delta E = E_n - E_0 = \varepsilon_{\boldsymbol{k}+\boldsymbol{q}} + \varepsilon_{\boldsymbol{k}'-\boldsymbol{q}} - \varepsilon_{\boldsymbol{k}} - \varepsilon_{\boldsymbol{k}'} \tag{7.28}$$

で与えられる．ここに，$\varepsilon_{\boldsymbol{k}} = \hbar^2 k^2/2m$ などである．この中間状態 $|n\rangle$ からクーロン相互作用によって再びもとの Fermi 球を埋めて 2 次摂動が完結する．(7.13) の $\mathcal{H}_1$ を (7.27) に代入すると，分子の行列要素は

$$\langle 0|a^\dagger_{\boldsymbol{k}_2+\boldsymbol{q}_2\sigma_2} a^\dagger_{\boldsymbol{k}'_2-\boldsymbol{q}_2\sigma'_2} a_{\boldsymbol{k}'_2\sigma'_2} a_{\boldsymbol{k}_2\sigma_2}|n\rangle\langle n|a^\dagger_{\boldsymbol{k}_1+\boldsymbol{q}_1\sigma_1} a^\dagger_{\boldsymbol{k}'_1-\boldsymbol{q}_1\sigma'_1} a_{\boldsymbol{k}'_1\sigma'_1} a_{\boldsymbol{k}_1\sigma_1}|0\rangle$$

となる．この 2 次摂動の期待値には，フェルミオン演算子の中間状態における対の取り方と終始状態 (無摂動基底状態) における対の取り方とから決まる 4 通りの過程がある．そして，演算子の対の期待値をとることによって各過程に対してつぎの波数とスピンに関する関係が成立する：

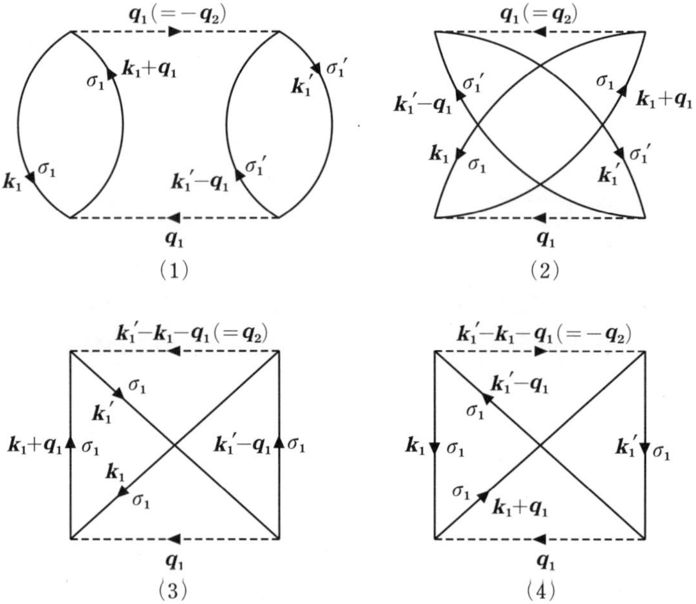

図 **7.4** (7.28) 式を与える 2 次摂動エネルギー．

(1) $\boldsymbol{k}_2 = \boldsymbol{k}_1 + \boldsymbol{q}_1,\ \boldsymbol{k}'_2 = \boldsymbol{k}'_1 - \boldsymbol{q}_1,\ \boldsymbol{q}_2 = -\boldsymbol{q}_1;$

$\sigma_2 = \sigma_1,\ \sigma'_2 = \sigma'_1$

(2) $\boldsymbol{k}_2 = \boldsymbol{k}'_1 - \boldsymbol{q}_1,\ \boldsymbol{k}'_2 = \boldsymbol{k}_1 + \boldsymbol{q}_1,\ \boldsymbol{q}_2 = \boldsymbol{q}_1;$

$\sigma_2 = \sigma'_1,\ \sigma'_2 = \sigma_1$

(3) $\boldsymbol{k}_2 = \boldsymbol{k}_1 + \boldsymbol{q}_1,\ \boldsymbol{k}'_2 = \boldsymbol{k}'_1 - \boldsymbol{q}_1,\ \boldsymbol{q}_2 = \boldsymbol{k}'_1 - \boldsymbol{k}_1 - \boldsymbol{q}_1;$

$\sigma_2 = \sigma_1 = \sigma'_2 = \sigma'_1$

(4) $\boldsymbol{k}_2 = \boldsymbol{k}'_1 - \boldsymbol{q}_1,\ \boldsymbol{k}'_2 = \boldsymbol{k}_1 + \boldsymbol{q}_1,\ \boldsymbol{q}_2 = -\boldsymbol{k}'_1 + \boldsymbol{k}_1 + \boldsymbol{q}_1;$

$\sigma_2 = \sigma_1 = \sigma'_2 = \sigma'_1$

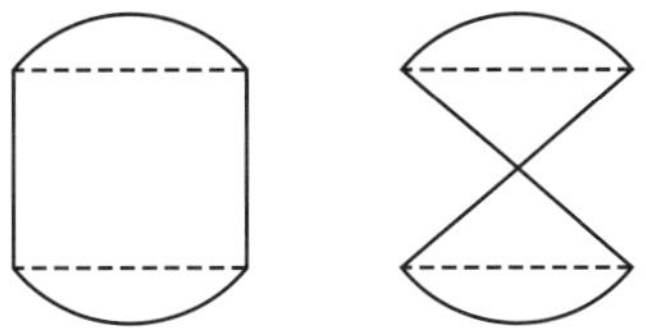

図 **7.5** 他の 2 次摂動の例.

(2), (4) の過程において $\boldsymbol{k}_2$ と $\boldsymbol{k}'_2$, σ_2 と σ'_2 とを入れ換え, $\boldsymbol{q}_2$ の符号を変えるとそれぞれ (1), (3) の過程となる. 上記の各過程を Feynman 図形で表すとそれぞれ図 7.4 のようになる. 2 次摂動で例えば図 7.5 のダイヤグラムなどがあるが, これらは (7.28) の 2 電子励起に対応するものではない. 図 7.4 の (2), (4) において, 下の相互作用の破線は固定して上の破線をひっくり返せば, それぞれ図 (1), (3) となる. 結局, 2 次摂動のエネルギーは図 (1), (3) の過程に対応するものの 2 倍の和となる. すなわち,

$$\left.\begin{aligned} E_2 &= E_2^{(a)} + E_2^{(b)}, \\ E_2^{(a)} &= -2\left(\frac{4\pi e^2}{V}\right)^2 \frac{m}{\hbar^2} \sum_{\boldsymbol{q}}{}' \frac{1}{q^4} \\ &\qquad \times \sum_{\boldsymbol{k}_1, \boldsymbol{k}'_1} \frac{1}{q^2 + \boldsymbol{q}\cdot(\boldsymbol{k}_1 - \boldsymbol{k}'_1)}, \\ E_2^{(b)} &= \left(\frac{4\pi e^2}{V}\right)^2 \frac{m}{\hbar^2} \sum_{\boldsymbol{q}}{}' \frac{1}{q^2} \\ &\qquad \times \sum_{\boldsymbol{k}_1, \boldsymbol{k}'_1} \frac{1}{(\boldsymbol{k}_1 - \boldsymbol{k}'_1 + \boldsymbol{q})^2} \frac{1}{q^2 + \boldsymbol{q}\cdot(\boldsymbol{k}_1 - \boldsymbol{k}'_1)} \end{aligned}\right\} \quad (7.29)$$

である．ここに，符号の違いは Fermi 演算子の交換関係から，係数の因子 2 の違いはスピン和からくる．$\boldsymbol{k}_1, \boldsymbol{k}_1'$ に関する和はそれぞれ $|\boldsymbol{k}_1| \le k_F, |\boldsymbol{k}_1+\boldsymbol{q}| > k_F$ および $|\boldsymbol{k}_1'| \le k_F, |\boldsymbol{k}_1'-\boldsymbol{q}| > k_F$ を満たす領域にわたってとられる．(7.29) の和を積分になおせば，1 電子あたり Rydberg 単位で

$$\varepsilon_2^{(a)} = -\frac{3}{8\pi^5}\frac{1}{k_F^3}\int\frac{d\boldsymbol{q}}{q^4}\int_{\substack{|\boldsymbol{k}|<k_F\\|\boldsymbol{k}+\boldsymbol{q}|>k_F}} d\boldsymbol{k} \times \int_{\substack{|\boldsymbol{k}'|<k_F\\|\boldsymbol{k}'-\boldsymbol{q}|>k_F}} d\boldsymbol{k}'\frac{1}{q^2+\boldsymbol{q}\cdot(\boldsymbol{k}-\boldsymbol{k}')} \tag{7.30}$$

$$\varepsilon_2^{(b)} = \frac{3}{16\pi^5}\frac{1}{k_F^3}\int\frac{d\boldsymbol{q}}{q^2}\int_{\substack{|\boldsymbol{k}|<k_F\\|\boldsymbol{k}+\boldsymbol{q}|>k_F}} d\boldsymbol{k} \times \int_{\substack{|\boldsymbol{k}'|<k_F\\|\boldsymbol{k}'-\boldsymbol{q}|>k_F}} d\boldsymbol{k}'\frac{1}{(\boldsymbol{k}-\boldsymbol{k}'+\boldsymbol{q})^2}\frac{1}{q^2+\boldsymbol{q}\cdot(\boldsymbol{k}-\boldsymbol{k}')} \tag{7.31}$$

となる．これらは k_F，したがって r_s に無関係，すなわち 2 次摂動は r_s^0 の項である．ところで，(7.30) は被積分関数に $1/q^4$ (クーロンポテンシャルのフーリェ成分の 2 乗) があるため，$\varepsilon_2^{(a)}$ は $q \to 0$ で $\log q$ の発散をする．(7.31) の $\varepsilon_2^{(b)}$ の方は電子交換によって $1/q^2$ が $1/(\boldsymbol{k}-\boldsymbol{k}'+\boldsymbol{q})^2$ に置き換えられるために発散しない．発散する $\varepsilon_2^{(a)}$ は図 7.4 の (1), (2) に対応することに注意しよう．

3 次以上の摂動エネルギーはすべて発散することが知られている．Gell-Mann と Brueckner[1] は，$\varepsilon_2^{(a)}$ を高次に拡張した形の発散の最も強い項 $\varepsilon_n^{(a)}$, $n = 2, 3, 4, \cdots$ の無限級数の総和を求めた．$\varepsilon_n^{(a)}$ は r_s^{n-2} に比例する．二人は最強発散項の総和を $\boldsymbol{q}$ 積分の被積分関数の形にまとめあげ，$\boldsymbol{q}$ 積分を実行して，$(2/\pi^2)(1-\log 2)\log r_s$ の項，r_s によらない項および $r_s \to 0$ で消える項の 3 項から成る結果を得た．それは，$\varepsilon_2^{(b)}$ も含めて，高密度極限 $r_s \to 0$ で正当化される相関エネルギー

$$\varepsilon_{corr} = 0.0622\log r_s - 0.096 + O(r_s) \tag{7.32}$$

と書かれる．この結果に対応する Feynman ダイヤグラムは図 7.6 に示される．ただし，個々のダイヤグラムについて，2 次の場合にそれぞれ図 7.4 の (3), (4) および (1), (2) の 2 個の図形が対応するように，n 次の場合 $2^{n-1}(n-1)!$ 個

[1] M. Gell-Mann and K. A. Brueckner: Phys. Rev. **106** (1957) 364.

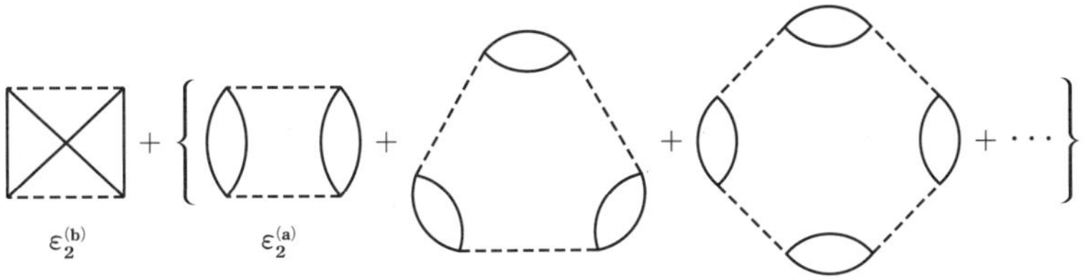

図 **7.6** リング近似 $(+\varepsilon_2^{(b)})$.

の図形が対応する．括弧で囲まれた最強発散項の総和はリング近似と呼ばれる．最強発散項の総和をとることはクーロンポテンシャルを遮蔽することになり，発散が消去されることになる．

Gell-Mann-Brueckner による (7.32) の結果は，Sawada[2] による運動方程式の方法における乱雑位相近似 (RPA)，Noziéres-Pines[3] による多電子系の誘電応答理論における RPA，また Ehrenreich-Cohen による自己無撞着場 (SCF) の方法によっても導かれる．誘電応答の理論や自己無撞着場の方法は線形応答の一般論の中に含まれる．第 6 章で線形応答理論について述べた．電気伝導度や誘電関数といった応答関数，熱力学的ポテンシャルなどの計算が温度グリーン関数の摂動展開における Feynman ダイヤグラム法によって実行される．熱力学的ポテンシャルの絶対零度への極限から基底状態のエネルギーが得られ，電子ガスの相関エネルギーの計算も 1 つの例題となる．

現実の金属内の電子系では $1.8 < r_s < 5.5$ の範囲にある．高密度電子ガスの摂動展開は $r_s > 1$ ではその妥当性を失う．したがって，上に得られた結果をそのまま実際の金属内電子系に適用することはできない．

7.2 誘電応答

電磁気学の Maxwell の法則における誘電応答を要約しておこう．真電荷または外部電荷 (試験電荷) 密度 ρ_0 は媒質中に分極電荷 (密度) ρ' を誘発する．電場 $\boldsymbol{E}(\boldsymbol{r})$ は全電荷 $\rho = \rho_0 + \rho'$ からガウスの法則

$$\mathrm{div}\boldsymbol{E} = 4\pi\rho = 4\pi(\rho_0 + \rho') \tag{7.33}$$

[2]K. Sawada, K. A. Brueckner, N. Fukuda and R. Brout: Phys. Rev. **108** (1957) 507.
[3]P. Noziéres and D. Pines: Il Nuovo Cimento [X]**9** (1958) 470.

によって定まる．誘電分極 $\boldsymbol{P}(\boldsymbol{r})$ は分極電荷 ρ' の減少に関係して

$$\mathrm{div}\boldsymbol{P} = -\rho' \tag{7.34}$$

で与えられる．これを (7.33) に代入して移項し，

$$\boldsymbol{D} = \boldsymbol{E} + 4\pi\boldsymbol{P} \tag{7.35}$$

によって電束密度 (電気変位) $\boldsymbol{D}(\boldsymbol{r})$ を定義すれば，ガウスの法則は

$$\mathrm{div}\boldsymbol{D} = 4\pi\rho_0 \tag{7.36}$$

となる．誘電分極 $\boldsymbol{P}$ が電場 $\boldsymbol{E}$ に比例するとき，

$$\boldsymbol{P} = \chi\boldsymbol{E} \tag{7.37}$$

と書かれる．ここに，χ は分極率 (電気感受率) である．これを代入すれば，(7.35) は構成方程式

$$\boldsymbol{D} = \varepsilon\boldsymbol{E}, \quad \varepsilon = 1 + 4\pi\chi \tag{7.38}$$

となる．ここに, ε は誘電率 (誘電関数) である．(7.38) を (7.35) に代入すれば,

$$(\varepsilon - 1)\,\boldsymbol{E} = 4\pi\boldsymbol{P} \tag{7.39}$$

と書かれる．

静電ポテンシャルを $\varphi(\boldsymbol{r})$ とすれば,

$$\boldsymbol{E}(\boldsymbol{r}) = -\,\mathrm{grad}\varphi(\boldsymbol{r}) \tag{7.40}$$

である．$\boldsymbol{P}$ は反電場 $\boldsymbol{E}' = -4\pi\boldsymbol{P}$ を作る．これを (7.35) に代入すれば,

$$\boldsymbol{D} = \boldsymbol{E} - \boldsymbol{E}'$$

となる．この式は (7.40) および,

$$\boldsymbol{D} = -\mathrm{grad}\varphi_0\,, \quad \boldsymbol{E}' = -\mathrm{grad}\varphi'$$

に導くポテンシャル $\varphi, \varphi_0, \varphi'$ を用いれば,

$$\varphi_0 = \varphi - \varphi'$$

と書かれる．Poisson 方程式は，例えば ρ' について書けば,

$$\nabla^2\varphi' = -\,4\pi\rho' \tag{7.41}$$

となる．

7.2.1 自己無撞着場 (SCF) の方法

Ehrenreich-Cohen[4]による自己無撞着場の方法を述べよう．まず，1 体の統計演算子を表す密度行列を u と記せば，u は 1 粒子 Liouville 方程式

$$i\hbar\frac{\partial u}{\partial t} = [\mathcal{H}, u] \tag{7.42}$$

を満足する．そして，$\mathcal{H}$ は 1 粒子ハミルトニアン

$$\mathcal{H} = \mathcal{H}_0 + V(\boldsymbol{r}, t) \tag{7.43}$$

である．ここに，$\mathcal{H}_0 = p^2/2m$ は自由電子のハミルトニアン，$V(\boldsymbol{r}, t)$ は他のすべての電子との相互作用によってこの電子に働く自己無撞着場のポテンシャルである．シュレーディンガー方程式 $\mathcal{H}_0|\boldsymbol{k}\rangle = E_{\boldsymbol{k}}|\boldsymbol{k}\rangle$ の固有関数は $|\boldsymbol{k}\rangle = L^{-3/2}e^{i\boldsymbol{k}\cdot\boldsymbol{r}}$，対応するエネルギー固有値は $E_{\boldsymbol{k}} = \hbar^2k^2/2m$ である．ここで，

$$u = u_0 + u' \tag{7.44}$$

とおくとき，無摂動系 $(V = 0)$ の熱平衡状態に対応する統計演算子 u_0 は

$$u_0|\boldsymbol{k}\rangle = f(E_{\boldsymbol{k}})|\boldsymbol{k}\rangle \tag{7.45}$$

を満たす．ここに，$f(E_{\boldsymbol{k}})$ は Fermi 分布関数である．そして，u' は自己無撞着場 $V(\boldsymbol{r}, t)$ に対する系の応答を記述する統計演算子である．

(7.43)，(7.44) を (7.42) に代入し，V, u' に関して線形化すると，

$$i\hbar\frac{\partial u'}{\partial t} = [\mathcal{H}_0, u'] + [V, u_0] \tag{7.46}$$

が得られる．$V(\boldsymbol{r}, t)$ のフーリェ展開

$$V(\boldsymbol{r}, t) = \sum_{\boldsymbol{q}} V(\boldsymbol{q}, t)\, e^{i\boldsymbol{q}\cdot\boldsymbol{r}} \tag{7.47}$$

を代入して，(7.46) の状態 $|\boldsymbol{k}\rangle$, $|\boldsymbol{k}+\boldsymbol{q}\rangle$ に関する行列要素をとれば，

$$\begin{aligned} i\hbar\frac{\partial}{\partial t}\langle\boldsymbol{k}+\boldsymbol{q}|u'|\boldsymbol{k}\rangle &= \left(E_{\boldsymbol{k}+\boldsymbol{q}} - E_{\boldsymbol{k}}\right)\langle\boldsymbol{k}+\boldsymbol{q}|u'|\boldsymbol{k}\rangle \\ &\quad + \left[f(E_{\boldsymbol{k}}) - f(E_{\boldsymbol{k}+\boldsymbol{q}})\right] V(\boldsymbol{q}, t) \end{aligned} \tag{7.48}$$

[4] H. Ehrenreich and M. H. Cohen: Phys. Rev. **115** (1959) 786.

が得られる．ここに，$\langle \boldsymbol{k}+\boldsymbol{q}|V|\boldsymbol{k}\rangle = V(\boldsymbol{q},t)$ である．自己無撞着場のポテンシャルエネルギー V は，外部からもち込まれた電荷による外部ポテンシャルエネルギー V_0 と誘発された電子密度の変化 $-en'$ による遮蔽ポテンシャルエネルギー V_s との和である．(7.41) において $\rho' = -en'$, $-e\varphi' = V_s$ とおけば，V_s と n' とは Poisson 方程式

$$\nabla^2 V_s = -4\pi e^2 n' \tag{7.49}$$

によって関係付けられる．そして，$n'(\boldsymbol{r})$ は期待値

$$\begin{aligned} n'(\boldsymbol{r}) = \mathrm{tr}\big[\delta(\boldsymbol{r}-\boldsymbol{r}_e)\,u'\big] &= \sum_{\boldsymbol{k},\sigma}\langle \boldsymbol{k}|\delta(\boldsymbol{r}-\boldsymbol{r}_e)\,u'|\boldsymbol{k}\rangle \\ &= L^{-3}\sum_{\boldsymbol{q}} e^{i\boldsymbol{q}\cdot\boldsymbol{r}} \sum_{\boldsymbol{k},\sigma}\langle \boldsymbol{k}+\boldsymbol{q}|u'|\boldsymbol{k}\rangle \\ &= \sum_{\boldsymbol{q}} e^{i\boldsymbol{q}\cdot\boldsymbol{r}} n(\boldsymbol{q}) \end{aligned} \tag{7.50}$$

によって与えられる．ここに，tr は演算子の跡をとることを意味し，ここでは完備正規直交系 $|\boldsymbol{k}\rangle$ における行列表示での対角和 (スピン和も含む) をとった．また，$\delta(\boldsymbol{r}-\boldsymbol{r}_e)$ は電子密度演算子，$\boldsymbol{r}_e$ は電子の位置ベクトルである．最後の式では n' をフーリェ展開して n' の成分を $n(\boldsymbol{q})$ と記した．(7.49) をフーリェ変換して (7.50) を考慮すれば，

$$V_s(\boldsymbol{q},t) = \frac{4\pi e^2}{q^2 L^3}\sum_{\boldsymbol{k},\sigma}\langle \boldsymbol{k}+\boldsymbol{q}|u'|\boldsymbol{k}\rangle \tag{7.51}$$

となる．

外部ポテンシャルエネルギー $V_0(\boldsymbol{q},t)$ の時間依存性 $e^{-i\omega t+\alpha t}$ $(\alpha \to 0)$ を仮定する．(7.48) は摂動に関して 1 次であるので，$\langle \boldsymbol{k}+\boldsymbol{q}|u'|\boldsymbol{k}\rangle$ したがって $V_s(\boldsymbol{q},t)$ も $V(\boldsymbol{q},t)$ も $V_0(\boldsymbol{q},t)$ と同じ時間依存性をもつ．これは $e^{-i\omega t}$ で振動する摂動が $t=-\infty$ から徐々に断熱的に入ってきたことを意味する．こうして，(7.48) より

$$\langle \boldsymbol{k}+\boldsymbol{q}|u'|\boldsymbol{k}\rangle = \frac{f(E_{\boldsymbol{k}+\boldsymbol{q}}) - f(E_{\boldsymbol{k}})}{E_{\boldsymbol{k}+\boldsymbol{q}} - E_{\boldsymbol{k}} - \hbar\omega - i\hbar\alpha} V(\boldsymbol{q},t) \tag{7.52}$$

が得られる．

電子系の密度応答を記述する縦波の誘電関数 $\varepsilon(\boldsymbol{q},\omega)$ を求めよう．(7.39) をフーリェ成分で書けば，

$$\left[\varepsilon(\boldsymbol{q},\omega)-1\right]E(\boldsymbol{q},t) \;=\; 4\pi P(\boldsymbol{q},t) \tag{7.53}$$

となる．ここに，E および P は電場および誘電分極の縦成分である．また，$e^{-i\omega t}$ を掛けて時間に依存する表示にした．$\rho' = -en'$, $-e\varphi = V$ とおけば，(7.34)，(7.40) はそれぞれ $\mathrm{div}\boldsymbol{P} = en'$, $e\boldsymbol{E} = \mathrm{grad}V$ となる．これらをフーリェ変換すれば，

$$iqP(\boldsymbol{q},t) = e\,n(\boldsymbol{q},t)\,, \tag{7.54}$$

$$e\,E(\boldsymbol{q},t) = iqV(\boldsymbol{q},t) \tag{7.55}$$

が得られる．(7.50) を考慮すれば，(7.54) は

$$P(\boldsymbol{q},t) \;=\; \frac{e}{iqL^3}\sum_{\boldsymbol{k},\sigma}\langle\boldsymbol{k}+\boldsymbol{q}|u'|\boldsymbol{k}\rangle \tag{7.56}$$

となる．(7.55)，(7.56) を (7.53) に代入すれば，

$$\left[\varepsilon(\boldsymbol{q},\omega)-1\right]V(\boldsymbol{q},t) \;=\; -\frac{4\pi e^2}{q^2L^3}\sum_{\boldsymbol{k},\sigma}\langle\boldsymbol{k}+\boldsymbol{q}|u'|\boldsymbol{k}\rangle \tag{7.57}$$

となる．この式の右辺に (7.52) を代入して，

$$\varepsilon(\boldsymbol{q},\omega) = 1-\lim_{\alpha\to 0}\frac{4\pi e^2}{q^2L^3}\sum_{\boldsymbol{k},\sigma}\frac{f(E_{\boldsymbol{k}+\boldsymbol{q}})-f(E_{\boldsymbol{k}})}{E_{\boldsymbol{k}+\boldsymbol{q}}-E_{\boldsymbol{k}}-\hbar\omega-i\hbar\alpha} \tag{7.58}$$

が導かれる．これは Lindhard の式と呼ばれる．この結果の近似度は乱雑位相近似 (RPA) に相当する．

7.2.2 誘電関数の公式の計算 (ダイヤグラム法)

6.2.2 節で線形応答の久保理論にしたがって誘電関数の表式 (6.71) が導かれた．(6.66) の遅延グリーン関数に対応する温度グリーン関数は

$$G(\rho_{\boldsymbol{q}}(\tau),\rho_{-\boldsymbol{q}}) \;=\; -\langle T\rho_{\boldsymbol{q}}(\tau)\,\rho_{-\boldsymbol{q}}\rangle \tag{7.59}$$

である．これは電子数密度のフーリェ成分 $\rho_{\boldsymbol{q}}$ の第 2 量子化表現 (A.57) を代入すれば，

$$\left.\begin{aligned} G(\rho_{\boldsymbol{q}}(\tau),\rho_{-\boldsymbol{q}}) &= \sum_{\sigma,\sigma'}\sum_{\boldsymbol{k},\boldsymbol{k}'} Q_{\sigma\sigma'}(\boldsymbol{k},\boldsymbol{k}',\boldsymbol{q};\tau)\,, \\ Q_{\sigma\sigma'}(\boldsymbol{k},\boldsymbol{k}',\boldsymbol{q};\tau) &= -\langle T\,\tilde{a}^{\dagger}_{\boldsymbol{k}\sigma}(\tau)\,\tilde{a}_{\boldsymbol{k}+\boldsymbol{q}\sigma}(\tau)\,\tilde{a}^{\dagger}_{\boldsymbol{k}'\sigma'}\tilde{a}_{\boldsymbol{k}'-\boldsymbol{q}\sigma'}\rangle \end{aligned}\right\} \tag{7.60}$$

となる．ここに，$\tilde{a}^{\dagger}_{\boldsymbol{k}\sigma}$ などは温度に関する Heisenberg 表示 (6.102) である．2 体グリーン関数 $Q_{\sigma\sigma'}(\ ;\tau)$ の連結図形展開は

$$\begin{aligned} Q_{\sigma\sigma'}(\boldsymbol{k},\boldsymbol{k}',\boldsymbol{q};\tau) \;&=\; -\sum_{n=0}^{\infty}\frac{(-1)^n}{n!}\int_0^{\beta}d\tau_1\cdots\int_0^{\beta}d\tau_n \\ &\times\;\langle T\mathcal{H}_1(\tau_1)\cdots\mathcal{H}_1(\tau_n)\,a^{\dagger}_{\boldsymbol{k}\sigma}(\tau)\,a_{\boldsymbol{k}+\boldsymbol{q}\sigma}(\tau)\,a^{\dagger}_{\boldsymbol{k}'\sigma'}a_{\boldsymbol{k}'-\boldsymbol{q}\sigma'}\rangle_{0\mathrm{L}} \end{aligned} \tag{7.61}$$

によって与えられる．ここに，相互作用 $\mathcal{H}_1$ は (7.13) にある．

フーリェ展開

$$\left.\begin{aligned} G(\rho_{\boldsymbol{q}}(\tau),\rho_{-\boldsymbol{q}}) =&\ \ \beta^{-1}\sum_{\ell}G(\boldsymbol{q},i\nu_\ell)\,e^{-i\nu_\ell\tau}\,, \\ Q_{\sigma\sigma'}(\ ;\tau) =&\ \ \beta^{-1}\sum_{\ell}Q_{\sigma\sigma'}(\ ;i\nu_\ell)\,e^{-i\nu_\ell\tau}\,, \\ \nu_\ell =&\ \frac{2\ell\pi}{\beta}\,,\quad \ell = 0,\pm1,\pm2,\cdots \end{aligned}\right\} \tag{7.62}$$

の係数を用いれば，(7.60) は

$$G(\boldsymbol{q},i\nu_\ell) \;=\; \sum_{\sigma,\sigma'}\sum_{\boldsymbol{k},\boldsymbol{k}'}Q_{\sigma\sigma'}(\boldsymbol{k},\boldsymbol{k}',\boldsymbol{q};i\nu_\ell) \tag{7.63}$$

と書かれる．

まず，0 次の項は，コントラクションは 1 通りで，

$$\begin{aligned} -\,Q^{(0)}_{\sigma\sigma'}(\ ;\tau) \;&=\; \langle T\,a^{\dagger}_{\boldsymbol{k}\sigma}(\tau)\,a_{\boldsymbol{k}+\boldsymbol{q}\sigma}(\tau)\,a^{\dagger}_{\boldsymbol{k}'\sigma'}a_{\boldsymbol{k}'-\boldsymbol{q}\sigma'}\rangle_{0\mathrm{L}} \\ &=\; -\,\langle T\,a_{\boldsymbol{k}+\boldsymbol{q}\sigma}(\tau)\,a^{\dagger}_{\boldsymbol{k}'\sigma'}\rangle_0\langle T\,a_{\boldsymbol{k}'-\boldsymbol{q}\sigma'}a^{\dagger}_{\boldsymbol{k}\sigma}(\tau)\rangle_0 \\ &=\; -\,\delta_{\sigma\sigma'}\delta_{\boldsymbol{k}+\boldsymbol{q},\boldsymbol{k}'}G^0(\boldsymbol{k}+\boldsymbol{q},\tau)\,G^0(\boldsymbol{k},-\tau) \end{aligned}$$

となる．この右辺の $G^0(\ ,\tau)$, $G^0(\ ,-\tau)$ をフーリェ展開して，両辺のフーリェ変換をとれば，

$$-\,Q^{(0)}_{\sigma\sigma'}(\boldsymbol{k},\boldsymbol{k}',\boldsymbol{q};i\nu_\ell) \;=\; -\int_0^{\beta}Q^{(0)}_{\sigma\sigma'}(\boldsymbol{k},\boldsymbol{k}',\boldsymbol{q};\tau)\,e^{i\nu_\ell\tau}d\tau$$

$$= -\delta_{\sigma\sigma'}\delta_{\boldsymbol{k}+\boldsymbol{q},\boldsymbol{k}'}\beta^{-2}\sum_{n,n'} G^0(\boldsymbol{k}+\boldsymbol{q}, i\omega_n)\, G^0(\boldsymbol{k}, i\omega_{n'}) \times \int_0^\beta e^{i(\nu_\ell-\omega_n+\omega_{n'})\tau} d\tau$$

と書かれる．この積分に対して，

$$\int_0^\beta e^{i(\nu_\ell-\omega_n+\omega_{n'})\tau} d\tau = \beta\,\delta_{\nu_\ell-\omega_n+\omega_{n'},0}$$

を用いれば，

$$-Q^{(0)}_{\sigma\sigma'}(\boldsymbol{k},\boldsymbol{k}',\boldsymbol{q}; i\nu_\ell) = -\delta_{\sigma\sigma'}\delta_{\boldsymbol{k}+\boldsymbol{q},\boldsymbol{k}'} \times \beta^{-1}\sum_n G^0(\boldsymbol{k}+\boldsymbol{q}, i(\omega_n+\nu_\ell))\, G^0(\boldsymbol{k}, i\omega_n) \tag{7.64}$$

となる．したがって，(7.63) への第 0 次の寄与

$$-G^{(0)}(\boldsymbol{q}, i\nu_\ell) \equiv \Pi(\boldsymbol{q}, i\nu_\ell) = -2\sum_{\boldsymbol{k}}\beta^{-1}\sum_n G^0(\boldsymbol{k}+\boldsymbol{q}, i(\omega_n+\nu_\ell))\, G^0(\boldsymbol{k}, i\omega_n) \tag{7.65}$$

が得られる．ここに，分極部分 $\Pi(\boldsymbol{q}, i\nu_\ell)$ を定義した．これは図 7.7 のバブル・ダイヤグラム (bubble diagram) で表される．2 本の実線 (電子線) はグリーン関数 $G^0(\boldsymbol{k}+\boldsymbol{q},\ )$, $G^0(\boldsymbol{k},\ )$ を表す．バブルにはフェルミオン演算子の置換から生じる負符号 (−) がつく．虚時間 τ, 0 に対応する左右のバーテックスでは，波数 $\boldsymbol{q}$ および周波数 $\boldsymbol{\nu_\ell}$ の出入による保存則が成立する．両方の電子線に共通のスピン指標 σ，波数 $\boldsymbol{k}$，周波数 ω_n について和 (n 和に β^{-1} を付ける) をとれば，分極部分 $\Pi(\boldsymbol{q}, i\nu_\ell)$ が得られる．

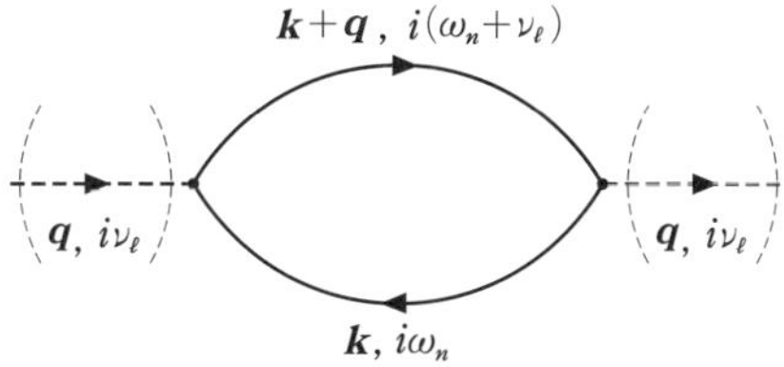

図 **7.7** 分極部分.

(6.107) を用いれば，(7.65) は

$$\Pi(\boldsymbol{q}, i\nu_\ell) = -2\sum_{\boldsymbol{k}}\beta^{-1}\sum_n \frac{1}{(i\omega_n+i\nu_\ell-\varepsilon_{\boldsymbol{k}+\boldsymbol{q}})(i\omega_n-\varepsilon_{\boldsymbol{k}})} \tag{7.66}$$

と書かれる．ここで，$f(z) = (e^{\beta z}+1)^{-1}$ が $z = i\omega_n = (2n+1)\pi i/\beta$ に極を有し，かつその留数が $-\beta^{-1}$ であることに注意すれば，(7.66) の n 和は

$$
\begin{aligned}
&\beta^{-1}\sum_n \frac{1}{(i\omega_n + i\nu_\ell - \varepsilon_{\boldsymbol{k}+\boldsymbol{q}})(i\omega_n - \varepsilon_{\boldsymbol{k}})} \\
&= \frac{1}{2\pi i}\oint_C \frac{1}{(z + i\nu_\ell - \varepsilon_{\boldsymbol{k}+\boldsymbol{q}})(z - \varepsilon_{\boldsymbol{k}})}\frac{dz}{e^{\beta z}+1} \\
&= \frac{1}{2\pi i}\oint_\Gamma \frac{1}{\varepsilon_{\boldsymbol{k}+\boldsymbol{q}} - \varepsilon_{\boldsymbol{k}} - i\nu_\ell}\left(\frac{1}{z + i\nu_\ell - \varepsilon_{\boldsymbol{k}+\boldsymbol{q}}} - \frac{1}{z - \varepsilon_{\boldsymbol{k}}}\right)\frac{dz}{e^{\beta z}+1} \\
&= \frac{f(\varepsilon_{\boldsymbol{k}+\boldsymbol{q}}) - f(\varepsilon_{\boldsymbol{k}})}{\varepsilon_{\boldsymbol{k}+\boldsymbol{q}} - \varepsilon_{\boldsymbol{k}} - i\nu_\ell}
\end{aligned}
$$

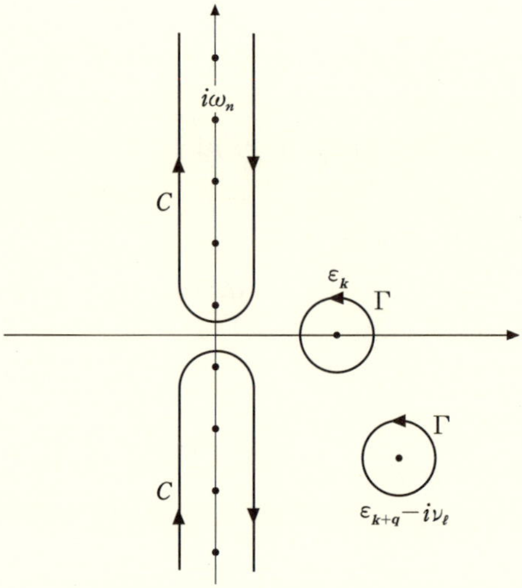

図 7.8　複素 z 平面上の積分路．

となる．ここに，複素 z 平面上の積分路 C, Γ は図 7.8 に示される．これを (7.66) に代入すれば，

$$
\Pi(\boldsymbol{q}, i\nu_\ell) = -2\sum_{\boldsymbol{k}} \frac{f(\varepsilon_{\boldsymbol{k}+\boldsymbol{q}}) - f(\varepsilon_{\boldsymbol{k}})}{\varepsilon_{\boldsymbol{k}+\boldsymbol{q}} - \varepsilon_{\boldsymbol{k}} - i\nu_\ell} \tag{7.67}
$$

が得られる．

摂動展開 (7.61) の 1 次の項は

$$
-Q^{(1)}_{\sigma\sigma'}(\,;\tau) = -\int_0^\beta d\tau_1 \sum_{\sigma_1,\sigma_1'}\sum_{\boldsymbol{p},\boldsymbol{p}',\boldsymbol{q}_1}\frac{v(\boldsymbol{q}_1)}{2V}
$$

$$\times \langle T\, a^\dagger_{\boldsymbol{p}+\boldsymbol{q}_1\sigma_1}(\tau_1)\, a^\dagger_{\boldsymbol{p}'-\boldsymbol{q}_1\sigma'_1}(\tau_1)\, a_{\boldsymbol{p}'\sigma'_1}(\tau_1)\, a_{\boldsymbol{p}\sigma_1}(\tau_1)$$
$$\times\, a^\dagger_{\boldsymbol{k}\sigma}(\tau)\, a_{\boldsymbol{k}+\boldsymbol{q}\sigma}(\tau)\, a^\dagger_{\boldsymbol{k}'\sigma'}\, a_{\boldsymbol{k}'-\boldsymbol{q}\sigma'}\rangle_{0\mathrm{L}} \qquad (7.68)$$

である．T 積の平均値を可能なコントラクションの積の和に分解すれば，いくつかのダイヤグラムに相当する項の和となる．この中で図 7.9 に示される 2 つのバブルが破線 (相互作用) でつながったものに着目しよう．これはつぎのコントラクション

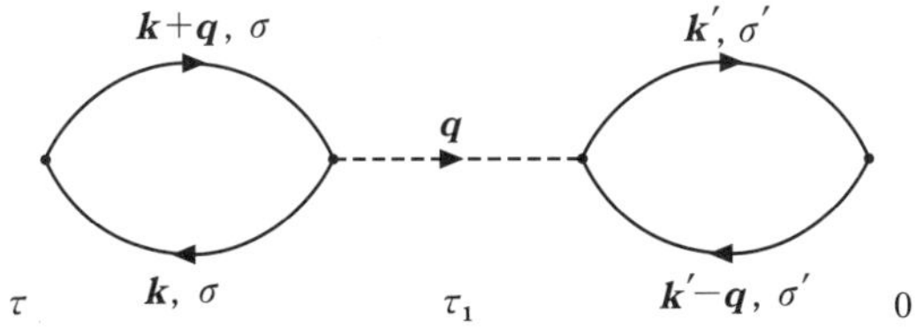

図 **7.9** バブル図形の 1 次のチェイン．

$$\langle T\, a^\dagger_{\boldsymbol{p}+\boldsymbol{q}_1\sigma_1}(\tau_1)\cdots a_{\boldsymbol{k}'-\boldsymbol{q}\sigma'}\rangle_{0\mathrm{L}}$$
$$\to \langle T\, a_{\boldsymbol{k}+\boldsymbol{q}\sigma}(\tau)\, a^\dagger_{\boldsymbol{p}+\boldsymbol{q}_1\sigma_1}(\tau_1)\rangle_0 \langle T\, a_{\boldsymbol{p}\sigma_1}(\tau_1)\, a^\dagger_{\boldsymbol{k}\sigma}(\tau)\rangle_0$$
$$\times \langle T\, a_{\boldsymbol{p}'\sigma'_1}(\tau_1)\, a^\dagger_{\boldsymbol{k}'\sigma'}\rangle_0 \langle T\, a_{\boldsymbol{k}'-\boldsymbol{q}\sigma'} a^\dagger_{\boldsymbol{p}'-\boldsymbol{q}_1\sigma'_1}(\tau_1)\rangle_0$$
$$= \delta_{\sigma\sigma_1}\delta_{\sigma'_1\sigma'}\delta_{\boldsymbol{k}+\boldsymbol{q},\boldsymbol{p}+\boldsymbol{q}_1}\delta_{\boldsymbol{p}\boldsymbol{k}}\delta_{\boldsymbol{p}'\boldsymbol{k}'}\delta_{\boldsymbol{k}'-\boldsymbol{q},\boldsymbol{p}'-\boldsymbol{q}_1}$$
$$\times\, G^0(\boldsymbol{k}+\boldsymbol{q},\tau-\tau_1)\, G^0(\boldsymbol{k},\tau_1-\tau)\, G^0(\boldsymbol{k}',\tau_1)\, G^0(\boldsymbol{k}'-\boldsymbol{q},-\tau_1)$$

に対応する．この図 7.9 からの寄与を $Q^{(1)}_{\sigma\sigma'}(\ ;\tau)_B$ と記そう．これを (7.68) に代入し，各 G^0 をフーリェ展開して τ_1 積分を行えば，

$$-\, Q^{(1)}_{\sigma\sigma'}(\ ;\tau)_B = -\frac{v(\boldsymbol{q})}{2V}\beta^{-3}\sum_{n_1,n_2,n_3} G^0(\boldsymbol{k}+\boldsymbol{q},i\omega_{n_1})\, G^0(\boldsymbol{k},i\omega_{n_2})$$
$$\times\, G^0(\boldsymbol{k}',i\omega_{n_3})\, G^0(\boldsymbol{k}'-\boldsymbol{q},i(\omega_{n_2}+\omega_{n_3}-\omega_{n_1}))\, e^{i(\omega_{n_1}-\omega_{n_2})\tau} \qquad (7.69)$$

となる．この両辺のフーリェ変換をとれば，

$$-\, Q^{(1)}_{\sigma\sigma'}(\ ;i\nu_\ell)_B = -\frac{v(\boldsymbol{q})}{2V}\beta^{-2}\sum_{n,n'} G^0(\boldsymbol{k}+\boldsymbol{q},i(\omega_n+\nu_\ell))$$
$$\times\, G^0(\boldsymbol{k},i\omega_n)\, G^0(\boldsymbol{k}',i\omega_{n'})\, G^0(\boldsymbol{k}'-\boldsymbol{q},i(\omega_{n'}-\nu_\ell)) \qquad (7.70)$$

が得られる．バブルの 1 次のチェインの導くコントラクションの仕方は上記のほかに

$$\boldsymbol{p}\to\boldsymbol{p}',\ \boldsymbol{p}'\to\boldsymbol{p},\ \boldsymbol{q}_1\to-\boldsymbol{q}_1;\ \sigma_1\to\sigma'_1,\ \sigma'_1\to\sigma_1$$

の交換をしたものがある．$v(-\boldsymbol{q}_1) = v(\boldsymbol{q}_1)$ であるから，この項に相当するダイヤグラムは図7.9と同じで，(7.69) に等しい寄与をする．結局，1次のバブル・チェインの寄与は (7.70) の2倍となり，相互作用の因子の1/2を打ち消す．バブル・チェインで1次の摂動項を近似すれば，(7.65) を参照して，(7.63) への1次の寄与

$$-G^{(1)}(\boldsymbol{q}, i\nu_\ell) = -\sum_{\sigma,\sigma'}\sum_{\boldsymbol{k},\boldsymbol{k}'} Q^{(1)}_{\sigma\sigma'}(\boldsymbol{k},\boldsymbol{k}',\boldsymbol{q}; i\nu_\ell) = -\frac{v(\boldsymbol{q})}{V}\left[\Pi(\boldsymbol{q}, i\nu_\ell)\right]^2 \tag{7.71}$$

が得られる．

2次の項は (7.61) より，

$$\begin{aligned}-Q^{(2)}_{\sigma\sigma'}(\boldsymbol{k},\boldsymbol{k}',\boldsymbol{q};\tau) &= \frac{(-1)^2}{2}\int_0^\beta d\tau_1\int_0^\beta d\tau_2 \sum_{\sigma_1,\sigma_1'}\sum_{\boldsymbol{p}_1,\boldsymbol{p}_1',\boldsymbol{q}_1}\frac{v(\boldsymbol{q}_1)}{2V}\\ &\times \sum_{\sigma_2,\sigma_2'}\sum_{\boldsymbol{p}_2,\boldsymbol{p}_2',\boldsymbol{q}_2}\frac{v(\boldsymbol{q}_2)}{2V}\langle T\, a^\dagger_{\boldsymbol{p}_1+\boldsymbol{q}_1\sigma_1}(\tau_1)\, a^\dagger_{\boldsymbol{p}_1'-\boldsymbol{q}_1\sigma_1'}(\tau_1)\\ &\times a_{\boldsymbol{p}_1'\sigma_1'}(\tau_1)\, a_{\boldsymbol{p}_1\sigma_1}(\tau_1)\, a^\dagger_{\boldsymbol{p}_2+\boldsymbol{q}_2\sigma_2}(\tau_2)\, a^\dagger_{\boldsymbol{p}_2'-\boldsymbol{q}_2\sigma_2'}(\tau_2)\\ &\times a_{\boldsymbol{p}_2'\sigma_2'}(\tau_2)\, a_{\boldsymbol{p}_2\sigma_2}(\tau_2)\, a^\dagger_{\boldsymbol{k}\sigma}(\tau)\, a_{\boldsymbol{k}+\boldsymbol{q}\sigma}(\tau)\, a^\dagger_{\boldsymbol{k}'\sigma'}\, a_{\boldsymbol{k}'-\boldsymbol{q}\sigma'}\rangle_{0\mathrm{L}}\end{aligned} \tag{7.72}$$

である．この項からもバブル・ダイヤグラムのチェイン (図7.10) を拾い出す．

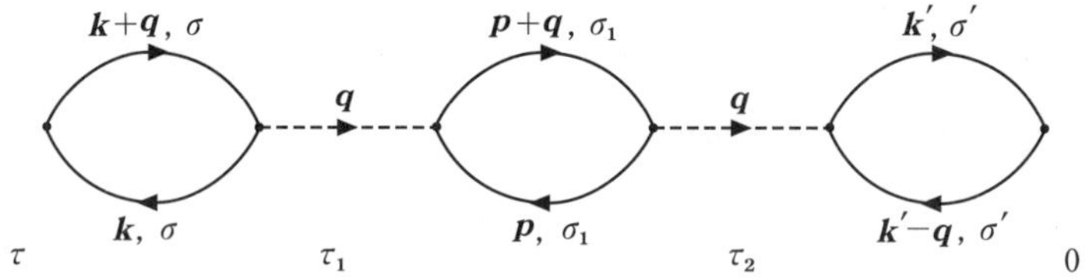

図 7.10 バブル図形の2次のチェイン．

バブル・ダイヤグラムのチェインから (7.63) への寄与を与える式を作るときの規則をつぎにまとめておこう：

1° バブルの実線 (電子線) の対にグリーン関数 $G^0(\boldsymbol{k}+\boldsymbol{q},\ i(\omega_n+\nu_\ell))$, $G^0(\boldsymbol{k}, i\omega_n)$ などが対応する．

バブルの左のバーテックスから相互作用の波数 $\boldsymbol{q}$, 周波数 $i\nu_\ell$ が入ってきて，右のバーテックスから出てゆく．バブルのチェインを作るとき，各相互作用においてバーテックスの選び方が2通りある．このバーテックスの数2が結合パラメーター $v(\boldsymbol{q})/2V$ の分母の2を打ち消す．よって，

2° 破線に $-v(\boldsymbol{q})/V$ が対応する．

3° 各バブルにはフェルミオン演算子の置換から生ずる − 符号が付く．

4° $\tau_i\,(i=1,\cdots,n)$ の置換だけが異なるダイヤグラムは τ_i 積分によって等しい寄与をするので，分母の $n!$ は打ち消される．

5° バブルの電子線の対に共通のスピン指標 σ，波数 $\boldsymbol{k}$，周波数 ω_n について和をとる．n 和には β^{-1} を付ける．

上の規則にしたがって図 7.10 から

$$\begin{aligned}
-G^{(2)}(\boldsymbol{q},i\nu_\ell) &= -\sum_{\sigma,\sigma_1,\sigma'}\sum_{\boldsymbol{k},\boldsymbol{p},\boldsymbol{k}'}\beta^{-3}\sum_{n,n_1,n'}\left(\frac{v(\boldsymbol{q})}{V}\right)^2\\
&\quad\times G^0(\boldsymbol{k}+\boldsymbol{q},i(\omega_n+\nu_\ell))\,G^0(\boldsymbol{k},i\omega_n)\,G^0(\boldsymbol{p}+\boldsymbol{q},i(\omega_{n_1}+\nu_\ell))\\
&\quad\times G^0(\boldsymbol{p},i\omega_{n_1})\,G^0(\boldsymbol{k}',i\omega_{n'})\,G^0(\boldsymbol{k}'-\boldsymbol{q},i(\omega_{n'}-\nu_\ell))\\
&= \left(\frac{v(\boldsymbol{q})}{V}\right)^2\left[\Pi(\boldsymbol{q},i\nu_\ell)\right]^3
\end{aligned}\tag{7.73}$$

が得られる．

同様にして，

$$-G^{(3)}(\boldsymbol{q},i\nu_\ell) = -\left(\frac{v(\boldsymbol{q})}{V}\right)^3\left[\Pi(\boldsymbol{q},i\nu_\ell)\right]^4\tag{7.74}$$

などが得られる．したがって，バブル・ダイヤグラムのチェインすべてからの寄与は

$$\begin{aligned}
-G(\boldsymbol{q},i\nu_\ell) &= -G^{(0)}(\boldsymbol{q},i\nu_\ell)-G^{(1)}(\boldsymbol{q},i\nu_\ell)-G^{(2)}(\boldsymbol{q},i\nu_\ell)-\cdots\\
&= \Pi(\boldsymbol{q},i\nu_\ell)-\frac{v(\boldsymbol{q})}{V}\left[\Pi(\boldsymbol{q},i\nu_\ell)\right]^2+\left(\frac{v(\boldsymbol{q})}{V}\right)^2\left[\Pi(\boldsymbol{q},i\nu_\ell)\right]^3-\cdots\\
&= \frac{\Pi(\boldsymbol{q},i\nu_\ell)}{1+\dfrac{v(\boldsymbol{q})}{V}\Pi(\boldsymbol{q},i\nu_\ell)}
\end{aligned}\tag{7.75}$$

となる．(7.75) を複素 z 平面上に解析接続して実軸に上側から接近すれば，すなわち $i\nu_\ell\to\hbar\omega+i\delta\,(\delta\to 0+)$ とすれば，遅延グリーン関数 $G^r(\boldsymbol{q},\omega)$ が得られる．それを (6.71) に代入すれば，

$$\begin{aligned}
\varepsilon(\boldsymbol{q},\omega) &= 1+\frac{v(\boldsymbol{q})}{V}\Pi(\boldsymbol{q},\omega)\\
&= 1-v(\boldsymbol{q})\frac{2}{V}\sum_{\boldsymbol{k}}\frac{f(\varepsilon_{\boldsymbol{k}+\boldsymbol{q}})-f(\varepsilon_{\boldsymbol{k}})}{\varepsilon_{\boldsymbol{k}+\boldsymbol{q}}-\varepsilon_{\boldsymbol{k}}-\hbar\omega-i\delta}
\end{aligned}\tag{7.76}$$

となる．この誘電関数の表式はLindhardの式 (7.58) にほかならない．

7.2.3　プラズマ波

外部電荷がない場合 (7.57) の左辺において $V_0 = 0$ とすれば，$V(\boldsymbol{q}, t) = V_s(\boldsymbol{q}, t)$ となる．(7.51) を代入して (7.50) を考慮すれば，(7.57) は

$$\varepsilon(\boldsymbol{q}, \omega)\, n(\boldsymbol{q}, t) = 0 \tag{7.77}$$

となる．この結果は，外部電荷による擾乱がなくても，

$$\varepsilon(\boldsymbol{q}, \omega) = 0 \tag{7.78}$$

の条件が満たされるならば，電子密度の揺らぎ $n(\boldsymbol{q}, t)$ が自発的に存在しうることを示す．電子ガスは電子プラズマである．その密度の揺らぎはプラズマ波にほかならない．(7.78) より導かれる ω と $\boldsymbol{q}$ との間の関係式をプラズマ波 $n(\boldsymbol{q}, t)$ の分散関係という．公式

$$\lim_{\alpha \to 0+} \frac{1}{x \pm i\alpha} = \wp \frac{1}{x} \mp i\pi\delta(x)$$

を用いれば，(7.58) は

$$\Re\, \varepsilon(\boldsymbol{q}, \omega) = 1 - \frac{4\pi e^2}{L^3 q^2} 2 \sum_{\boldsymbol{k}} \frac{f(E_{\boldsymbol{k}+\boldsymbol{q}}) - f(E_{\boldsymbol{k}})}{E_{\boldsymbol{k}+\boldsymbol{q}} - E_{\boldsymbol{k}} - \hbar\omega}, \tag{7.79}$$

$$\Im\, \varepsilon(\boldsymbol{q}, \omega) = -\pi \frac{4\pi e^2}{L^3 q^2} 2 \sum_{\boldsymbol{k}} \left[f(E_{\boldsymbol{k}+\boldsymbol{q}}) - f(E_{\boldsymbol{k}}) \right] \times \delta(E_{\boldsymbol{k}+\boldsymbol{q}} - E_{\boldsymbol{k}} - \hbar\omega) \tag{7.80}$$

と書かれる．

高周波領域において $\hbar\omega \gg |E_{\boldsymbol{k}+\boldsymbol{q}} - E_{\boldsymbol{k}}|$ の場合，(7.79) の第 2 項に対して $(E_{\boldsymbol{k}+\boldsymbol{q}} - E_{\boldsymbol{k}})/\hbar\omega$ の冪級数展開

$$\frac{2}{L^3} \sum_{\boldsymbol{k}} \frac{f(E_{\boldsymbol{k}+\boldsymbol{q}}) - f(E_{\boldsymbol{k}})}{E_{\boldsymbol{k}+\boldsymbol{q}} - E_{\boldsymbol{k}} - \hbar\omega} = -\frac{2}{L^3 \hbar\omega} \sum_{\boldsymbol{k}} \left[f(E_{\boldsymbol{k}+\boldsymbol{q}}) - f(E_{\boldsymbol{k}}) \right] \times \left\{ 1 + \frac{E_{\boldsymbol{k}+\boldsymbol{q}} - E_{\boldsymbol{k}}}{\hbar\omega} + \frac{(E_{\boldsymbol{k}+\boldsymbol{q}} - E_{\boldsymbol{k}})^2}{(\hbar\omega)^2} + \frac{(E_{\boldsymbol{k}+\boldsymbol{q}} - E_{\boldsymbol{k}})^3}{(\hbar\omega)^3} + \cdots \right\}$$

を行う．$E_{\boldsymbol{k}} = \hbar^2 k^2/2m$ に注意して $f(E_{\boldsymbol{k}+\boldsymbol{q}})$ の掛る項で $\boldsymbol{k}+\boldsymbol{q} \to -\boldsymbol{k}'$ の置き換えをすれば，偶数冪の項は $\boldsymbol{k}$ 和で消えて，上式は

$$= \frac{4}{L^3\hbar\omega}\sum_{\boldsymbol{k}} f(E_{\boldsymbol{k}})\left\{\frac{E_{\boldsymbol{k}+\boldsymbol{q}}-E_{\boldsymbol{k}}}{\hbar\omega}+\frac{(E_{\boldsymbol{k}+\boldsymbol{q}}-E_{\boldsymbol{k}})^3}{(\hbar\omega)^3}+\cdots\right\}$$

となる．これは，$\boldsymbol{k}$ 和を積分になおし，電子系は強く縮退しているとして $f(E_{\boldsymbol{k}})$ を階段関数で近似すると，

$$\approx \frac{nq^2}{m\omega^2}+\frac{3nv_F^2q^4}{5m\omega^4}$$

となる．ここに，長波長極限に注目して $\boldsymbol{q}$ の高次の項は無視した．また，$v_F = \hbar k_F/m$ は Fermi 速度である．上式を (7.79) に代入すれば，

$$\Re\,\varepsilon(\boldsymbol{q},\omega) = 1-\frac{\omega_p^2}{\omega^2}-\frac{3}{5}\frac{\omega_p^2v_F^2q^2}{\omega^4} \tag{7.81}$$

である．ここに，$\omega_p = \sqrt{4\pi ne^2/m}$ は (電子) プラズマ周波数である．

虚数部 (7.80) は長波長極限で，

$$\begin{aligned}
&\frac{2}{L^3}\sum_{\boldsymbol{k}}\bigl[f(E_{\boldsymbol{k}+\boldsymbol{q}})-f(E_{\boldsymbol{k}})\bigr]\,\delta(E_{\boldsymbol{k}+\boldsymbol{q}}-E_{\boldsymbol{k}}-\hbar\omega)\\
&\quad= \frac{1}{2\pi^2}\int_0^\infty dE\,\frac{\partial f}{\partial E}\,k^2q\int_{-1}^1 dx\,x\,\delta(\frac{\hbar^2kqx}{m}-\hbar\omega)\\
&\quad= -\frac{1}{2\pi^2}\int_{-1}^1 dx\,\frac{mk_F}{\hbar^2}\,x\,\delta(x-\frac{\omega}{v_Fq})
\end{aligned} \tag{7.82}$$

となる．ここに，$\partial f/\partial E = -\delta(E-E_F)$ を用いた．$\omega > v_Fq$ の条件が成立すれば (7.82) は消えて，虚数部は存在しない．この条件は (7.81) に導く周波数範囲と両立しており，この周波数領域をプラズモン領域と呼ぶ．プラズモン領域 $\omega > v_Fq$ においてはプラズマ波の位相速度が電子の Fermi 速度より大きい．この場合，電子の波乗り現象，すなわち波と粒子との相互作用によって粒子が波のエネルギーを吸収することが起こり得ない．したがって，プラズマ波の減衰は起きない．

これに対して，$\omega < v_Fq$ ならば (7.82) の積分は存在する．そして，(7.80) は

$$\Im\,\varepsilon(\boldsymbol{q},\omega) = \frac{2m^2e^2\omega}{\hbar^3q^3} \tag{7.83}$$

となる．この虚数部は波と粒子との相互作用によるプラズマ振動の減衰に導く．これは Landau 減衰と呼ばれる．減衰が存在するときはプラズモンは良い基準振動ではなく，その描像は成り立たない．

プラズモン領域 $\omega \gg v_F q$ では誘電関数の虚数部は存在せず，(7.78) は (7.81) を用いて，

$$1 - \frac{\omega_p^2}{\omega^2} - \frac{3}{5}\frac{\omega_p^2 v_F^2 q^2}{\omega^4} = 0$$

となる．これを解けば，プラズマ波の分散関係

$$\omega^2 = \omega_p^2 + \frac{3}{5}\, v_F^2 q^2 \tag{7.84}$$

が得られる．

7.2.4　静的誘電遮蔽

$\omega = 0$ とすれば，誘電関数の虚数部 (7.80) は消える．(7.79) の第 2 項の

$$L^{-3}\Pi(\boldsymbol{q}, 0) \;=\; -\frac{2}{L^3}\sum_{\boldsymbol{k}} \frac{f(E_{\boldsymbol{k}+\boldsymbol{q}}) - f(E_{\boldsymbol{k}})}{E_{\boldsymbol{k}+\boldsymbol{q}} - E_{\boldsymbol{k}}} \tag{7.85}$$

を計算しよう．$f(E_{\boldsymbol{k}+\boldsymbol{q}})$ の掛る項において $\boldsymbol{k}+\boldsymbol{q} \to -\boldsymbol{k}$ の置き換えをすれば，

$$L^{-3}\Pi(\boldsymbol{q}, 0) \;=\; \frac{4}{L^3}\sum_{\boldsymbol{k}} \frac{f(E_{\boldsymbol{k}})}{E_{\boldsymbol{k}+\boldsymbol{q}} - E_{\boldsymbol{k}}}$$

となる．再び，和を積分になおし，$f(E_{\boldsymbol{k}})$ を階段関数で近似すれば，初等積分によって

$$\begin{aligned} L^{-3}\Pi(\boldsymbol{q}, 0) &= \frac{2m}{\pi^2\hbar^2}\int_0^{k_F} dk\, k^2 \int_{-1}^{1} \frac{d\xi}{2kq\xi + q^2} \\ &= \frac{mk_F}{2\pi^2\hbar^2}\, F(x)\,, \quad x = \frac{q}{2k_F}\,, \end{aligned} \tag{7.86}$$

$$F(x) = 1 + \frac{1 - x^2}{2x}\,\log\left|\frac{1+x}{1-x}\right| \tag{7.87}$$

が得られる．ここに，$F(x)$ は Lindhard 関数と呼ばれる．

$q/2k_F \ll 1$ の場合，

$$F(q/2k_F) \;=\; 2 \;-\; \frac{2}{3}\left(\frac{q}{2k_F}\right)^2 \tag{7.88}$$

と近似される．この第 1 項だけをとって (7.86) に代入すれば，

$$L^{-3}\Pi(\boldsymbol{q},0) \;=\; 2N(E_F) \;=\; \frac{3n}{2E_F} \tag{7.89}$$

となる．ここに，

$$N(E_F)=\frac{mk_F}{2\pi^2\hbar^2}=\frac{1}{4\pi^2}\left(\frac{2m}{\hbar^2}\right)^{3/2}E_F^{1/2}$$

は Fermi 面における単位体積単位スピン当りの状態密度である．これを (7.79) または (7.76) に代入すれば，

$$\left.\begin{aligned}\varepsilon(\boldsymbol{q}) \;&=\; 1+\frac{4\pi e^2}{L^3q^2}\,\Pi(\boldsymbol{q},0)\\ &=\; 1+\frac{q_T^2}{q^2}, \qquad q_T^2=\frac{6\pi n e^2}{E_F}\end{aligned}\right\} \tag{7.90}$$

が得られる．この結果は (3.56) にほかならない．そして，q_T は Thomas-Fermi 波数である．

いま，(7.76) に戻って ($V=L^3$)，その逆数

$$\frac{1}{\varepsilon(\boldsymbol{q},\omega)}=\frac{1}{1+\dfrac{v(\boldsymbol{q})}{V}\,\Pi(\boldsymbol{q},\omega)}$$
$$=1-\frac{v(\boldsymbol{q})}{V}\,\Pi(\boldsymbol{q},\omega)+\Big[\frac{v(\boldsymbol{q})}{V}\,\Pi(\boldsymbol{q},\omega)\Big]^2-\cdots$$

をとり，$\Pi(\boldsymbol{q},\omega)$ に温度グリーン関数 $\Pi(\boldsymbol{q},i\nu_\ell)$ のバブル・ダイヤグラムを当てはめれば，上式の右辺は図 7.11 のように描かれる．図 7.11 に－－－－を掛けたものを＝＝＝＝で表すと図 7.12 となる．図 7.12 を式に書けば (作図の規則上では $-V$ 倍して)，

$$\frac{v(\boldsymbol{q})}{\varepsilon(\boldsymbol{q},\omega)}=\frac{v(\boldsymbol{q})}{1+\dfrac{v(\boldsymbol{q})}{V}\,\Pi(\boldsymbol{q},\omega)} \tag{7.91}$$

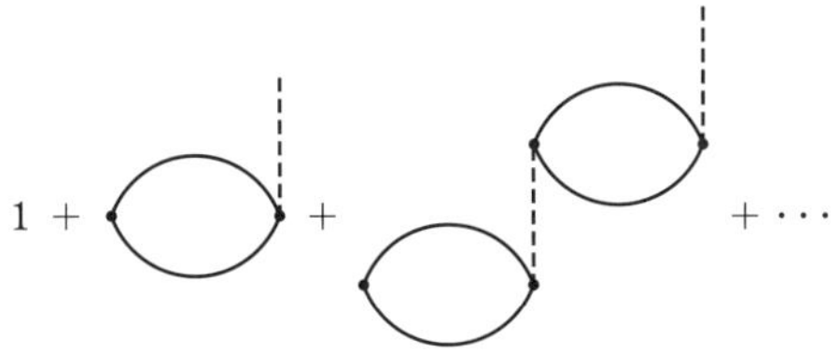

図 **7.11** $1/\varepsilon(\boldsymbol{q},\omega)$ の展開．

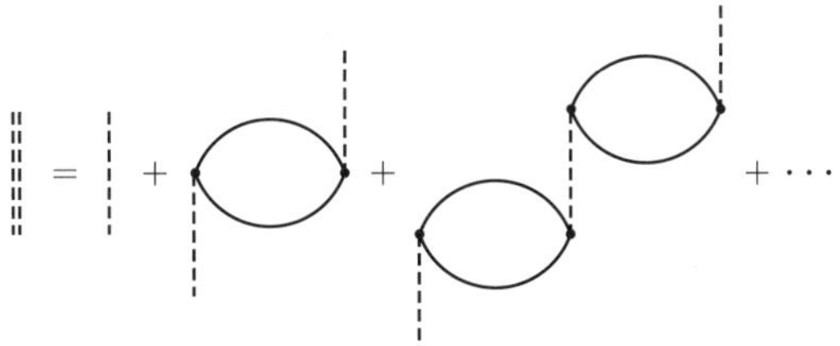

図 **7.12** 遮断されたクローンポテンシャル．

である．この式は誘電率 $\varepsilon(\boldsymbol{q},\omega)$ によってクーロンポテンシャル $v(\boldsymbol{q})$ の遮蔽効果を表現するものと解釈される．電荷 e^2 を $e^2/\varepsilon(\boldsymbol{q},\omega)$ で置き換える形になっている．$\omega=0$ の場合がいまの静的誘電遮蔽

$$\frac{v(\boldsymbol{q})}{\varepsilon(\boldsymbol{q},0)} = \frac{v(\boldsymbol{q})}{1+\dfrac{v(\boldsymbol{q})}{V}\,\Pi(\boldsymbol{q},0)} = \frac{4\pi e^2}{q^2+4\pi e^2 N(E_F)\,F(q/2k_F)} \tag{7.92}$$

である．ここに，最後の式では (7.5) $v(\boldsymbol{q})=4\pi e^2/q^2$ を代入した．

(7.92) の長波長極限が (7.90) を代入した Thomas-Fermi 遮蔽

$$\frac{v(\boldsymbol{q})}{\varepsilon(\boldsymbol{q})} = \frac{4\pi e^2}{q^2+q_T^2} \tag{7.93}$$

となる．これを逆変換すれば，遮蔽されたクーロンポテンシャル (3.59)

$$\begin{aligned} v_{\rm sc}(\boldsymbol{r}) &\equiv V^{-1}\sum_{\boldsymbol{q}}\frac{v(\boldsymbol{q})}{\varepsilon(\boldsymbol{q})}\,e^{i\boldsymbol{q}\cdot\boldsymbol{r}} \\ &= \frac{1}{(2\pi)^3}\int\frac{4\pi e^2}{q^2+q_T^2}\,e^{i\boldsymbol{q}\cdot\boldsymbol{r}}\,d\boldsymbol{q} \;=\; \frac{2e^2}{\pi r}\int_0^\infty\frac{q\sin qr}{q^2+q_T^2}\,dq \\ &= \frac{e^2}{r}\,e^{-q_T r} \end{aligned} \tag{7.94}$$

が得られる．(7.93), (7.94) は電子間クーロンポテンシャルの電子系による遮蔽効果であるが，原子イオン間のクーロンポテンシャルも電子系によって遮蔽される．したがって，5.5 節で議論した格子振動の振動数 $\omega(\boldsymbol{q},\lambda)$ は遮蔽効果の影響を受ける．電子・イオン間のクーロンポテンシャルも同様である．この場合，最も簡単な遮蔽効果のとり入れ方は Thomas-Fermi の誘電率 (7.90) を用いて電子・フォノン相互作用の結合パラメーター内の Ze^2 を $Ze^2/\varepsilon(\boldsymbol{q})$ で置き換えることである．

(7.87) の $F(x)$, $x=q/2k_F$，は x の減少関数であり，$x\sim 1$ の近傍では

$$F(x)\approx 1-(1-x)\log|1-x|,$$

$$\text{かつ}\qquad \frac{\partial F(x)}{\partial x}\approx 1+\log|1-x|\to -\infty$$

となって，急激な減少を呈する．$q\sim 2k_F$ 近傍における関数 $F(q/2k_F)$，したがって $\varepsilon(\boldsymbol{q},0)$ の異常性 (減少) は格子振動の振動数 $\omega(\boldsymbol{q},\lambda)$ の増大を与える．このことは Kohn 異常 (Kohn anomaly) または Kohn 効果として知られる．

高温低密度において電子ガスの縮退が解けた場合，すなわち Fermi 分布が Boltzmann 分布に移行する場合，(7.85) は q の最低次までで

$$L^{-3}\Pi(\boldsymbol{q},0) = -\frac{2}{(2\pi)^3}\int d\boldsymbol{k}\,\frac{\partial f(E_{\boldsymbol{k}})}{\partial E_{\boldsymbol{k}}} = \beta\frac{2}{(2\pi)^3}\int f(E_{\boldsymbol{k}})\,d\boldsymbol{k} = n\beta \tag{7.95}$$

となる．ここに，(3.27) $f(E_{\boldsymbol{k}}) = e^{\beta\mu}e^{-\beta E_{\boldsymbol{k}}}$ を用いた．(7.95) を (7.79) に代入して

$$\varepsilon(\boldsymbol{q},0) = 1 + \frac{q_D^2}{q^2}, \qquad q_D = \frac{4\pi n e^2}{k_B T} \tag{7.96}$$

が得られる．ここに，Debye 波数 q_D の逆数 q_D^{-1} は Debye 長と呼ばれ，高温プラズマの遮蔽効果における特性的長さを与える．

7.3 Hubbard 模型

7.1 節で論議された電子ガス模型では結晶格子を，それを形成する陽イオンを塗りつぶして一様な正電荷の背景によって置き換えた．そして，高密度極限において正当化される近似 (乱雑位相近似に相当するリング近似) を用いた相関エネルギーの計算が考察された．しかし，現実には電子は格子の周期的ポテンシャル場の中で運動する Bloch 波である．したがって，より妥当な模型としては，クーロン相互作用する Bloch 電子から出発しなければならない．特に，相関効果が決定的な役割を演じていると考えられる金属強磁性，金属–絶縁体転移 (Mott–Hubbard 転移) そして高温超伝導の問題等においては，Bloch 電子から出発するより現実的な模型に立脚する必要があろう．

遷移金属や希土類金属においては，部分的に充たされた d バンドや f バンドが存在しており，これらのバンド電子の挙動がそれぞれの金属にその特性を与えている．希土類金属の f 電子に対しては多くの場合，局在模型あるいは Heitler-London 模型が十分満足のゆく説明を与えることが知られている．これに対して，遷移金属の d 電子の呈する性質に関しては，比熱への寄与や非整数のマグネトン数などいくつかの重要な局面においてバンド理論的な描像が当てはまる．このようにバンド模型的な局面と局在模型的な局面とを兼ね備えた狭いバンド内電子群の相関効果を解明することは固体電子論の最も基本的な問題となる．

Hubbard[5]は，Bloch 表示のハミルトニアンを Wannier 表示に変換し，そして同一原子サイト内の電子間クーロン相互作用のみを残すという単純化した模型に立脚して，一連の論文において詳しく電子相関効果を議論した．その起源は古く Slater 等にさかのぼるが，電子 (Pauli の原理により反平行スピンの 2 電子) が同じサイトにあるときにのみクーロン反発するという (7.97) のハミルトニアンを Hubbard 模型と呼ぶ．

7.3.1　Hubbard ハミルトニアン

Hubbard は縮重のない単一バンド (s バンド) に対してハミルトニアン

$$\left.\begin{aligned} \mathcal{H} &= \mathcal{H}_0 + \mathcal{H}' , \\ \mathcal{H}_0 &= \sum_{i,j,\sigma} T_{ij} a_{i\sigma}^{\dagger} a_{j\sigma} , \\ \mathcal{H}' &= \tfrac{1}{2} U \sum_{i,\sigma} n_{i,\sigma} n_{i,-\sigma} = U \sum_{i} n_{i\uparrow} n_{i\downarrow} \end{aligned}\right\} \tag{7.97}$$

を与えた．ここに，$\mathcal{H}_0$ はバンド運動のエネルギーで，

$$T_{ij} = N^{-1} \sum_{\boldsymbol{k}} \varepsilon_{\boldsymbol{k}} e^{-i\boldsymbol{k}\cdot(\boldsymbol{R}_i - \boldsymbol{R}_j)} = N^{-1} \sum_{\boldsymbol{k}} \varepsilon_{\boldsymbol{k}} e^{i\boldsymbol{k}\cdot(\boldsymbol{R}_i - \boldsymbol{R}_j)} = T_{ji} \tag{7.98}$$

は遷移積分または遷移エネルギー (2.57) である (ここに，第 1 式から第 2 式へはバンドエネルギー $\varepsilon_{\boldsymbol{k}}$ が $\boldsymbol{k}$ の偶関数であることを使った)．N は原子数，$a_{i\sigma}^{\dagger}$, $a_{i\sigma}$ はそれぞれ i サイトにおけるスピン σ の電子の生成および消滅演算子である．相互作用 $\mathcal{H}'$ の中の $U = (i,i|e^2/r|i,i)$ は Wannier 関数を用いて，

$$U = \int \phi^*(\boldsymbol{r} - \boldsymbol{R}_i)\, \phi^*(\boldsymbol{r}' - \boldsymbol{R}_i)\, \frac{e^2}{|\boldsymbol{r} - \boldsymbol{r}'|}\, \phi(\boldsymbol{r} - \boldsymbol{R}_i)\, \phi(\boldsymbol{r}' - \boldsymbol{R}_i)\, d\boldsymbol{r} d\boldsymbol{r}' \tag{7.99}$$

と書かれる同一サイトでのクーロン反発エネルギーである．そして，

$$n_{i\sigma} = a_{i\sigma}^{\dagger} a_{i\sigma} \tag{7.100}$$

はサイト i におけるスピン σ の電子数演算子である．

[5] J. Hubbard : Proc. Roy. Soc. **A276** (1963) 238; ibid. **A277** (1964) 237; ibid. **A281** (1964) 401.

電子場の演算子 $\Psi_\sigma(\boldsymbol{r})$ をそれぞれ正規直交系である Bloch 軌道関数および Wannier 関数で展開したものは

$$\begin{aligned}\Psi_\sigma(\boldsymbol{r}) &= \sum_{\boldsymbol{k}} a_{\boldsymbol{k}\sigma}\psi_{\boldsymbol{k}}(\boldsymbol{r}) \\ &= \sum_i a_{i\sigma}\phi(\boldsymbol{r}+\boldsymbol{R}_i)\end{aligned}$$

である．この第 2 式では $a_{i\sigma}$ のサイト指標 i を形式的に正にするためにサイト $-\boldsymbol{R}_i$ の Wannier 関数で展開した．上の第 1 式に (2.47)

$$\psi_{\boldsymbol{k}}(\boldsymbol{r}) = N^{-1/2}\sum_{\boldsymbol{R}_i} e^{-i\boldsymbol{k}\cdot\boldsymbol{R}_i}\phi(\boldsymbol{r}+\boldsymbol{R}_i)$$

を代入して Wannier 関数の係数を比較すれば，生成および消滅演算子の間の関係式

$$\left.\begin{aligned} a_{i\sigma} &= N^{-1/2}\sum_{\boldsymbol{k}} e^{-i\boldsymbol{k}\cdot\boldsymbol{R}_i} a_{\boldsymbol{k}\sigma}\,, \\ a_{i\sigma}^\dagger &= N^{-1/2}\sum_{\boldsymbol{k}} e^{i\boldsymbol{k}\cdot\boldsymbol{R}_i} a_{\boldsymbol{k}\sigma}^\dagger \end{aligned}\right\} \tag{7.101}$$

が得られる．これを (7.97) に代入すれば，

$$\left.\begin{aligned} \mathcal{H}_0 &= \sum_{\boldsymbol{k},\sigma}\varepsilon_{\boldsymbol{k}} a_{\boldsymbol{k}\sigma}^\dagger a_{\boldsymbol{k}\sigma}\,, \\ \mathcal{H}' &= \frac{U}{2N}\sum_{\boldsymbol{k},\boldsymbol{k}',\boldsymbol{q}}\sum_{\sigma} a_{\boldsymbol{k}+\boldsymbol{q}\sigma}^\dagger a_{\boldsymbol{k}'-\boldsymbol{q},-\sigma}^\dagger a_{\boldsymbol{k}',-\sigma} a_{\boldsymbol{k}\sigma} \\ &= \frac{U}{N}\sum_{\boldsymbol{k},\boldsymbol{k}',\boldsymbol{q}} a_{\boldsymbol{k}+\boldsymbol{q}\uparrow}^\dagger a_{\boldsymbol{k}'-\boldsymbol{q}\downarrow}^\dagger a_{\boldsymbol{k}'\downarrow} a_{\boldsymbol{k}\uparrow} \end{aligned}\right\} \tag{7.102}$$

となる．Bloch 表示の形式 (7.102) は遍歴 (電子) 強磁性の Stoner 模型 (Hartree-Fock 近似) やスピン密度の揺らぎを議論する場合に便利である．これに対して，Wannier 表示の形式は局在模型の特徴に接近するのに適している．

いま，Bloch 波において $u_{\boldsymbol{k}}(\boldsymbol{r}) = a^{-3/2}$ (a^3 は単位胞の体積) とすると，

$$\psi_{\boldsymbol{k}}(\boldsymbol{r}) = N^{-1/2}e^{i\boldsymbol{k}\cdot\boldsymbol{r}}u_{\boldsymbol{k}}(\boldsymbol{r}) = V^{-1/2}e^{i\boldsymbol{k}\cdot\boldsymbol{r}}$$

となって平面波に移行する．このとき，クーロン相互作用するバンド電子系は電子ガス模型となる．(7.13) の $\mathcal{H}_1$ において，

$$v(\boldsymbol{q}) = \frac{4\pi e^2}{q^2} \to \frac{V}{N}U \tag{7.103}$$

とおく．このことは

$$v(\boldsymbol{r}) = \frac{V}{N} U \,\delta(\boldsymbol{r}) \tag{7.104}$$

ととること，すなわち接触型の相互作用ポテンシャルを仮定することを意味する．(7.103) を (7.13) に代入すれば，

$$\mathcal{H}_{con} = \frac{U}{2N} \sum_{\boldsymbol{k},\boldsymbol{k}',\boldsymbol{q}\neq 0}{}' \sum_{\sigma,\sigma'} a^{\dagger}_{\boldsymbol{k}+\boldsymbol{q}\sigma} a^{\dagger}_{\boldsymbol{k}'-\boldsymbol{q}\sigma'} a_{\boldsymbol{k}'\sigma'} a_{\boldsymbol{k}\sigma} \tag{7.105}$$

と書かれる．この接触型の相互作用と Hubbard ハミルトニアン $\mathcal{H}'$ との相違はつぎの式，

$$\begin{aligned}\mathcal{H}_{con} = &\frac{U}{2N} \sum_{\boldsymbol{k},\boldsymbol{k}',\boldsymbol{q}} \sum_{\sigma} a^{\dagger}_{\boldsymbol{k}+\boldsymbol{q}\sigma} a^{\dagger}_{\boldsymbol{k}'-\boldsymbol{q},-\sigma} a_{\boldsymbol{k}',-\sigma} a_{\boldsymbol{k}\sigma} \\ &+\frac{U}{2N} \sum_{\boldsymbol{k},\boldsymbol{k}',\boldsymbol{q}\neq 0}{}' \sum_{\sigma} a^{\dagger}_{\boldsymbol{k}+\boldsymbol{q}\sigma} a^{\dagger}_{\boldsymbol{k}'-\boldsymbol{q}\sigma} a_{\boldsymbol{k}'\sigma} a_{\boldsymbol{k}\sigma} \\ &-\frac{U}{2N} \sum_{\boldsymbol{k},\boldsymbol{k}'} \sum_{\sigma} a^{\dagger}_{\boldsymbol{k}\sigma} a^{\dagger}_{\boldsymbol{k}',-\sigma} a_{\boldsymbol{k}',-\sigma} a_{\boldsymbol{k}\sigma}\end{aligned}$$

から明らかであろう．この式の右辺第 1 項が $\mathcal{H}'$ である．両辺の対角項をとって，右辺第 1 項を左辺に移行すると，

$$\begin{aligned}&\langle 0|\mathcal{H}_{con}|0\rangle - \langle 0|\mathcal{H}'|0\rangle \\ &\quad = -\frac{U}{2N} \sum_{\boldsymbol{k},\boldsymbol{k}',\sigma} n_{\boldsymbol{k}\sigma} n_{\boldsymbol{k}'\sigma} - \frac{U}{2N} \sum_{\boldsymbol{k},\boldsymbol{k}',\sigma} n_{\boldsymbol{k}\sigma} n_{\boldsymbol{k}',-\sigma} \\ &\quad = -\frac{U}{2N} (N_+ + N_-)^2 = -\frac{U}{2N} N_e^2\end{aligned}$$

となる．ここに，

$$\begin{aligned}&N_+ = \sum_{\boldsymbol{k}} n_{\boldsymbol{k}\uparrow}, \qquad N_- = \sum_{\boldsymbol{k}} n_{\boldsymbol{k}\downarrow}, \\ &N_e = N_+ + N_-\end{aligned}$$

で，N_e は全電子数である．両者は Hartree-Fock 近似の範囲内では定数項だけしか違わないので同等である．したがって，Stoner 強磁性の議論にはどちらのハミルトニアンから出発してもよい．勿論，より高次の近似では相違点が出てくる．

7.3.2 Mott-Hubbard 転移

事の起こりは, deBoer と Verwey (1937) が "酸化ニッケル (NiO) が, バンド理論の立場からは金属であるはずなのに, 透明な絶縁体であるのは何故か？" という指摘を行ったところからと謂われる．Mott[6] はこの原因がバンド理論において考慮されていない電子相関にあることを強調した．電子相関によって誘起される金属–絶縁体転移についてなされた Mott の論議は定性的なものである．Hubbard は (7.97) に基いて, 理論的にこの金属–絶縁体転移が生じうることを始めて示した．以下に, Hubbard の理論の要点を紹介しよう．

まず, (7.97) に Hartree-Fock 近似を適用してみよう．この近似は相互作用の項の $n_{i\sigma}n_{i,-\sigma}$ を $n_{i\sigma}\langle n_{i,-\sigma}\rangle + n_{i,-\sigma}\langle n_{i\sigma}\rangle$ で置き換えることによってハミルトニアンを線形化することである．ここに, $\langle n_{i\sigma}\rangle$ は $n_{i\sigma}$ の熱平衡分布に関する平均値である．こうして, (7.97) に対する有効 Hartree-Fock ハミルトニアン

$$\mathcal{H}_{hf} = \sum_{i,j,\sigma} T_{ij} a^\dagger_{i\sigma} a_{j\sigma} + U \sum_{i,\sigma} n_{i\sigma}\langle n_{i,-\sigma}\rangle \tag{7.106}$$

が得られる．これは, $\langle n_{i\sigma}\rangle$ が i によらないこと, すなわち

$$\langle n_{i\sigma}\rangle = n_\sigma \tag{7.107}$$

と書けることから,

$$\mathcal{H}_{hf} = \sum_{i,j,\sigma} T_{ij} a^\dagger_{i\sigma} a_{j\sigma} + U \sum_{i,\sigma} n_{-\sigma} a^\dagger_{i\sigma} a_{i\sigma} \tag{7.108}$$

となる．さらに, (7.101) を用いて波数表示に戻せば,

$$\mathcal{H}_{hf} = \sum_{\boldsymbol{k},\sigma} (\varepsilon_{\boldsymbol{k}} + U\, n_{-\sigma})\, a^\dagger_{\boldsymbol{k}\sigma} a_{\boldsymbol{k}\sigma} \tag{7.109}$$

となる．これは, 状態 $(\boldsymbol{k}, \sigma)$ のエネルギーが $\varepsilon_{\boldsymbol{k}}$ から $\varepsilon_{\boldsymbol{k}} + Un_{-\sigma}$ に変更しただけの相互作用しないバンド電子の集団に対するハミルトニアンに過ぎない．Hartree-Fock 近似を越えて多体摂動論を進めてみるのも興味あることだが, その場合, 電子状態がどれだけ変化して金属–絶縁体転移に導くかどうかはやってみなければわからない．ところで, ちょうど 1959 年頃から Bogoliubov 学派によって 2 時間グリーン関数法が開発され, 運動方程式の方法が展開され

[6] N. F. Mott: Proc. Phys. Soc. **62** (1949) 416; Phil. Mag. **6** (1961) 287.

た．Hubbard はこの方法を採用して，電子相関の問題の詳細な議論を進めた．2 時間グリーン関数法は 6.1 節に要約してある．遅延および先進グリーン関数はそれぞれ

$$\left.\begin{aligned} G_\sigma^r(i,j;t,t') &= \langle\!\langle a_{i\sigma}(t); a_{j\sigma}^\dagger(t')\rangle\!\rangle^r = -i\theta(t-t')\langle[a_{i\sigma}(t), a_{j\sigma}^\dagger(t')]_+\rangle\,, \\ G_\sigma^a(i,j;t,t') &= \langle\!\langle a_{i\sigma}(t); a_{j\sigma}^\dagger(t')\rangle\!\rangle^a = i\theta(t'-t)\langle[a_{i\sigma}(t), a_{j\sigma}^\dagger(t')]_+\rangle \end{aligned}\right\} \tag{7.110}$$

で定義される．ただし，$\hbar = 1$ の単位系とした．$a_{i\sigma}(t)$ 等は Heisenberg 表示

$$a_{i\sigma}(t) = e^{i\mathcal{H}t} a_{i\sigma} e^{-i\mathcal{H}t} \tag{7.111}$$

である．フーリェ変換

$$G_\sigma^{r,a}(i,j;E) = \int_{-\infty}^{\infty} G_\sigma^{r,a}(i,j:t,t')\, e^{iE(t-t')} d(t-t') \tag{7.112}$$

を導入するとき，(6.29) のとおり複素 E 平面の上下両半面において解析的な $G_\sigma(\ ;E)$,

$$G_\sigma(\ ;E) \equiv \langle\!\langle a_{i\sigma}; a_{j\sigma}^\dagger\rangle\!\rangle_E = \begin{cases} G_\sigma^r(\ ;E) \equiv \langle\!\langle a_{i\sigma}; a_{j\sigma}^\dagger\rangle\!\rangle_E^r & \Im E > 0\,, \\ G_\sigma^a(\ ;E) \equiv \langle\!\langle a_{i\sigma}; a_{j\sigma}^\dagger\rangle\!\rangle_E^a & \Im E < 0 \end{cases} \tag{7.113}$$

が定義される．そして，相関関数は (6.32),

$$\begin{aligned} \langle a_{j\sigma}^\dagger(t')\, a_{i\sigma}(t)\rangle = \frac{i}{2\pi}\int_{-\infty}^{\infty} &\frac{G_\sigma(i,j;E+i\delta) - G_\sigma(i,j;E-i\delta)}{e^{\beta(E-\mu)}+1} \\ &\times e^{-iE(t-t')} dE \end{aligned} \tag{7.114}$$

によって与えられる．ここに，$\delta \to 0+$ とする (以下同様である).

(7.114) において，$i=j$, $t=t'$ として j について加え，N で割れば，1 原子当りのスピン σ の平均電子数 n_σ は

$$\begin{aligned} n_\sigma &= N^{-1}\sum_j \langle a_{j\sigma}^\dagger a_{j\sigma}\rangle \\ &= \frac{i}{2\pi N}\sum_j \int \frac{G_\sigma(j,j;E+i\delta) - G_\sigma(j,j;E-i\delta)}{e^{\beta(E-\mu)}+1} dE \end{aligned} \tag{7.115}$$

となる．したがって，スピン σ の電子の状態密度は1原子当り

$$\rho_\sigma(E) = \frac{i}{2\pi N}\sum_j \{G_\sigma(j,j;E+i\delta) - G_\sigma(j,j;E-i\delta)\} \tag{7.116}$$

で与えられる．バンド理論の立場から金属–絶縁体転移を論議することは，電子相関が強くなるとき，状態密度 $\rho_\sigma(E)$ に分裂が生じてバンドギャップが発生するかどうかを調べることである．Hubbardハミルトニアンに基いてこの問題を考えよう．

まず，(7.97) の遷移積分 T_{ij} の中で平均バンドエネルギー (2.60)(s バンドにおいては s 原子準位の結合エネルギー)

$$T_{ii} \equiv T_0 = N^{-1}\sum_{\boldsymbol{k}} \varepsilon_{\boldsymbol{k}} \tag{7.117}$$

を別に抜き出してHubbardハミルトニアンを

$$\mathcal{H} = \sum_{i,j,\sigma} t_{ij} a_{i\sigma}^\dagger a_{j\sigma} + T_0 \sum_{i,\sigma} n_{i\sigma} + \frac{U}{2}\sum_{i,\sigma} n_{i\sigma} n_{i,-\sigma} \tag{7.118}$$

と書く．ここに，

$$t_{ij} = T_{ij}(1-\delta_{ij}) = N^{-1}\sum_{\boldsymbol{k}} (\varepsilon_{\boldsymbol{k}} - T_0)\, e^{i\boldsymbol{k}\cdot(\boldsymbol{R}_i - \boldsymbol{R}_j)} \tag{7.119}$$

である．

合金の問題との類比からグリーン関数を2成分に分解する．そのために表記法

$$\left.\begin{aligned} n_{i,\sigma}^{+} &\equiv n_{i\sigma}\,, \\ n_{i,\sigma}^{-} &\equiv 1 - n_{i\sigma} \end{aligned}\right\} \tag{7.120}$$

を導入する．$n_{i,\sigma}^{\pm}$ は射影演算子のように振る舞う．すなわち，

$$n_{i,\sigma}^{\alpha} n_{i,\sigma}^{\beta} = \delta_{\alpha\beta} n_{i,\sigma}^{\alpha} \qquad (\alpha,\, \beta = \pm) \tag{7.121}$$

を満たす．そしてまた，

$$\sum_{\alpha=\pm} n_{i,\sigma}^{\alpha} = 1 \tag{7.122}$$

が成立する．したがって，グリーン関数は

$$G_\sigma(i,j;E) \equiv \sum_{\alpha=\pm} \langle\!\langle n_{i,-\sigma}^{\alpha} a_{i\sigma}; a_{j\sigma}^\dagger \rangle\!\rangle_E \tag{7.123}$$

のように 2 成分の和として書かれる．各成分のグリーン関数は，それぞれ i サイトに $-\sigma$ スピンをもつ電子がある場合およびない場合における σ スピンの電子の j サイトから i サイトへの伝播を記述する．各場合に対応する共鳴エネルギーはそれぞれ T_0+U または T_0 によって代表される．

(7.123) の各成分が満たす方程式を導くために，2 時間グリーン関数の運動方程式 (6.8) を調べよう．それは

$$\begin{aligned}
&i\frac{d}{dt}\langle\langle n^{\alpha}_{i,-\sigma}(t)\,a_{i\sigma}(t);a^{\dagger}_{j\sigma}(t')\rangle\rangle\\
&=\ \delta(t-t')\langle[n^{\alpha}_{i,-\sigma}(t)\,a_{i\sigma}(t),a^{\dagger}_{j\sigma}(t)]_{+}\rangle\\
&\quad+\ \langle\langle i\frac{d}{dt}\{n^{\alpha}_{i,-\sigma}(t)\,a_{i\sigma}(t)\};a^{\dagger}_{j\sigma}(t')\rangle\rangle
\end{aligned}\tag{7.124}$$

である．まず，この式の右辺第 1 項の反交換子の計算を行い，ついで第 2 項の t 微分をハミルトニアン (7.118) との交換子の計算によって求めれば，

$$\begin{aligned}
i\frac{d}{dt}\langle\langle n^{\alpha}_{i,-\sigma}(t)\,a_{i\sigma}(t);a^{\dagger}_{j\sigma}(t')\rangle\rangle\ &=\ \delta(t-t')\,\delta_{ij}n^{\alpha}_{-\sigma}\\
&+\ (T_0+U\,\delta_{\alpha,+})\langle\langle n^{\alpha}_{i,-\sigma}(t)\,a_{i\sigma}(t);a^{\dagger}_{j\sigma}(t')\rangle\rangle\\
&+\ \sum_{k}t_{ik}\langle\langle n^{\alpha}_{i,-\sigma}(t)\,a_{k\sigma}(t);a^{\dagger}_{j\sigma}(t')\rangle\rangle\\
&+\ \alpha\sum_{k}t_{ik}\big\{\langle\langle a^{\dagger}_{i,-\sigma}(t)\,a_{k,-\sigma}(t)\,a_{i\sigma}(t);a^{\dagger}_{j\sigma}(t')\rangle\rangle\\
&\quad-\langle\langle a^{\dagger}_{k,-\sigma}(t)\,a_{i,-\sigma}(t)\,a_{i\sigma}(t);a^{\dagger}_{j\sigma}(t')\rangle\rangle\big\}
\end{aligned}\tag{7.125}$$

となる．ここに，右辺第 1 項で $\langle n^{\alpha}_{i,-\sigma}(t)\rangle=n^{\alpha}_{-\sigma}$ を用いた．(7.125) の両辺のフーリエ変換 (7.112) をとれば，

$$\begin{aligned}
E\langle\langle n^{\alpha}_{i,-\sigma}a_{i\sigma};a^{\dagger}_{j\sigma}\rangle\rangle_E &= n^{\alpha}_{-\sigma}\delta_{ij}+(T_0+U\,\delta_{\alpha,+})\langle\langle n^{\alpha}_{i,-\sigma}a_{i\sigma};a^{\dagger}_{j\sigma}\rangle\rangle_E\\
&\quad+\sum_{k}t_{ik}\langle\langle n^{\alpha}_{i,-\sigma}a_{k\sigma};a^{\dagger}_{j\sigma}\rangle\rangle_E\\
&\quad+\alpha\sum_{k}t_{ik}\big\{\langle\langle a^{\dagger}_{i,-\sigma}a_{k,-\sigma}a_{i\sigma};a^{\dagger}_{j\sigma}\rangle\rangle_E\\
&\qquad-\langle\langle a^{\dagger}_{k,-\sigma}a_{i,-\sigma}a_{i\sigma};a^{\dagger}_{j\sigma}\rangle\rangle_E\big\}
\end{aligned}\tag{7.126}$$

が得られる．これがグリーン関数 (7.123) の満足する基礎方程式である．これから物理的に意味のある結果に導くためには適切な近似をとり入れてゆく必要がある．

最初に最も単純な粗い近似として，$k \neq i$ に対して

$$\left.\begin{aligned} &\langle\!\langle n_{i,-\sigma}^{\alpha} a_{k\sigma}; a_{j\sigma}^{\dagger} \rangle\!\rangle_E \simeq \langle n_{i,-\sigma}^{\alpha} \rangle \langle\!\langle a_{k\sigma}; a_{j\sigma}^{\dagger} \rangle\!\rangle_E \,, \\ &\langle\!\langle a_{i,-\sigma}^{\dagger} a_{k,-\sigma} a_{i\sigma}; a_{j\sigma}^{\dagger} \rangle\!\rangle_E \simeq 0 \,, \\ &\langle\!\langle a_{k,-\sigma}^{\dagger} a_{i,-\sigma} a_{i\sigma}; a_{j\sigma}^{\dagger} \rangle\!\rangle_E \simeq 0 \end{aligned}\right\} \tag{7.127}$$

とする．そのとき，(7.126) は

$$\langle\!\langle n_{i,-\sigma}^{\alpha} a_{i\sigma}; a_{j\sigma}^{\dagger} \rangle\!\rangle_E = \frac{n_{-\sigma}^{\alpha}}{E - T_0 - U\,\delta_{\alpha,+}} \left\{ \delta_{ij} + \sum_{\boldsymbol{k}} t_{ik} \langle\!\langle a_{k\sigma}; a_{j\sigma}^{\dagger} \rangle\!\rangle_E \right\} \tag{7.128}$$

となる．したがって，(7.123) によりグリーン関数は

$$G_\sigma(i, j; E) = \frac{1}{F_0^\sigma(E)} \left\{ \delta_{ij} + \sum_{\boldsymbol{k}} t_{ik} G_\sigma(k, j; E) \right\} \tag{7.129}$$

を満たす．ここに，関数 $F_0^\sigma(E)$ は

$$\frac{1}{F_0^\sigma(E)} = \frac{1 - n_{-\sigma}}{E - T_0} + \frac{n_{-\sigma}}{E - T_0 - U} \tag{7.130}$$

で与えられる．これは (7.123) のグリーン関数が記述する j サイトから i サイトへの σ スピン電子の伝播における共鳴エネルギーの特徴を表現する．(7.119) とともにフーリェ変換

$$G_\sigma(i.j : E) = N^{-1} \sum_{\boldsymbol{k}} G_\sigma(\boldsymbol{k}; E)\, e^{i\boldsymbol{k}\cdot(\boldsymbol{R}_i - \boldsymbol{R}_j)} \tag{7.131}$$

を用いて波数表示に移れば，(7.129) は

$$G_\sigma(\boldsymbol{k}; E) = \frac{1}{F_0^\sigma(E) - (\varepsilon_{\boldsymbol{k}} - T_0)} \tag{7.132}$$

となる．これが基礎方程式 (7.126) に近似 (7.127) を適用して得られた結果である．

結晶の格子定数または原子間距離が大きくなって原子波動関数の重なりが無視できる極限，すなわち結晶が孤立原子の単なる集団である場合においては，バンド幅は0であるから，すべての $\boldsymbol{k}$ に対して $\varepsilon_{\boldsymbol{k}} = T_0$ となる．したがって，(7.132) は

$$G_\sigma(\boldsymbol{k}; E)_{atom} = F_0^\sigma(E)^{-1} = \frac{1 - n_{-\sigma}}{E - T_0} + \frac{n_{-\sigma}}{E - T_0 - U} \tag{7.133}$$

となって，よく知られた正確な結果に帰着する．また，$U \to 0$ の極限では，(7.132) は

$$G_\sigma(\boldsymbol{k};E)_{band} = \frac{1}{E-\varepsilon_{\boldsymbol{k}}}$$

となって，電子相関のないバンド電子のグリーン関数に帰着する．このように，(7.132) はバンド幅ゼロの原子極限と無相関 ($U \to 0$) のバンド極限とを内挿する 1 つの結果である．したがって，有限な U の場合においても (7.132) はバンド構造 $\varepsilon_{\boldsymbol{k}}$ に対する相関効果の影響をある程度適確に記述する可能性を有すると考えられる．つぎに，このことを見てみよう．

(7.132) は

$$\begin{aligned} G_\sigma(\boldsymbol{k};E) &= \frac{E-T_0-U(1-n_{-\sigma})}{(E-\varepsilon_{\boldsymbol{k}})(E-T_0-U)-(\varepsilon_{\boldsymbol{k}}-T_0)Un_{-\sigma}} \\ &= \frac{A^{(1)}_{\boldsymbol{k}\sigma}}{E-E^{(1)}_{\boldsymbol{k}\sigma}} + \frac{A^{(2)}_{\boldsymbol{k}\sigma}}{E-E^{(2)}_{\boldsymbol{k}\sigma}} \end{aligned} \qquad (7.134)$$

と部分分数に展開される．ここに，$E^{(1)}_{\boldsymbol{k}\sigma}$, $E^{(2)}_{\boldsymbol{k}\sigma}$ は

$$(E-\varepsilon_{\boldsymbol{k}})(E-T_0-U)-(\varepsilon_{\boldsymbol{k}}-T_0)Un_{-\sigma} = 0 \qquad (7.135)$$

の 2 根

$$E = \frac{1}{2}\left\{\varepsilon_{\boldsymbol{k}}+T_0+U \pm \sqrt{[\varepsilon_{\boldsymbol{k}}-T_0-(1-2n_{-\sigma})U]^2+4n_{-\sigma}(1-n_{-\sigma})U^2}\right\}$$

であり，$A^{(1)}_{\boldsymbol{k}\sigma}$, $A^{(2)}_{\boldsymbol{k}\sigma}$ は

$$\left.\begin{aligned} A^{(1)}_{\boldsymbol{k}\sigma} &= \frac{E^{(1)}_{\boldsymbol{k}\sigma}-T_0-U(1-n_{-\sigma})}{E^{(1)}_{\boldsymbol{k}\sigma}-E^{(2)}_{\boldsymbol{k}\sigma}} > 0, \\ A^{(2)}_{\boldsymbol{k}\sigma} &= \frac{E^{(2)}_{\boldsymbol{k}\sigma}-T_0-U(1-n_{-\sigma})}{E^{(2)}_{\boldsymbol{k}\sigma}-E^{(1)}_{\boldsymbol{k}\sigma}} > 0 \end{aligned}\right\} \qquad (7.136)$$

で与えられ，

$$A^{(1)}_{\boldsymbol{k}\sigma} + A^{(2)}_{\boldsymbol{k}\sigma} = 1$$

を満たす．(7.134) は，形式的ではあるが，それぞれ重率 $A^{(1)}_{\boldsymbol{k}\sigma}$, $A^{(2)}_{\boldsymbol{k}\sigma}$ をもった 2 つのバンド構造 $E^{(1)}_{\boldsymbol{k}\sigma}$, $E^{(2)}_{\boldsymbol{k}\sigma}$ の和を表現している (図 7.13).

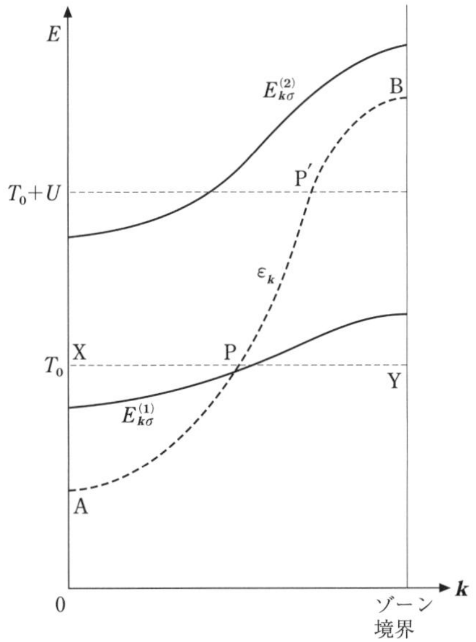

図 7.13 分裂したバンド・スペクトルの概念図．曲線 APP'B ($U \to 0$ で P'→ P) は無摂動バンド構造．

(7.134) が，バンド幅ゼロの原子極限と無相関 $U \to 0$ のバンド極限とに帰着することをもう一度確かめることは教訓的である．$E^{(2)}_{\boldsymbol{k}\sigma} > E^{(1)}_{\boldsymbol{k}\sigma}$ としよう．原子極限ではすべて $\varepsilon_{\boldsymbol{k}} \to T_0$ である．よって，(7.135)，(7.136) より

$$E^{(1)}_{\boldsymbol{k}\sigma} = T_0\,, \quad E^{(2)}_{\boldsymbol{k}\sigma} = T_0 + U\,;$$
$$A^{(1)}_{\boldsymbol{k}\sigma} = 1 - n_{-\sigma}\,, \quad A^{(2)}_{\boldsymbol{k}\sigma} = n_{-\sigma}$$

となり，(7.134) は (7.133) になる．無相関の極限 $U \to 0$ では (7.135) の解は

$$E = \frac{1}{2}\{\varepsilon_{\boldsymbol{k}} + T_0 \pm |\varepsilon_{\boldsymbol{k}} - T_0|\}$$

であるので，

$$\varepsilon_{\boldsymbol{k}} - T_0 > 0 \text{ に対しては} \begin{cases} E^{(1)}_{\boldsymbol{k}\sigma} = T_0\,, \quad E^{(2)}_{\boldsymbol{k}\sigma} = \varepsilon_{\boldsymbol{k}}\,; \\ A^{(1)}_{\boldsymbol{k}\sigma} = 0\,, \quad A^{(2)}_{\boldsymbol{k}\sigma} = 1 \end{cases}$$

$$\varepsilon_{\boldsymbol{k}} - T_0 < 0 \text{ に対しては} \begin{cases} E^{(1)}_{\boldsymbol{k}\sigma} = \varepsilon_{\boldsymbol{k}}\,, \quad E^{(2)}_{\boldsymbol{k}\sigma} = T_0\,; \\ A^{(1)}_{\boldsymbol{k}\sigma} = 1\,, \quad A^{(2)}_{\boldsymbol{k}\sigma} = 0 \end{cases}$$

となって，(7.134) は無摂動バンド電子のグリーン関数を与える．図 7.13 では，(7.134) のバンド構造 $E^{(1)}_{\boldsymbol{k}\sigma}$, $E^{(2)}_{\boldsymbol{k}\sigma}$，$-\sigma$ スピン電子が存在しないときのスピン σ 電子の s 準位エネルギー T_0 および $-\sigma$ スピン電子が存在するときのスピン σ 電子の s 準位エネルギー T_0+U，そしてバンドエネルギースペクトル $\varepsilon_{\boldsymbol{k}}$ の概念図が示してある．無相関の極限で，$E^{(1)}_{\boldsymbol{k}\sigma}$ 曲線は APY となり，AP 上で $A^{(1)}_{\boldsymbol{k}\sigma}=1$，PY 上で $A^{(1)}_{\boldsymbol{k}\sigma}=0$；$E^{(2)}_{\boldsymbol{k}\sigma}$ 曲線は XPB となり，XP 上で $A^{(2)}_{\boldsymbol{k}\sigma}=0$，PB 上で $A^{(2)}_{\boldsymbol{k}\sigma}=1$ となる．

ここで，(7.132) が

$$\left.\begin{aligned} G_\sigma(\boldsymbol{k};E)^{-1} &= g(E,n_{-\sigma})-\varepsilon_{\boldsymbol{k}}\,, \\ g(E,n_{-\sigma}) &= E-Un_{-\sigma}-\frac{U^2n_{-\sigma}(1-n_{-\sigma})}{E-T_0-U(1-n_{-\sigma})} \end{aligned}\right\} \tag{7.137}$$

と書かれることに注意する．これは状態密度の構造を知るために重要となる．

状態密度を調べよう．(7.131) より

$$\sum_j G_\sigma(j,j;E) = \sum_{\boldsymbol{k}} G_\sigma(\boldsymbol{k};E) \tag{7.138}$$

が成立する．これを用いれば，(7.116) は

$$\rho_\sigma(E)=\frac{i}{2\pi N}\lim_{\delta\to 0+}\sum_{\boldsymbol{k}}\bigl\{G_\sigma(\boldsymbol{k};E+i\delta)-G_\sigma(\boldsymbol{k};E-i\delta)\bigr\} \tag{7.139}$$

となる．いま，(7.139) の右辺に (7.134) を使えば，

$$\rho_\sigma(E)=N^{-1}\sum_{\boldsymbol{k}}\bigl\{A^{(1)}_{\boldsymbol{k}\sigma}\delta(E-E^{(1)}_{\boldsymbol{k}\sigma})+A^{(2)}_{\boldsymbol{k}\sigma}\delta(E-E^{(2)}_{\boldsymbol{k}\sigma})\bigr\} \tag{7.140}$$

が得られる．他方，$F^\sigma_0(E)$ は E の有理関数であるから，(7.139) の右辺に直接 (7.132) を使えば，状態密度は

$$\begin{aligned} \rho_\sigma(E) &= N^{-1}\sum_{\boldsymbol{k}}\delta\bigl[F^\sigma_0(E)-(\varepsilon_{\boldsymbol{k}}-T_0)\bigr] \\ &= N^{-1}\sum_{\boldsymbol{k}}\delta\bigl[G_\sigma(\boldsymbol{k};E)^{-1}\bigr] \end{aligned} \tag{7.141}$$

と表される．同じ (7.132) のグリーン関数を適用して得られる状態密度 (7.140) と (7.141) とは等しいものである．これを確かめてみよう．(7.140) に (7.136)

を代入して変形してゆけば,

$$\begin{aligned}\rho_\sigma(E) &= N^{-1}\sum_{\boldsymbol{k}}\left\{\frac{E^{(1)}_{\boldsymbol{k}\sigma}-T_0-U(1-n_{-\sigma})}{E^{(1)}_{\boldsymbol{k}\sigma}-E^{(2)}_{\boldsymbol{k}\sigma}}\,\delta(E-E^{(1)}_{\boldsymbol{k}\sigma})\right.\\ &\qquad\left.+\frac{E^{(2)}_{\boldsymbol{k}\sigma}-T_0-U(1-n_{-\sigma})}{E^{(2)}_{\boldsymbol{k}\sigma}-E^{(1)}_{\boldsymbol{k}\sigma}}\,\delta(E-E^{(2)}_{\boldsymbol{k}\sigma})\right\}\\ &= N^{-1}\sum_{\boldsymbol{k}}\left\{\delta\left[\frac{(E^{(1)}_{\boldsymbol{k}\sigma}-E^{(2)}_{\boldsymbol{k}\sigma})(E-E^{(1)}_{\boldsymbol{k}\sigma})}{E^{(1)}_{\boldsymbol{k}\sigma}-T_0-U(1-n_{-\sigma})}\right]\right.\\ &\qquad\left.+\delta\left[\frac{(E^{(2)}_{\boldsymbol{k}\sigma}-E^{(1)}_{\boldsymbol{k}\sigma})(E-E^{(2)}_{\boldsymbol{k}\sigma})}{E^{(2)}_{\boldsymbol{k}\sigma}-T_0-U(1-n_{-\sigma})}\right]\right\}\\ &= N^{-1}\sum_{\boldsymbol{k}}\delta\left[\frac{(E-E^{(1)}_{\boldsymbol{k}\sigma})(E-E^{(2)}_{\boldsymbol{k}\sigma})}{E-T_0-U(1-n_{-\sigma})}\right]\\ &= N^{-1}\sum_{\boldsymbol{k}}\delta\left[G_\sigma(\boldsymbol{k};E)^{-1}\right]\end{aligned}$$

となって (7.141) に導かれる.

(7.141) に (7.137) を代入すれば,

$$\begin{aligned}\rho_\sigma(E) &= N^{-1}\sum_{\boldsymbol{k}}\delta\big[g(E,n_{-\sigma})-\varepsilon_{\boldsymbol{k}}\big]\\ &= \int_{-\infty}^{\infty}dt\,\delta\big[g(E,n_{-\sigma})-t\big]\,N^{-1}\sum_{\boldsymbol{k}}\delta(t-\varepsilon_{\boldsymbol{k}})\\ &= P\big[g(E,n_{-\sigma})\big]\end{aligned} \tag{7.142}$$

と書かれる. ここに,

$$P(E) = N^{-1}\sum_{\boldsymbol{k}}\delta(E-\varepsilon_{\boldsymbol{k}}) \tag{7.143}$$

は無摂動のバンド構造 $\varepsilon_{\boldsymbol{k}}$ の状態密度である.

こうして, U が有限であるときの状態密度 $\rho_\sigma(E)$ は $U=0$ の場合の状態密度 $P(E)$ から簡単な変換 $E\to g(E,n_{-\sigma})$ によって求められる. この変換による $P(E)$ から $\rho_\sigma(E)$ への写像が図 7.14 に例示されている. $g(E,n_{-\sigma})$ の関数形から, $U=0$ でない限りバンドは必ず分裂することになる. これは近似 (7.127) の単純さからくる短所である.

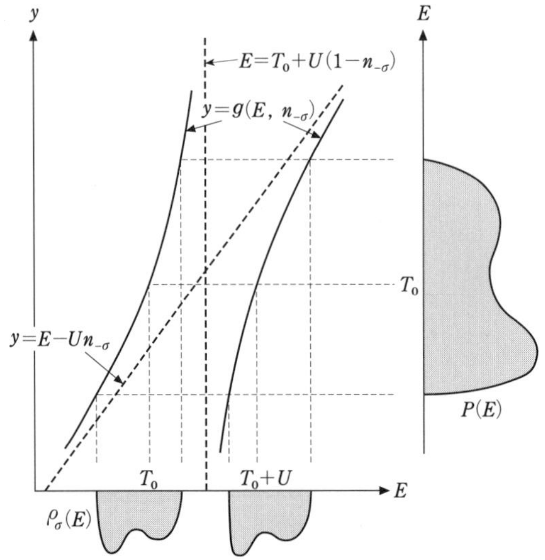

図 7.14　変換 $E \to g(E, n_{-\sigma})$ による無摂動状態密度 $P(E)$ から状態密度 $\rho_\sigma(E)$ への写像の例.

状態密度の具体例として，バンド幅 Δ にわたって一定値 $1/\Delta$ をとる長方形のもの

$$P(E) = \begin{cases} \dfrac{1}{\Delta} & T_0 - \dfrac{\Delta}{2} < E < T_0 + \dfrac{\Delta}{2}, \\ 0 & \text{その他の場合} \end{cases} \tag{7.144}$$

を採用すると，

$$\rho_\sigma = \begin{cases} \dfrac{1}{\Delta} & E^\sigma_{-1,-1} < E < E^\sigma_{-1,1}\,;\ E^\sigma_{1,-1} < E < E^\sigma_{1,1}\,, \\ 0 & \text{その他の場合} \end{cases} \tag{7.145}$$

が得られる．ここに，$E^\sigma_{\pm,\pm}$ は

$$g(E, n_{-\sigma}) = T_0 \pm \frac{1}{2}\Delta$$

の解である．すなわち，

$$E^\sigma_{\alpha,\beta} = T_0 + \frac{1}{2}U + \frac{1}{4}\beta\Delta + \alpha\sqrt{\left(\frac{U}{2} - \frac{1}{4}\beta\Delta\right)^2 + \frac{1}{2}\beta\Delta U n_{-\sigma}}\,, \tag{7.146}$$

$$\alpha,\, \beta = \pm 1$$

である．なお，分裂した 2 つのバンドの幅の和は

$$(E^{\sigma}_{-1,1} - E^{\sigma}_{-1,-1}) + (E^{\sigma}_{1,1} - E^{\sigma}_{1,-1}) = \Delta$$

となって，分裂したバンドも元のバンドと同様に 1 原子当り 1 状態を含む．

以上は近似 (7.127) に基づくものであるが，顕著な結果は U によって評価される電子相関効果が 1 つのバンドの 2 つのバンドへの分裂に導くことである．このことは，1 価金属の s バンドのように半分だけ充満したバンドの場合，絶縁体を意味する．ただし，$U = 0$ でない限り必ずバンド分裂を引き起こすという難点を伴う．Mott が定性的に指摘したように，バンド幅が電子相関の強さに比べて十分小さいときには電子系は絶縁体として振る舞うが，一定の電子相関の値に対してある臨界的なバンド幅が存在し，それをバンド幅が越えるとき系は金属になり伝導体として振る舞うと，物理的には考えられる．Hubbard は近似を改良して，上記のような金属–絶縁体転移の存在を示した．ハミルトニアンが 2 体相互作用であるため，1 体のグリーン関数の運動方程式には 2 体のグリーン関数が現れ，この 2 体のグリーン関数の運動方程式は 3 体のグリーン関数を含むというように，グリーン関数の運動方程式は無限の連鎖となって閉じない．解を得るためには，運動方程式の連鎖を適当なところで切断しなければならない．この切断は高次のグリーン関数をより低次のグリーン関数で近似することを意味する．最低次の近似である (7.127) では，第 1 式は 2 体のグリーン関数を 1 体のグリーン関数で近似し，第 2，3 式は 2 体のグリーン関数を無視した．近似を一段進めることは，(7.127) で行った 2 体のグリーン関数への近似で落したものを追跡することである．Hubbard (part III) はこれを実行して，バンド幅 Δ と相互作用 U との比 Δ/U について金属–絶縁体転移の起きる臨界値 $(\Delta/U)_{critical}$ を特殊な場合に対して求めた．詳細については原論文を参照されたい．

第8章　Anderson局在

完全結晶においては，電子は格子の周期的ポテンシャル場の中で結晶全体に広がった状態Bloch波として存在する．Bloch波は何ら散乱されることはないので，バンドが部分的に満たされた場合においては電気抵抗は0である．しかしながら，一方では不純物，格子欠陥，そして格子振動など現実の結晶における格子の乱れがBloch波を散乱する原因となる．他方，Bloch波の満足する1電子波動方程式においてはほかの電子群の存在はHartree–Fockの平均場としてしか考慮されないので，平均場より高次の電子間相互作用ないしは電子相関がBloch波の散乱の原因となる．これらの散乱または衝突の原因となるポテンシャルの強さが小さい場合には摂動論的に状態の遷移確率を求めて電気抵抗を計算することができた．

しからば，電子に対する散乱ポテンシャルの強さが大きく効く場合，金属内全体に広がったBloch状態はいかに修正または変更されるかが問題となる．この問題は第7章の冒頭においても指摘され，そしてまず，電子相関が効果的になる場合が7.3節で議論された．これが電子相関によって誘起される金属–絶縁体転移(Mott–Hubbard転移)の問題である．他方，1958年Anderson[1]は，格子の乱れが大きくなるとき電子状態は局在することを始めて示した．Andersonが示したことは，ランダム分布するエネルギーをもつ1つのサイトにある電子が遷移積分を摂動として$t \to \infty$においてほかのサイトに移っているか否か，である．遷移積分に比べてサイト・エネルギーの乱雑さが大きいとき電子の拡散は生起せず，したがって電子は1つのサイトに局在しており，抵抗率は∞となる．この格子の乱れによる電子状態の局在化すなわちAnderson局在の問題，あるいは乱れによって誘起される金属–絶縁体転移(Anderson転移)の問題をこの章で議論する．

---

[1]P. W. Anderson: Phys. Rev. **109** (1958) 1492.

8.1　不規則系の電子過程

8.1.1　Anderson 模型

無秩序な格子内の独立電子系の模型として Anderson はハミルトニアン

$$\mathcal{H} = \sum_j E_j n_j + \sum_{j\neq k} V_{jk} a_j^\dagger a_k \tag{8.1}$$

を提起した．ここに，E_j はランダム分布するサイト j のエネルギー，$n_j = a_j^\dagger a_j$ はサイト j にある電子数の演算子である．そして，j, k サイト間の遷移エネルギー V_{jk} はランダムであってもよく，また，なくてもよい．E_j が幅 W の変域内のランダムな確率変数であることが Anderson 模型 (8.1) の特色である．規則格子の場合，V_{jk} は遷移積分 (2.57)，そして $E_j =$ 一定であって，(8.1) はバンドエネルギーにほかならない．典型的な不規則系である半導体の不純物帯の例では，V_{jk} はランダムな確率変数である．そして，少数不純物を含まない不補償試料では $E_j =$ 一定，補償された試料ではイオン化した少数不純物のポテンシャルによって E_j はランダムな変数となる．後者の場合における不純物帯は Anderson 模型 (8.1) の 1 つの代表例である．

(8.1) を用いて運動方程式

$$i\hbar\dot{a}_j = E_j a_j + \sum_{k(\neq j)}{}' V_{jk} a_k \tag{8.2}$$

が導かれる．ここに，記号 $\sum'$ のプライムは $k = j$ を除いた k についての和を意味する．問題は，$t = 0$ において電子が原子サイト $j = 0$ にあるとして，すなわち $a_0(0) = 1$ と仮定して，a_j が時間とともにいかに変化するかを調べることである．(8.2) の解を得るためにラプラス変換

$$f_j(s) = \int_0^\infty e^{-st} a_j(t)\, dt \tag{8.3}$$

を導入すれば，(8.2) は

$$i\left[s f_j(s) - a_j(0)\right] = E_j f_j(s) + \sum_k{}' V_{jk} f_k(s) \tag{8.4}$$

と書かれる．ここに，$\hbar = 1$ の単位系を使った．問題は $f_j(s)$ が s とともにどう変化するかを調べることだが，$t \to \infty$ での a_j の振る舞いは $\Re s \to 0$ での f_j の

振る舞いに対応する ($\lim_{s\to 0+} sf_j(s) = a_j(\infty)$). $a_j(0) = \delta_{0j}$ を仮定すれば, (8.4) は

$$f_j(s) = \frac{i\delta_{0j}}{is - E_j} + \sum_k{}' \frac{1}{is - E_j} V_{jk} f_k(s) \tag{8.5}$$

となる. (8.5) は反復法によって形式的に解かれる. まず, $j \neq 0$ の $f_j(s)$ は

$$\begin{aligned} f_j(s) = &\frac{1}{is - E_j} V_{j0} f_0(s) \\ &+ \sum_k{}' \frac{1}{is - E_j} V_{jk} \frac{1}{is - E_k} V_{k0} f_0(s) + \cdots \end{aligned} \tag{8.6}$$

となって $f_0(s)$ で表される. そして, $j = 0$ に対しては

$$\begin{aligned} f_0(s) = &\frac{i}{is - E_0} + \sum_k{}' \frac{1}{is - E_0} V_{0k} \left(\frac{1}{is - E_k} V_{k0} \right. \\ &\left. + \sum_\ell{}' \frac{1}{is - E_k} V_{k\ell} \frac{1}{is - E_\ell} V_{\ell 0} + \cdots \right) f_0(s) \end{aligned} \tag{8.7}$$

となる. ここで,

$$V_c(0) \equiv \sum_k{}' \frac{|V_{0k}|^2}{is - E_k} + \sum_{k\neq\ell}{}' \frac{V_{0k} V_{k\ell} V_{\ell 0}}{(is - E_k)(is - E_\ell)} + \cdots \tag{8.8}$$

とおけば, (8.7) から

$$f_0(s) = \frac{i}{is - E_0 - V_c(0)} \tag{8.9}$$

が得られる. ここに, $V_c(0)$ の 0 は $j = 0$ を意味する. この結果は見かけ上無限項までを考慮した通常の摂動論の結果に似ている. $\lim_{s\to 0+} V_c(0)$ が収束すれば, $V_c(0)$ の実数部が摂動によるエネルギーシフト, その虚数部が無摂動系の寿命を与える. いまの場合が通常の摂動論と異なる点は, 離散的な局在状態であるサイト・エネルギー E_j が確率変数であることから無限級数 $V_c(0)$ の収束性は確率論的に議論しなければならないことである.

Anderson はこの難解な数学的問題をともかく処理して 1 つの結論を得た. 議論の詳細については原論文を参照されたい. つぎに結果だけを述べよう. まず, 模型を簡単化して, E_j の確率分布 $P(E)$ は平坦な

$$P(E) = \begin{cases} \dfrac{1}{W} & (-\frac{1}{2}W \leq E \leq \frac{1}{2}W) \\ 0 & (|E| > \frac{1}{2}W) \end{cases}$$

とし，遷移エネルギー V_{jk} は最近接原子サイト間のもののみを考慮にいれて $V_{jk} = V =$ 一定と仮定した．このことは，規則格子を組んだ原子のサイト・エネルギー E_j のみがランダムな確率変数であるとしたことになる．そして，長い解析ののち，臨界値 $(W/V)_0$ が存在して，

$$W/V > (W/V)_0 \tag{8.10}$$

ならば，級数 $V_c(0)$ は殆ど常に収束することを示した．かつ，$\Re s \to 0$ のとき $\Im V_c \to 0$ となり，電子は状態 E_0 に局在したままで，電子の拡散すなわち輸送現象は生起しないことを結論した．電子輸送の発現は条件 (8.10) が破れるもとでの級数 $V_c(0)$ の発散に帰せられることになる．

8.1.2 移動度端

Anderson が示したことは，電子の状態が任意のエネルギー $E = \Im s$ に対して $W/V > (W/V)_0$ ならば確率 1 で局在するということであった．これに対して，$(W/V)_0 > W/V =$ 一定と固定してエネルギー E を変化させる場合，級数 $V_c(0)$ が発散する領域と収束する領域との境界を与える E_c が存在するかどうかという問題がある．図 8.1 に示された $E_c, E_{c'}$ についていえば，$E_c < E < E_{c'}$ の領域で $V_c(0)$ が発散し，したがってこの領域の状態は非局在で広がった状態であり，$E < E_c, E > E_{c'}$ の領域では $V_c(0)$ は収束して状態は局在となる，という局面があるかどうかである．状態の局在と非局在との境界を与えるエネルギー値 $E_c, E_{c'}$ は移動度端と呼ばれる．この問題は，例えば Anderson 模型において，実際に調べられたわけではないが，最初に Mott (1967) が，バンドの中央部では状態は Bloch 的に広がったものであるが，バンドの尻尾では状態は局在しているであろうと推測し，移動度端 (mobility shoulder) の存在を強く主張した．ただし，移動度端 (mobility edge) の名称は Cohen–Fritzsche–Ovshinskii (1969) による．いくつかの計算もあるが，移動度端の存在はアモルファス・シリコンなどの伝導現象の実験結果を説明するのに都合のよいも

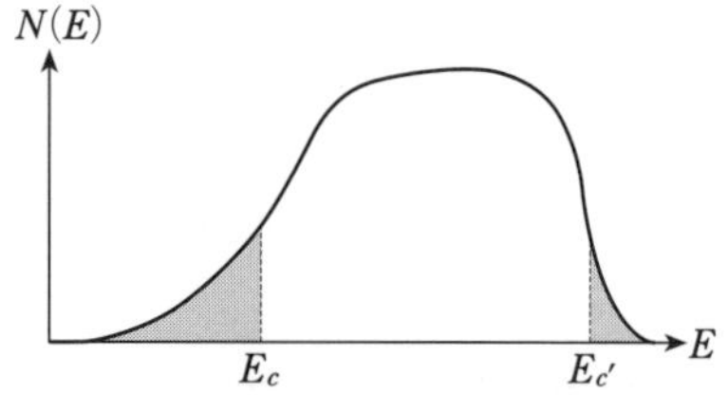

図 **8.1** 移動度端．

のであった．非晶質半導体におけるように，Fermi エネルギー E_F が局在領域内にある場合 ($E_c > E_F$) の電気伝導は，E_F より上の非局在領域へ熱的に励起されたキャリアーによって起こり，伝導度は

$$\sigma = \sigma_0 \exp\left(-\frac{E_c - E_F}{k_B T}\right) \tag{8.11}$$

によって与えられる．

後述するように，4 人組みのスケーリング理論において 3 次元の場合に移動度端の存在が示される．Mott は，磁場や高圧を加えること，ドーピングすることなどによって Fermi エネルギー E_F を E_c を越えて横切らせるときに起きる局在から非局在への変化，したがって伝導度の 0 値から有限値への変化 (またはその逆の変化) を Anderson 転移と呼んだ．そして，相転移になぞらえて $\sigma(E_F)$ の不連続的に急激な変化を期待したが，このことはスケーリング理論において否定された．

8.1.3 可変領域ホッピング

有限温度において起こる局在電子系の輸送には (8.11) の温度依存性を示す形のもののほかに，十分な低温においては原子サイトの局在状態間を電子がフォノンの助けを借りて跳び歩くことによって生じるものがある．その 1 つは，4.5 節で紹介した不純物伝導における活性化エネルギー ϵ_3 によって特徴付けられるホッピング伝導である．これは補償によって空いた最近接原子サイトをフォノンを吸収または放出して渡り歩くもので，ϵ_3 は大体最近接原子間の平均エネルギー間隔 $1/N(E_F)\,a^3$ に等しい．

もう 1 つは，より低温になると，電子のホッピングは距離的に多少遠くてもエネルギー的により接近したサイトを選ぶ傾向になる．距離 R の範囲内の Fermi 準位での状態密度は $(4\pi/3)R^3 N(E_F)$ である．したがって，距離 R のホッピング過程に対する平均の活性化エネルギーは

$$\Delta E \sim \left[\frac{4\pi}{3} R^3 N(E_F)\right]^{-1} \tag{8.12}$$

と見積られる．他方，局在状態は波動関数 $\psi \sim \exp(-\alpha R)$ によって特徴付けられるから，ホッピングの確率は

$$\exp(-2\alpha R)$$

に比例する．ここに，α^{-1} は局在した波動関数の減衰長である．したがって，電気伝導度は

$$\sigma \sim \exp(-2\alpha R - \Delta E/k_B T) \tag{8.13}$$

となる．よって，最も実現しやすいホッピング距離は (8.13) の指数関数の因子を最大にする R によって与えられる．(8.12) を代入して $\partial\sigma/\partial R = 0$ を満たす R を求めれば，

$$R = \left[9/8\pi\alpha N(E_F)\, k_B T\right]^{1/4}$$

となる．これをもとの (8.13) に代入すれば，

$$\sigma \propto \exp\left[-\,(T_0/T)^{1/4}\right], \tag{8.14}$$
$$T_0 = \frac{512}{9\pi}\,\frac{\alpha^3}{k_B N(E_F)}$$

が得られる．(8.14) は Mott によって導かれたもので，$T^{-1/4}$ の温度依存性を示す特徴的なものである．(8.12) より得られた (8.14) は 3 次元の場合であって，2 次元の場合には $T^{-1/3}$ の温度依存性となることは容易にわかる．このような温度依存性は非晶質半導体などにおいて観測されている．(8.14) に導く上記のような伝導機構は可変領域ホッピングと呼ばれる．

8.2 スケーリング理論

乱れによる波動関数の局在化，すなわち Anderson 局在の理論的研究の大きな前進のきっかけとなったのは，1979 年に発表された AALR[2] の 4 人組みによるスケーリング理論である．

結晶を 1 辺の長さ L の立方体とするとき，結晶全体に広がった電子の状態は L を用いて課せられる境界条件のもとで波動方程式を満足する固有関数によって表される．これに対応するエネルギー固有値は境界条件を介して L の関数 $E(L)$ となる．すなわち，波動関数とともに固有値も境界条件の影響を受ける．これに対して，局在した状態の場合には，L が波動関数の局在長 ξ より十分長い限り，波動関数も固有値も L における境界条件の影響を受けない．

[2] E. Abrahams, P. W. Anderson, D. C. Licciardello and T. V. Ramakrishnan: Phys. Rev. Lett. **42** (1979) 673.

したがって，境界条件を変えるときに生じる固有値の変動 $\Delta E(L)$ に着目すれば状態の局在化に関する手掛りが得られる可能性がある．Thouless[3] はこの考えに基いて無次元量 (Thouless 数)

$$g(L) = \frac{\Delta E(L)}{\delta E(L)} \tag{8.15}$$

を提出した．ここに，分子の $\Delta E(L)$ は前述した境界条件の変化に伴う固有値の変化であり，分母の $\delta E(L)$ は固有値の平均間隔である．(8.15) の L 依存性を導こう．$\Delta E(L)$ は長さ L に対する拡散時間 t_D による不確定さとして

$$\Delta E(L) \sim \hbar/t_D = \hbar D/L^2 \tag{8.16}$$

と評価できよう．拡散係数 D は，状態が非局在で Boltzmann の運動論が成立する場合には，Fermi 縮退した粒子系に対する Einstein 関係式

$$D = \frac{\sigma}{e^2}\frac{dE_F}{dn} \tag{8.17}$$

を用いて電気伝導度 σ で表されるので，

$$\Delta E(L) \sim \frac{\hbar\sigma}{e^2}\frac{dE_F}{dn}\frac{1}{L^2} \tag{8.18}$$

となる．他方，固有値の平均間隔 $\delta E(L)$ は状態密度の逆数として見積られるので，

$$\delta E(L) \sim \left(\frac{dn}{dE_F}L^d\right)^{-1} \tag{8.19}$$

と書かれる．ここに，L^d の d は空間の次元数である．(8.18)，(8.19) を用いれば，(8.15) は

$$g(L) = \frac{\Delta E(L)}{\delta E(L)} \sim \frac{\hbar}{e^2}\sigma L^{d-2} \tag{8.20}$$

となる．この結果は Boltzmann 方程式の成立する非局在状態に対して得られた．これを一般化しよう．まず，オームの法則により $G(L) = \sigma L^{d-2}$ はコンダクタンスであり，$e^2/\hbar$ はコンダクタンスの次元をもつ普遍定数の組合せであることに注意する．そこで，Thouless 数は無次元コンダクタンス

$$g(L) = \frac{\Delta E(L)}{\delta E(L)} \sim \frac{G(L)}{e^2/\hbar} \tag{8.21}$$

[3] D. J. Thouless: Phys. Rev. Lett. **39** (1977) 1167.

として定義される．状態が局在している場合には

$$G(L) \sim e^{-L/\xi}$$

であるから (8.21) は Thouless 数の L 依存性をあらわに表現するものとしてよい．

AALR の 4 人組みは，L が十分大きい場合 Thouless 数に対してスケーリング則

$$g(bL) = f(b, g(L)) \tag{8.22}$$

が成立すると仮定した．ここに，b は 1 より大きい変数である．(8.22) は bL に対する $g(bL)$ は $g(L)$ と b とのみの適当な関数 f によって与えられることを意味する．(8.22) の両辺を微分して

$$\frac{\partial\,(bL)}{\partial b}\,\frac{\partial g(bL)}{\partial\,(bL)} = \frac{\partial f(b,g)}{\partial b}$$

となることに注意すれば，Thouless 数に対するスケーリング方程式

$$\frac{\partial \ln g}{\partial \ln L} = \beta(g) \tag{8.23}$$

が得られる．ここに，$\beta(g) = g^{-1}[\partial f(b,g)/\partial b]_{b=1}$ は g のみの関数である．$\beta(g)$ がわかれば，$L \to \infty$ のときの g の挙動，したがって電子状態の局在，非局在に関する知見が得られる．そこで，β 関数の漸近形を見てみよう．まず，g の大きい場合には (8.20) より

$$\lim_{g\to\infty} \beta(g) \to d - 2 - O\left(\frac{1}{g}\right) \tag{8.24}$$

である．他方，状態が局在して g が小さい場合には $g \sim e^{-L/\xi}$ であるから，

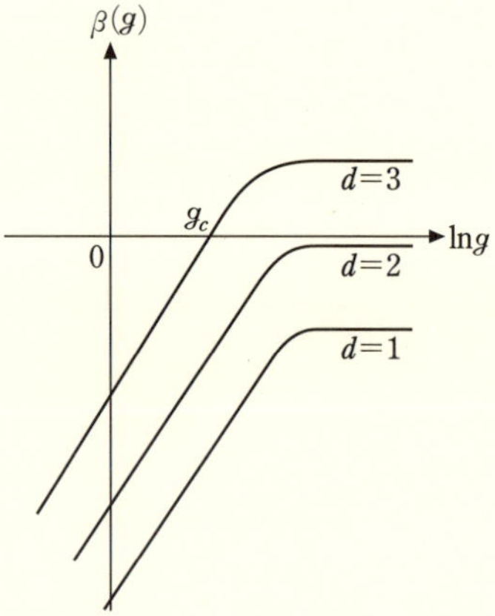

図 **8.2** スケーリング関数 $\beta(g)$ の構造．

$$\lim_{g\to 0} \beta(g) \to \ln g + O(g \ln g) \tag{8.25}$$

となる．ここに，(8.24)，(8.25) の補正項は摂動展開の結果から確認できる．さらに，$\beta(g)$ は単調で連続微分可能な関数であると仮定すると，漸近形 (8.24)，(8.25) から $\beta(g)$ の g 依存性は図 8.2 のようになる．

得られた結果は，

(1) $d \leq 2$ の場合，(8.24) の補正項に注意すれば常に $\beta(g) < 0$ である，

(2) $d > 2$ では $\beta(g_c) = 0$ を満たす $O(1)$ の g_c が存在する，

という顕著なものである．上記のような $\beta(g)$ 関数の性質に基いて $L \to \infty$ における g の挙動を調べるには，ある微視的な L_0 に対する条件

$$g(L_0) = g_0 \tag{8.26}$$

から出発して (8.23) を積分して求めればよい．

(1) $d \leq 2$ の場合すべての g に対して $\beta(g) < 0$ であるから，(8.23) より

$$\frac{\partial g}{\partial L} = \frac{g}{L}\,\beta(g) < 0$$

である．したがって，任意の g_0 に対して $L \to \infty$ で $g \to 0$ となって，必ず局在である．($d = 1$ の場合は既知).

(2) $d > 2$ の場合，$g_0 > g_c$ ならば $\beta(g) > 0$ であるので，$L \to \infty$ のとき $g \to \infty$ で (8.23) の解は

$$g = g_0(L/L_0)^{d-2}$$

となる．$g \sim \sigma(L)\,L^{d-2}$ であるから，$\sigma(L)$ は有限である．$g_0 < g_c$ ならば，$\beta(g) < 0$ であるから $L \to \infty$ で $g = 0$ となり，$\sigma \sim e^{-L/\xi}$ は 0 となる．g_c は不安定な固定点であって，移動度端に対応する．(8.26) の g_0 をエネルギー E の関数とみるとき，

$$g_0(E_c) = g_c \tag{8.27}$$

によって定まる E_c が移動度端を与える．Mott が提唱した移動度端 E_c の存在が局在化のスケーリング理論によって始めて示されたことになる．$\beta(g)$ に多少強引な近似を適用して，この点を立ち入って調べよう．

図 8.2 において (8.24)，(8.25) より $\beta(g)$ をつぎの 2 直線で近似する：

$$\beta(g) = \begin{cases} s\ln(g/g_c) & g < g_A\,, \\ d-2 & g > g_A\,. \end{cases} \tag{8.28}$$

ここに，(8.25) から $\beta(g)$ は $\ln g$ より若干急になるので，$s \sim O(1)$ の s はわずかながら $s > 1$ である．そして，g_A は

$$s \ln(g_A/g_c) = d - 2 \tag{8.29}$$

で定義される．$g < g_A$ における $\beta(g)$ を使って (8.23) を積分すれば，

$$\ln(g/g_c) = \ln(g_0/g_c)\,(L/L_0)^s \tag{8.30}$$

となる．$g(L_A) = g_A$ で L_A を定義すれば，

$$\frac{\ln(g_A/g_c)}{\ln(g_0/g_c)} = \left(\frac{L_A}{L_0}\right)^s$$

と書かれる．これに (8.29) を代入すれば，

$$\ln\frac{g_0}{g_c} = \frac{d-2}{s}\left(\frac{L_A}{L_0}\right)^{-s} \tag{8.31}$$

となる．ところで，(8.23) を $g > g_A$ において積分すれば，

$$g = g_A(L/L_A)^{d-2} \tag{8.32}$$

が得られる．これを用いれば，金属領域では (8.20) が成立するので，

$$\sigma = \frac{e^2}{\hbar}\, g_A L_A^{2-d} \tag{8.33}$$

と書かれる．(8.29)，(8.31)，(8.33) より g_A, L_A を消去すれば，

$$\sigma = A\,\frac{e^2}{\hbar}\,\frac{g_c}{L_0^{d-2}}\left(\ln\frac{g_0}{g_c}\right)^{(d-2)/s}, \tag{8.34}$$
$$A = \left(\frac{s}{d-2}\right)^{(d-2)/s} e^{(d-2)/s} = O(1)$$

となる．これは AALR の (11) である．

移動度端からの距離は

$$\ln\left(\frac{g_0}{g_c}\right) \approx \frac{g_0 - g_c}{g_c} = \frac{1}{g_c}\left(\frac{\partial g_0}{\partial E}\right)_{E_c}(E - E_c) \tag{8.35}$$

で測られるので，$E > E_c$ において (8.34) にこれを代入すれば，

$$\sigma(E) \propto (E - E_c)^\gamma, \quad \gamma = \frac{d-2}{s} = O(1) \tag{8.36}$$

となる．このように，電気伝導度は移動度端において有限値から不連続的に0になることはない．Mott が Anderson 転移において執拗に主張した最小金属的伝導度 $\sigma_{min} \sim A(e^2/\hbar)g_c/L_0^{d-2}$ の存在は完全に否定された．

局在領域 ($g_0 < g_c$) に対して (8.30) を用いて移動度端への接近をみれば，

$$\ln\frac{g}{g_c} = -B\Big[(E_c - E)^{1/s}\frac{L}{L_0}\Big]^s, \quad B = \left(\frac{d\ln g_0}{dE}\right)_{E_c} \tag{8.37}$$

となる．これとコンダクタンスの L 依存性 $\ln g \sim -L/\xi$ とを比較しながら，局在長 (ξ) の臨界指数に $1/s$ を残したのちに $s=1$ としてしまえば，

$$g \approx g_c \exp\big[-B\,(E_c - E)^{1/s}L/L_0\big] \tag{8.38}$$

となる．この臨界指数は Wegner の結果とも一致する．

2 次元の場合，g の大きいとき (8.24) より

$$\beta(g) = -A\,\frac{g_a}{g} \qquad (\,g \to \infty\,) \tag{8.39}$$

と書かれる．ここに，A も g_a も $O(1)$ の正の定数である．(この項の根拠を AALR は Langer-Neal の摂動計算の再考察から得た．AALR の指摘のとおり，Langer-Neal の処理は正しくない．正しい結果は次節の Gorkov *et al.* の計算となる)．(8.39) を (8.23) に代入して積分すれば，

$$g = g_0 - Ag_a\ln(L/L_0) \tag{8.40}$$

が得られる．ここに，$g_0 \gg g_a$ かつ $Ag_a\ln(L/L_0) \ll g_0$ である．(8.40) は電気伝導度 (2 次元ではコンダクタンスと同じ) は L の増大とともに対数的に減少することを示す．そして，このことは $L = L_a$ において $g \approx g_a$ となるまで続く．L_a は

$$\frac{L_a}{L_0} = \exp\left[\frac{1}{A}\left(\frac{g_0}{g_a} - 1\right)\right] \tag{8.41}$$

で与えられる．さらに L が増大するとき，g は L とともに指数関数的に減少する．すなわち，$g \sim \exp(-L/\xi)$ となる．ここに，局在長 ξ は L_a の程度の大きさと見積られる．

有限温度 $T \neq 0$ の場合が実験的に実現されるものである．この場合，非弾性散乱によって電子は別の固有状態に遷移する．電子は，試料の長さ L を感ずる前に，その位相が保たれる有効な長さ L_ε を感ずる．したがって，(8.40)

の長さ L の代わりに長さ L_ε が入ってくる．この長さ L_ε は非弾性散乱による寿命 τ_ε と拡散係数 D とによって決まる拡散長 (Thouless 長)

$$L_\varepsilon = (\tau_\varepsilon D)^{1/2} \tag{8.42}$$

として見積られる．一般に, $p(>0)$ を定数として $\tau_\varepsilon \propto T^{-p}$ となるので, (8.40) の L に (8.42) を代入してコンダクタンスまたは電気伝導度は

$$\sigma = \sigma_0 + \alpha p \ln \frac{T}{T_0} \tag{8.43}$$

となる．ここに, T_0 は残留抵抗 σ_0^{-1} を観測する温度であり, $\alpha \sim e^2/\pi^2\hbar$ である．(8.43) は温度 T の低下とともに伝導率 σ (抵抗率 σ^{-1}) は $\ln T$ に比例して減少 (増大) することを示す．さらに温度が下がって $T \to 0$ の極限では, 完全な局在化が見えると考えられる．$L \to \infty$ において σ は $\sigma \sim e^{-L/\xi}$ にしたがって 0 に近づくので, $T \to 0$ においても σ は指数関数的に 0 に近づくと考えられる．従来は, 十分低温での温度変化しない抵抗の観測値を $T \to 0$ に外挿して残留抵抗とした．2 次元の試料ではより低温で温度の低下とともに $\ln T$ に比例して増大する抵抗が観測されることになる．この 2 次元系における $\ln T$ 依存性の見える領域を弱局在領域 (WLR) と呼ぶ．これに対して $T \to 0$ での指数関数的依存性が推定される領域は強局在である．AALR のスケーリング理論は $\ln T$ 依存性という弱局在の顕著な結果を導いたが, 強局在に関しては何もない．

(8.43) の $\ln T$ の温度依存性を示す電気抵抗は Si–MOSFET や数多くの金属薄膜での実験で観測されている．AALR のスケーリング理論によって弱局在領域の理解が大きく前進した．これに関して多体論的摂動計算が実行され, 実験との定量的な比較ができ, 局在化の本格的な理論構築が始まった．これまで, 電子系は乱れの中の独立電子系として考えてきた．ところが, 電子間相互作用がある場合, 弱局在に導く乱れの効果が増幅されることが 8.4 節で示される．

8.3 弱局在の摂動論

AALR による局在化のスケーリング理論の顕著な結果は, i) 3 次元系における移動度端の存在の証明, ii) 2 次元系では状態は常に局在であり, したがっ

て$T \to 0$または$L \to \infty$で$g = \hbar\sigma/e^2 \to 0$となる，の2つである．特に，2次元系での局在化における弱局在領域，すなわち$\sigma \sim \ln T$の温度依存性によって特徴付けられる局在化の初期段階の領域の存在の発見は極めてインパクトの大きいことであった．これに導いたのは(8.24)の第1補正項$O(1/g)$からであって，この補正項は摂動論からもたらされたものであった．したがって，スケーリング理論の結果はきちんとした摂動論によって基礎付けられるものである．最初にGorkov等[4]がこれを行った．この節で，われわれは第6章で議論した多体理論的摂動計算を行う．

8.3.1 2次元電子系

電子と乱れとの相互作用を不純物散乱で代表することができよう．簡単化のため，不純物ポテンシャルは短距離力の極限である接触型

$$u(\boldsymbol{r} - \boldsymbol{R}_\lambda) = u_0 \delta(\boldsymbol{r} - \boldsymbol{R}_\lambda) \tag{8.44}$$

としよう．そうすると，すべての不純物から電子が受けるポテンシャル(6.141)は

$$U(\boldsymbol{r}) = u_0 \sum_\lambda \delta(\boldsymbol{r} - \boldsymbol{R}_\lambda) = L^{-2} \sum_{\boldsymbol{q}} U_{\boldsymbol{q}} e^{i\boldsymbol{q}\cdot\boldsymbol{r}} \tag{8.45}$$

と書かれ，そのフーリェ成分は

$$U_{\boldsymbol{q}} = u_0 \xi_{\boldsymbol{q}}, \qquad \xi_{\boldsymbol{q}} = \sum_\lambda e^{-i\boldsymbol{q}\cdot\boldsymbol{R}_\lambda} \tag{8.46}$$

となる．これはすべての$\boldsymbol{q}$に対して$u_{\boldsymbol{q}} = u_0$を意味し，2次元系の表式になおせば6.3.3節の計算はそのまま成立する．たとえば，1体の温度グリーン関数(6.172)の自己エネルギー部分を図6.11aに相当するもので近似すれば，(6.173)において$u_{\boldsymbol{q}} = u_0$と置き換えるだけで，あとは2次元系に対する同じ計算で(6.177)に導かれる．そうすると，再び

$$\overline{G}(\boldsymbol{k}, i\omega_n) = \frac{1}{i\omega_n - \varepsilon_{\boldsymbol{k}} + \dfrac{i\hbar}{2\tau}\mathrm{sgn}(\omega_n)} \tag{8.47}$$

---

[4] L. P. Gorkov, A. I. Larkin and D. E. Khmelnitzkii: JETP letters **30** (1979) 248.

が得られる．この式で，エネルギースペクトルは $\varepsilon_{\boldsymbol{k}} = \hbar^2 k^2/2m - \varepsilon_F$ であり，寿命 τ は

$$\frac{\hbar}{\tau} = 2\pi n_i u_0^2 N(0) \tag{8.48}$$

となる．ここに，$N(0)$ は 2 次元系の Fermi 準位における単位面積かつスピン当りの状態密度

$$N(0) = \frac{m}{2\pi\hbar^2} \tag{8.49}$$

である．

電気伝導度は 6.3.4 節で行われた計算の 2 次元版を用意すれば得られる．まず，2 体グリーン関数 (6.189) への第 1 近似として梯子型ダイヤグラムまでの寄与 (6.195)，(6.196) を考えよう．その第 1 項は梯子を 1 本も含まない図 6.17 に相当する (6.192) と同形の

$$\overline{K}_{\sigma\sigma'}(\boldsymbol{k},\boldsymbol{k}';i\nu_\ell) \simeq \delta_{\sigma\sigma'}\delta_{\boldsymbol{k}\boldsymbol{k}'}\beta^{-1}\sum_n \overline{G}(\boldsymbol{k},i(\omega_n+\nu_\ell))\,\overline{G}(\boldsymbol{k},i\omega_n) \tag{8.50}$$

によって与えられる．ここに，$\overline{G}(\boldsymbol{k},i\omega_n)$ は (8.47) である．残る梯子型ダイヤグラムからの寄与は，(6.199) において $u_{\boldsymbol{k}-\boldsymbol{k}'} = u_0$ であるために，$\boldsymbol{k}'$ の角積分で消える．すなわち，

$$\frac{1}{\tau_1} = n_i \frac{2\pi}{\hbar}\int_0^{2\pi} N(0)|u_0|^2 \cos\varphi \,\frac{d\varphi}{2\pi} = 0$$

となって，梯子からの寄与を表す $1/\tau_1$ は消える．したがって，電気伝導度は第 0 近似として (8.50) からの寄与のみの Drude の式

$$\Re\,\sigma_{\mu\nu}(\omega) = \delta_{\mu\nu}\frac{ne^2\tau}{m}\frac{1}{1+(\omega\tau)^2} \tag{8.51}$$

となる．ここに，τ は (8.48) に与えられた．いま，直流 $\omega = 0$ として，

$$\sigma_0 = \frac{ne^2\tau}{m} = \frac{e^2}{\pi\hbar}\frac{\varepsilon_F\tau}{\hbar} \tag{8.52}$$

を第 0 近似としよう，ここに，

$$n = \frac{k_F^2}{2\pi} = \frac{m\varepsilon_F}{\pi\hbar^2}$$

を用いた．

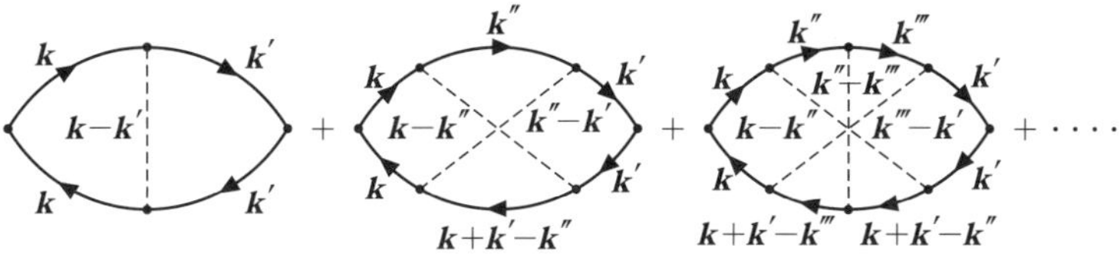

図 **8.3** 最大交差図形の総和.

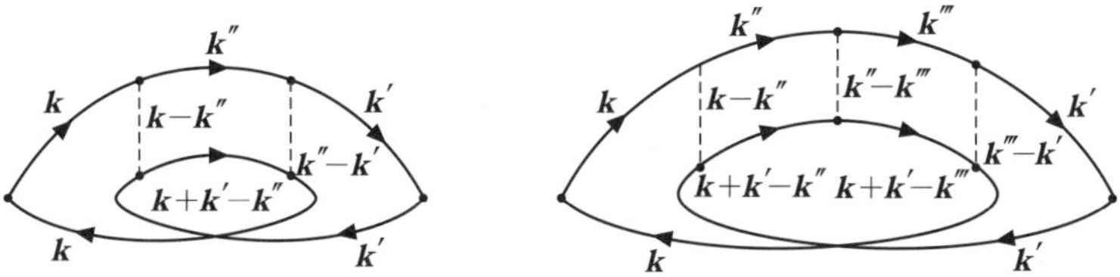

図 **8.4** 最大交差図形 (図 8.3 の第 2, 3 項) の構造.

(8.52) の σ_0 が (8.43) の σ_0 である．したがって，(8.43) の補正項 $\ln T$ は 2 体グリーン関数 (6.189) へのつぎなる第 1 近似から得られる可能性を探ることになる．不純物との相互作用として接触型 (8.44) を採用したので，梯子型ダイヤグラムからの寄与は消えた．そのつぎの近似として図 8.3 のダイヤグラム (破線の結び目 × 印は省略した) からの寄与を考えよう．前節の AALR も指摘しているように，この種のダイヤグラムは Langer-Neal によってとり上げられたが，彼等の処理は正当なものではなかった．図 8.3 のように，相互作用の破線が完全に交差しているダイヤグラムは最大交差図形 (maximally crossed diagrams) と呼ばれる．その特徴は 2，3 番目のダイヤグラムを図 8.4 のように描き変えてみればわかりやすい．梯子型ダイヤグラムのように 2 体グリーン関数の 2 本の電子線が逆向きに走っているものは電子空孔対伝播関数と呼ばれ，図 8.4 のように同じ向きに走っているものは電子電子対伝播関数と呼ばれる．いま考えている最大交差図形の総和を含んだ 2 体グリーン関数は

$$
\begin{aligned}
\overline{K}'_{\sigma\sigma'}(\boldsymbol{k},\boldsymbol{k}';i\nu_\ell) \;&=\; \delta_{\sigma\sigma'}\beta^{-1}\sum_n \overline{G}(\boldsymbol{k},i(\omega_n+i\nu_\ell))\,\overline{G}(\boldsymbol{k},i\omega_n) \\
&\quad\times\;\Delta(\boldsymbol{k},\boldsymbol{k}';i\omega_n,i\nu_\ell)\,\overline{G}(\boldsymbol{k}',i(\omega_n+\nu_\ell))\,\overline{G}(\boldsymbol{k}',i\omega_n)\,, \qquad (8.53)\\
\Delta(\boldsymbol{k},\boldsymbol{k}';i\omega_n,i\nu_\ell) \;&=\; \frac{n_i}{L^2}\,u_0^2
\end{aligned}
$$

$$
\begin{aligned}
&+\sum_{\boldsymbol{k}''}\frac{n_i}{L^2}u_0^2\,\overline{G}(\boldsymbol{k}'',i(\omega_n+\nu_\ell))\,\overline{G}(\boldsymbol{k}+\boldsymbol{k}'-\boldsymbol{k}'',i\omega_n)\,\frac{n_i}{L^2}u_0^2\\
&+\sum_{\boldsymbol{k}''}\frac{n_i}{L^2}u_0^2\,\overline{G}(\boldsymbol{k}'',i(\omega_n+\nu_\ell))\,\overline{G}(\boldsymbol{k}+\boldsymbol{k}'-\boldsymbol{k}'',i\omega_n)\\
&\times\sum_{\boldsymbol{k}'''}\frac{n_i}{L^2}u_0^2\,\overline{G}(\boldsymbol{k}''',i(\omega_n+\nu_\ell))\,\overline{G}(\boldsymbol{k}+\boldsymbol{k}'-\boldsymbol{k}''',i\omega_n)\,\frac{n_i}{L^2}u_0^2\\
&+\cdots
\end{aligned}
\tag{8.54}
$$

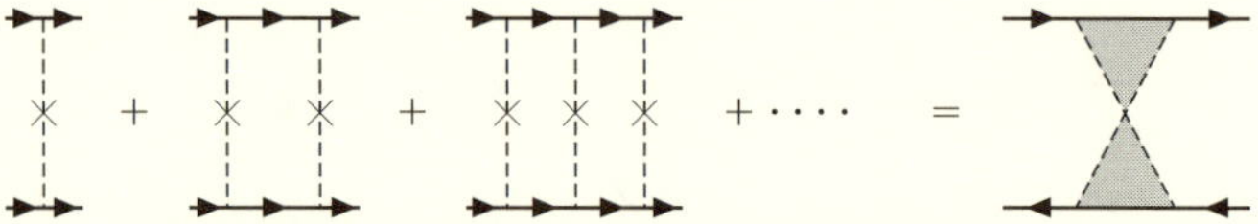

図 **8.5** 電子・電子対伝播関数による $\Delta(\boldsymbol{q}, i\nu_\ell)$ の構成.

となる．(8.54) の電子電子対伝播関数 $\Delta(\boldsymbol{k},\boldsymbol{k}';i\omega_n,i\nu_\ell)$ は $\boldsymbol{k}+\boldsymbol{k}'=\boldsymbol{q}$ の関数であって，図 8.5 で表される．$\boldsymbol{k},\boldsymbol{k}'$ の代わりに $\boldsymbol{q}$ を用いて，

$$
\Delta(\boldsymbol{q};i\omega_n,i\nu_\ell)\;=\;\frac{\dfrac{n_i}{L^2}u_0^2}{1-\Phi(\boldsymbol{q};i\nu_\ell)}\,,
\tag{8.55}
$$

$$
\Phi(\boldsymbol{q};i\nu_\ell)\;=\;\frac{n_i}{L^2}u_0^2\sum_{\boldsymbol{k}''}\overline{G}(\boldsymbol{k}'',i(\omega_n+\nu_\ell))\,\overline{G}(\boldsymbol{q}-\boldsymbol{k}'',i\omega_n)
\tag{8.56}
$$

と書かれる．(8.56) に (8.47) を代入して $\boldsymbol{k}$ 積分を ε 積分になおし，Fermi 面近傍からの寄与が大きいことに注意すれば，

$$
\begin{aligned}
\Phi(\boldsymbol{q};i\nu_\ell)\;=&\;2\pi n_i N(0)\,u_0^2\int_0^{2\pi}\frac{d\varphi}{2\pi}\int_{-\infty}^{\infty}\frac{d\varepsilon}{2\pi}\\
&\times\frac{1}{\varepsilon-i(\omega_n+\nu_\ell)-\dfrac{i\hbar}{2\tau}\mathrm{sgn}(\omega_n+\nu_\ell)}\\
&\times\frac{1}{\varepsilon-\dfrac{\hbar^2qk_F}{m}\cos\varphi-i\omega_n-\dfrac{i\hbar}{2\tau}\mathrm{sgn}(\omega_n)}
\end{aligned}
\tag{8.57}
$$

となる．ここに，$|\boldsymbol{q}|$ が小さいときの寄与が効果的なので，分母の q^2 の項は無視した．(8.57) の ε 積分は (6.201) と同様に $\omega_n(\omega_n+\nu_\ell)<0$ のときにのみ 0 でない．そのとき，

$$
\Phi(\boldsymbol{q};i\nu_\ell)=2\pi n_i N(0)\,u_0^2\int_0^{2\pi}\frac{d\varphi}{2\pi}\,\frac{i}{i|\nu_\ell|\mp\dfrac{\hbar^2qk_F}{m}\cos\varphi+\dfrac{i\hbar}{\tau}}
\tag{8.58}
$$

となる．ここで，積分公式

$$\int_0^\pi \frac{d\varphi}{a \pm b\cos\varphi} = \frac{\pi}{\sqrt{a^2 - b^2}}$$

を用い，(8.48) に注意すれば，

$$\begin{aligned}\Phi(\boldsymbol{q}; i\nu_\ell) &= 2\pi n_i N(0)\, u_0^2 \left[\left(|\nu_\ell| + \frac{\hbar}{\tau}\right)^2 + \frac{\hbar^4 k_F^2 q^2}{m^2}\right]^{-1/2} \\ &= \left(1 + \frac{\hbar^2 k_F^2 q^2}{m^2}\,\tau^2 + 2\frac{|\nu_\ell|\tau}{\hbar} + \frac{|\nu_\ell|^2\tau^2}{\hbar^2}\right)^{-1/2} \\ &\simeq 1 - Dq^2\tau - \frac{|\nu_\ell|\tau}{\hbar} \end{aligned} \tag{8.59}$$

となる．ここに，拡散係数

$$D = \frac{v_F^2\tau}{d} = \frac{2\varepsilon_F\tau}{d\,m} \tag{8.60}$$

が定義された．d は空間の次元数である．そして，

$$Dq^2\tau \ll 1, \quad |\nu_\ell|\tau/\hbar \ll 1 \tag{8.61}$$

として，これらの 2 次以上の項は無視された．条件 (8.61) のもとで (8.58) の被積分関数をさきに展開したのち，積分しても (8.59) が得られる (上の積分公式を使わなくてすむ)．

(8.59) を (8.55) に代入し，ω_n に依存しないことに注意してこれを除けば，

$$\begin{aligned}\Delta(\boldsymbol{q}; i\nu_\ell) &= \frac{n_i u_0^2/L^2}{Dq^2\tau + |\nu_\ell|\tau/\hbar} \\ &= \frac{\hbar}{2\pi L^2 N(0)\,\tau^2}\,\frac{1}{Dq^2 + |\nu_\ell|/\hbar}\end{aligned} \tag{8.62}$$

となる．ここに，再び (8.48) を用いた．(8.62) を (8.53) に代入して $\boldsymbol{k} + \boldsymbol{k}' = \boldsymbol{q}$ を用いれば，

$$\begin{aligned}\sum_{\boldsymbol{k},\boldsymbol{k}'} k_\mu k'_\nu \overline{K}'_{\sigma\sigma'}(\boldsymbol{k}, \boldsymbol{k}'; i\nu_\ell) \;=\; \delta_{\sigma\sigma'}\beta^{-1}\sum_n \sum_{\boldsymbol{k},\boldsymbol{k}'} k_\mu k'_\nu \\ \times\; \overline{G}(\boldsymbol{k}, i(\omega_n + \nu_\ell))\,\overline{G}(\boldsymbol{k}, i\omega_n)\,\Delta(\boldsymbol{q}; i\nu_\ell)\,\overline{G}(\boldsymbol{k}', i(\omega_n + \nu_\ell))\overline{G}(\boldsymbol{k}', i\omega_n) \\ = \delta_{\sigma\sigma'}\beta^{-1}\sum_n \sum_{\boldsymbol{k},\boldsymbol{q}} k_\mu (q_\nu - k_\nu)\,\overline{G}(\boldsymbol{k}, i(\omega_n + \nu_\ell))\,\overline{G}(\boldsymbol{k}, i\omega_n)\end{aligned}$$

$$\times\ \Delta(\boldsymbol{q};i\nu_\ell)\,\overline{G}(\boldsymbol{q}-\boldsymbol{k},i(\omega_n+\nu_\ell))\,\overline{G}(\boldsymbol{q}-\boldsymbol{k},i\omega_n)$$

が得られる．(8.62) より $\Delta(\boldsymbol{q};i\nu_\ell)$ への主な寄与は $\boldsymbol{q}$ の小さいところからくるので，$\boldsymbol{q}$ 依存性を $\Delta(\boldsymbol{q};i\nu_\ell)$ にのみ残せば，上の式は

$$= -\delta_{\sigma\sigma'}\beta^{-1}\sum_n\sum_{\boldsymbol{k}} k_\mu k_\nu \left[\overline{G}(\boldsymbol{k},i(\omega_n+\nu_\ell))\right]^2 \left[\overline{G}(\boldsymbol{k},i\omega_n)\right]^2 \sum_{\boldsymbol{q}} \Delta(\boldsymbol{q},i\nu_\ell) \tag{8.63}$$

となる．まず，$\boldsymbol{k}$ 和を $\boldsymbol{k}$ 積分になおし，角積分

$$\int_0^{2\pi} k_\mu k_\nu \frac{d\varphi}{2\pi} = \delta_{\mu\nu}\frac{k^2}{2}$$

に注意する．k についての積分はエネルギー ε についての積分になおし，グリーン関数の構造によって Fermi 面近傍からの寄与が大きいことに注意すれば，

$$\begin{aligned}&\sum_{\boldsymbol{k}} k_\mu k_\nu \left[\overline{G}(\boldsymbol{k},i(\omega_n+\nu_\ell))\right]^2 \left[\overline{G}(\boldsymbol{k},i\omega_n)\right]^2 \\ &= \delta_{\mu\nu}L^2N(0)\,\frac{k_F^2}{2}\int_{-\infty}^{\infty} d\varepsilon\,\frac{1}{\left[\varepsilon-i(\omega_n+\nu_\ell)-\dfrac{i\hbar}{2\tau}\mathrm{sgn}(\omega_n+\nu_\ell)\right]^2} \\ &\qquad\times\frac{1}{\left[\varepsilon-i\omega_n-\dfrac{i\hbar}{2\tau}\mathrm{sgn}(\omega_n)\right]^2}\end{aligned}$$

となる．この積分も $\omega_n(\omega_n+\nu_\ell) < 0$ のときにのみ0でない．そのとき，Cauchy の積分公式によって上の式は

$$= -\delta_{\mu\nu}L^2N(0)\,k_F^2\frac{2\pi i}{(i|\nu_\ell|+i\hbar/\tau)^3} \tag{8.64}$$

となる．(8.64) を (8.63) に代入して n についての和を条件 $\omega_n(\omega_n+\nu_\ell)<0$ のもとでとり，(8.61) に注意すれば，

$$\beta^{-1}\sum_n \frac{2\pi i}{(i|\nu_\ell|+i\hbar/\tau)^3} = \frac{i|\nu_\ell|}{(i|\nu_\ell|+i\hbar/\tau)^3} \simeq -|\nu_\ell|(\tau/\hbar)^3$$

であるから，(8.63) は

$$\sum_{\boldsymbol{k},\boldsymbol{k}'} k_\mu k'_\nu \overline{K}'_{\sigma\sigma'}(\boldsymbol{k},\boldsymbol{k}';i\nu_\ell) \simeq -\delta_{\sigma\sigma'}\delta_{\mu\nu}L^2N(0)\,k_F^2\frac{|\nu_\ell|\tau^3}{\hbar^3}\sum_{\boldsymbol{q}}\Delta(\boldsymbol{q},i\nu_\ell) \tag{8.65}$$

となる．よって，これを上半面に解析接続して実軸に上から接近，すなわち $i|\nu_\ell| \to z \to \hbar\omega + i\delta, \delta \to 0+$ とすれば，遅延グリーン関数が求められる．それを (6.59) に代入すれば，電気伝導度への補正

$$\sigma'(\omega) = -\sigma_0 \frac{4\pi}{m} N(0)\,\tau^2 \sum_{\boldsymbol{q}} \Delta(\boldsymbol{q},\omega) \tag{8.66}$$

が得られる．ここに，(8.52) を用いた．そして，(8.62) を解析接続して得られた

$$\Delta(\boldsymbol{q},\omega) = \frac{\hbar}{2\pi L^2 N(0)\,\tau^2} \frac{1}{Dq^2 - i\omega} \tag{8.67}$$

の $(Dq^2 - i\omega)^{-1}$ は拡散伝播関数である．(8.67) を (8.66) に代入すれば，

$$\sigma'(\omega) = -\sigma_0 \frac{2\hbar}{mL^2} \sum_{\boldsymbol{q}} \frac{1}{Dq^2 - i\omega} \tag{8.68}$$

となる．これを見ると $\boldsymbol{q} = 0$ 近傍からの寄与が際立って大きい．(8.56) において $\boldsymbol{q} = 0$ は $\boldsymbol{k}' = -\boldsymbol{k}$ を意味する．すなわち，互いに逆向きに進行する電子波の間の干渉効果が大きい．(8.68) の $\boldsymbol{q}$ についての和は積分になおして，

$$\begin{aligned} \frac{1}{L^2} \sum_{\boldsymbol{q}} \frac{1}{Dq^2 - i\omega} &= \frac{1}{2\pi} \int_0^{q_c} \frac{q}{Dq^2 - i\omega}\, dq \\ &= \frac{1}{4\pi D} \ln \frac{Dq_c^2 - i\omega}{-i\omega} \simeq \frac{m}{4\pi\varepsilon_F\tau} \ln \frac{1}{-i\omega\tau} \end{aligned} \tag{8.69}$$

となる．ここに，(8.61) の条件があるので，q 積分の上限には $Dq_c^2\tau = 1$ によって導入される切断波数 q_c が用いられた．また，$\omega\tau \ll 1$ も用いられた．(8.69) を (8.68) に代入すれば，

$$\sigma'(\omega) = -\sigma_0 \frac{\hbar}{2\pi\varepsilon_F\tau} \ln \frac{1}{-i\omega\tau} \tag{8.70}$$

が得られる．(5.140) $\hbar/\varepsilon_F\tau \ll 1$ が成立する限り $\sigma'(\omega)$ は σ_0 に対して摂動論的に第 1 近似の補正項となっているが，$\omega \to 0$ でこれは発散する．したがって，(8.70) が意味をもつのは

$$\frac{\hbar}{2\pi\varepsilon_F\tau} \left| \ln \frac{1}{\omega\tau} \right| \ll 1 \tag{8.71}$$

を満たす ω の範囲においてである．

上の結果は絶対零度 $T=0$ における $L\to\infty$ の場合のものである．有限なサイズ $L<\infty$ の試料においては，(8.69) の q 積分の下限も 0 ではなく $1/L$ で切断される．そのとき，$\omega\tau\ll 1$ に注意して (8.68) は

$$\sigma' = -\sigma_0 \frac{\hbar}{2\pi\varepsilon_F\tau} \ln\frac{Dq_c^2 - i\omega}{DL^{-2} - i\omega} \simeq -\frac{e^2}{\pi^2\hbar}\ln\frac{L}{\ell} \tag{8.72}$$

となる．ここに，$q_c^2=(D\tau)^{-1}\simeq \ell^{-2}$ (ℓ は平均自由行程) を用いた．(8.72) を $e^2/\hbar$ で割ったものは (8.40) に相当する．したがって，$Ag_a=\pi^{-2}$, $L_0\sim\ell$ である．

有限温度 $T\neq 0$ において，$L\to\infty$，$\omega\to 0$ としよう．この場合，拡散伝播関数は非弾性散乱の影響を強く受ける．すなわち，L の代わりに Thouless 長 L_ε が入る．そして，拡散係数 D と L_ε とから見積られる寿命 $\tau_\varepsilon = L_\varepsilon^2/D$ を用いて，拡散伝播関数は

$$\Delta_\varepsilon(\boldsymbol{q},\omega) = \frac{\hbar}{2\pi L^2 N(0)\,\tau^2}\,\frac{1}{Dq^2 - i\omega + 1/\tau_\varepsilon} \tag{8.73}$$

に変更される．このことはつぎのように理解すればよい．拡散方程式のグリーン関数 G の満たすべき方程式が

$$\left(D\nabla^2 - \frac{\partial}{\partial t}\right) G(\boldsymbol{r},t) = -\delta(\boldsymbol{r})\,\delta(t)$$

から，非弾性散乱による摩擦抵抗項 $1/\tau_\varepsilon$ のために

$$\left(D\nabla^2 - \frac{\partial}{\partial t} - \frac{1}{\tau_\varepsilon}\right) G(\boldsymbol{r},t) = -\delta(\boldsymbol{r})\,\delta(t)$$

に変更されることに伴う．(8.73) を用いれば，(8.69) に導いた計算と同様にして，

$$\sigma' \simeq -\sigma_0 \frac{\hbar}{2\pi\varepsilon_F\tau}\ln\frac{\tau_\varepsilon}{\tau} = -\frac{e^2}{2\pi^2\hbar}\ln\frac{\tau_\varepsilon}{\tau} \tag{8.74}$$

が得られる．ここで，$\tau_\varepsilon\propto T^{-p}$ を仮定することができるので，(8.74) は

$$\sigma' \propto \sigma_0\lambda p\ln T, \quad \lambda = \hbar/2\pi\varepsilon_F\tau \tag{8.75}$$

を与える．これはスケーリング理論の結果 (8.43) と同じものである．よって，弱局在領域における電気伝導度の $\ln T$ 依存性は微視的理論によって裏付けられたといえる．

上述の理論は，Drude の伝導度 σ_0 への $O(\lambda)$ の第 1 次補正として得られた．それは最大交差図形の総和からの寄与であって，拡散伝播関数 $\Delta(\boldsymbol{q},\omega)$ または $\Delta_\varepsilon(\boldsymbol{q},\omega)$ となる電子電子対伝播関数がその核となっている．この関数はランダムなポテンシャルによる散乱 $(1/\tau)$ の影響のもとで波数 $\boldsymbol{k}$, $\boldsymbol{k}'$ の 2 つの状態がいかに関わり合うかを表す．$\Delta(\boldsymbol{q},\omega)$ はその関数形から $\boldsymbol{q}=\boldsymbol{k}+\boldsymbol{k}'=0$ において発散的に大きくなる．このことは互いに逆向きの進行波 $\exp(i\boldsymbol{k}\cdot\boldsymbol{r})$ と後方散乱波 $\exp(-\boldsymbol{k}\cdot\boldsymbol{r})$ との干渉によって定在波が生ずることに対応し，これが局在化の前駆現象となって弱局在領域を構成することを意味する．

状態 $\boldsymbol{k}$ と $-\boldsymbol{k}$ とは時間反転対称の関係にある．したがって，$\Delta(\boldsymbol{q},\omega)$, $\Delta_\varepsilon(\boldsymbol{q},\omega)$ は時間反転対称性を破る擾乱に対して極めて敏感である．このような擾乱または摂動としては，外部磁場や磁性不純物との磁気的相互作用，そしてスピン軌道相互作用などが代表的である．これらについては後の節で議論されよう．

8.4 電子間相互作用の効果

前節では電子間クーロン相互作用を無視した自由電子系の不純物散乱 (8.45) を取り扱って，摂動理論によって 2 次元系の電気伝導度の第 0 近似 σ_0 への第 1 次補正 σ' を求めた．これはスケーリング理論によって解明された弱局在領域の存在の基礎付けとなる微視的理論である．

電子間相互作用が入るとき，それが乱れの効果すなわち不純物散乱といかに絡み合ってくるかという複雑ではあるが極めて興味ある問題が生じる．この問題を始めて考察したのは Altshuler-Aronov[5] であり，Anderson 局在との関連において追及したのは Altshuler-Aronov-Lee[6]，Fukuyama[7] である．

電子ガス模型をとれば，電子間相互作用は (7.13) の 2 次元版

$$\mathcal{H}_1=\frac{1}{2L^2}\sum_{\boldsymbol{q}}{}' v(\boldsymbol{q})\sum_{\boldsymbol{k},\boldsymbol{k}'}\sum_{\sigma,\sigma'}a^\dagger_{\boldsymbol{k}+\boldsymbol{q}\sigma}a^\dagger_{\boldsymbol{k}'-\boldsymbol{q}\sigma'}a_{\boldsymbol{k}'\sigma'}a_{\boldsymbol{k}\sigma} \tag{8.76}$$

と書かれる．ここに，$\boldsymbol{q}$ 和記号のプライムは $\boldsymbol{q}=0$ の項を除くことを意味する．クーロン相互作用のフーリェ成分は $v(\boldsymbol{q})=2\pi e^2/q\ (\boldsymbol{q}\neq 0)$ である．2 次

[5] B. L. Altshuler and Aronov: Solid State Commun. **30** (1979) 115.
[6] B. L. Altshuler, Aronov and P. A. Lee: Phys. Rev. Letters **44** (1980) 1288.
[7] H. Fukuyama: J. Phys. Soc. Jpn. **48** (1980) 2169.

元電子系といっても，実際には e^2/r の 3 次元的クーロン相互作用をしながら 2 次元空間内で運動する電子系を指しているのであって，その 2 次元フーリエ変換が上記の $v(\boldsymbol{q})$ となる．

まず，電子間相互作用の効果は摂動論的に (8.76) の 1 次において，すなわち Hartree-Fock 近似においてとり入れられる．温度グリーン関数に対して Feynman 図形で表すと図 8.6 である．図 b の自己エネルギー部分は $\boldsymbol{q}=0$ の Hartree 項で，電子ガス模型では除外される．図 a を式で表せば，

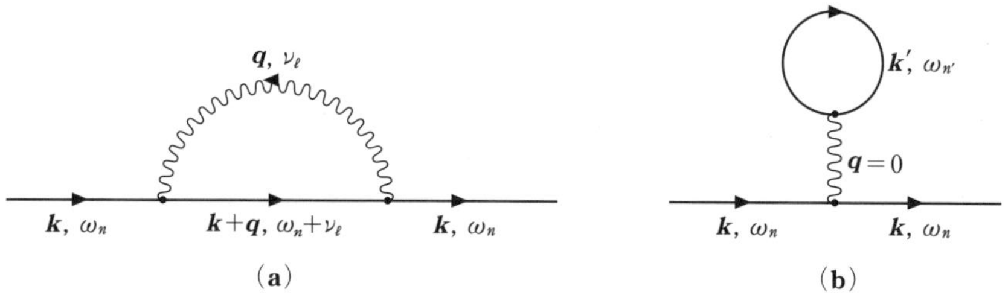

図 8.6 電子間相互作用について 1 次のグリーン関数：(a) 交換項，(b) Hartree 項．

$$
\begin{aligned}
G^{(1)}(\boldsymbol{k}, i\omega_n) \;=\; & -L^{-2}\sum_{\boldsymbol{q}}\beta^{-1}\sum_{\nu_\ell}G^0(\boldsymbol{k}, i\omega_n) \\
& \times v(\boldsymbol{q}, i\nu_\ell)\,G^0(\boldsymbol{k}+\boldsymbol{q}, i(\omega_n+\nu_\ell))\,G^0(\boldsymbol{k}, i\omega_n)
\end{aligned}
\tag{8.77}
$$

と書かれる．ここに，同時刻に対する周波数を $\omega_n+\nu_\ell$，$v(\boldsymbol{q}) \equiv v(\boldsymbol{q}, i\nu_\ell)$ とした．この交換項の自己エネルギー部分だけをとり出して，

$$
\Sigma(\boldsymbol{k}, i\omega_n) = -\beta^{-1}\sum_{\nu_\ell}L^{-2}\sum_{\boldsymbol{q}}v(\boldsymbol{q}, i\nu_\ell)\,\overline{G}(\boldsymbol{k}+\boldsymbol{q}, i(\omega_n+\nu_\ell)) \tag{8.78}
$$

とする．ここに，電子系には不純物散乱があるので，それをグリーン関数にとり入れて (8.77) の G^0 を (8.47) の $\overline{G}(\boldsymbol{k}, i\omega_n)$ で置き換えた．

さて，電子間相互作用に関わって乱れの効果が局在化として何処に現れるか．それはつぎの図 8.7 に示される 2 種のバーテックス補正においてである．

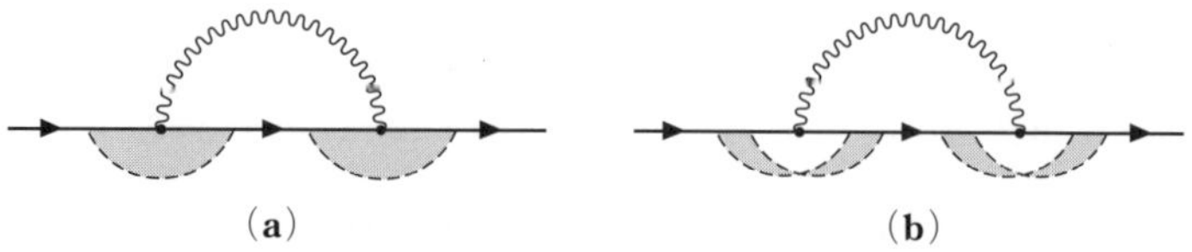

図 8.7 不純物散乱によるバーテックス補正：(a) 梯子型図形，(b) 最大交差図形．

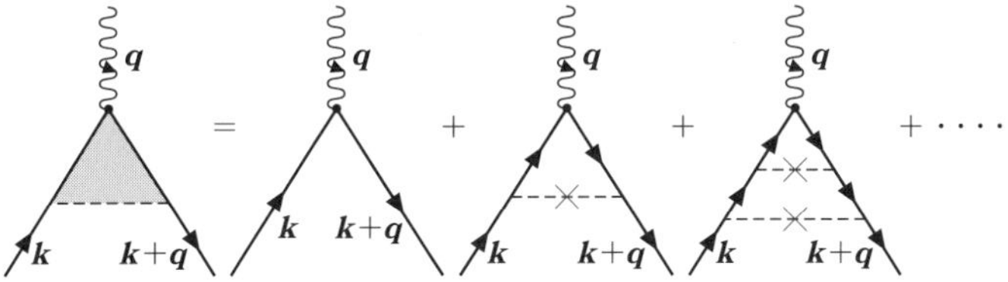

図 **8.8** 不純物散乱による梯子型近似のバーテックス補正.

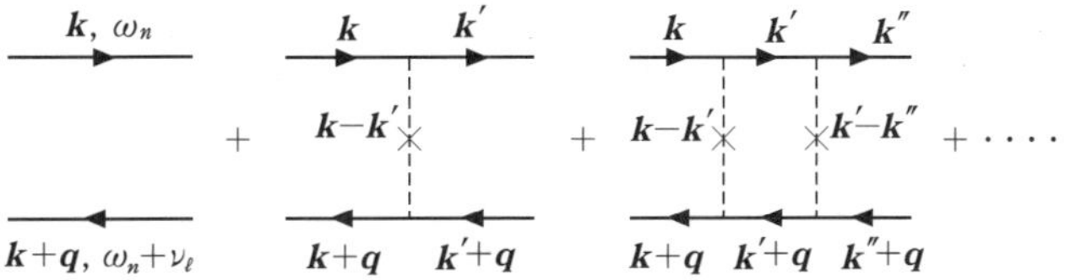

図 **8.9** 電子・空孔対伝播関数.

図 a のバーテックス補正では，不純物散乱を梯子型の図形の総和でとり入れている (図 8.8)．これに対して，図 b は最大交差図形の総和によるバーテックス補正である．

図 8.8 のバーテックス補正は図 8.9 の電子空孔対伝播関数によって構成される．これを式に書けば,

$$\overline{G}(\boldsymbol{k}, i\omega_n)\,\overline{G}(\boldsymbol{k}+\boldsymbol{q}, i(\omega_n+\nu_\ell))\,\Gamma(\boldsymbol{q}, i\nu_\ell)$$

である．ここに，$\Gamma(\boldsymbol{q}, i\nu_\ell)$ はバーテックス関数

$$\Gamma(\boldsymbol{q}, i\nu_\ell) \;=\; \frac{1}{1-\dfrac{n_i u_0^2}{L^2}\Psi(\boldsymbol{q}, i\nu_\ell)} \tag{8.79}$$

である．そして,

$$\Psi(\boldsymbol{q}, i\nu_\ell) = \sum_{\boldsymbol{k}} \overline{G}(\boldsymbol{k}, i\omega_n)\,\overline{G}(\boldsymbol{k}+\boldsymbol{q}, i(\omega_n+\nu_\ell)) \tag{8.80}$$

である．グリーン関数 $\overline{G}$ の式 (8.47) を代入して和を積分になおせば, (8.80) は (6.201), (8.57) と同種の積分を行えばよい．したがって, (8.61) の条件 $Dq^2\tau \ll 1$, $|\nu_\ell|\tau/\hbar \ll 1$ のもとで

$$\Psi(\boldsymbol{q}, i\nu_\ell) = \frac{2\pi}{\hbar}\,L^2 N(0)\,\tau\big(1 - Dq^2\tau - |\nu_\ell|\tau/\hbar\big) \tag{8.81}$$

となる．これを (8.79) に代入して (8.48) に注意すれば，

$$\Gamma(\boldsymbol{q}, i\nu_\ell) = \frac{1}{\tau\bigl(Dq^2 + |\nu_\ell|/\hbar\bigr)} \tag{8.82}$$

が得られる．これをみると，補正されたバーテックス関数 $\Gamma(\boldsymbol{q}, i\nu_\ell)$ は拡散伝播関数の形をしている．自己エネルギー部分 (8.78) を (8.82) によってバーテックス補正したものは

$$\Sigma_L(\boldsymbol{k}, i\omega_n) = -\beta^{-1} \sum_{\nu_\ell}^{\omega_n(\omega_n+\nu_\ell)<0} L^{-2} \sum_{\boldsymbol{q}} v(\boldsymbol{q}, i\nu_\ell) \times \overline{G}(\boldsymbol{k}+\boldsymbol{q}, i(\omega_n+\nu_\ell)) \frac{1}{\tau^2\bigl(Dq^2 + |\nu_\ell|/\hbar\bigr)^2} \tag{8.83}$$

となる．ここで，グリーン関数 $\overline{G}$ に (8.47) を代入し，$\boldsymbol{q}$ 依存性をそれに最も敏感な最後の因子 (拡散伝播関数) にのみ残す．そして，Fermi 面近傍 $\varepsilon_{\boldsymbol{k}} \sim 0$ からの寄与が大きいことに注意すれば，

$$\Sigma_L(\boldsymbol{k}, i\omega_n) = -\beta^{-1} \sum_{\nu_\ell}^{\omega_n(\omega_n+\nu_\ell)<0} v(0,0) \frac{1}{\dfrac{i\hbar}{2\tau}\mathrm{sgn}(\omega_n+\nu_\ell)} \times \frac{1}{\tau^2} L^{-2} \sum_{\boldsymbol{q}} \frac{1}{\bigl(Dq^2 + |\nu_\ell|/\hbar\bigr)^2} \tag{8.84}$$

となる．この式の $\boldsymbol{q}$ 和は

$$L^{-2} \sum_{\boldsymbol{q}} \frac{1}{(Dq^2 + |\nu_\ell|/\hbar)^2} = \frac{1}{(2\pi)^2} \int_0^{2\pi} d\varphi \int_0^{q_c} \frac{q\,dq}{(Dq^2 + |\nu_\ell|/\hbar)^2} \simeq \frac{1}{4\pi D} \frac{1}{|\nu_\ell|/\hbar} = \frac{2\pi\hbar^2 N(0)\,\lambda}{2|\nu_\ell|}$$

と計算される．ここに，(8.49)，(8.60) および $\lambda = \hbar/2\pi\varepsilon_F\tau$ を用いた．これを代入すれば，(8.84) は

$$\Sigma_L(\boldsymbol{k}, i\omega_n) = \frac{i\hbar}{\tau} \lambda\, v(0,0) N(0)\, 2\pi\beta^{-1} \times \sum_{\nu_\ell}^{\omega_n(\omega_n+\nu_\ell)<0} \frac{1}{\mathrm{sgn}(\omega_n+\nu_\ell)} \frac{1}{|\nu_\ell|} \tag{8.85}$$

となる．ここで，ν_ℓ についての和は条件 $\omega_n(\omega_n+\nu_\ell)<0$ のもとで実行されて，

$$\omega_n>0:\ \ 2\pi\beta^{-1}\sum_{\omega_n+\nu_\ell<0}\frac{1}{\nu_\ell}=\int_{-\hbar/\tau}^{-2\pi\beta^{-1}}\frac{d\nu_\ell}{\nu_\ell}=-\int_{2\pi\beta^{-1}}^{\hbar/\tau}\frac{d|\nu_\ell|}{|\nu_\ell|}.$$

$$\omega_n<0:\ \ 2\pi\beta^{-1}\sum_{\omega_n+\nu_\ell>0}\frac{1}{\nu_\ell}=\int_{2\pi\beta^{-1}}^{\hbar/\tau}\frac{d\nu_\ell}{\nu_\ell}=\int_{2\pi\beta^{-1}}^{\hbar/\tau}\frac{d|\nu_\ell|}{|\nu_\ell|}$$

が得られる．ここに，切断周波数 $|\nu_\ell|/\hbar\sim 1/\tau$ を導入した．よって，(8.85) は

$$\Sigma_L(\boldsymbol{k},i\omega_n)\ =\ -\,\mathrm{sgn}(\omega_n)\,\frac{i\hbar}{\tau}\,\lambda\, v(0,0)N(0)\,\ln\left(\frac{\hbar}{2\pi k_BT\tau}\right)\tag{8.86}$$

となる．これは (8.47) の τ^{-1} に対して補正を与え，

$$\tau^{-1}\ \to\ \tau^{-1}\left[1+\lambda\, v(0,0)2N(0)\,\ln\left(\frac{\hbar}{2\pi k_BT\tau}\right)\right]\tag{8.87}$$

とする．

つぎに，図 8.7 b の最大交差図形によるバーテックス補正 $\Gamma_c(\boldsymbol{q},i\nu_\ell)$ は図 8.10 に示される．ここに，図 8.7 a に含められた図形，裸のバーテックスと破線 1 本のものは除かれた．図 8.10 の構造は図 8.11 の電子電子対伝播関数としてみればわかりやすい．式に書けば，

$$\begin{aligned}\Gamma_c(\boldsymbol{q},i\nu_\ell)&=\frac{n_iu_0^2}{L^2}\Psi_c(\boldsymbol{q},i\nu_\ell)\,\frac{n_iu_0^2}{L^2}\Psi(\boldsymbol{q},i\nu_\ell)\\&\quad+\left[\frac{n_iu_0^2}{L^2}\Psi_c(\boldsymbol{q},i\nu_\ell)\right]^2\frac{n_iu_0^2}{L^2}\Psi(\boldsymbol{q},i\nu_\ell)+\cdots\\&=\frac{\dfrac{n_iu_0^2}{L^2}\Psi_c(\boldsymbol{q},i\nu_\ell)\,\dfrac{n_iu_0^2}{L^2}\Psi(\boldsymbol{q},i\nu_\ell)}{1-\dfrac{n_iu_0^2}{L^2}\Psi_c(\boldsymbol{q},i\nu_\ell)}\end{aligned}\tag{8.88}$$

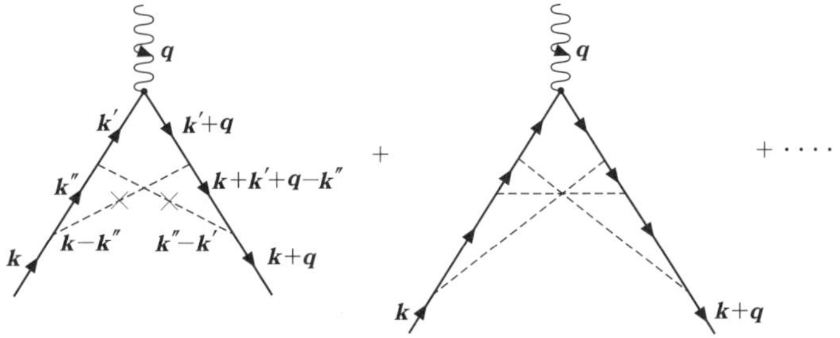

図 8.10 最大交差図形によるバーテックス補正 $\Gamma_c(\boldsymbol{q},\,i\nu_\ell)$.

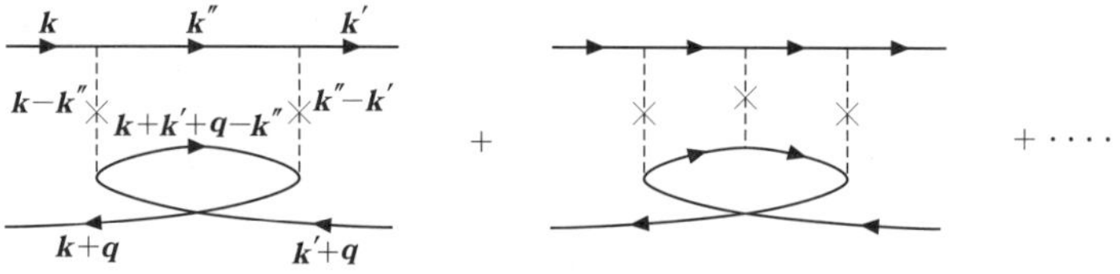

図 **8.11** 電子・電子対伝播関数.

となる．ここに,

$$\Psi_c(\boldsymbol{q}, i\nu_\ell) = \sum_{\boldsymbol{k}''} \overline{G}(\boldsymbol{k}'', i\omega_n)\,\overline{G}(\boldsymbol{k}+\boldsymbol{k}'+\boldsymbol{q}-\boldsymbol{k}'', i(\omega_n+\nu_\ell)) \tag{8.89}$$

である．そして，$\Psi(\boldsymbol{q}, i\nu_\ell)$ は (8.80) に与えられている．(8.89) の Ψ_c の計算においては $\boldsymbol{q}$ の小さい極限をとる．かつ，右辺のグリーン関数の構造より $\boldsymbol{k}+\boldsymbol{k}' = 0$ の場合の寄与が最も大きい．このため，(8.88) において $\boldsymbol{k}'$ 和を Ψ にのみ残して分離したことが正当化される．したがって，これは再び (8.57) と同様な積分によって与えられる．$Dq^2\tau \ll 1$, $|\nu_\ell|\tau/\hbar \ll 1$ において (8.89) は Ψ と同じく

$$\Psi_c(\boldsymbol{q}, i\nu_\ell) \simeq \frac{2\pi}{\hbar} L^2 N(0)\,\tau\big(1 - Dq^2\tau - |\nu_\ell|\tau/\hbar\big) \tag{8.90}$$

となる．Ψ_c, Ψ を (8.88) に代入して $2\pi n_i N(0)\,u_0^2 = \hbar/\tau$ に注意すれば,

$$\Gamma_c(\boldsymbol{q}, i\nu_\ell) = \frac{1}{\tau\big(Dq^2 + |\nu_\ell|/\hbar\big)} = \Gamma(\boldsymbol{q}, i\nu_\ell) \tag{8.91}$$

が得られる．このバーテックス関数を用いた自己エネルギー部分は (8.83) と同じになり，計算結果は (8.86) となる．これは τ^{-1} に対する補正を与え，(8.87) の補正項に加算される．ところで，不純物散乱による交換項のバーテックス補正は，上述の図 8.7a, b に対応するものだけではない．たとえば，図 8.7a では両バーテックス補正とも Γ であり，また b では両バーテックス補正とも Γ_c であるが，左のバーテックス補正は Γ で右のバーテックス補正は Γ_c である場合および左右を入れ換えた場合がある．いずれの場合からも同じ寄与がある．重要なことは結果が (8.87) の形に纏まることである．

さらに，電子ガス模型を採用せずにバンド模型に立脚する場合には，図 8.6b の Hartree 項に対する $O(\lambda)$ の補正をも考慮しなければならない．バンド構造が単純で電子のエネルギースペクトルを標準形と仮定しうる場合，すなわち自由電子近似が成立する場合には Hartree 項の自己エネルギー部分に対する

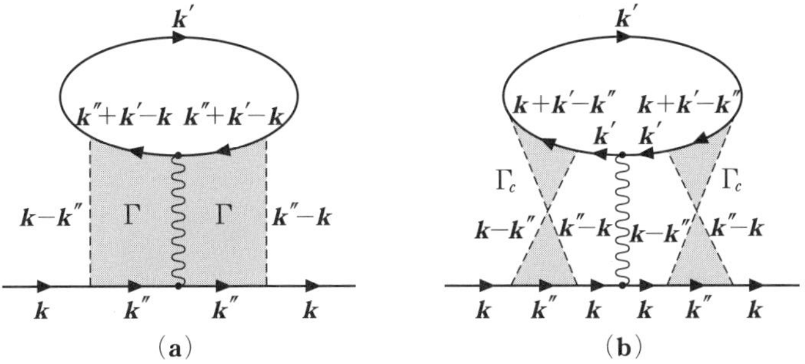

図 **8.12** 不純物散乱による Hartree 項 (自己エネルギー部分) の補正：(a) 梯子型図形 (電子・空孔対伝播関数)，(b) 最大公差図形 (電子・電子対伝播関数).

不純物散乱による補正としては図 8.12a, b の 2 通りが考えられる．図 a は図 8.6b の自己エネルギー部分に電子空孔対伝播関数 Γ の補正を加えてでき上がる自己エネルギー部分で，バーテックス補正ではないが，形式的にバーテックス補正と同じ形に書かれて，

$$\begin{aligned}\Sigma_L^H(\boldsymbol{k}, i\omega_n) &= \beta^{-1}\sum_{\nu_\ell} L^{-2}\sum_{\boldsymbol{k}',\sigma'} v(0, i\nu_\ell)\\ &\qquad\times \overline{G}(\boldsymbol{k}', i(\omega_n+\nu_\ell))[\Gamma(\boldsymbol{k}'-\boldsymbol{k}, i\nu_\ell)]^2\\ &= 2\beta^{-1}\sum_{\nu_\ell} L^{-2}\sum_{\boldsymbol{q}'} v(0, i\nu_\ell)\\ &\qquad\times \overline{G}(\boldsymbol{k}+\boldsymbol{q}', i(\omega_n+\nu_\ell))[\Gamma(\boldsymbol{q}', i\nu_\ell)]^2 \end{aligned} \tag{8.92}$$

となる．ここに，

$$\Gamma(\boldsymbol{k}'-\boldsymbol{k}, i\nu_\ell) = \frac{1}{1-\dfrac{n_i u_0^2}{L^2}\Psi(\boldsymbol{k}'-\boldsymbol{k}, i\nu_\ell)},$$

$$\Psi(\boldsymbol{k}'-\boldsymbol{k}, i\nu_\ell) = \sum_{\boldsymbol{k}''} \overline{G}(\boldsymbol{k}'', i\omega_n)\,\overline{G}(\boldsymbol{k}''+\boldsymbol{k}'-\boldsymbol{k}, i(\omega_n+\nu_\ell))$$

はそれぞれ (8.79), (8.80) に与えられている．よって，(8.92) の計算は (8.81) 以下 (8.86) までと同様に行われて，

$$\Sigma_L^H(\boldsymbol{k}, i\omega_n) = 2\,\mathrm{sgn}(\omega_n)\,\frac{i\hbar}{\tau}\,\lambda\, v(0,0)N(0)\,\ln\left(\frac{\hbar}{2\pi k_B T\tau}\right) \tag{8.93}$$

となる．Hartree 項が交換項と異なる点は − 符号のないこととスピン和による 2 倍が付くことである．

図 8.12b の場合は，電子電子対伝播関数による自己エネルギー補正であって，(8.92) において Γ の代わりに

$$\Psi_c(\boldsymbol{k}+\boldsymbol{k}', i\nu_\ell) = \sum_{\boldsymbol{k}''} \overline{G}(\boldsymbol{k}'', i\omega_n)\, \overline{G}(\boldsymbol{k}+\boldsymbol{k}'-\boldsymbol{k}'', i(\omega_n+\nu_\ell))$$

によって構成される (8.88) と同種のバーテックス関数 Γ_c が入った自己エネルギー部分で表される．結果は同じく (8.93) で与えられる．

以上，電子間相互作用の 1 次の Hartree-Fock 項における $O(\lambda)$ の乱れによる補正について議論してきた．補正された自己エネルギー部分からくる電子状態の寿命の補正の形 (8.87) をとる．したがって，

$$\tau^{-1} \to \tau^{-1}\left[1+\lambda\, g \ln\left(\frac{\hbar}{2\pi k_B T\tau}\right)\right] \tag{8.94}$$

の形にまとめられる．ここに，無次元量 g は

$$g = \sum_i g_i\,, \quad g_i = \epsilon_i 2N(0)\, v(0,0) \tag{8.95}$$

である．そして，交換項に対して $\epsilon_i = +1$，Hartree 項に対して $\epsilon_i = -2$ である．また，

$$v(0,0) = \int v(\boldsymbol{r})\, d\boldsymbol{r}$$

で，$N(0)$ は Fermi 面における単位面積かつスピン当りの状態密度である．

寿命が (8.94) で与えられるとき，電気伝導度は

$$\sigma \simeq \sigma_0\left[1-\lambda\, g \ln\left(\frac{\hbar}{2\pi k_B T\tau}\right)\right] \tag{8.96}$$

となって，電子間相互作用の 1 次の項から導かれる乱れによる補正

$$\sigma_I' \propto \sigma_0 \lambda\, g \ln T \tag{8.97}$$

が得られる．これは (8.75) と同様な温度依存性を与える．

8.2 節の終わりに述べたように，2 次元的な電子系での弱局在領域における伝導度の $\ln T$ 依存性は 2 次元的な試料での実験において観測されている．実験結果との比較に際しては，乱れによる補正を

$$\left.\begin{aligned} \sigma_T' &= \frac{e^2}{2\pi^2\hbar}\alpha_T \ln T\,, \\ \sigma_T' &= \sigma' + \sigma_I'\,, \quad \alpha_T = p + g \end{aligned}\right\} \tag{8.98}$$

と表して整理することになる．

8.5 弱局在領域における磁気抵抗

磁場は時間反転対称性を破るので，8.3 節の終わりに注意したように拡散伝播関数 $\Delta(\boldsymbol{q},\omega)$, $\Delta_\varepsilon(\boldsymbol{q},\omega)$ に著しい影響を与える．いま，2 次元電子系に垂直に磁場 $\boldsymbol{H}$ がかけられたとしよう．磁場が存在するときのグリーン関数の取扱いについては 9.3 節で議論するが，$\omega_c\tau \ll 1$ ($\omega_c = eH/mc$ はサイクロトロン周波数) の条件が成立する弱磁場の場合以下の便法でよい．電子系は xy 面内にあって，磁場は z 方向とする．

電荷 $-e$ の電子の運動量 $\hbar\boldsymbol{k}$ はベクトルポテンシャル $\boldsymbol{A}$, Landau ゲージ $\boldsymbol{A} = (0, Hx)$, を用いて $\hbar\boldsymbol{k}+e\boldsymbol{A}/c$ で置き換えられるが，(8.53) から (8.66) にいたる取扱いにおいて Landau 量子化によるエネルギー変数の離散化は $\boldsymbol{k}+\boldsymbol{k}' = \boldsymbol{q}$ にのみ残して，その他の部分では前と同様な連続変数として取り扱う．

まず，ベクトルポテンシャル $\boldsymbol{A}$ は $\Delta_\varepsilon(\boldsymbol{q},\omega)$ を $\Delta_\varepsilon(\boldsymbol{q}+2e\boldsymbol{A}/c\hbar,\omega)$ に変えるだけである．上記の Landau ゲージにおけるハミルトニアン

$$\frac{1}{2m}\left[\hbar^2 q_x^2 + \left(\hbar q_y + \frac{2eHx}{c}\right)^2\right]$$

から導かれる波動方程式

$$-\frac{\hbar^2}{2m}\frac{\partial^2\psi}{\partial x^2} + \frac{1}{2m}\left(-i\hbar\frac{\partial}{\partial y} + \frac{2eHx}{c}\right)^2\psi = E\psi$$

の解は

$$\psi = e^{ik_y y}\chi(x)$$

の形に書かれ，$\chi(x)$ は

$$-\frac{\hbar^2}{2m}\frac{\partial^2\chi}{\partial x^2} + \frac{m}{2}(2\omega_c)^2(x-x_0)\,\chi = E\chi$$

を満たす．ここに，$x_0 = -(c\hbar/2eH)k_y$, $\ell_H = (c\hbar/eH)^{1/2}$ は Landau 半径である．この波動方程式の固有値と固有関数はそれぞれ

$$E = (N+1/2)2\hbar\omega_c\,, \quad N = 0,1,2,\cdots$$
$$\chi = \exp\{-(x-x_0)^2/\ell_H^2\}H_N[\sqrt{2}(x-x_0)/\ell_H]$$

である．ここに，H_N は Hermite の多項式である．以上を参照すれば，(8.68) の代わりに

$$\sigma'/\sigma_0 = -\frac{2\hbar}{mL^2}\frac{L^2}{2\pi\ell_H^2/2}$$

$$\times \sum_{N=0}^{N_0-1} \frac{1}{a(N+1/2)-i\omega+1/\tau_\varepsilon} \tag{8.99}$$

となる．ここに，$a = 4m\omega_c D/\hbar = 4\varepsilon_F\omega_c\tau/\hbar$，$N_0$ は N 和の切断パラメーターで $aN_0 \sim \tau^{-1}$ である．そして，Landau 準位の縮重度はいまの場合 $(2eH/ch)L^2 = 2L^2/2\pi\ell_H^2$ となる．

$\omega \to 0$ として (8.99) の N 和を実行しよう．ディガンマ関数 $\psi(z)$ に関して成立する式

$$\sum_{N=0}^{N_0-1} \frac{1}{c+N} = \psi(c+N_0)-\psi(c)$$

を用いれば，

$$\sum_{N=0}^{N_0-1} \frac{1}{N+\frac{1}{2}+\frac{1}{a\tau_\varepsilon}} = \psi\Big(\frac{1}{2}+\frac{1}{a\tau_\varepsilon}+N_0\Big)-\psi\Big(\frac{1}{2}+\frac{1}{a\tau_\varepsilon}\Big)$$

$$\simeq \psi\Big(\frac{1}{2}+\frac{1}{a\tau}\Big)-\psi\Big(\frac{1}{2}+\frac{1}{a\tau_\varepsilon}\Big)$$

と書かれるので，(8.99) は

$$\sigma'/\sigma_0 \simeq -\frac{\hbar}{2\pi\varepsilon_F\tau}\left[\psi\Big(\frac{1}{2}+\frac{1}{a\tau}\Big)-\psi\Big(\frac{1}{2}+\frac{1}{a\tau_\varepsilon}\Big)\right] \tag{8.100}$$

となる．ここに，$aN_0 = \tau^{-1}$ として $\tau_\varepsilon \gg \tau$ を用いた．ディガンマ関数 $\psi(z)$ の漸近展開を使えば，

$$\psi\Big(\frac{1}{2}+\frac{1}{a\tau}\Big)-\psi\Big(\frac{1}{2}+\frac{1}{a\tau_\varepsilon}\Big) \simeq \ln\frac{\tau_\varepsilon}{\tau}-\frac{(a\tau_\varepsilon)^2}{24},\ \ \frac{1}{\tau_\varepsilon} \gg a, \tag{8.101}$$

$$\simeq -\ln a\tau,\quad \frac{1}{\tau} > a > \frac{1}{\tau_\varepsilon}, \tag{8.102}$$

$$\simeq 0,\quad a > \frac{1}{\tau} \tag{8.103}$$

である．通常 $\tau_\varepsilon \gg \tau$ と考えられるので，(8.102) の広い範囲の磁場に対して

$$\sigma'_H = \sigma_0\lambda\ln H = \frac{e^2}{2\pi^2\hbar}\ln H,\quad \frac{1}{\tau} > a > \frac{1}{\tau_\varepsilon} \tag{8.104}$$

が得られる．抵抗率は $\ln H$ に比例して減少することになる．この弱局在領域における負の磁気抵抗効果は，磁場が時間反転対称性を破ることによって起

きる注目すべき特異性である．Si-MOSFET の実験で観測されていた伝導度の磁場依存性はこれによって説明された．また，3 次元の場合の金属型不純物伝導における負の磁気抵抗もこれと同じ乱れの効果の減殺として説明される．

第9章　磁場中の伝導電子

金属内の伝導電子が磁場を掛けられたときに示す特異な挙動は電子の軌道運動の磁場による量子化に起因するものが多い．Landau 反磁性，強磁場中の電気伝導，弱局在領域における負の磁気抵抗など古くから最近に至るまで磁場の影響は固体における電子過程に深く関わってきた．さらに，Bloch 波ないしは平面波としての電子の可干渉性と絡み合った磁場の効果に対する固体電子論的興味は量子ホール効果の発見に及んでその極に達した．この章で磁場中における伝導電子の性質に関する基礎的事項をまとめておこう．

磁場中での電子のサイクロトロン運動の量子化は，準連続的であったエネルギー準位を間隔 $\hbar\omega_c$ の離散的な準位に変える．したがって，この量子化が熱エネルギーによって隠されないための条件は $\hbar\omega_c > k_BT$ である．極低温，強磁場においては量子効果が出てくる．

9.1　磁場中の自由電子 (古典論)

9.1.1　サイクロトロン運動

一定な磁場 $\boldsymbol{H}$ のもとでの質量 m，電荷 $-e$ の自由電子のしたがうニュートンの運動方程式は

$$m\dot{\boldsymbol{v}} = -\frac{e}{c}(\boldsymbol{v}\times\boldsymbol{H}), \quad \boldsymbol{v} = \dot{\boldsymbol{r}} \tag{9.1}$$

である．いま，磁場 $\boldsymbol{H}$ の方向 (向き) を $+z$ 軸方向，$\boldsymbol{H} = (0, 0, H)$ とすると，(9.1) の解は

$$\left.\begin{aligned} x &= R\cos(\omega_c t + \alpha) + x_0\,, \\ y &= R\sin(\omega_c t + \alpha) + y_0\,, \\ z &= v_\parallel t + z_0 \end{aligned}\right\} \tag{9.2}$$

と書かれる．ここに，$\omega_c = eH/mc$ はサイクロトロン周波数であり，R, $v_\parallel$, α, x_0, y_0, z_0 は積分定数である．したがって，電子の運動を xy 面に射影したものは (x_0, y_0) を中心とする半径 R の等速円運動となる．これを z 方向の速度 $v_\parallel$ の等速度運動に重ねれば螺旋運動である．これを電子のサイクロトロン運動という．等速円運動の半径 R はサイクロトロン半径と呼ばれる．

サイクロトロン運動の xy 面内での速度は

$$\left.\begin{aligned}\dot{x} &= -R\omega_c \sin(\omega_c t + \alpha) = R\omega_c \cos(\omega_c t + \alpha + \pi/2)\,, \\ \dot{y} &= R\omega_c \cos(\omega_c t + \alpha) = R\omega_c \sin(\omega_c t + \alpha + \pi/2)\end{aligned}\right\} \tag{9.3}$$

で与えられる．その速度の大きさ $v_\perp$ は $v_\perp = R\omega_c$，そして速度の向きは動径ベクトル $(x - x_0, y - y_0)$ に垂直で，x 軸から測って動径ベクトルよりさらに $\pi/2$ だけ回転している．以上が電子のサイクロトロン運動の古典論的描像である．

9.1.2　直交電場によるドリフト

z 方向の一定磁場 $\boldsymbol{H}$ に加えて x 方向に一定電場 $\boldsymbol{E}$ がかけられたとしよう．そのとき，運動方程式は

$$m\dot{\boldsymbol{v}} = -e\left(\boldsymbol{E} + \frac{1}{c}\boldsymbol{v} \times \boldsymbol{H}\right) \tag{9.4}$$

である．ここで，ドリフト速度 $\boldsymbol{v}_d$ を

$$\boldsymbol{v} = \boldsymbol{v}_d + \boldsymbol{v}_1\,, \quad \boldsymbol{v}_d = \frac{c}{H^2}\boldsymbol{E} \times \boldsymbol{H} \tag{9.5}$$

と定義する．(9.5) を (9.4) に代入すれば，$\boldsymbol{E} \cdot \boldsymbol{H} = 0$ を用いて $\boldsymbol{E}$ が消去され，

$$m\dot{\boldsymbol{v}}_1 = -\frac{e}{c}\boldsymbol{v}_1 \times \boldsymbol{H} \tag{9.6}$$

となる．これは電子の速度 $\boldsymbol{v}_1$ のサイクロトロン運動である．互いに垂直な電場と磁場とが掛った場合，電子の運動はサイクロトロン運動に一定速度 $\boldsymbol{v}_d$ のドリフト運動が重なったものになる (図 9.1)．この電荷の符号によらないドリフト運動は $\boldsymbol{E} \times \boldsymbol{H}$ ドリフトと呼ばれる．

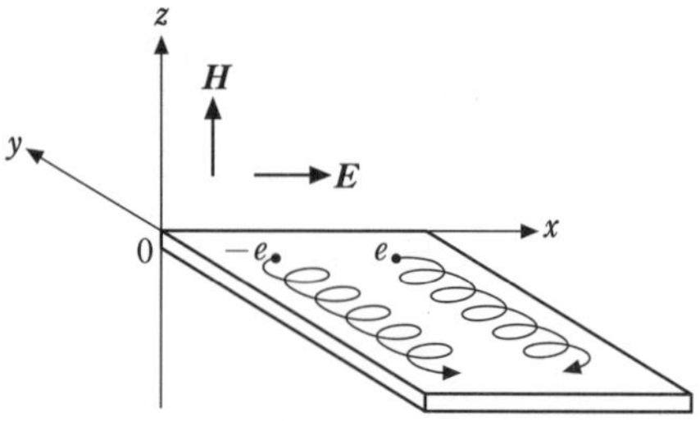

図 9.1　$\boldsymbol{E} \times \boldsymbol{H}$ ドリフト．

9.1.3 ハミルトニアン

一般に電場 $\boldsymbol{E}$, 磁場 $\boldsymbol{H}$ の中での電子に対する運動方程式は

$$m\ddot{\boldsymbol{r}} = -e\left(\boldsymbol{E} + \frac{1}{c}\boldsymbol{v} \times \boldsymbol{H}\right), \quad \boldsymbol{v} = \dot{\boldsymbol{r}} \tag{9.7}$$

と書かれる．そして，$\boldsymbol{E}, \boldsymbol{H}$ はマクスウェルの電磁方程式

$$\left.\begin{aligned} \mathrm{rot}\boldsymbol{E} &= -\frac{1}{c}\frac{\partial \boldsymbol{H}}{\partial t} \\ \mathrm{rot}\boldsymbol{H} &= \frac{4\pi}{c}\boldsymbol{j} + \frac{1}{c}\frac{\partial \boldsymbol{E}}{\partial t} \\ \mathrm{div}\boldsymbol{E} &= 4\pi\rho \\ \mathrm{div}\boldsymbol{H} &= 0 \end{aligned}\right\} \tag{9.8}$$

を満たす．ここに，$\boldsymbol{j}, \rho$ はそれぞれ電流密度および電荷密度である．

(9.8) の第 4 式よりベクトルポテンシャル $\boldsymbol{A}$ が

$$\boldsymbol{H} = \mathrm{rot}\boldsymbol{A} \tag{9.9}$$

によって導入される．これを (9.8) の第 1 式に代入すれば，

$$\mathrm{rot}\left(\boldsymbol{E} + \frac{1}{c}\frac{\partial \boldsymbol{A}}{\partial t}\right) = 0$$

となる．よって，スカラーポテンシャル φ は

$$\boldsymbol{E} = -\mathrm{grad}\varphi - \frac{1}{c}\frac{\partial \boldsymbol{A}}{\partial t} \tag{9.10}$$

を満たすように導入される．(9.9), (9.10) はゲージ変換

$$\left.\begin{aligned} \boldsymbol{A} &\to \boldsymbol{A} + \mathrm{grad}\chi \\ \varphi &\to \varphi - \frac{1}{c}\frac{\partial \chi}{\partial t} \end{aligned}\right\} \tag{9.11}$$

に対して不変である．(9.9), (9.10) を (9.7) に代入して,

$$\frac{dA_x}{dt} = \frac{\partial A_x}{\partial t} + \dot{x}\frac{\partial A_x}{\partial x} + \dot{y}\frac{\partial A_x}{\partial y} + \dot{z}\frac{\partial A_x}{\partial z}$$

などを用いれば，各成分ごとに書いて，

$$\left.\begin{aligned} m\ddot{x} &= e\frac{\partial\varphi}{\partial x} + \frac{e}{c}\frac{dA_x}{dt} - \frac{e}{c}\left(\dot{x}\frac{\partial A_x}{\partial x} + \dot{y}\frac{\partial A_y}{\partial x} + \dot{z}\frac{\partial A_z}{\partial x}\right) \\ m\ddot{y} &= e\frac{\partial\varphi}{\partial y} + \frac{e}{c}\frac{dA_y}{dt} - \frac{e}{c}\left(\dot{x}\frac{\partial A_x}{\partial y} + \dot{y}\frac{\partial A_y}{\partial y} + \dot{z}\frac{\partial A_z}{\partial y}\right) \\ m\ddot{z} &= e\frac{\partial\varphi}{\partial z} + \frac{e}{c}\frac{dA_z}{dt} - \frac{e}{c}\left(\dot{x}\frac{\partial A_x}{\partial z} + \dot{y}\frac{\partial A_y}{\partial z} + \dot{z}\frac{\partial A_z}{\partial z}\right) \end{aligned}\right\} \tag{9.12}$$

が得られる．(9.12) はラグランジュアン

$$L = \frac{m}{2}\left(\dot{x}^2 + \dot{y}^2 + \dot{z}^2\right) + e\varphi - \frac{e}{c}\left(\dot{x}A_x + \dot{y}A_y + \dot{z}A_z\right) \tag{9.13}$$

に対するラグランジュの運動方程式

$$\frac{d}{dt}\left(\frac{\partial L}{\partial\dot{x}}\right) - \frac{\partial L}{\partial x} = 0,\ \frac{d}{dt}\left(\frac{\partial L}{\partial\dot{y}}\right) - \frac{\partial L}{\partial y} = 0,\ \frac{d}{dt}\left(\frac{\partial L}{\partial\dot{z}}\right) - \frac{\partial L}{\partial z} = 0 \tag{9.14}$$

にほかならない．運動量はラグランジュアンから導かれて，

$$\left.\begin{aligned} p_x &= \frac{\partial L}{\partial\dot{x}} = m\dot{x} - \frac{e}{c}A_x \\ p_y &= \frac{\partial L}{\partial\dot{y}} = m\dot{y} - \frac{e}{c}A_y \\ p_z &= \frac{\partial L}{\partial\dot{z}} = m\dot{z} - \frac{e}{c}A_z \end{aligned}\right\} \tag{9.15}$$

となる．そして，ハミルトニアンは

$$\begin{aligned} \mathcal{H} = \dot{x}p_x + \dot{y}p_y + \dot{z}p_z - L &= \frac{m}{2}\left(\dot{x}^2 + \dot{y}^2 + \dot{z}^2\right) - e\varphi \\ &= \frac{1}{2m}\left(\boldsymbol{p} + \frac{e}{c}\boldsymbol{A}\right)^2 - e\varphi \end{aligned} \tag{9.16}$$

で与えられる．

ハミルトンの運動方程式はベクトル形式で書けば，

$$\left.\begin{aligned} \dot{\boldsymbol{r}} &= \frac{\partial\mathcal{H}}{\partial\boldsymbol{p}} = \frac{1}{m}\left(\boldsymbol{p} + \frac{e}{c}\boldsymbol{A}\right) \\ \dot{\boldsymbol{p}} &= -\frac{\partial\mathcal{H}}{\partial\boldsymbol{r}} = -\frac{m}{2}\frac{\partial\dot{\boldsymbol{r}}^2}{\partial\boldsymbol{r}} + e\frac{\partial\varphi}{\partial\boldsymbol{r}} \end{aligned}\right\} \tag{9.17}$$

となる．(9.17) の第 1 式は (9.15) であり，第 2 式は

$$m\ddot{\boldsymbol{r}} - \frac{e}{c}\frac{d\boldsymbol{A}}{dt} = e\nabla\varphi - \frac{m}{2}\nabla(\dot{\boldsymbol{r}}^2) \tag{9.18}$$

となって，(9.12) にほかならない．

9.1.4　ゲージ変換

ベクトルポテンシャル $\boldsymbol{A}$ は (9.9) によって $\boldsymbol{H}$ を与えるのに一意的に決まらず，gradχ だけの選択の自由度がある．これに伴って $\boldsymbol{E}$ を変えないためにはスカラーポテンシャル φ に $(1/c)\partial\chi/\partial t$ だけの埋め合わせをする必要がある．$\boldsymbol{E}$，$\boldsymbol{H}$ を不変にする $\boldsymbol{A}$，φ の組のそれぞれをゲージと呼ぶ．異なるゲージの間の変換，すなわちゲージ変換は (9.11) で与えられる．ゲージ変換のもとでの不変性をゲージ不変性という．

定常な磁場に対しては $\partial\boldsymbol{H}/\partial t = 0$，したがって $\partial\boldsymbol{A}/\partial t = 0$，$\partial\chi/\partial t = 0$ が要求されるので，ゲージ変換 (9.11) はベクトルポテンシャルに対する

$$\boldsymbol{A} \to \boldsymbol{A} + \nabla\chi \tag{9.19}$$

のみとなる．一定な磁場 $\boldsymbol{H}$ を z 方向，すなわち $\boldsymbol{H} = (0, 0, H)$ とするとき，$\boldsymbol{H}$ を与えるベクトルポテンシャルとしてよく採用されるゲージにつぎのものがある．

$$\text{i) 対称ゲージ：} \boldsymbol{A}_{sym} = \frac{1}{2}\boldsymbol{H} \times \boldsymbol{r} = \left(-\frac{1}{2}Hy, \frac{1}{2}Hx, 0\right), \tag{9.20}$$

$$\text{ii) Landau ゲージ 1：} \boldsymbol{A}_1 = (0, Hx, 0), \tag{9.21}$$

$$\text{iii) Landau ゲージ 2：} \boldsymbol{A}_2 = (-Hy, 0, 0). \tag{9.22}$$

$\boldsymbol{A}_1$ はゲージ変換

$$\boldsymbol{A}_1 = \boldsymbol{A}_{sym} + \nabla\chi,\ \ \chi = \frac{1}{2}Hxy$$

によって $\boldsymbol{A}_{sym}$ から導かれる．$\boldsymbol{A}_2$ はゲージ変換

$$\boldsymbol{A}_2 = \boldsymbol{A}_{sym} + \nabla\chi,\ \ \chi = -\frac{1}{2}Hxy$$

によって $\boldsymbol{A}_{sym}$ から導かれる．対称ゲージという名称であるが，円筒座標成分 (A_r, A_θ, A_z) で書けば,

$$\boldsymbol{A}_{sym} = \left(0, \frac{1}{2}Hr, 0\right)$$

となって $\boldsymbol{A}_{sym}$ が θ に依存しない θ 成分のみから成ることで理解できよう．(9.22) の $\boldsymbol{A}_2$ は Landau が 1930 年に磁場による自由電子のエネルギー量子化を議論するときに用いた歴史的なものである．

9.2　磁場中の自由電子 (量子論)

9.2.1　ゲージ不変性

質量 m，電荷 $-e$，スピン $\boldsymbol{s}$ の自由電子の磁場 $\boldsymbol{H}$ の中でのハミルトニアンはスカラーポテンシャル $\varphi = 0$ のゲージをとって

$$\mathcal{H} = \frac{1}{2m}\Big(\boldsymbol{p} + \frac{e}{c}\boldsymbol{A}\Big)^2 + 2\mu_B \boldsymbol{s}\cdot\boldsymbol{H} \tag{9.23}$$

と書かれる．ここに，$\mu_B = e\hbar/2mc$ は Bohr マグネトンである．

当面磁場による軌道量子化が問題となるので，(9.23) の第 2 項ゼーマン項は無視する．そして，磁場は定常とする．ハミルトニアンは

$$\mathcal{H} = \frac{1}{2m}\Big(\boldsymbol{p} + \frac{e}{c}\boldsymbol{A}\Big)^2 \tag{9.24}$$

である．そのとき，シュレーディンガー方程式

$$\mathcal{H}\psi \;=\; E\psi \tag{9.25}$$

はゲージ変換

$$\left.\begin{aligned} \boldsymbol{A}' &= \boldsymbol{A} + \nabla\chi, \\ \psi' &= e^{-i(e/c\hbar)\chi}\psi \end{aligned}\right\} \tag{9.26}$$

に対して不変である．すなわち，

$$\mathcal{H}'\psi' \;=\; E\psi' \tag{9.27}$$

となる．ここに，$\mathcal{H}'$ は (9.24) で $\boldsymbol{A}$ の代わりに $\boldsymbol{A}'$ が入ったハミルトニアンである．このことを証明しよう．まず，$\boldsymbol{r}$ の任意関数 $f(\boldsymbol{r})$ に対して交換関係

$$[\boldsymbol{p}, f(\boldsymbol{r})] = -i\hbar\,\nabla f(\boldsymbol{r})$$

が成立することを用いれば，

$$\Big(\boldsymbol{p} + \frac{e}{c}\boldsymbol{A}'\Big)\psi' = e^{-i(e/c\hbar)\chi}\Big(\boldsymbol{p} + \frac{e}{c}\boldsymbol{A}\Big)\psi$$

となる．これを繰り返すと

$$\mathcal{H}'\psi' = e^{-i(e/c\hbar)\chi}\mathcal{H}\psi = e^{-i(e/c\hbar)\chi}E\psi = E\psi'$$

となり，(9.27) が得られる．

さらに，ゲージ変換

$$\psi = \exp\left[-i(e/c\hbar)\int^{\boldsymbol{r}} \boldsymbol{A}\cdot d\boldsymbol{r}\right]\phi \tag{9.28}$$

を施せば，

$$\left(\boldsymbol{p}+\frac{e}{c}\boldsymbol{A}\right)\psi = \exp\left[-i(e/c\hbar)\int^{\boldsymbol{r}} \boldsymbol{A}\cdot d\boldsymbol{r}\right]\boldsymbol{p}\phi$$

に注意して，

$$\mathcal{H}\psi = \exp\left[-i(e/c\hbar)\int^{\boldsymbol{r}} \boldsymbol{A}\cdot d\boldsymbol{r}\right]\frac{\boldsymbol{p}^2}{2m}\phi = E\psi = \exp\left[-i(e/c\hbar)\int^{\boldsymbol{r}} \boldsymbol{A}\cdot d\boldsymbol{r}\right]E\phi$$

が得られる．よって，

$$\frac{\boldsymbol{p}^2}{2m}\phi = E\phi$$

となって，ベクトルポテンシャル $\boldsymbol{A}$ が消去される．

9.2.2 Landau 量子化

Landau ゲージ (9.21) $\boldsymbol{A}=(0,Hx,0)$ を採用しよう．ハミルトニアン (9.24) は

$$\mathcal{H} = \frac{1}{2m}\left\{p_x^2+\left(p_y+\frac{eH}{c}x\right)^2+p_z^2\right\}$$

と書かれるので，シュレーディンガー方程式は

$$\left\{-\frac{\hbar^2}{2m}\left(\frac{\partial^2}{\partial x^2}+\frac{\partial^2}{\partial z^2}\right)+\frac{1}{2m}\left(-i\hbar\frac{\partial}{\partial y}+\frac{eH}{c}x\right)^2\right\}\psi = E\psi \tag{9.29}$$

となる．ハミルトニアン $\mathcal{H}$ は座標 y, z を含んでいないので，p_y, p_z は $\mathcal{H}$ と交換可能，したがって $k_y = p_y/\hbar$, $k_z = p_z/\hbar$ は運動の定数となり，(9.29) の解は

$$\psi(x,y,z) = e^{ik_y y + ik_z z}\varphi(x) \tag{9.30}$$

の形をとる．(9.30) を (9.29) に代入すれば，

$$-\frac{\hbar^2}{2m}\frac{\partial^2\varphi}{\partial x^2}+\frac{m\omega_c^2}{2}(x-x_0)^2\varphi = \left(E-\frac{\hbar^2k_z^2}{2m}\right)\varphi \tag{9.31}$$

が得られる．ここに，

$$x_0 = -\frac{c\hbar}{eH}k_y = -\ell_H^2 k_y\,,\quad \ell_H^2 = \frac{c\hbar}{eH} \tag{9.32}$$

である．ℓ_H は量子化されたサイクロトロン運動の半径といってよいが，Landau 半径または磁気的長さ (磁気長) と呼ばれる．(9.31) は x_0 を中心として角周波数 ω_c で振動する調和振動子の波動方程式にほかならない．したがって，その固有値と固有関数はそれぞれ

$$E_{n,k_z} = \left(n+\frac{1}{2}\right)\hbar\omega_c + \frac{\hbar^2 k_z^2}{2m}\,,\quad n = 0, 1, 2, \cdots \tag{9.33}$$

$$\varphi(x) = e^{-(x-x_0)^2/2\ell_H^2} H_n\bigl[(x-x_0)/\ell_H\bigr] \tag{9.34}$$

で与えられる．ここに，H_n は n 次の Hermite 多項式である．波動関数 (9.30) は

$$\psi = e^{ik_y y + ik_z z} e^{-(x-x_0)^2/2\ell_H^2} H_n\bigl[(x-x_0)/\ell_H\bigr] \tag{9.35}$$

となる．磁場に垂直な面内，すなわち xy 面内でのサイクロトロン運動は量子化されて調和振動子の振動と等価になる．この軌道量子化を Landau 量子化という．そして，

$$E_n = \left(n+\frac{1}{2}\right)\hbar\omega_c\,,\quad n = 0, 1, 2, \cdots \tag{9.36}$$

を Landau 準位と呼ぶ．

(9.2)，(9.3) より古典論的サイクロトロン運動の中心 (x_0, y_0) は

$$\dot{x} = -\omega_c(y-y_0)\,,\ \dot{y} = \omega_c(x-x_0)$$

で与えられる．これと

$$\dot{x} = \frac{\partial\mathcal{H}}{\partial p_x} = \frac{p_x}{m}\,,\ \dot{y} = \frac{\partial\mathcal{H}}{\partial p_y} = \frac{1}{m}\Bigl(p_y + \frac{eH}{c}x\Bigr)$$

とから

$$\left.\begin{aligned} x_0 &= -\frac{p_y}{m\omega_c} = -\frac{c}{eH}p_y\,, \\ y_0 &= \frac{p_x}{m\omega_c} + y = \frac{c}{eH}p_x + y \end{aligned}\right\} \tag{9.37}$$

となる．(9.37) の x_0 は (9.32) と一致する．すなわち，x_0 の形は古典論的にも量子論的にも成立する．したがって，(9.37) の y_0 も量子論的に成立する形

としてよかろう．量子論的には (9.37) の力学量を演算子と読み替えることになる．交換関係

$$[\mathcal{H}, p_y] = 0\,, \text{ したがって } [\mathcal{H}, x_0] = 0 \tag{9.38}$$

によって x_0 は保存量である．$[\mathcal{H}, p_x] \neq 0$ であるが，

$$[\mathcal{H}, y_0] = 0 \tag{9.39}$$

となって，y_0 も保存量である．しかし，

$$[x_0, y_0] = i\ell_H^2 \neq 0 \tag{9.40}$$

であるから，中心座標 (x_0, y_0), を同時に決定することはできない．

9.2.3 Landau 準位の縮重度

エネルギー準位 (9.33) は $k_y = p_y/\hbar$ を含んでいない．しかるに，波動関数 (9.35) は k_y を含み，周期的境界条件 $\psi(\ ,y+L_y,\ ) = \psi(\ ,y,\ )$ のもとで $k_y = 2\pi m/L_y\ (m = 0, \pm1, \pm2, \cdots)$ の値によって指定される．このことはエネルギー準位 E_n (または E_{n,k_z}) が k_y に関して縮退していることを意味する．いま，電子は十分大きい面積 $S = L_x L_y$ の中に 2 次元的に閉じ込められているとしよう．区間 Δk_y 中の k_y の数は

$$\left(\frac{2\pi}{L_y}\right)^{-1} \Delta k_y = \frac{L_y}{2\pi}\Delta k_y$$

である．x_0 の存在範囲は磁気長の大きさ ℓ_H を無視して $0 < |x_0| < L_x$ であるから (9.37) より k_y の最大区間は

$$\Delta k_y = \frac{eH}{c\hbar} L_x = \ell_H^{-2} L_x$$

である．よって，n で指定される Landau 準位 (9.36) の縮重度 g は

$$g = \frac{L_x L_y}{2\pi\ell_H^2} = \frac{eHS}{ch} = \frac{\Phi}{\Phi_0} \tag{9.41}$$

となる．ここに，$\Phi = HS$ は S を貫く磁束である．そして，

$$\Phi_0 = ch/e = 2\pi\ell_H^2 H \tag{9.42}$$

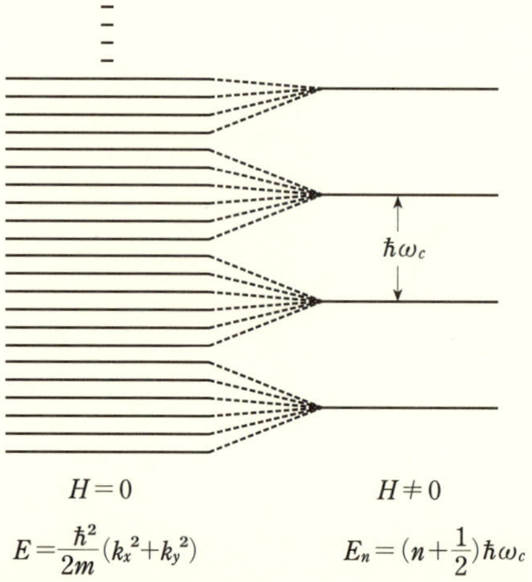

図 9.2 Landau 量子化によるエネルギー準位の縮重.

は磁束量子と呼ばれ，面積 $2\pi\ell_H^2$ (半径 $\sqrt{2}\ell_H$ の円) を貫く磁束を意味する．

(9.41) に導くつぎの別法を考えてみよう．$H=0$ において $S=L_xL_y$ 内に閉じ込められた自由電子のスピン当りの状態密度は

$$D(E) = \frac{Sm}{2\pi\hbar^2}$$

である．$H\neq 0$ の場合，上記の一定の状態密度で準連続的に分布するエネルギー準位は $\hbar\omega_c$ の幅ごとに束ねられて各 Landau 準位に縮重すると考えられる．したがって，1 つの Landau 準位の状態数，すなわち Landau 準位の縮重度は

$$g = D(E)\hbar\omega_c = \frac{L_xL_y}{2\pi}\frac{eH}{\hbar c} = \frac{S}{2\pi\ell_H^2}$$

となる (図 9.2).

9.2.4　軌道量子化と磁束量子化

9.2.2 節の Landau 量子化によって xy 面内のサイクロトロン運動は軌道量子化された．この節では Bohr-Sommerfeld の量子条件

$$\oint \boldsymbol{p}\cdot d\boldsymbol{r} = gh, \quad g: \text{正整数 (軌道量子数)} \tag{9.43}$$

を適用して軌道の量子化を試みよう．(9.15) より

$$\boldsymbol{p} = m\boldsymbol{v} - \frac{e}{c}\boldsymbol{A}, \quad \boldsymbol{v} = \dot{\boldsymbol{r}} \tag{9.44}$$

である．運動方程式 (9.1) を時間積分すれば，

$$m\boldsymbol{v} = -\frac{e}{c}(\boldsymbol{r} \times \boldsymbol{H}) + \text{const.} \tag{9.45}$$

となる．(9.44)，(9.45) を (9.43) の左辺に代入すれば，(9.45) の右辺の定数項は一周積分で消えることに注意して，

$$\begin{aligned}
\oint \boldsymbol{p} \cdot d\boldsymbol{r} &= \oint \left\{ -\frac{e}{c}(\boldsymbol{r} \times \boldsymbol{H}) - \frac{e}{c}\boldsymbol{A} \right\} \cdot d\boldsymbol{r} \\
&= \frac{e}{c}\oint (\boldsymbol{H} \times \boldsymbol{r}) \cdot d\boldsymbol{r} - \frac{e}{c}\int (\text{rot}\boldsymbol{A}) \cdot d\boldsymbol{S} \\
&= \frac{e}{c}\oint \boldsymbol{H} \cdot (\boldsymbol{r} \times d\boldsymbol{r}) - \frac{e}{c}\int \boldsymbol{H} \cdot d\boldsymbol{S} \\
&= \frac{e}{c}\,2\Phi - \frac{e}{c}\,\Phi \;=\; \frac{e}{c}\,\Phi
\end{aligned} \tag{9.46}$$

が得られる．ここに，

$$\Phi = \int \boldsymbol{H} \cdot d\boldsymbol{S} = HS \tag{9.47}$$

は積分路 (軌道) によって囲まれた面 (面積 S) を貫く磁束である．この第 2 式は一定磁場 $\boldsymbol{H} = (0, 0, H)$ を用いた結果である．(9.46) を量子条件 (9.43) に代入すれば，

$$g = \frac{e\Phi}{ch} = \frac{\Phi}{\Phi_0} \tag{9.48}$$

となる．ここに，Φ_0 は (9.42) に与えられた磁束量子である．(9.48) は量子化された軌道に囲まれた面積を貫く磁束 Φ は磁束量子 Φ_0 の正整数 g 倍になっていることを意味する．そして，g は軌道の縮退度，すなわち Landau 準位の縮重度にほかならない．因みに，超伝導体においては Cooper 対による磁束量子 $hc/2e$ を単位とする磁束量子化が実現する．

9.2.5 Aharonov-Bohm 効果

z 軸を中心軸とする十分長いソレノイド内の磁場を H とする．そして，磁場の漏れはないとする．ソレノイドの直断面の半径を r_0 とすれば，ソレノイド

を貫く磁束は $\Phi = \pi r_0^2 H$ で与えられる．他方，ベクトルポテンシャルを $\boldsymbol{A}$ とすると，xy 面内で z 軸の貫く面をとれば，

$$\int \boldsymbol{H} \cdot d\boldsymbol{S} = \int (\mathrm{rot}\boldsymbol{A}) \cdot d\boldsymbol{S} = \oint A_s ds \tag{9.49}$$

が成立する．いま，(9.49) の右辺の積分路を半径 r の円周とすると，

$$\oint A_s ds = 2\pi r A_\theta \tag{9.50}$$

となる．ここに，円筒座標成分 (A_r, A_θ, A_z) を用い，対称性から A_θ は r のみの関数であることを使った．ソレノイドの外部 ($r > r_0$) では (9.49) の左辺の磁束は $\Phi = \pi r_0^2 H$ である．よって，(9.50) より

$$A_\theta = \frac{\Phi}{2\pi r}, \quad r > r_0$$

である．これに対して，ソレノイドの内部では

$$A_\theta = \frac{\pi r^2 H}{2\pi r} = \frac{\Phi r}{2\pi r_0^2}, \ r \leq r_0$$

となる．一定磁場の場合ベクトルポテンシャル $\boldsymbol{A}$ はクーロン・ゲージの条件 $\mathrm{div}\boldsymbol{A} = 0$ を満たす．対称性から $\boldsymbol{A}$ は r のみの関数であるので，

$$\begin{aligned}\mathrm{div}\boldsymbol{A} &\equiv \frac{1}{r}\frac{\partial(rA_r)}{\partial r} + \frac{1}{r}\frac{\partial A_\theta}{\partial \theta} + \frac{\partial A_z}{\partial z} \\ &= \frac{\partial A_r}{\partial r} + \frac{A_r}{r} = 0\end{aligned}$$

が成立する．よって，$A_r = a/r$ (a は定数) が得られる．上に得られたこれまでのベクトルポテンシャルを $\boldsymbol{A}''$ と記して，これの円筒座標成分をまとめると，

$$\boldsymbol{A}'' = \begin{cases} \left(\dfrac{a}{r}, \dfrac{\Phi}{2\pi r}, 0\right), & r > r_0 \\ \left(\dfrac{a}{r}, \dfrac{\Phi r}{2\pi r_0^2}, 0\right), & r_0 \geq r \geq 0 \end{cases} \tag{9.51}$$

となる．この $\boldsymbol{A}''$ が設定された磁場 H を与えることを検証しておこう．すなわち，

$$(\mathrm{rot}\boldsymbol{A}'')_r = \frac{1}{r}\frac{\partial A''_z}{\partial \theta} - \frac{\partial A''_\theta}{\partial z} = 0$$

$$
\begin{aligned}
(\mathrm{rot}\boldsymbol{A}'')_\theta &= \frac{\partial A''_r}{\partial z} - \frac{\partial A''_z}{\partial r} = 0 \\
(\mathrm{rot}\boldsymbol{A}'')_z &= \frac{1}{r}\frac{\partial(rA''_\theta)}{\partial r} - \frac{1}{r}\frac{\partial A''_r}{\partial \theta} \\
&= \begin{cases} 0, & r > r_0 \\ \Phi/\pi r_0^2 = H, & r_0 \geq r \geq 0 \end{cases}
\end{aligned}
$$

となって，無限に長いソレノイド内部の磁場 H を与える．

(9.51) に対してゲージ変換

$$
\boldsymbol{A} = \boldsymbol{A}'' - \nabla\chi, \quad \chi = a\log r \tag{9.52}
$$

を施せば，

$$
\boldsymbol{A} = \begin{cases} \left(0, \dfrac{\Phi}{2\pi r}, 0\right), & r > r_0 \\ \left(0, \dfrac{\Phi r}{2\pi r_0^2}, 0\right), & r_0 \geq r \geq 0 \end{cases} \tag{9.53}
$$

が得られる．これをいまの場合のベクトルポテンシャルとして採用する．

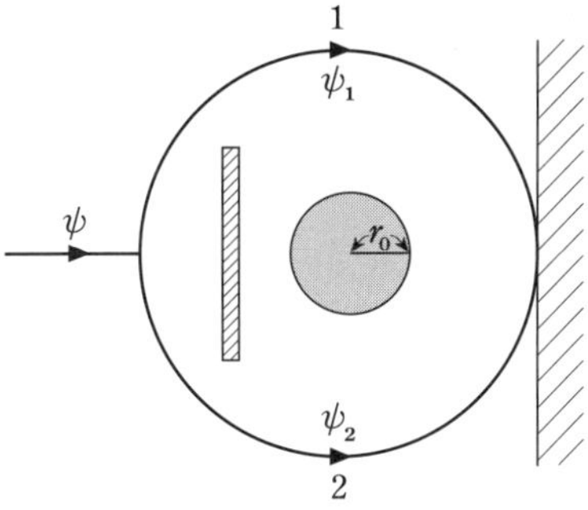

図 **9.3** Aharonov–Bohm 効果.

磁場の存在しない空間の経路 1, 2 を電子が通ったとき (図 9.3)，電子に対して磁束の影響があるかないかが問題となる．古典論的にはローレンツ力が作用しないので磁束の影響はないと考えてよい．このことを量子力学的に論じた場合正しいかどうかを考えてみよう．電子の波動方程式は

$$
\mathcal{H}\psi = \left[\frac{1}{2m}\left(-i\hbar\nabla + \frac{e}{c}\boldsymbol{A}\right)^2 + U(\boldsymbol{r})\right]\psi = E\psi \tag{9.54}
$$

である．ここに，$\boldsymbol{A}$ は (9.53) で与えられる．そこで，ゲージ変換

$$\boldsymbol{A}' = \boldsymbol{A} + \nabla\chi, \quad \chi = -\frac{\Phi}{2\pi}\theta \tag{9.55}$$

を施せば，$\nabla\chi = (0, -\Phi/2\pi r, 0)$ によってソレノイド外部のベクトルポテンシャルは消去されて

$$\boldsymbol{A}' = \begin{cases} (0,0,0), & r > r_0 \\ \left(0, \dfrac{\Phi}{2\pi}\Big(\dfrac{r}{r_0^2} - \dfrac{1}{r}\Big), 0\right), & r_0 \geq r \geq 0 \end{cases} \tag{9.56}$$

となる．そのとき，波動関数は

$$\psi' = e^{-i(e/c\hbar)\chi}\psi = e^{i(e\Phi\theta/ch)}\psi \tag{9.57}$$

に変換される．そして，波動方程式は不変であって，ソレノイドの外部では

$$\mathcal{H}'\psi' = \Big[-\frac{\hbar^2}{2m}\nabla^2 + U(\boldsymbol{r})\Big]\psi' = E\psi' \tag{9.58}$$

となる．ψ' は $\boldsymbol{A} = 0$，すなわち $\Phi = 0$ のときの波動関数である．これを ψ^0 と記そう．そうすると，電子が経路 1, 2 に分かれて重なるとき

$$\Phi = 0 \text{ ならば} \quad \psi^0 = \psi_1^0 + \psi_2^0$$

$$\Phi \neq 0 \text{ ならば} \quad \psi = e^{i(e/c\hbar)\chi_1}\psi_1^0 + e^{i(e/c\hbar)\chi_2}\psi_2^0$$

となる．ここに，

$$\text{右まわりの経路 1 では} \quad \chi_1 = -\frac{\Phi}{2\pi}(0-\pi) = \frac{\Phi}{2}$$

$$\text{左まわりの経路 2 では} \quad \chi_2 = -\frac{\Phi}{2\pi}(2\pi-\pi) = -\frac{\Phi}{2}$$

である．したがって，確率 $|\psi|^2$ から生ずる位相差は

$$\frac{e}{c\hbar}(\chi_1 - \chi_2) = \frac{e}{c\hbar}\Phi = 2\pi\frac{\Phi}{\Phi_0}, \; \Phi_0 = \frac{hc}{e} \tag{9.59}$$

となる．このことは磁場の存在しない空間を通っても磁束の影響があることを意味する．これを Aharonov-Bohm[1] 効果という．磁束を変化させるとき，電子波の干渉縞が磁束量子 Φ_0 を周期として周期的に変動することが観測された[2]．

[1] Y. Aharonov and D. Bohm: Phys. Rev. **115** (1959) 485.
[2] A. Tonomura *et al.*: Phys. Rev. Lett. **56** (1986) 792.

9.2.6 対称ゲージでの固有値問題

一般に磁場

$$\boldsymbol{H} = \mathrm{rot}\boldsymbol{A}$$

の中にある電子の有効ハミルトニアンはエネルギー・運動量関係式の運動量 $\boldsymbol{p}$ を準運動量

$$\boldsymbol{\pi} = \boldsymbol{p} + \frac{e}{c}\boldsymbol{A} \tag{9.60}$$

で置き換えて得られることが知られている．$\boldsymbol{\pi}$ は (9.17) の $m\dot{\boldsymbol{r}}$ にほかならず，演算子として交換関係

$$\boldsymbol{\pi} \times \boldsymbol{\pi} = \frac{\hbar e}{ic}\boldsymbol{H} \tag{9.61}$$

を満たす．

xy 面内にある電子系の 1 電子ハミルトニアン

$$\mathcal{H} = \frac{1}{2m}\boldsymbol{\pi}^2 \tag{9.62}$$

の固有値問題を議論しよう．9.2.2 節では Landau ゲージでの議論がなされた．この節では，z 方向を向いた一様な磁場 $\boldsymbol{H}$ に関する対称ゲージ

$$\boldsymbol{A} = \frac{1}{2}\boldsymbol{H} \times \boldsymbol{r} = \left(-\frac{1}{2}Hy, \frac{1}{2}Hx\right) \tag{9.63}$$

での議論をおこなおう．(9.60) は

$$\pi_x = p_x - \frac{eH}{2c}y\,,\ \ \pi_y = p_y + \frac{eH}{2c}x \tag{9.64}$$

となり，(9.61) は

$$[\pi_y, \pi_x] = i\hbar\frac{eH}{c} = i\hbar m\omega_c = \frac{i\hbar^2}{\lambda^2} \tag{9.65}$$

となる．ここに，$\lambda = \sqrt{\hbar c/eH}$ は磁気長または Landau 半径である ((9.32) では ℓ_H と書いた)．π_x, π_y の Heisenberg の運動方程式は

$$\dot{\pi}_x = -\omega_c\pi_y\,,\ \ \dot{\pi}_y = \omega_c\pi_x \tag{9.66}$$

となる．また，

$$m\dot{x} = \pi_x\,,\ \ m\dot{y} = \pi_y \tag{9.67}$$

である．よって，

$$\dot{\pi}_x + m\omega_c \dot{y} = 0,\ \dot{\pi}_y - m\omega_c \dot{x} = 0$$

となる．したがって，

$$\left.\begin{aligned} \pi_x + m\omega_c y &= \text{const.} \equiv m\omega_c y_0\,, \\ \pi_y - m\omega_c x &= \text{const.} \equiv -m\omega_c x_0 \end{aligned}\right\} \tag{9.68}$$

とおくことができる．運動の定数 x_0, y_0 は交換関係

$$[x_0, y_0] = i\lambda^2, \quad \lambda^2 = \hbar c/eH \tag{9.69}$$

を満たし，量子論的サイクロトロン運動の中心座標の意味をもつ．

角運動量

$$L_z = (\boldsymbol{r} \times \boldsymbol{p})_z = xp_y - yp_x \tag{9.70}$$

はハミルトニアン (9.62) と可換であって

$$\dot{L}_z = (i\hbar)^{-1}[L_z, \mathcal{H}] = 0 \tag{9.71}$$

が成立する．(9.70) はまた (9.68) を用いれば，

$$L_z = \frac{1}{2m\omega_c}\left(\pi_x^2 + \pi_y^2\right) - \frac{m\omega_c}{2}\left(x_0^2 + y_0^2\right) \tag{9.72}$$

と書かれるので，L_z は $\mathcal{H}$ と可換であることがわかる．

ハミルトニアン (9.62) と交換関係 (9.65) は 1 次元調和振動子 (付録 A) の場合に類似している．そこで，昇，降演算子 π_+, π_-,

$$\pi_\pm = \pi_x \pm i\pi_y \tag{9.73}$$

を定義しよう．π_+, π_- は交換関係

$$[\pi_-, \pi_+] = 2\hbar\frac{eH}{c} = 2m\hbar\omega_c = \frac{2\hbar^2}{\lambda^2} \tag{9.74}$$

を満たす．ハミルトニアン (9.62) は π_+, π_- を用いて

$$\mathcal{H} = \hbar\omega_c\left(\frac{1}{2m\hbar\omega_c}\pi_+\pi_- + \frac{1}{2}\right) \tag{9.75}$$

と書かれる．よって，交換関係

$$[\mathcal{H}, \pi_\pm] = \pm\hbar\omega_c\pi_\pm \tag{9.76}$$

が得られる．

いま，ハミルトニアン $\mathcal{H}$ の最小固有値を E_0 と仮定しよう．対応する固有ベクトルを $|0\rangle$ とすると，

$$\mathcal{H}|0\rangle = E_0|0\rangle \tag{9.77}$$

である．この式の両辺に左から π_- を掛けると，

$$\pi_-\mathcal{H}|0\rangle = E_0\pi_-|0\rangle$$

となる．これは (9.76) を用いれば，

$$\mathcal{H}\pi_-|0\rangle = (E_0 - \hbar\omega_c)\pi_-|0\rangle$$

となる．この式は固有ベクトル $\pi_-|0\rangle$ に対する $\mathcal{H}$ の固有値が $E_0 - \hbar\omega_c$ であることを意味する．これは仮定に反する．したがって，

$$\pi_-|0\rangle = 0 \tag{9.78}$$

である．(9.78) の両辺に左から $(1/2m)\pi_+$ を掛けて (9.75) を使えば，

$$\Big(\mathcal{H} - \frac{1}{2}\hbar\omega_c\Big)|0\rangle = 0$$

となる．これは (9.77) によって

$$\Big(E_0 - \frac{1}{2}\hbar\omega_c\Big)|0\rangle = 0$$

となる．したがって，$\mathcal{H}$ の最小固有値は

$$E_0 = \frac{1}{2}\hbar\omega_c \tag{9.79}$$

である．

つぎに，交換関係 (9.74) を反復して用いれば，関係式

$$\left.\begin{aligned} \pi_-^n\pi_+ - \pi_+\pi_-^n &= n2m\hbar\omega_c\pi_-^{n-1}, \\ \pi_-\pi_+^n - \pi_+^n\pi_- &= n2m\hbar\omega_c\pi_+^{n-1} \end{aligned}\right\} \tag{9.80}$$

に導かれる．この第 2 式を使えば，

$$\pi_-\pi_+^n|0\rangle = n2m\hbar\omega_c\pi_+^{n-1}|0\rangle$$

が得られる．ここに，(9.78) を用いた．この式の両辺に左から π_+ を掛けて，(9.75) を用いれば，

$$\mathcal{H}\pi_+^n|0\rangle = \hbar\omega_c\Big(n+\frac{1}{2}\Big)\pi_+^n|0\rangle \tag{9.81}$$

となる．(9.81) は $\mathcal{H}$ の第 n 番目の固有値 E_n が

$$E_n = \hbar\omega_c\Big(n+\frac{1}{2}\Big) \tag{9.82}$$

で，対応する固有ベクトル $|n\rangle$ は

$$|n\rangle = c\pi_+^n|0\rangle \tag{9.83}$$

で与えられることを意味する．規格化定数 c を求めよう．$|0\rangle$ を規格化して，

$$\langle 0|0\rangle = 1 \tag{9.84}$$

としておけば，

$$\langle n|n\rangle = |c|^2\langle 0|\pi_-^n\pi_+^n|0\rangle = 1$$

によって c が求められる．(9.80) の第 2 式を反復して用いれば，

$$\langle 0|\pi_-^n\pi_+^n|0\rangle = n!(2m\hbar\omega_c)^n$$

となる．したがって，

$$c = (n!)^{-1/2}(2m\hbar\omega_c)^{-n/2} \tag{9.85}$$

が得られる．これを (9.83) に代入すれば，規格化された固有ベクトル $|n\rangle$ は

$$\begin{aligned}|n\rangle &= (n!)^{-1/2}(2m\hbar\omega_c)^{-n/2}\pi_+^n|0\rangle \\ &= (n!)^{-1/2}(\lambda\pi_+/\sqrt{2}\hbar)^n|0\rangle\end{aligned} \tag{9.86}$$

で与えられる．

生成，消滅演算子 $\eta^\dagger, \eta$ を

$$\left.\begin{aligned}\eta^\dagger &= \frac{1}{\sqrt{2m\hbar\omega_c}}\pi_+ = \frac{\lambda}{\sqrt{2}\hbar}\pi_+\,, \\ \eta &= \frac{1}{\sqrt{2m\hbar\omega_c}}\pi_- = \frac{\lambda}{\sqrt{2}\hbar}\pi_-\end{aligned}\right\} \tag{9.87}$$

によって導入すれば，(9.74) によって

$$[\eta, \eta^\dagger] = 1 \tag{9.88}$$

が成立する．(9.75) は

$$\mathcal{H} = \hbar\omega_c\big(\eta^\dagger\eta + \frac{1}{2}\big) \tag{9.89}$$

となり，(9.86) の固有ベクトルは

$$|n\rangle = (n!)^{-1/2}(\eta^\dagger)^n|0\rangle \tag{9.90}$$

となって，1 次元調和振動子理論の Fock 形式と同じものになる．(9.80) は

$$\left.\begin{aligned} &\eta^n\eta^\dagger - \eta^\dagger\eta^n = n\eta^{n-1}, \\ &\eta(\eta^\dagger)^n - (\eta^\dagger)^n\eta = n(\eta^\dagger)^{n-1} \end{aligned}\right\} \tag{9.91}$$

となる．この第 2 式を用いれば，容易に

$$\eta|n\rangle = \sqrt{n}|n-1\rangle\,,\ \ \eta^\dagger|n\rangle = \sqrt{n+1}|n+1\rangle \tag{9.92}$$

が得られる．数演算子をその固有値と同じ文字を使用して n で表せば，

$$\eta^\dagger\eta = n \tag{9.93}$$

と書かれる．(9.93) の固有値は (9.92) により

$$\eta^\dagger\eta|n\rangle = n|n\rangle\,,\ \ n = 0, 1, 2, \cdots \tag{9.94}$$

となり，(9.89) の固有値も

$$\mathcal{H}|n\rangle = E_n|n\rangle = \hbar\omega_c\big(n + \frac{1}{2}\big)|n\rangle$$

となって，(9.82) で与えられる．

対称ゲージにおいては (9.71) のように角運動量 L_z はハミルトニアン $\mathcal{H}$ と可換である．したがって，$\mathcal{H}$ の固有ベクトルは L_z の同時固有ベクトルでなければならない．すなわち，$|n\rangle$ は L_z の固有値に関して縮退している．つぎに，L_z の固有値問題を考えよう．

(9.72) の L_z の第 1 項は $\mathcal{H}$ と同形である．そこで，第 2 項を問題にしよう．x_0, y_0 は交換関係 (9.69) を満たすので，

$$\left.\begin{aligned} \xi &= \frac{1}{\sqrt{2}\lambda}(x_0 + iy_0)\,, \\ \xi^\dagger &= \frac{1}{\sqrt{2}\lambda}(x_0 - iy_0) \end{aligned}\right\} \tag{9.95}$$

によって生成，消滅演算子 $\xi^\dagger, \xi$ を導入すると，交換関係

$$[\xi, \xi^\dagger] = 1 \tag{9.96}$$

が満たされる．そして，

$$r_0^2 \equiv x_0^2 + y_0^2 = \lambda^2(2\xi^\dagger\xi + 1) \tag{9.97}$$

と書かれる．(9.96)，(9.97) の 1 次元調和振動子との類似性から数演算子 m,

$$\xi^\dagger\xi = m\,, \tag{9.98}$$

の固有値も m で表し，$\mathcal{H}$, L_z の同時固有ベクトルを $|n, m\rangle$ で表せば，

$$\xi^\dagger\xi|n, m\rangle = m|n, m\rangle\,,\ \ m \geq 0 \tag{9.99}$$

と書かれ，(9.72) より

$$L_z|n, m\rangle = \hbar(\eta^\dagger\eta - \xi^\dagger\xi)|n, m\rangle = \hbar(n - m)|n, m\rangle \tag{9.100}$$

が得られる．角運動量 L_z の固有値は $\hbar(n - m)$ であり，各 Landau 準位 n に対して L_z の固有ベクトル

$$|n, 0\rangle,\ |n, 1\rangle,\ |n, 2\rangle,\ \cdots,\ |n, m\rangle,\ \cdots$$

が縮退している．

座標表示を採用して波動関数

$$\psi_{n,m} = \langle \boldsymbol{r}|n, m\rangle \tag{9.101}$$

を具体的に求めよう．まず，$\psi_{0,m}$, $m \geq 0$ を考える．$\psi_{0,m}$ は (9.78) より

$$\pi_-\psi_{0,m} = 0 \tag{9.102}$$

を満たす．座標表示で，$p_x = -i\hbar\partial/\partial x$ などを用いれば，

$$\pi_{\pm} = -i\hbar\left[\frac{\partial}{\partial x} \pm i\frac{\partial}{\partial y} \mp \frac{1}{2\lambda^2}(x \pm iy)\right] \tag{9.103}$$

と表される．よって，(9.102)

$$\left[\frac{\partial}{\partial x} - i\frac{\partial}{\partial y} + \frac{1}{2\lambda^2}(x - iy)\right]\psi_{0,m} = 0$$

の解は

$$\psi_{0,m} = f(x - iy)\, e^{-(x^2+y^2)/4\lambda^2} \tag{9.104}$$

となる．さらに，(9.97)，(9.99) より $\psi_{0,m}$ は

$$r_0^2\psi_{0,m} = \lambda^2(2m+1)\,\psi_{0,m} \tag{9.105}$$

の解でもある．座標表示で r_0^2 は

$$\begin{aligned} r_0^2 = \frac{1}{4}(x^2+y^2) + i\lambda^2\left(x\frac{\partial}{\partial y} - y\frac{\partial}{\partial x}\right) \\ -\lambda^4\left(\frac{\partial^2}{\partial x^2} + \frac{\partial^2}{\partial y^2}\right) \end{aligned} \tag{9.106}$$

と書かれる．(9.104) を (9.105) に代入して，(9.106) の微分演算を実行すれば，

$$f(x - iy) = c(x - iy)^m$$

が得られる．したがって，

$$\psi_{0,m} = c(x - iy)^m e^{-(x^2+y^2)/4\lambda^2} \tag{9.107}$$

となる．規格化条件

$$\int\!\!\int |\psi_{0,m}|^2 dxdy = 1$$

によって c を求め，(9.107) に代入すれば，

$$\begin{aligned} \psi_{0,m} = (2^{m+1}\pi m!)^{-1/2}\lambda^{-1}[(x - iy)/\lambda]^m \\ \times \exp[-(x^2+y^2)/4\lambda^2] \end{aligned} \tag{9.108}$$

が得られる．つぎに，(9.86) により

$$\psi_{n,m} = (2^n n!)^{-1/2}(\lambda\pi_+/\hbar)^n\psi_{0,m} \tag{9.109}$$

である．これに (9.108) を代入して，(9.103) の π_+ を掛けるとき，

$$\pi_+ e^{(x^2+y^2)/4\lambda^2} = e^{(x^2+y^2)/4\lambda^2}(-i\hbar)\left(\frac{\partial}{\partial x} + i\frac{\partial}{\partial y}\right)$$

を繰り返し使えば，

$$\begin{aligned}\psi_{n,m} &= (-i)^n(2^{n+m+1}\pi m!n!)^{-1/2}\lambda^{n-m-1}e^{(x^2+y^2)/4\lambda^2} \\ &\quad \times\left(\frac{\partial}{\partial x} + i\frac{\partial}{\partial y}\right)^n (x - iy)^m e^{-(x^2+y^2)/2\lambda^2}\end{aligned} \tag{9.110}$$

となる．複素数の極形式

$$\left.\begin{aligned} z &= x + iy = \rho e^{i\varphi}, \\ \rho &= |z|,\ \varphi = \arg(z) \end{aligned}\right\} \tag{9.111}$$

を導入して

$$\left(\frac{\partial}{\partial x} + i\frac{\partial}{\partial y}\right)^n = z^{n-\ell}\left[\rho^{-1}\left(\frac{\partial}{\partial \rho} + \frac{i}{\rho}\frac{\partial}{\partial \varphi}\right)\right]^n z^\ell, \quad \ell \geq 0$$

と書かれることに注意すれば，

$$\begin{aligned}\psi_{n,m} &= (-i)^n(2^{n+m+1}\pi m!n!)^{-1/2}\lambda^{n-m-1} \\ &\quad \times e^{\rho^2/4\lambda^2} z^{n-m}\left[\rho^{-1}\left(\frac{\partial}{\partial \rho} + \frac{i}{\rho}\frac{\partial}{\partial \varphi}\right)\right]^n \rho^{2m} e^{-\rho^2/2\lambda^2} \\ &= (-i)^n(2^{n-m+1}\pi m!n!)^{-1/2}\lambda^{-1}(\rho/\lambda)^{n-m}e^{-\rho^2/4\lambda^2+i(n-m)\varphi} \\ &\quad \times e^{\rho^2/2\lambda^2}\left(\frac{\partial}{\partial(\rho^2/2\lambda^2)}\right)^n\left(\frac{\rho^2}{2\lambda^2}\right)^m e^{-\rho^2/2\lambda^2} \\ &= i^n(2^{n-m+1}\pi m!n!)^{-1/2}\lambda^{-1}(\rho/\lambda)^{n-m} \\ &\quad \times e^{-\rho^2/4\lambda^2+i(n-m)\varphi}\mathcal{L}_{n,m}(\rho^2/2\lambda^2)\end{aligned} \tag{9.112}$$

となる．ここに，

$$\mathcal{L}_{n,m}(\zeta) = (-1)^n e^\zeta\left(\frac{\partial}{\partial \zeta}\right)^n \zeta^m e^{-\zeta} \tag{9.113}$$

である．

角運動量 L_z は座標表示で

$$L_z = -i\hbar\left(x\frac{\partial}{\partial y} - y\frac{\partial}{\partial x}\right) = -i\hbar\frac{\partial}{\partial \varphi} \tag{9.114}$$

と書かれる．したがって，

$$L_z\psi_{n,m} = -i\hbar\frac{\partial\psi_{n,m}}{\partial\varphi} = \hbar(n-m)\,\psi_{n,m} \tag{9.115}$$

となる．これは (9.100) の座標表示である．

長さの単位に λ，質量の単位に m，時間の単位に ω_c^{-1} を採用する単位系を磁気単位系と呼ぶ．この単位系では作用の単位が $\hbar$ となる．磁気単位系で

$$\begin{aligned}\psi_{n,m} &= (-i)^n(2^{n-m+1}\pi m!n!)^{-1/2}\rho^{n-m}e^{-\rho^2/4+i(n-m)\varphi}\\ &\quad\times e^{\rho^2/2}\left(\frac{\partial}{\partial(\rho^2/2)}\right)^n\left(\frac{\rho^2}{2}\right)^m e^{-\rho^2/2}\end{aligned} \tag{9.116}$$

となる．

9.3 弱局在領域における磁気的相互作用

弱局在領域は電子波 $\boldsymbol{k}$ とその後方散乱波 $\boldsymbol{k}' = -\boldsymbol{k}$ との干渉による局在化の前駆現象として構成される．その物理的な特徴は伝播関数 $\Delta(\boldsymbol{k}+\boldsymbol{k}';\ )$ によって表された．したがって，時間反転対称性を破る擾乱は $\Delta(\boldsymbol{k}+\boldsymbol{k}';\ )$ の構造に著しい影響を与える．8.5 節で負の磁気抵抗効果を簡単に議論したが，この節でグリーン関数法による磁場の効果や磁気的相互作用の取り扱いをきちんとまとめておこう．

9.3.1 磁気伝導度

磁場はベクトルポテンシャル $\boldsymbol{A}$ によって記述され，ハミルトニアンは

$$\mathcal{H} = \frac{1}{2m}\Big(\boldsymbol{p}+\frac{e}{c}\boldsymbol{A}\Big)^2 + U(\boldsymbol{r}) \tag{9.117}$$

と書かれる．ここに，$U(\boldsymbol{r})$ は不純物散乱のポテンシャルである．ゲージ変換

$$\left.\begin{aligned}\boldsymbol{A} &\to \boldsymbol{A}+\nabla\chi,\\ \chi(\boldsymbol{r}) &= -\int^{\boldsymbol{r}}\boldsymbol{A}(\boldsymbol{r})\cdot d\boldsymbol{r}\end{aligned}\right\} \tag{9.118}$$

を施せば，ハミルトニアンの中の $\boldsymbol{A}$ は消去され，その代わりに波動関数を

$$\psi \to e^{-i(e/c\hbar)\chi}\psi = \exp[i(e/c\hbar)\int^{\boldsymbol{r}}\boldsymbol{A}\cdot d\boldsymbol{r}]\,\psi \tag{9.119}$$

ととればよい．このように磁場は波動関数の位相因子の中にとり込むことができる．それで，グリーン関数によって磁場効果を議論する場合，座標表示を用いる方が便利である．

1 電子温度グリーン関数は座標表示において

$$G_{\sigma\sigma'}(\boldsymbol{r},\boldsymbol{r}';\tau-\tau') = -\langle T\Psi_\sigma(\boldsymbol{r},\tau)\,\Psi^\dagger_{\sigma'}(\boldsymbol{r}',\tau')\rangle \tag{9.120}$$

によって与えられる．ここに，電子場の演算子 $\psi_\sigma(\boldsymbol{r})$, $\psi^\dagger_\sigma(\boldsymbol{r})$ の温度に関する Heisenberg 表示 (6.89)

$$\left.\begin{aligned} \Psi_\sigma(\boldsymbol{r},\tau) &= e^{\tau\mathcal{H}}\psi_\sigma(\boldsymbol{r})\,e^{-\tau\mathcal{H}}, \\ \Psi^\dagger_\sigma(\boldsymbol{r},\tau) &= e^{\tau\mathcal{H}}\psi^\dagger_\sigma(\boldsymbol{r})\,e^{-\tau\mathcal{H}} \end{aligned}\right\} \tag{9.121}$$

が定義された．ここに，$\mathcal{H}$ は 1 電子ハミルトニアン (9.117) を多電子ハミルトニアンになおしたものである．松原周波数で表した (9.120) のフーリェ成分 (6.97) は

$$G_{\sigma\sigma'}(\boldsymbol{r},\boldsymbol{r}';i\omega_n) = \frac{1}{2}\int_{-\beta}^{\beta} G_{\sigma\sigma'}(\boldsymbol{r},\boldsymbol{r}';\tau-\tau')\,e^{i\omega_n(\tau-\tau')}d(\tau-\tau')$$

である．磁場がない場合，不純物のランダム分布について平均したものは空間的に並進対称性をもつので，

$$\overline{G}(\boldsymbol{r},\boldsymbol{r}';i\omega_n) = \overline{G}(\boldsymbol{r}-\boldsymbol{r}';i\omega_n) = L^{-d}\sum_{\boldsymbol{k}}\overline{G}(\boldsymbol{k},i\omega_n)\,e^{i\boldsymbol{k}\cdot(\boldsymbol{r}-\boldsymbol{r}')} \tag{9.122}$$

とフーリェ展開される．フーリェ成分 $\overline{G}(\boldsymbol{k},i\omega_n)$ は 6.3.3 節で議論されたものと同じである．2 次元系を問題にするので，$d=2$ とする．

電流演算子は

$$\begin{aligned} J_\mu &= -e\sum_i \dot{x}_{i\mu} \;=\; -\frac{e}{m}\sum_i\Big(p_{i\mu} + \frac{e}{c}A_\mu(x_i)\Big) \\ &= -\frac{e}{m}\int\psi^\dagger(\boldsymbol{x})\Big(-i\hbar\frac{\partial}{\partial x_\mu} + \frac{e}{c}A_\mu(\boldsymbol{x})\Big)\,\psi(\boldsymbol{x})\,d\boldsymbol{x} \end{aligned} \tag{9.123}$$

で与えられる ((A.58) を参照)．ここに，$\boldsymbol{x}$ 積分はスピン座標についての和も含むものとする．したがって，磁場のないとき ($\boldsymbol{A}=0$)，温度グリーン関数 (6.181) の座標表示は

$$G(J_\mu(\tau),J_\nu) = -\,\langle T J_\mu(\tau)\,J_\nu\rangle$$

$$= -\left(\frac{e}{m}\right)^2 \int d\boldsymbol{x} d\boldsymbol{x}' \langle T\Psi^\dagger(\boldsymbol{x},\tau)\left(-i\hbar\frac{\partial}{\partial x_\mu}\right)\Psi(\boldsymbol{x},\tau)$$
$$\times \Psi^\dagger(\boldsymbol{x}')\left(-i\hbar\frac{\partial}{\partial x'_\nu}\right)\Psi(\boldsymbol{x}')\rangle$$
$$= \left(\frac{e}{m}\right)^2 \hbar^2 \int d\boldsymbol{x} d\boldsymbol{x}' \left[\frac{\partial^2}{\partial x_\mu \partial x'_\nu}\overline{K}(\boldsymbol{x},\boldsymbol{x}';\tau)\right]_{\substack{\boldsymbol{x}_1=\boldsymbol{x}\\ \boldsymbol{x}'_1=\boldsymbol{x}'}}, \tag{9.124}$$

$$\overline{K}(\boldsymbol{x},\boldsymbol{x}';\tau) = -\overline{\langle T\Psi^\dagger(\boldsymbol{x}_1,\tau)\,\Psi(\boldsymbol{x},\tau)\,\Psi^\dagger(\boldsymbol{x}')\,\Psi(\boldsymbol{x}'_1)\rangle} \tag{9.125}$$

と書かれる．ここに，$\boldsymbol{x}'$ について部分積分をした．そして，2 体グリーン関数は摂動展開して不純物のランダム分布について平均をとるものとする．

まず，つぎの近似

$$\overline{K}(\boldsymbol{x},\boldsymbol{x}';\tau) \simeq \overline{G}(\boldsymbol{x},\boldsymbol{x}';\tau)\,\overline{G}(\boldsymbol{x}'_1,\boldsymbol{x}_1;-\tau),$$
$$\overline{G}(\boldsymbol{x},\boldsymbol{x}';\tau) = L^{-2}\sum_{\boldsymbol{k}}\beta^{-1}\sum_n \overline{G}(\boldsymbol{k},i\omega_n)\,e^{i\boldsymbol{k}\cdot(\boldsymbol{x}-\boldsymbol{x}')-i\omega_n\tau}$$

を採用しよう．ここに，$\overline{G}(\boldsymbol{k},i\omega_n)$ は (8.47) に与えられている．上の近似を (9.124) に代入すれば，

$$G(J_\mu(\tau)\,J_\nu) = \left(\frac{e}{m}\right)^2 \hbar^2 \int d\boldsymbol{x} d\boldsymbol{x}'$$
$$\times \left[\frac{\partial^2}{\partial x_\mu \partial x'_\nu}\overline{G}(\boldsymbol{x},\boldsymbol{x}';\tau)\,\overline{G}(\boldsymbol{x}'_1,\boldsymbol{x}_1;-\tau)\right]_{\substack{\boldsymbol{x}_1=\boldsymbol{x}\\ \boldsymbol{x}'_1=\boldsymbol{x}'}}$$
$$= 2\left(\frac{e}{m}\right)^2 \hbar^2 \sum_{\boldsymbol{k}} k_\mu k_\nu \overline{G}(\boldsymbol{k},\tau)\,\overline{G}(\boldsymbol{k},-\tau) \tag{9.126}$$

が得られる．これを τ についてフーリェ変換すれば，

$$G(J_\mu,J_\nu;i\nu_\ell) = 2\left(\frac{e}{m}\right)^2 \hbar^2\beta^{-1}\sum_n\sum_{\boldsymbol{k}} k_\mu k_\nu \overline{G}(\boldsymbol{k},i(\omega_n+\nu_\ell))\,\overline{G}(\boldsymbol{k},i\omega_n) \tag{9.127}$$

となって，(8.50) を (6.181) のフーリェ変換に代入して得られるものに一致する．これは σ_0 (8.52) を与える．

つぎに，(9.125) への最大交差図形からの寄与 (図 9.4) を考えよう．それは (9.125) のフーリェ変換に対して

$$\overline{K}(r,r';i\nu_\ell) = \int dr_1 dr_2 \beta^{-1}\sum_n \overline{G}(r,r_1;i(\omega_n+\nu_\ell))$$

$$\times\ \overline{G}(r_2, r'; i(\omega_n + \nu_\ell))\ \overline{G}(r'_0, r_1; i\omega_n)\,\overline{G}(r_2, r_0; i\omega_n)$$
$$\times\ \Delta(r_1, r_2; i\nu_\ell)\,, \tag{9.128}$$

$$\Delta(r_1, r_2; i\nu_\ell) = n_i u_0^2\,\delta(r_1 - r_2) + \int \Phi(r_1, r'; i\nu_\ell)\,\Delta(r', r_2; i\nu_\ell)\,dr'\,, \tag{9.129}$$

$$\Phi(r_1, r_2; i\nu_\ell) = n_i u_0^2\,\overline{G}(r_1, r_2; i(\omega_n + \nu_\ell))\,\overline{G}(r_1, r_2; i\omega_n) \tag{9.130}$$

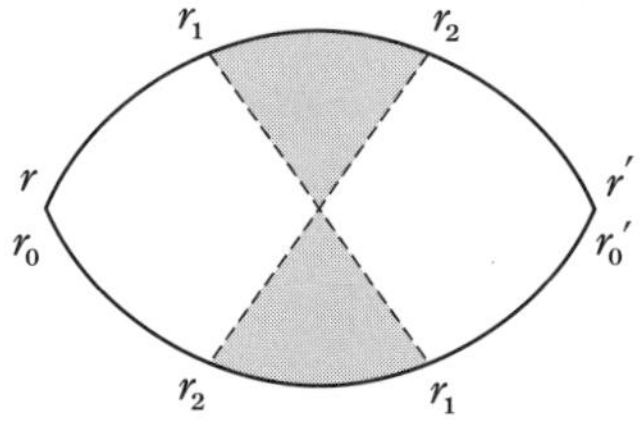

図 9.4　2 体グリーン関数への最大交差図形からの寄与 (9.128).

と書かれる．ここに，$\boldsymbol{x}$, $\boldsymbol{x}'$, $\boldsymbol{x}_1$, $\boldsymbol{x}'_1$ の代わりにそれぞれ r, r', r_0, r'_0 を用いた．(9.130) は座標表示の電子電子対伝播関数であり，(9.129) はそれを反復したものの総和から得られる拡散伝播関数である．

(9.130) のフーリェ展開

$$\Phi(\boldsymbol{r}, \boldsymbol{r}'; i\nu_\ell) = L^{-2} \sum_{\boldsymbol{q}} \Phi(\boldsymbol{q}; i\nu_\ell)\, e^{i\boldsymbol{q}\cdot(\boldsymbol{r}-\boldsymbol{r}')} \tag{9.131}$$

の逆変換は，(9.122) を用いれば，

$$\begin{aligned}\Phi(\boldsymbol{q}; i\nu_\ell) &= \int \Phi(\boldsymbol{r}, \boldsymbol{r}'; i\nu_\ell)\, e^{-i\boldsymbol{q}\cdot(\boldsymbol{r}-\boldsymbol{r}')} d(\boldsymbol{r} - \boldsymbol{r}') \\ &= n_i u_0^2\, L^{-2} \sum_{\boldsymbol{k}} \overline{G}(\boldsymbol{k}, i(\omega_n + \nu_\ell))\,\overline{G}(\boldsymbol{q} - \boldsymbol{k}, i\omega_n)\end{aligned} \tag{9.132}$$

となって (8.56) の $\Phi(\boldsymbol{q}; i\nu_\ell)$ に一致する．(9.131) より

$$\int \Phi(\boldsymbol{r}, \boldsymbol{r}'; i\nu_\ell)\, e^{i\boldsymbol{q}\cdot\boldsymbol{r}'}\, d\boldsymbol{r}' = \Phi(\boldsymbol{q}; i\nu_\ell)\, e^{i\boldsymbol{q}\cdot\boldsymbol{r}} \tag{9.133}$$

が導かれる．(9.133) は積分方程式

$$\int \Phi(\boldsymbol{r}, \boldsymbol{r}'; i\nu_\ell)\, \psi_{\boldsymbol{q}}(\boldsymbol{r}')\, d\boldsymbol{r}' = \Phi(\boldsymbol{q}; i\nu_\ell)\, \psi_{\boldsymbol{q}}(\boldsymbol{r}) \tag{9.134}$$

の固有値が $\Phi(\boldsymbol{q}; i\nu_\ell)$, 固有関数が $\psi_{\boldsymbol{q}}(\boldsymbol{r}) = L^{-1} e^{i\boldsymbol{q}\cdot\boldsymbol{r}}$ であることを示す．(8.56) の計算と同様に，条件

$$Dq^2\tau \ll 1\,, \;\; |\nu_\ell|\tau/\hbar \ll 1$$

のもとで (9.132) は

$$\Phi(\boldsymbol{q}; i\nu_\ell) \simeq 1 - |\nu_\ell|\tau/\hbar - Dq^2\tau \tag{9.135}$$

となる．有限温度では非弾性散乱を考慮に入れて，

$$\Phi(\boldsymbol{q}; i\nu_\ell) \simeq 1 - |\nu_\ell|\tau/\hbar - \tau/\tau_\varepsilon - Dq^2\tau \tag{9.136}$$

と書かれる．

(9.136) を採用すれば，(9.131) は

$$\Phi(\boldsymbol{r}, \boldsymbol{r}'; i\nu_\ell) = \hat{\Phi}(-i\nabla; i\nu_\ell)\, \delta(\boldsymbol{r} - \boldsymbol{r}') \tag{9.137}$$

と書かれ，(9.134) は微分方程式

$$\hat{\Phi}(-i\nabla; i\nu_\ell)\, \psi_{\boldsymbol{q}}(\boldsymbol{r}) = \Phi(\boldsymbol{q}; i\nu_\ell)\, \psi_{\boldsymbol{q}}(\boldsymbol{r}) \tag{9.138}$$

となる．ここに，

$$\hat{\Phi}(-i\nabla; i\nu_\ell) = 1 - |\nu_\ell|\tau/\hbar - \tau/\tau_\varepsilon + D\tau\nabla^2 \tag{9.139}$$

である．

(9.129) は (8.54) の座標表示である．(9.137) を (9.129) に代入すれば，

$$\left\{1 - \hat{\Phi}(-i\nabla; i\nu_\ell)\right\} \Delta(\boldsymbol{r}, \boldsymbol{r}'; i\nu_\ell) = n_i u_0^2\, \delta(\boldsymbol{r} - \boldsymbol{r}') \tag{9.140}$$

が得られる．(9.139) を (9.140) に代入すれば，

$$\left(-D\nabla^2 + \frac{1}{\tau_\varepsilon} + \frac{|\nu_\ell|}{\hbar}\right) \Delta(\boldsymbol{r}, \boldsymbol{r}'; i\nu_\ell) = \frac{n_i u_0^2}{\tau}\, \delta(\boldsymbol{r} - \boldsymbol{r}') \tag{9.141}$$

となる．これは $(\tau/n_i u_0^2)\Delta(\boldsymbol{r}, \boldsymbol{r}'; i\nu_\ell)$ が固有値方程式

$$\left(-D\nabla^2 + \frac{1}{\tau_\varepsilon} + \frac{|\nu_\ell|}{\hbar}\right) \varphi_n(\boldsymbol{r}) = \lambda_n \varphi_n(\boldsymbol{r}) \tag{9.142}$$

のグリーン関数であることを意味する．したがって，

$$\varphi_n(\boldsymbol{r}) = \frac{\tau}{n_i u_0^2}\int \Delta(\boldsymbol{r}, \boldsymbol{r}'; i\nu_\ell)\,\lambda_n \varphi_n(\boldsymbol{r}')\,d\boldsymbol{r}' \tag{9.143}$$

である．$\varphi_n(\boldsymbol{r})$ の完備性

$$\sum_n \varphi_n(\boldsymbol{r})\,\varphi_n^*(\boldsymbol{r}') = \delta(\boldsymbol{r} - \boldsymbol{r}')$$

を用いれば，

$$\Delta(\boldsymbol{r}, \boldsymbol{r}'; i\nu_\ell) = \frac{n_i u_0^2}{\tau}\sum_n \frac{\varphi_n(\boldsymbol{r})\,\varphi_n^*(\boldsymbol{r}')}{\lambda_n} \tag{9.144}$$

が得られる．(9.124) のフーリエ変換 $G(J_\mu, J_\nu; i\nu_\ell)$ に対する最大交差図形からの補正の一般形は (9.128)，(9.144) を代入して得られる．

(9.128) を (9.124) に代入して x_μ, x'_ν に関する微分を実行した後につぎの事実に注意しよう．グリーン関数 $\overline{G}(r, r_1;\ )$, $\overline{G}(r_2, r';\ )$ は $|r - r_1| \geq \ell$, $|r_2 - r'| \geq \ell$ (ℓ は平均自由行程) で減衰する．これに対して $\Delta(r_1, r_2;\ )$ の減衰距離は L_ε 程度で ℓ に比べてはるかに長い．(磁場がある場合には磁気長 ℓ_H にも関係する．以下の近似が成立するためには $\ell_H \gg \ell$ が必要となる．$\hbar c/eH \gg \ell^2$ の程度に弱磁場でなければならない)．したがって，r_1, r_2 に関する積分において $\Delta(r_1, r_2;\ )$ は $r_1 \sim r$, $r_2 \sim r'$ とおいて積分の外に出してよい．こうして，r_1, r_2 に関する積分は 4 つの 1 体グリーン関数をフーリエ展開して実行することができ，

$$\begin{aligned}
&\int dr\,dr' \left[\frac{\partial^2}{\partial x_\mu \partial x'_\nu}\,\overline{K}(r, r'; i\nu_\ell)\right]_{\substack{r_0 = r,\\ r'_0 = r'}} \\
&= \int dr\,dr'\,\beta^{-1}\sum_n L^{-4}\sum_{k_1, k_2} k_{1\mu} k_{2\nu}\overline{G}(k_1)\,\overline{G}(k_2) \\
&\quad \times \overline{G}(-k_1)\,\overline{G}(-k_2)\,e^{i(k_1+k_2)(r-r')}\Delta(r, r'; i\nu_\ell)
\end{aligned} \tag{9.145}$$

となる．ここに，簡素化のためにベクトル用に肉太の文字を使わなかった．再び，$|r - r'| \sim \ell$ で 1 体グリーン関数は減衰するのに対して $\Delta(r, r';\ )$ は変化しないことに注意する．よって，r' 積分において $\Delta(r, r';\ )$ を $r' \simeq r$ として積分の外に出せば，(9.145) は

$$= -2\beta^{-1}\sum_n L^{-2}\sum_{\boldsymbol{k}} k_\mu k_\nu \overline{G}(k)\,\overline{G}(-k)$$

$$
\begin{aligned}
&\times \overline{G}(-k)\,\overline{G}(k) \int dr\, \Delta(r,r;i\nu_\ell) \\
=& -2\beta^{-1} \sum_n L^{-2} \sum_{\boldsymbol{k}} k_\mu k_\nu \left[\overline{G}(\boldsymbol{k}, i(\omega_n+\nu_\ell))\right]^2 \\
&\times \left[\overline{G}(\boldsymbol{k}, i\omega_n)\right]^2 \frac{n_i u_0^2}{\tau} \sum_n \frac{1}{\lambda_n}
\end{aligned} \tag{9.146}
$$

となる．ここに，(9.144) を用いた．

(9.146) を代入すれば，(9.124) のフーリェ変換は

$$
\begin{aligned}
G(J_\mu, J_\nu; i\nu_\ell) =& -2\left(\frac{e}{m}\right)^2 \hbar^2 \beta^{-1} \sum_n \sum_{\boldsymbol{k}} k_\mu k_\nu \left[\overline{G}(\boldsymbol{k}, i(\omega_n+\nu_\ell))\right]^2 \\
&\times \left[\overline{G}(\boldsymbol{k}, i\omega_n)\right]^2 \frac{n_i u_0^2}{\tau L^2} \sum_n \frac{1}{\lambda_n}
\end{aligned} \tag{9.147}
$$

となる．これから得られる電気伝導度に対する補正は

$$
\Delta\sigma = -\sigma_0 \frac{2\hbar}{mL^2} \sum_n \frac{1}{\lambda_n} \tag{9.148}
$$

となる．(9.142) の固有関数が $\varphi_n(\boldsymbol{r}) = L^{-1} e^{i\boldsymbol{q}\cdot\boldsymbol{r}}$ であるならば，$i|\nu_\ell| \to \hbar\omega + i\delta,\ \omega \to 0$ として (9.148) は

$$
\left.
\begin{aligned}
\Delta\sigma &= -\sigma_0 \frac{2\hbar}{mL^2} \sum_{\boldsymbol{q}} \frac{1}{\lambda_{\boldsymbol{q}}}, \\
\lambda_{\boldsymbol{q}} &= Dq^2 + 1/\tau_\varepsilon
\end{aligned}
\right\} \tag{9.149}
$$

となり，(8.74) に導かれる．

以上は磁場のない場合であるが，磁場のある場合への拡張は容易である．ゲージ変換 (9.118) によってハミルトニアンからベクトルポテンシャルを消去しておけば，これまでの磁場のない場合の形式から入ることができる．その際，波動関数はゲージ変換 (9.119) を受ける．したがって，グリーン関数はゲージ変換

$$
\overline{G}(\boldsymbol{r}, \boldsymbol{r}'; i\omega_n) \to e^{-i(e/c\hbar)(\chi(\boldsymbol{r})-\chi(\boldsymbol{r}'))} \overline{G}(\boldsymbol{r}, \boldsymbol{r}'; i\omega_n) \tag{9.150}
$$

を受ける．そして，電子電子対伝播関数 (9.130) および拡散伝播関数 (9.129) が受けるゲージ変換はどちらも同じく

$$
\left.
\begin{aligned}
\boldsymbol{\Phi}(\boldsymbol{r}, \boldsymbol{r}'; i\nu_\ell) &\to e^{-2i(e/c\hbar)(\chi(\boldsymbol{r})-\chi(\boldsymbol{r}'))} \boldsymbol{\Phi}(\boldsymbol{r}, \boldsymbol{r}'; i\nu_\ell) \\
\Delta(\boldsymbol{r}, \boldsymbol{r}'; i\nu_\ell) &\to e^{-2i(e/c\hbar)(\chi(\boldsymbol{r})-\chi(\boldsymbol{r}'))} \Delta(\boldsymbol{r}, \boldsymbol{r}'; i\nu_\ell)
\end{aligned}
\right\} \tag{9.151}
$$

となる．(9.144) によれば，(9.151) の第 2 式は固有関数 $\varphi_n(\boldsymbol{r})$ が

$$\varphi_n(\boldsymbol{r}) \to e^{-2i(e/c\hbar)\chi(\boldsymbol{r})}\varphi_n(\boldsymbol{r}) \tag{9.152}$$

のゲージ変換を受けることを意味する．これは電荷 $-2e$ の粒子の波動関数に対するゲージ変換になっている．このことは粒子対チャンネルはあたかも Cooper 対のような粒子対の伝播から構成されていることを示す．

(9.152) を用いれば，磁場のない場合の固有値方程式 (9.142)

$$\left(D\,(-i\nabla)^2 + \frac{1}{\tau_\varepsilon} + \frac{|\nu_\ell|}{\hbar}\right)\, e^{-2i(e/c\hbar)\chi}\varphi_n(\boldsymbol{r}) = \lambda_n e^{-2i(e/c\hbar)\chi}\varphi_n(\boldsymbol{r}) \tag{9.153}$$

が成立する．これの $\chi(\boldsymbol{r})$ に対して (9.118) を用いれば，磁場のある場合

$$\left\{D\left[-i\nabla + \frac{2e}{c\hbar}\boldsymbol{A}(\boldsymbol{r})\right]^2 + \frac{1}{\tau_\varepsilon} + \frac{|\nu_\ell|}{\hbar}\right\}\varphi_n(\boldsymbol{r}) = \lambda_n\varphi_n(\boldsymbol{r}) \tag{9.154}$$

が固有値方程式となる．(9.154) の演算子は 1 電子ハミルトニアンと同形で，その対応は

$$\hbar^2/2m \to D\,,\ \ e \to 2e \tag{9.155}$$

である．したがって，Landau 量子化の結果 (9.36) および Landau 準位の縮重度 g (9.41) において (9.155) の入れ換えを行えば，

$$\lambda_n = \frac{4D}{\ell_H^2}\Big(n + \frac{1}{2}\Big) + \frac{1}{\tau_\varepsilon} + \frac{|\nu_\ell|}{\hbar}\,, \tag{9.156}$$

$$g = \frac{2eH}{hc}S = \frac{S}{\pi\ell_H^2} \tag{9.157}$$

が得られる．

電気伝導度への補正は (9.156), (9.157) を (9.148) に代入して，(8.52), (8.60) を用い，$i|\nu_\ell| \to \hbar\omega + i\delta$ とすれば，

$$\begin{aligned}\Delta\sigma &= -\frac{2e^2D}{\pi\hbar S}\frac{S}{\pi\ell_H^2}\sum_n{}' \frac{1}{\dfrac{4D}{\ell_H^2}\Big(n+\dfrac{1}{2}\Big) + \dfrac{1}{\tau_\varepsilon} - i\omega} \\ &= -\frac{e^2}{2\pi^2\hbar}\sum_n{}' \frac{1}{n + \dfrac{1}{2} + \dfrac{\ell_H^2}{4D\tau_\varepsilon} - \dfrac{i\omega\ell_H^2}{4D}}\end{aligned} \tag{9.158}$$

となる．ここに，n 和のプライムは上限を付けて切断することを意味する．(9.136) の成立条件は $Dq^2\tau \ll 1, \omega\tau \ll 1$ であった．静的極限 $\omega \to 0$ で磁場のあるいまの場合 (9.158) より

$$\frac{4D\tau}{\ell_H^2} n \ll 1$$

の条件が必要となる．よって，切断上限 n_c は

$$n_c = \frac{\ell_H^2}{4D\tau} = \frac{\ell_H^2}{4\,\ell^2} \tag{9.159}$$

ととられる．ここに，$D = \ell^2/\tau$ ((8.60) より $\ell = v_F\tau/\sqrt{d}$) とした．こうして，(9.158) は (8.99) と同じになり，8.5 節を再現する．

$$\tau_\varepsilon \gg \tau \ \text{すなわち}\ n_c = \frac{\ell_H^2}{4D\tau} \gg \frac{\ell_H^2}{4D\tau_\varepsilon}$$

に注意すれば，

$$\begin{aligned}
\sum_{n=0}^{n_c-1} \frac{1}{n + \dfrac{1}{2} + \dfrac{\ell_H^2}{4D\tau_\varepsilon}} &= \sum_{n=0}^{\infty} \frac{1}{n+z} - \sum_{n=n_c}^{\infty} \frac{1}{n+z} \\
&= \sum_{n=0}^{\infty} \frac{1}{n+z} - \sum_{n=0}^{\infty} \frac{1}{n+n_c+z}, \\
z = \frac{1}{2} + \frac{\ell_H^2}{4D\tau_\varepsilon}, &\quad n_c + z \simeq \frac{1}{2} + \frac{\ell_H^2}{4D\tau}
\end{aligned}$$

である．したがって，ディ・ガンマ関数

$$\psi(z) = -\gamma - \sum_{n=0}^{\infty} \left(\frac{1}{n+z} - \frac{1}{n+1} \right)$$

を用いれば，(9.158) は (8.100) と同じく

$$\begin{aligned}
\Delta\sigma &= -\frac{e^2}{2\pi^2\hbar}\left[\psi\left(\frac{1}{2} + \frac{\ell_H^2}{4D\tau}\right) - \psi\left(\frac{1}{2} + \frac{\ell_H^2}{4D\tau_\varepsilon}\right)\right] \\
&= -\frac{e^2}{2\pi^2\hbar}\left[\psi\left(\frac{1}{2} + \frac{\ell_H^2}{4\ell^2}\right) - \psi\left(\frac{1}{2} + \frac{\ell_H^2}{4L_\varepsilon^2}\right)\right]
\end{aligned} \tag{9.160}$$

と書かれる．ここに，$L_\varepsilon = \sqrt{D\tau_\varepsilon}$ は Thouless 長である．

弱磁場極限 $\ell_H \gg L_\varepsilon$ では

$$\psi(z) \simeq \log z\,,\ \ |z| \gg 1$$

が使えるので，

$$\Delta\sigma = -\frac{e^2}{\pi^2\hbar}\log\frac{L_\varepsilon}{\ell} = -\frac{e^2}{2\pi^2\hbar}\log\frac{\tau_\varepsilon}{\tau}$$

となり，(8.74) に一致する．

磁場が適当に強くなって $L_\varepsilon \gg \ell_H \gg \ell$ となるとき，(9.160) の第 2 項は無視できて，

$$\Delta\sigma \simeq -\frac{e^2}{\pi^2\hbar}\log\frac{\ell_H}{\ell} \tag{9.161}$$

となる．これは (8.104) と一致する．

9.3.2　スピン軌道相互作用

電子が中心力の散乱ポテンシャル場内で軌道運動するときにそれに伴う内部磁場と電子スピンとの間に相互作用が生ずる．このスピン軌道相互作用を V_{so} と書けば，1 電子ハミルトニアンは自由電子近似で

$$\mathcal{H} = \frac{1}{2m}p^2 + U(\boldsymbol{r}) + V_{so} \tag{9.162}$$

である．ここに，$U(\boldsymbol{r})$ は不純物の散乱ポテンシャルである．

スピン軌道相互作用は厳密には Dirac の相対論的波動方程式から導かれるが，軌道角運動量およびスピン角運動量をそれぞれ $\hbar\boldsymbol{\ell}$ および $\hbar\boldsymbol{s}$ として通常

$$\left.\begin{aligned} V_{so} &= \zeta(r)\,\boldsymbol{\ell}\cdot\boldsymbol{s}\,, \\ \zeta(r) &= \frac{\hbar^2}{2m^2c^2}\frac{1}{r}\frac{dU}{dr} \end{aligned}\right\} \tag{9.163}$$

で与えられる．これを Pauli のスピン行列 $\boldsymbol{\sigma}$ を用いて

$$\begin{aligned} V_{so} &= C\frac{1}{r}\frac{dU}{dr}\,\hbar\boldsymbol{\ell}\cdot\boldsymbol{\sigma} = -i\hbar C\frac{1}{r}\frac{dU}{dr}\,(\boldsymbol{r}\times\nabla)\cdot\boldsymbol{\sigma} \\ &= -i\hbar C\frac{1}{r}\frac{dU}{dr}\,\boldsymbol{r}\cdot(\nabla\times\boldsymbol{\sigma}) = -i\hbar C\,(\nabla U)\cdot(\nabla\times\boldsymbol{\sigma}) \end{aligned} \tag{9.164}$$

と書き，散乱前後の状態 $(\boldsymbol{k},\alpha)$, $(\boldsymbol{k}',\beta)$ の間の行列要素を求めよう．それは

$$\begin{aligned}\langle \boldsymbol{k}',\beta|V_{so}|\boldsymbol{k},\alpha\rangle &= V^{-1}\int d\boldsymbol{r}\, e^{-i\boldsymbol{k}'\cdot\boldsymbol{r}}\langle\beta|V_{so}|\alpha\rangle\, e^{i\boldsymbol{k}\cdot\boldsymbol{r}}\\ &= -i\hbar\frac{C}{V}\int d\boldsymbol{r} e^{-i(\boldsymbol{k}'-\boldsymbol{k})\cdot\boldsymbol{r}}(\nabla U)\cdot(i\boldsymbol{k}\times\boldsymbol{\sigma}_{\beta\alpha})\\ &= i\hbar\frac{C}{V}\int d\boldsymbol{r}\, U\, e^{-i(\boldsymbol{k}'-\boldsymbol{k})\cdot\boldsymbol{r}}\boldsymbol{k}'\cdot(\boldsymbol{k}\times\boldsymbol{\sigma}_{\beta\alpha}) \end{aligned} \tag{9.165}$$

となる．第2式から第3式へは部分積分を行った．

$$U(\boldsymbol{r}) = u_0\sum_{\lambda}\delta(\boldsymbol{r}-\boldsymbol{R}_\lambda) \tag{9.166}$$

とすれば，

$$\begin{aligned}\langle \boldsymbol{k}',\beta|V_{so}|\boldsymbol{k},\alpha\rangle &= i\hbar C V^{-1}u_0\xi_{\boldsymbol{k}'-\boldsymbol{k}}(\boldsymbol{k}'\times\boldsymbol{k})\cdot\boldsymbol{\sigma}_{\beta\alpha}\\ &= V^{-1}iu_{so}\xi_{\boldsymbol{k}'-\boldsymbol{k}}(\hat{\boldsymbol{k}}'\times\hat{\boldsymbol{k}})\cdot\boldsymbol{\sigma}_{\beta\alpha}\,, \qquad (9.167)\\ u_{so} &= \hbar C\, u_0\, k'k \end{aligned}$$

となる．ここに，$\xi_{\boldsymbol{q}} = \sum_\lambda \exp(-i\boldsymbol{q}\cdot\boldsymbol{R}_\lambda)$ (8.46)，そして $\hat{\boldsymbol{k}} = \boldsymbol{k}/k$ は単位ベクトルである．散乱ポテンシャル $U(\boldsymbol{r})$ の行列要素も含めて，(9.162) から導かれる多電子ハミルトニアンの相互作用項[3]は

$$\mathcal{H}' = V^{-1}\sum_{\alpha,\beta}\sum_{\boldsymbol{k},\boldsymbol{k}'}{}' u(\boldsymbol{k},\boldsymbol{k}')_{\alpha\beta}\xi_{\boldsymbol{k}'-\boldsymbol{k}}a^\dagger_{\boldsymbol{k}'\beta}a_{\boldsymbol{k}\alpha}\,, \tag{9.168}$$

$$u(\boldsymbol{k},\boldsymbol{k}')_{\alpha\beta} = u_0\delta_{\alpha\beta} + iu_{so}(\hat{\boldsymbol{k}}'\times\hat{\boldsymbol{k}})\cdot\boldsymbol{\sigma}_{\beta\alpha} \tag{9.169}$$

によって与えられる．ここに，総和記号に付けたプライムは $\boldsymbol{k}=\boldsymbol{k}'$ を除くことを意味する．(9.169) の右辺第1項は (6.147) で $U_{\boldsymbol{q}} = u_0\xi_{\boldsymbol{q}}$ とした場合である．2次元系を考えているので，具体的には $V = L^2$ である．

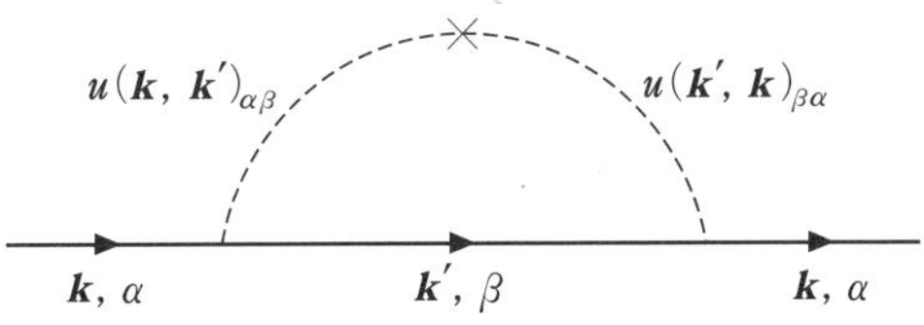

図 9.5 スピン軌道相互作用を含めた散乱による自己エネルギー部分．

[3] S. Hikami, A. I. Larkin and Y. Nagaoka: Prog. Theor. Phys. **63** (1980) 707.

前と同じ近似 (Born 近似) で自己エネルギー部分の計算をすることになる．図 6.11a(6.173) に相当するものであるが，今度は図 9.5 のようにスピンに依存するグリーン関数に対応する自己エネルギー部分であるために，中間状態は $\boldsymbol{k}'$ 和のみならず β 和が入る．結果は $\boldsymbol{k}'$ 和によって自己エネルギー部分は各相互作用に対応するものに分離し，スピン軌道相互作用に対応する部分は

$$\left.\begin{aligned}\Sigma_{so}(i\omega_n) &\simeq -\frac{i\hbar}{2\tau_{so}}\mathrm{sgn}(\omega_n)\,,\\ \frac{1}{\tau_{so}} &= \frac{2\pi}{\hbar}n_i u_{so}^2 N(0)\langle|\hat{\boldsymbol{k}}'\times\hat{\boldsymbol{k}}|^2\rangle_F\end{aligned}\right\}\tag{9.170}$$

となる．ここに，$\langle|\hat{\boldsymbol{k}}'\times\hat{\boldsymbol{k}}|^2\rangle_F$ は Fermi 面上での角度についての平均をとることを意味する．純粋な 2 次元系では $(\hat{\boldsymbol{k}}'\times\hat{\boldsymbol{k}})_x^2 = (\hat{\boldsymbol{k}}'\times\hat{\boldsymbol{k}})_y^2 = 0$ であるが，厚さ d の金属薄膜など通常 $d^{-1} \ll k_F$ の条件が満たされる準 2 次元系では $(\hat{\boldsymbol{k}}'\times\hat{\boldsymbol{k}})_x^2 \neq 0, (\hat{\boldsymbol{k}}'\times\hat{\boldsymbol{k}})_y^2 \neq 0$ として取り扱われる．いまの場合，$\langle(\hat{\boldsymbol{k}}'\times\hat{\boldsymbol{k}})_x^2\rangle_F = \langle(\hat{\boldsymbol{k}}'\times\hat{\boldsymbol{k}})_y^2\rangle_F = \langle(\hat{\boldsymbol{k}}'\times\hat{\boldsymbol{k}})_z^2\rangle_F = \langle|\hat{\boldsymbol{k}}'\times\hat{\boldsymbol{k}}|^2\rangle_F/3$ とした．こうして，(8.47) の $1/\tau$ の代わりに $1/\tau + 1/\tau_{so}$ が入ることになる．

$$\frac{1}{\tau} \gg \frac{1}{\tau_{so}} + \frac{1}{\tau_\varepsilon}$$

ならば，(8.59) の代わりに

$$\Phi(\boldsymbol{q}; i\nu_\ell) = 1 - \frac{\tau}{\tau_{so}} - \frac{\tau}{\tau_\varepsilon} - Dq^2\tau - \frac{|\nu_\ell|\tau}{\hbar}\tag{9.171}$$

となる．粒子–粒子チャンネルは図 9.6 に示されている．拡散伝播関数 $\Delta_{\alpha\beta,\alpha'\beta'}(\boldsymbol{q}; i\nu_\ell)$ を構成する相互作用は，不純物散乱による部分

$$\gamma\,\delta_{\alpha\alpha'}\delta_{\beta\beta'}\,,\ \ \gamma = n_i u_0^2/V\tag{9.172}$$

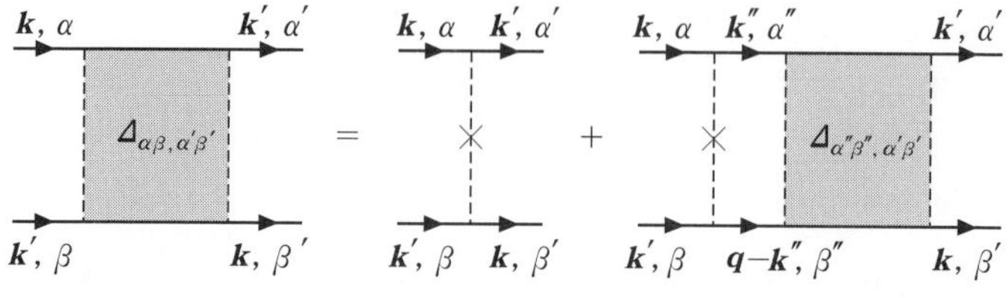

図 9.6　スピンに依存する散乱による $\Delta_{\alpha\beta,\alpha'\beta'}(\boldsymbol{q}; i\nu_\ell)$, $\boldsymbol{q} = \boldsymbol{k} + \boldsymbol{k}'$.

およびスピン軌道相互作用による部分

$$\gamma_{so}\,(\sigma_{\alpha'\alpha}\cdot\sigma_{\beta'\beta}),\quad \gamma_{so}=-\frac{1}{3}\frac{n_i}{V}u_{so}^2\langle|\hat{\boldsymbol{k}}'\times\hat{\boldsymbol{k}}|^2\rangle_F \tag{9.173}$$

から成ることに注意しよう．図 9.6 を参照すれば，

$$\begin{aligned}\Delta_{\alpha\beta,\alpha'\beta'}&=\gamma\,\delta_{\alpha\alpha'}\delta_{\beta\beta'}+\gamma_{so}\,(\sigma_{\alpha'\alpha}\cdot\sigma_{\beta'\beta})\\&+\sum_{\alpha'',\beta''}\big(\gamma\,\delta_{\alpha\alpha''}\delta_{\beta\beta''}+\gamma_{so}\,(\sigma_{\alpha''\alpha}\cdot\sigma_{\beta''\beta})\big)\,\Pi\,\Delta_{\alpha''\beta'',\alpha'\beta'}\end{aligned} \tag{9.174}$$

となる．ここに，粒子対伝播関数 Π は

$$\Pi(\boldsymbol{q};i\nu_\ell)=\sum_{\boldsymbol{k}}\overline{G}(\boldsymbol{k},i(\omega_n+\nu_\ell))\,\overline{G}(\boldsymbol{q}-\boldsymbol{k},i\omega_n) \tag{9.175}$$

であって，これに (9.172) の γ を掛ければ (9.171) の Φ である ($\Phi=\gamma\Pi$)．(9.174) を反復すると

$$\begin{aligned}\Delta_{\alpha\beta,\alpha'\beta'}=\;&\gamma\,\delta_{\alpha\alpha'}\delta_{\beta\beta'}+\gamma_{so}\,(\sigma_{\alpha'\alpha}\cdot\sigma_{\beta'\beta})\\&\sum_{\alpha'',\beta''}\big(\gamma\,\delta_{\alpha\alpha''}\delta_{\beta\beta''}+\gamma_{so}\,(\sigma_{\alpha''\alpha}\cdot\sigma_{\beta''\beta})\big)\,\Pi\\&\times\big(\gamma\,\delta_{\alpha''\alpha'}\delta_{\beta''\beta'}+\gamma_{so}\,(\sigma_{\alpha'\alpha''}\cdot\sigma_{\beta'\beta''})\big)\\&+\sum_{\alpha'',\beta''}\sum_{\alpha''',\beta'''}\big(\gamma\,\delta_{\alpha\alpha''}\delta_{\beta\beta''}+\gamma_{so}\,(\sigma_{\alpha''\alpha}\cdot\sigma_{\beta''\beta})\big)\,\Pi\\&\times\big(\gamma\,\delta_{\alpha''\alpha'''}\delta_{\beta''\beta'''}+\gamma_{so}\,(\sigma_{\alpha'''\alpha''}\cdot\sigma_{\beta'''\beta''})\big)\,\Pi\\&\times\big(\gamma\,\delta_{\alpha'''\alpha'}\delta_{\beta'''\beta'}+\gamma_{so}\,(\sigma_{\alpha'\alpha'''}\cdot\sigma_{\beta'\beta'''})\big)\\&+\cdots\end{aligned} \tag{9.176}$$

となる．$\gamma\gg\gamma_{so}$ として γ_{so} の 2 次以上の項を無視すれば，(9.176) は

$$\Delta_{\alpha\beta,\alpha'\beta'}=\Delta_1\delta_{\alpha\alpha'}\delta_{\beta\beta'}+\Delta_2(\sigma_{\alpha'\alpha}\cdot\sigma_{\beta'\beta}) \tag{9.177}$$

の形に表される．(9.177) を (9.174) の右辺に代入すれば，

$$\begin{aligned}\Delta_{\alpha\beta,\alpha'\beta'}=\;&\gamma\,\delta_{\alpha\alpha'}\delta_{\beta\beta'}+\gamma_{so}\,(\sigma_{\alpha'\alpha}\cdot\sigma_{\beta'\beta})\\&+\gamma\,\Pi\big(\Delta_1\delta_{\alpha\alpha'}\delta_{\beta\beta'}+\Delta_2(\sigma_{\alpha'\alpha}\cdot\sigma_{\beta'\beta})\big)\\&+\gamma_{so}\sum_{\alpha'',\beta''}(\sigma_{\alpha''\alpha}\cdot\sigma_{\beta''\beta})\,\Pi\\&\times\big(\Delta_1\delta_{\alpha''\alpha'}\delta_{\beta''\beta'}+\Delta_2(\sigma_{\alpha'\alpha''}\cdot\sigma_{\beta'\beta''})\big)\end{aligned}$$

となる．これを (9.177) と比較すれば，

$$\left.\begin{aligned}\Delta_1 &= \frac{\gamma}{1-\gamma\,\Pi},\\ \Delta_2 &= \frac{\gamma_{so}}{(1-\gamma\,\Pi)^2}\end{aligned}\right\} \tag{9.178}$$

が得られる．

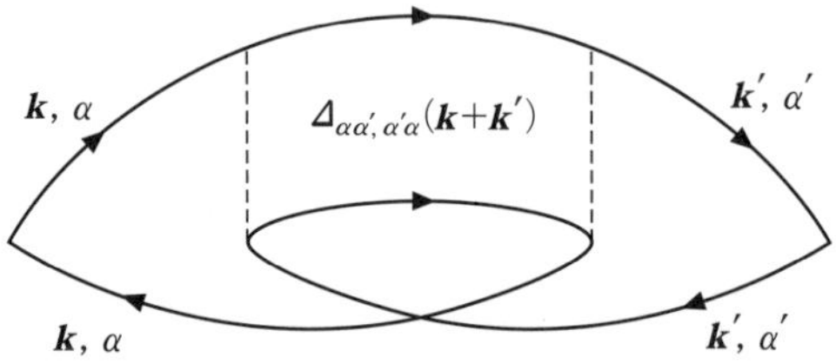

図 9.7 電気伝導度を与える 2 体グリーン関数.

電気伝導度に入るのは，$\beta=\alpha'$, $\beta'=\alpha$ の場合 (図 9.7) で，解析接続 ($i\nu_\ell\to\hbar\omega+i\delta$) された

$$\sum_{\alpha,\alpha'}\Delta_{\alpha\alpha',\alpha'\alpha}(\boldsymbol{q},\omega),\ \ \omega\to 0$$

である．これを γ_{so} の 1 次までで計算して，

$$\begin{aligned}\sum_{\alpha,\alpha'}\Delta_{\alpha\alpha',\alpha'\alpha}(\boldsymbol{q}) &= \Delta_1\sum_{\alpha,\alpha'}\delta_{\alpha\alpha'}\delta_{\alpha'\alpha}+\Delta_2\sum_{\alpha,\alpha'}(\sigma_{\alpha'\alpha}\cdot\sigma_{\alpha\alpha'})\\ &= 2\Delta_1+6\Delta_2 = \frac{2\gamma}{1-\gamma\,\Pi}+\frac{6\gamma_{so}}{(1-\gamma\,\Pi)^2}\\ &\cong -\frac{\gamma}{1-\gamma\,\Pi_0}+\frac{3\gamma}{1-\gamma\,\Pi_0}\left(1-\frac{4\tau/3\tau_{so}}{1-\gamma\,\Pi_0}\right)\\ &\cong -\frac{\gamma}{Dq^2\tau+\tau/\tau_\varepsilon}+\frac{3\gamma}{Dq^2\tau+\tau/\tau_\varepsilon+4\tau/3\tau_{so}}\end{aligned} \tag{9.179}$$

となる．ここに，$\gamma_{so}/\gamma=-\tau/3\tau_{so}$ であり，また

$$1-\gamma\,\Pi = Dq^2\tau+\tau/\tau_\varepsilon+\tau/\tau_{so}\equiv 1-\gamma\,\Pi_0+\tau/\tau_{so},$$
$$1-\gamma\,\Pi_0 = Dq^2\tau+\tau/\tau_\varepsilon$$

を用いた．(9.179) ではスピンに関する和が既にとられていることに注意しよう．(9.179) が (8.62) の 2 倍，すなわち $2\Delta(\boldsymbol{q};i\nu_\ell)$ の代わりに入ることになる．

こうして，スピン軌道相互作用を考慮した補正として

$$\Delta\sigma_{so} = -\frac{2e^2 D}{\pi\hbar L^2}\sum_{\boldsymbol{q}}^{q<q_c}\left\{\frac{3}{2}\frac{1}{Dq^2+4/3\tau_{so}+1/\tau_\varepsilon} - \frac{1}{2}\frac{1}{Dq^2+1/\tau_\varepsilon}\right\} \tag{9.180}$$

が得られる．$q_c \sim \ell^{-1}$, $L_{so}=\sqrt{D\tau_{so}}$ として，この式は

$$\Delta\sigma_{so} = -\frac{2e^2}{\pi\hbar L^2}\sum_{\boldsymbol{q}}^{q<\ell^{-1}}\left\{\frac{3}{2}\frac{1}{q^2+4/3L_{so}^2+1/L_\varepsilon^2} - \frac{1}{2}\frac{1}{q^2+1/L_\varepsilon^2}\right\} \tag{9.181}$$

となる．2 次元 $\boldsymbol{q}$ 積分を実行すれば，

$$\Delta\sigma_{so} = -\frac{e^2}{2\pi^2\hbar}\left\{\frac{3}{2}\log\left(\frac{\ell^{-2}}{(4/3)L_{so}^{-2}+L_\varepsilon^{-2}}\right) - \frac{1}{2}\log\left(\frac{\ell^{-2}}{L_\varepsilon^{-2}}\right)\right\} \tag{9.182}$$

が得られる．この式の各場合は

$$\Delta\sigma_{so} \cong \begin{cases} -\dfrac{e^2}{\pi^2\hbar}\log\left(\dfrac{L_\varepsilon}{\ell}\right), & L_\varepsilon \ll L_{so} \\ -\dfrac{e^2}{2\pi^2\hbar}\left[3\log\left(\dfrac{L_{so}}{\ell}\right) - \log\left(\dfrac{L_\varepsilon}{\ell}\right)\right], & L_{so} \ll L_\varepsilon \end{cases} \tag{9.183}$$

となる．$L_\varepsilon \ll L_{so}$ の場合は高温で非弾性散乱が支配的な場合で，前の結果 (8.74) に帰着する．逆の $L_\varepsilon \gg L_{so}$ の場合は低温でスピン軌道相互作用の効果が現れる場合で，温度変化の符号が逆転して温度の下降とともに伝導率は $-\log T$ に従って増大する (抵抗率は減少する)．これはスピン軌道相互作用が反局在効果をもつことを示している．

磁場があるときには電子状態は Landau 量子化されて，粒子–粒子チャンネルの構造を決める固有値は (9.156) のようになる．この場合にスピン軌道相互作用を考慮に入れることは上と同様に行われる．結果は (9.180) の代わりに

$$\Delta\sigma_{so}(H) = -\frac{2e^2}{\pi\hbar}\frac{eH}{\pi\hbar c}\sum_n{}'\left[\frac{3}{2}\frac{1}{4(n+1/2)/\ell_H^2+4/3D\tau_{so}+1/D\tau_\varepsilon} - \frac{1}{2}\frac{1}{4(n+1/2)/\ell_H^2+1/D\tau_\varepsilon}\right] \tag{9.184}$$

となる．ディガンマ関数 $\psi(z)$ を使って書けば，

$$\begin{aligned}\Delta\sigma_{so}(H) = &-\frac{e^2}{2\pi^2\hbar}\left\{\frac{3}{2}\left[\psi\left(\frac{1}{2}+\frac{\ell_H^2}{4D\tau}\right)-\psi\left(\frac{1}{2}+\frac{\ell_H^2}{3D\tau_{so}}+\frac{\ell_H^2}{4D\tau_\varepsilon}\right)\right]\right.\\ &\left.-\frac{1}{2}\left[\psi\left(\frac{1}{2}+\frac{\ell_H^2}{4D\tau}\right)-\psi\left(\frac{1}{2}+\frac{\ell_H^2}{4D\tau_\varepsilon}\right)\right]\right\}\\ =&-\frac{e^2}{2\pi^2\hbar}\left\{\frac{3}{2}\left[\psi\left(\frac{1}{2}+\frac{\ell_H^2}{4\ell^2}\right)-\psi\left(\frac{1}{2}+\frac{\ell_H^2}{3L_{so}^2}+\frac{\ell_H^2}{4L_\varepsilon^2}\right)\right]\right.\\ &\left.-\frac{1}{2}\left[\psi\left(\frac{1}{2}+\frac{\ell_H^2}{4\ell^2}\right)-\psi\left(\frac{1}{2}+\frac{\ell_H^2}{4L_\varepsilon^2}\right)\right]\right\}\end{aligned} \tag{9.185}$$

となる．再び $D=\ell^2/\tau$ とした．この式の場合分けはつぎのようになる．

i) $\ell_H \gg L_{so} \gg L_\varepsilon$，すなわち弱磁場極限でスピン軌道相互作用が弱い場合，

$$\Delta\sigma_{so} \simeq -\frac{e^2}{\pi^2\hbar}\log\left(\frac{L_\varepsilon}{\ell}\right)$$

となり，(8.74) が再現する．

$\ell_H \gg L_\varepsilon \gg L_{so}$，弱磁場で，スピン軌道相互作用が強い場合，

$$\begin{aligned}\Delta\sigma_{so} &\simeq -\frac{e^2}{2\pi^2\hbar}\left\{\psi\left(\frac{\ell_H^2}{4\ell^2}\right)-\frac{3}{2}\psi\left(\frac{\ell_H^2}{3Ł_{so}^2}\right)+\frac{1}{2}\psi\left(\frac{\ell_H^2}{4L_\varepsilon^2}\right)\right\}\\ &\simeq -\frac{e^2}{2\pi^2\hbar}\left\{3\log\left(\frac{L_{so}}{\ell}\right)-\log\left(\frac{L_\varepsilon}{\ell}\right)\right\}\end{aligned}$$

となる．弱磁場である限り (9.183) と同様である．

ii) $L_\varepsilon \gg L_{so} \gg \ell_H \gg \ell$ すなわち低温で適当に強い磁場の場合，

$$\Delta\sigma_{so} \simeq -\frac{e^2}{\pi^2\hbar}\log\left(\frac{\ell_H}{\ell}\right)$$

となって (9.161) に一致し，負の磁気抵抗を与える．

9.3.3　不規則系における Aharonov-Bohm 効果

磁束 Φ の十分長いソレノイドの中心軸を軸とする円筒形の試料内の2次元電子系を考える (図 9.8)．その円筒の直断面の半径を r とし，周上 (θ 方向) に x 軸，それに垂直に円筒面上ソレノイドの磁場方向に y 軸をとれば，電子系は xy 面内で記述される．(9.53) によってベクトルポテンシャルは xy 面内で

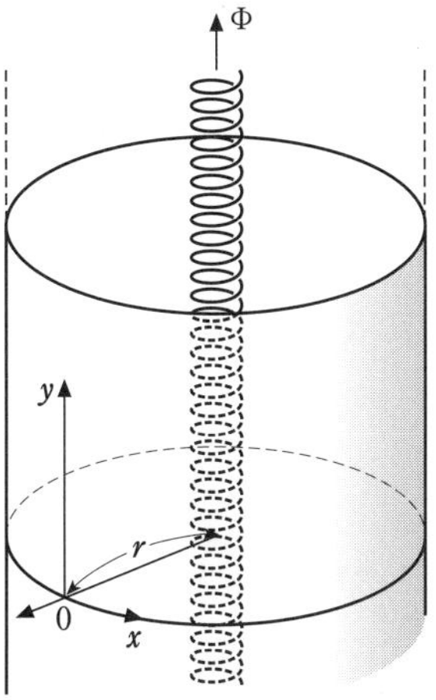

図 9.8 ソレノイドを中心軸とする円筒面内の電子系.

$$A_x = \Phi/L_x\,,\ \ A_y = 0 \tag{9.186}$$

と書かれる. ここに, $L_x = 2\pi r$ は周長である.

電子の波動方程式は

$$\frac{1}{2m}\left[\left(-i\hbar\frac{\partial}{\partial x}+\frac{e}{c}\frac{\Phi}{L_x}\right)^2+\left(-i\hbar\frac{\partial}{\partial y}\right)^2\right]\psi(x,y) = E\,\psi(x,y) \tag{9.187}$$

である. これは,

$$\left.\begin{aligned}\psi(x,y) &= \xi(x)\,\eta(y)\,,\\ E &= E_x + E_y\end{aligned}\right\} \tag{9.188}$$

とすれば, 変数分離されて,

$$\left.\begin{aligned}\frac{1}{2m}\left(-i\hbar\frac{\partial}{\partial x}+\frac{e\Phi}{cL_x}\right)^2\xi(x) &= E_x\xi(x)\\ -\frac{\hbar^2}{2m}\frac{\partial^2\eta(y)}{\partial y^2} &= E_y\eta(y)\end{aligned}\right\} \tag{9.189}$$

となる. この第 2 式の解は, $\eta(y+L_y)=\eta(y)$ として,

$$\left.\begin{aligned}\eta(y) &= e^{ik_y y},\ \ k_y = \frac{2\pi}{L_y}n\ (n=0,\pm1,\pm2,\cdots)\,,\\ E_y &= \frac{\hbar^2k_y^2}{2m}\end{aligned}\right\} \tag{9.190}$$

である．(9.189) の第 1 式に対しては

$$\left.\begin{aligned} \xi(x) &= e^{ik_x x}, \\ E_x &= \frac{\hbar^2}{2m}\Big(k_x + \frac{e\Phi}{\hbar c L_x}\Big)^2 \end{aligned}\right\} \tag{9.191}$$

と書かれる．ここで，$\xi(x)$ には周期的境界条件を課さないでおく．一方，同じ (9.189) の第 1 式にゲージ変換

$$\left.\begin{aligned} \boldsymbol{A}' &= \boldsymbol{A} + \nabla\chi,\ \chi = -(\Phi/L_x)\,x, \\ \xi'(x) &= e^{-i(e/\hbar c)\chi}\xi(x) \end{aligned}\right\} \tag{9.192}$$

を施して，ベクトルポテンシャルを消去すると

$$-\frac{\hbar^2}{2m}\frac{\partial^2}{\partial x^2}\xi'(x) = E_x\xi'(x) \tag{9.193}$$

となる．これの解に対して $\xi'(x+L_x) = \xi'(x)$ を課せば，

$$\left.\begin{aligned} \xi'(x) &= e^{ik'_x x},\ k'_x = \frac{2\pi}{L_x}n\ (n = 0, \pm1, \pm2, \cdots), \\ E_x &= \frac{\hbar^2 k'^2_x}{2m} \end{aligned}\right\} \tag{9.194}$$

となる．エネルギー固有値 E_x は同一のものであるから，(9.191)，(9.194) より

$$k'_x = \frac{2\pi}{L_x}n = k_x + \frac{e\Phi}{\hbar c L_x} \tag{9.195}$$

が得られる．したがって，

$$k_x = \frac{2\pi}{L_x}n - \frac{e\Phi}{\hbar c L_x} = \frac{2\pi}{L_x}\Big(n - \frac{\Phi}{\Phi_0}\Big),\ \Phi_0 = \frac{hc}{e} \tag{9.196}$$

である．因みに，$\xi(x)$ の境界条件は

$$\begin{aligned} \xi(x+L_x) &= e^{i(e/\hbar c)\chi(x+L_x)}\xi'(x+L_x) \\ &= e^{-i(e\Phi/\hbar c L_x)(x+L_x)}\xi'(x) = e^{-i(e\Phi/\hbar c)}\xi(x) \end{aligned}$$

となり，磁束 Φ に依存する．Φ が磁束量子 Φ_0 の整数倍ならば周期的境界条件，半奇数倍ならば反周期的境界条件となる．局在化のスケーリング理論の足がかりを与えた Thouless 数を思い出そう．

ところで, 拡散伝播関数の $\boldsymbol{q}$ は2つの平面波 $\boldsymbol{k}$, $\boldsymbol{k}'$ の干渉の結果 $\boldsymbol{q}=\boldsymbol{k}+\boldsymbol{k}'$ であるから, (9.196) より

$$q_x = \frac{2\pi}{L_x}\Big(n - \frac{2\Phi}{\Phi_0}\Big) \tag{9.197}$$

と書かれる. よって, 電気伝導度への最大交差図形からの補正は

$$\begin{aligned}\Delta\sigma &= -\frac{2e^2}{\pi\hbar}\frac{1}{L_xL_y}\sum_{\boldsymbol{q}}\frac{1}{q^2+L_\varepsilon^{-2}}\\ &= -\frac{2e^2}{\pi\hbar}\frac{2}{2\pi L_x}\int_0^{q_c}dq_y\sum_n\frac{1}{(2\pi/L_x)^2(n-2\Phi/\Phi_0)^2+q_y^2+L_\varepsilon^{-2}}\\ &= -\frac{e^2}{\pi\hbar}\sum_n\frac{1}{\sqrt{(2\pi n-4\pi\Phi/\Phi_0)^2+(L_x/L_\varepsilon)^2}}\end{aligned} \tag{9.198}$$

で与えられる. ここに, q_y 積分の上限は実効的に $q_c \equiv \ell^{-1} \to \infty$ とされた. (9.198) の右辺は以下のように変形される.

$$\begin{aligned}&= -\frac{e^2}{\pi\hbar}\sum_n\int_{-\infty}^{\infty}dx\frac{\delta(x-2\pi n+4\pi\Phi/\Phi_0)}{\sqrt{x^2+(L_x/L_\varepsilon)^2}}\\ &= -\frac{e^2}{\pi\hbar}\sum_n\int_{-\infty}^{\infty}dx\int_{-\infty}^{\infty}\frac{dt}{2\pi}\frac{e^{it(x-2\pi n+4\pi\Phi/\Phi_0)}}{\sqrt{x^2+(L_x/L_\varepsilon)^2}}\\ &= -\frac{e^2}{\pi\hbar}\sum_n\int\frac{dt}{2\pi}\,2K_0\Big(\frac{L_x}{L_\varepsilon}|t|\Big)\,e^{-it(2\pi n-4\pi\Phi/\Phi_0)}\end{aligned}$$

である. ここに,

$$\frac{1}{\sqrt{2\pi}}\int_{-\infty}^{\infty}\frac{e^{itx}}{\sqrt{x^2+a^2}}\,dx = \sqrt{\frac{2}{\pi}}K_0(a|t|)$$

を用いた. ここに, $K_0(x)$ は第2種の変形されたBessel関数である. さらに,

$$\sum_{n=-\infty}^{\infty}e^{-it2\pi n} = \sum_{m=-\infty}^{\infty}\delta(t-m)$$

を用いれば,

$$\begin{aligned}\Delta\sigma &= -\frac{e^2}{\pi^2\hbar}\sum_{n=-\infty}^{\infty}K_0\Big(\frac{L_x}{L_\varepsilon}|n|\Big)\,e^{i4\pi n\Phi/\Phi_0}\\ &= -\frac{e^2}{\pi^2\hbar}\Big[K_0(0)+2\sum_{n=1}^{\infty}K_0\Big(\frac{L_x}{L_\varepsilon}n\Big)\,\cos(4\pi n\frac{\Phi}{\Phi_0})\Big]\end{aligned}$$

$$\simeq -\frac{e^2}{\pi^2\hbar}\Big[\log\Big(\frac{L_\varepsilon}{\ell}\Big)+2\sum_{n=1}^{\infty}K_0\Big(\frac{L_x}{L_\varepsilon}n\Big)\cos(4\pi n\frac{\Phi}{\Phi_0})\Big] \quad (9.199)$$

が得られる．ここに，積分の上限に切断 $q_c L_x = L_x/\ell$ を使って

$$K_0\Big(\frac{L_x}{L_\varepsilon}0\Big)=\int_0^{L_x/\ell}\frac{1}{\sqrt{x^2+(L_x/L_\varepsilon)^2}}\,dx\simeq\log\Big(\frac{L_\varepsilon}{\ell}\Big)$$

とした．

(9.199) の第 2 項 $n=1$ の項 ($L_x = L$ として)

$$2K_0(L/L_\varepsilon)\,\cos(2\pi(2\Phi/\Phi_0))$$

は $\Phi=\Phi_0/2=hc/2e$ を周期とする振動項で，$\Phi = m\Phi_0/2$, $m=$ 整数, のとき最大振幅になり，伝導率の極小値を与える．$n\geq 2$ の項は高次の振動項である．漸近形 $K_0(x)\cong e^{-x}/\sqrt{x}$, $x\to\infty$, からみて，$L > L_\varepsilon$ ならば振動項は小さい．非弾性散乱が支配的になるとき，再び (8.74) に帰着する．

スピン軌道相互作用が効く場合には (9.183) の第 2 式第 2 項の所に (9.199) が入ることになる．このため振動項の符号が反転する (反局在効果)．したがって，$\Phi = m\Phi_0/2$ において伝導率は極大値をとる．

以上の効果は Al'tshuler-Aronov-Spivak[4] によって理論的に予言され，Sharvin-Sharvin[5] により実験的に検証された．実験的に τ_ε, τ_{so} の測定法を提供することも特筆される．

---

[4]B. L. Al'tshuler, A. G. Aronov and B. Z. Spivak: JETP Lett. **33** (1981) 94.
[5]D. Y. Sharvin and Y. V. Sharvin: JETP Lett. **34** (1981) 272.

第10章　量子Hall効果

量子Hall効果の発見は1980年von Klitzing-Dorda-Pepper[1]の3人によって発表された．あたかもHall効果の発見から100年経った時を記念するかのようにであった．Si-MOSFETの反転層内の2次元電子系が極低温において強磁場を掛けられたとき，そのHall抵抗 R_H (この章では，記号 R_H をHall係数としてではなく，Hall抵抗として用いる．) またはHall抵抗率 ρ_{xy} が

$$R_H = \rho_{xy} = \frac{V_H}{I} = \frac{E_y}{j_x} = \frac{\hbar}{ie^2} \tag{10.1}$$

のように量子化される．ここに，$i = 1, 2, 3, \cdots$ は整数値の小さいところであって，I および V_H はそれぞれ互いに垂直な電流およびHall電圧である．(10.1)が基本定数の抵抗の次元をもつ組合せによって与えられることが量子Hall効果の注目すべき特徴である．これは整数量子Hall効果と呼ばれる．それから2年してTsui-Störmer-Gossardは，より純度の高い (したがって移動度の高い) 試料である $GaAs$-$Al_xGa_{1-x}As$ ヘテロ接合において i が1/3という分数値をとる分数量子Hall効果を発見した．ひきつづいて2/3，それから多くの奇数分母の分数値が見出され，今日では5/2という偶数分母のものも認められている．

Hall抵抗またはHallコンダクタンスの量子化の起る状態は電子密度または磁場によって番号付けられるが，そこでの縦抵抗 (抵抗率) またはコンダクタンス (伝導率) は0となって，系は非散逸的となっている．2次元電子系において，結晶格子の乱れによる局在化と強磁場による反局在効果の競演の舞台上で整数量子Hall効果が出現する．そして，高移動度の試料において強磁場における電子間クーロン相互作用の効力によって分数量子Hall効果が発現することになる．

[1]K. von Klitzing, G. Dorda and M. Pepper: Phys. Rev. Lett. **45** (1980) 494.

10.1　2 次元電子系

2 次元電子系と呼ぶが，純粋な 2 次元系というわけではない．クーロン・ポテンシャル関数は 3 次元ラプラス方程式の解である $1/r$ を用いる．2 次元ラプラス方程式の解 $\log r$ を使う純粋な 2 次元系ではない．2 次元系の厚さを d とするとき通常 $k_F^{-1} \ll d$ が満たされて, 1 電子状態は 3 次元的である．しかし，系が存在する領域の幾何学的条件は平面内 (xy 面内) に限られる．金属薄膜やこの章での対象となる半導体–絶縁体界面に形成される反転層内の電子系はこのような 2 次元系である．Anderson 局在の問題において際だって問題となった 2 次元系もこの意味のものであった.

10.1.1　通常の Hall 効果

xy 面内にある 2 次元電子系に垂直 (z 方向) に磁場 $\boldsymbol{H}$ がかかるとき，電流密度は (3.76) によって与えられる．ただし，いまの場合 2 次元系であるから，電流密度の z 成分は存在しない ($j_z = 0$)．したがって，抵抗率テンソルは

$$\boldsymbol{\rho} = \begin{pmatrix} \rho_0 & H/nec \\ -H/nec & \rho_0 \end{pmatrix} \tag{10.2}$$

となる．ここに，$\rho_0 = 1/\sigma_0$ であって，σ_0 は Drude の式 (3.66)

$$\sigma_0 = ne^2\tau/m^*$$

で与えられる．伝導率テンソル $\boldsymbol{\sigma}$ は $\boldsymbol{\rho}$ の逆行列

$$\boldsymbol{\sigma} = \boldsymbol{\rho}^{-1} = \frac{\sigma_0}{1+\omega_c^2\tau^2}\begin{pmatrix} 1 & -\omega_c\tau \\ \omega_c\tau & 1 \end{pmatrix} \tag{10.3}$$

となる．ここに，$\omega_c = eH/m^*c$ はサイクロトロン周波数，τ は衝突時間 (平均自由時間) である．後のために (10.3) を成分で書けば,

$$\sigma_{xx} = \sigma_{yy} = \frac{\sigma_0}{1+\omega_c^2\tau^2}, \tag{10.4}$$

$$\begin{aligned} \sigma_{xy} = -\sigma_{yx} &= -\frac{\sigma_0\omega_c\tau}{1+\omega_c^2\tau^2} \\ &= -\frac{nec}{H} + \frac{\sigma_{xx}}{\omega_c\tau} \end{aligned} \tag{10.5}$$

である．ここで，Anderson局在のところでも注意があったように，2次元系においては伝導率(conductivity)とコンダクタンス(conductance)，抵抗率(resistivity)と抵抗(resistance)がそれぞれ同じものであることを想起しよう．そして，直接測定される量は伝導率や抵抗率ではなくて，むしろコンダクタンスや抵抗である．

Hall効果の測定試料ホール・バー(長さ数mm，幅10分の数mm)の概念図を図10.1に示す．電子はソースSから注入されドレインDから排出される．これをx方向とし，x方向から反時計回りに直角に測ってy軸としよう．O, P, Qは測定用の端子である．電流Iの向きは電子の流れと逆向きに$-x$方向となる．電流密度は一様でx方向に平行であると仮定しよう．電場$\boldsymbol{E}$もまた一様であるが，電流に垂直なy成分すなわちHall電場E_Hをもつ．これらの条件は，試料の長さ端子OP間の距離Lが試料の幅端子OQ間の間隔Wに比べて大きく，O, P, Qが両端より十分内側に入っておれば許される．

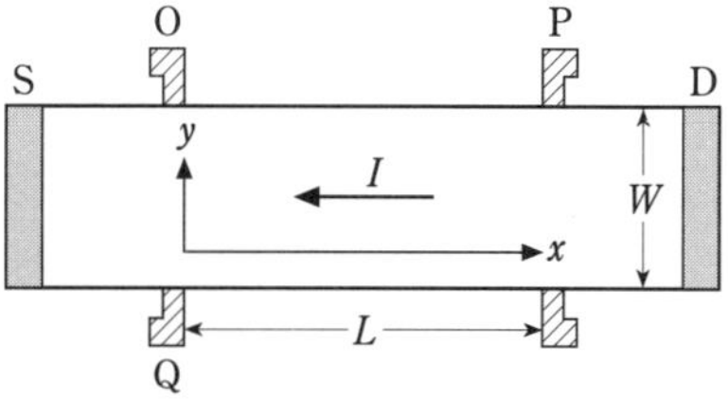

図 10.1 ホール・バー(ホール・ブリッジ)の見取り図.

電流I，縦方向の端子OP間の電位差V_L，および横方向の端子OQ間の電位差またはHall電圧V_Hが直接測定される．電流密度は$j = I/W$，縦電場は$E_L = V_L/L$で与えられる．縦抵抗は$R_L = V_L/I = E_L L/jW = \rho_{xx} L/W$であり，Hall抵抗は$R_H = V_H/I = E_H W/jW = \rho_H$でHall抵抗率に等しい．

電流，電圧の測定精度に比べてL, Wの測定精度ははるかに落ちる(ppmの精度に達しない)．抵抗R_LおよびR_Hは電流分布の一様性についての仮定に関わらない．しかも，R_Hに対しては長さの因子は打ち消し合ってしまい，測定の高精密性が保証される．(10.2)によれば，

$$\rho_{xy} = \rho_H = H/nec$$

である．この形は非常に簡明で，直接に電流担体の符号と密度とに依存するのみで，散乱パラメーターには依存しない．もっとも，この最後のことは最初に一定の平均自由時間τの存在を仮定したことによるもので，より詳細には散乱パラメーターに弱く依存する(5.4節を参照)．

10.1.2　Si-MOSFET の反転層

2 次元電子系の物理的な実例であり，かつ量子 Hall 効果の発現舞台となる半導体–絶縁体界面に形成される反転層の説明をしよう．まず，Al ゲート，絶縁体 SiO_2，および p-Si 結晶基板から成る Si-MOSFET の概念的側面図を図 10.2 に示す．ソース S およびドレイン D 接点は強くドープ された n^+ 領域である．Hall 電圧 V_H および縦方向の電圧降下 V_L を測定するためのポテンシャル接点が側面にあるが図示されていない．ホール・ブリッジの見取り図は図 10.1 に示されている．酸化物の絶縁体層は比較的厚く (たとえば 5000Å) 作られる．その上に張付けられたアルミニウム・ゲートは電圧 V_G をかけられて正に帯電する．でき上がったデバイスが MOSFET である．

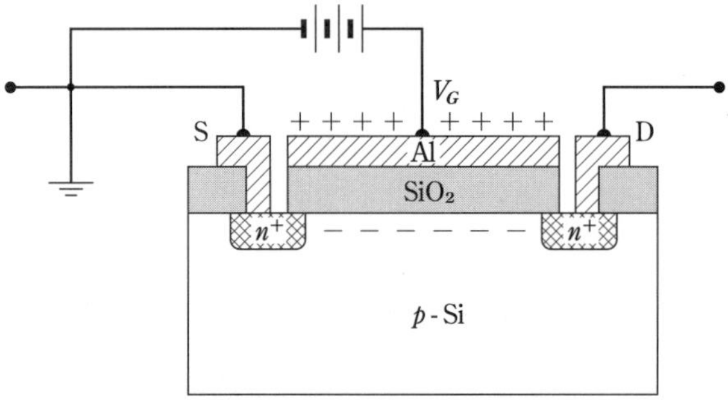

図 **10.2**　Si–MOSFET の概念図．

ゲート電圧 V_G によって界面に垂直にかけられた電場は半導体から電子を電場内に引きつける．これらの電子は絶縁体界面の高いポテンシャル障壁と電場とによって作られる量子井戸の中に位置する．したがって，界面に垂直な方向の運動は量子化され，この方向における運動の自由度は凍結されてしまう．結果として 2 次元電子系ができあがる．この電子系の濃度はゲート電圧 V_G によって容易に制御される．さらに，これらの電子の波長は長いので放物線形のバンドをもつ有効質量近似がよく成立する．

図 10.3 はゲート電圧 V_G をかけられた Si-MOSFET の電子エネルギー準位すなわちエネルギー・バンド図である．正のゲート電圧によってエネルギーバンドはアルミニウム・ゲートに向って低下し，バンドは湾曲する．もともと p 型にされた Si ではいくつかの電子は価電子帯の頂上に正孔をのこしてアクセプターに捕らえられており，このとき Fermi 準位は価電子帯の頂上に近い

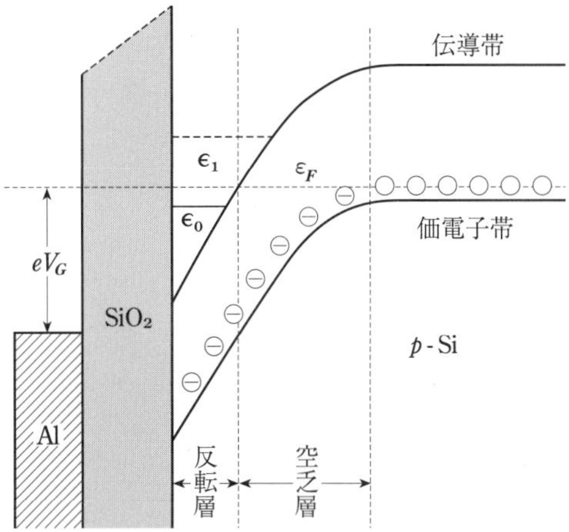

図 10.3 Si–MOSFET の電子エネルギー状態の模式図.

アクセプター近傍にある．電場によって界面に引き寄せられた電子は Fermi 準位より下がったアクセプターを埋めてゆき，負の空間電荷層を作る．さらに，ゲート電圧が十分であれば伝導帯の底は Fermi 準位より低くなり，半導体表面に電源接続などがあれば，電子は Fermi 準位以下の伝導帯を占める．絶縁体との界面近傍で伝導帯が Fermi 準位より下に押し曲げられて，伝導帯の底が価電子帯の頂上より低くなった領域が反転層である．p 型の代わりに n 型半導体を基板として用い，すべての電圧の極性を逆にすれば，反転した正孔状態を作ることができる．

独立電子近似を採用し，界面に沿うての並進対称性を仮定すれば，有効質量近似の電子の波動関数は $\psi(x,y)\,Z_n(z)$ の形に書かれ，$Z_n(z)$ はシュレーディンガー方程式

$$\left[-\frac{\hbar^2}{2m_z}\frac{\partial^2}{\partial z^2}+V_I(z)\right]Z_n(z)=\epsilon\,Z_n(z) \tag{10.6}$$

を満たす．ここに，$V_I(z)$ は絶縁体の界面における実効的に無限大の高い障壁と十分なゲート電圧とによって作られる深い三角形状のポテンシャルである (図 10.4)．そして，(10.6) は $Z_n(z)$ として束縛状態を与える．したがって，固有値 ϵ は固有状態 $Z_n(z)$ に対応してエネルギー準位 ϵ_n の系列を作る．実際的には，V_I は実験との一致を得るようにセルフコンシステントに決められるものである．

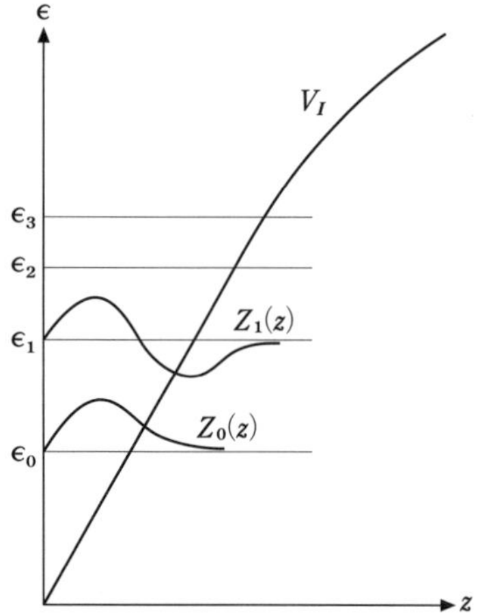

図 10.4 三角形状のポテンシャル井戸内に形成される界面サブバンドのエネルギー固有値と波動関数.

最低状態に対する変分試行関数としての

$$Z_0(z) = 2(2b)^{-3/2} z\, e^{-z/2b} \tag{10.7}$$

は第 1 近似として有効なものである．波動関数の寸法を与えるパラメーター b は 30 ～ 50 Å であり，反転層の深さの目安となる．これは磁気長 ℓ_H と比較され得るものである．すべてのアクセプター準位が充たされている空乏層の厚さははるかに大きく，Si では 5000 Å 程度である．エネルギー差 $\epsilon_1 - \epsilon_0$ は 20 meV (～ 200 K) 程度で，量子 Hall 効果が観測される温度よりはるかに高い．

電子の全エネルギーは上のエネルギー固有値 ϵ_n と横方向 (xy 面内) の運動に対するエネルギー値との和である．このとき，各固有状態 Z_n に対して 1 つの界面サブバンドが存在するという．各サブバンドに対して xy 面内でのバンド運動が存在し，これを自由電子近似で取り扱う．Fermi 準位が第 1 励起サブバンド ϵ_1 より十分下にあるならば，最低サブバンド ϵ_0 の状態 $\psi(x,y)\,Z_0(z)$ のみが占有されるとしてよい．この場合，反転層によって与えられる 1 つの独立な 2 次元電子系が対象となり，それが強磁場によって Landau 量子化された状態において量子 Hall 効果を発現する．

10.1.3 GaAs-AlGaAsヘテロ構造

ガリウム砒素GaAsはできる限り純粋に作られるが弱いp型にとどまり，半導体として振る舞う．これに対してAlAsはより広いバンドギャップをもち，絶縁体として振る舞う．2つの物質は大体同じ格子定数と誘電率とを有し，分子線エピタキシー法によってヘテロ接合と呼ばれるこれら2つの物質の原子的にシャープな界面を成長させることが可能である．GaAs-Al_xGa_{1-x}Asヘテロ構造では，不純物その他の欠陥を非常に少なくすることができ，非常に高い移動度が得られる(μは$10^6 cm^2/Vs$より大きくなり得る)．パラメーターxは≈ 0.8である．ここでは簡略に$x \approx 1$としてAlAsを引き合いに出す．特定の電子的過程を考慮に入れるまではバンドは図10.5のようであろう．

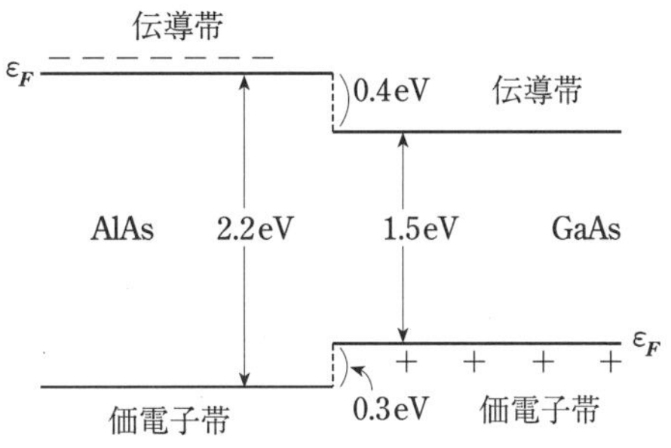

図 10.5 GaAs–AlGaAsヘテロ構造の接合前のエネルギー・バンド図．

AlAsは故意にn型にドープされ，電子をその伝導帯に供給する．これらの電子は移動してGaAsの価電子帯の頂上にある少数の正孔を充たすが，電子の大部分はGaAsの伝導帯の底付近の状態に収まってしまう．しかし，ドナー不純物に残された正電荷は界面にこれらの電子を引きつけ，その過程においてバンドを曲げる．これがこの系における電場の発生機構である．AlAsからGaAsへの電子の移動は，正のドナーと負の反転層とから形成される双極子層が十分強くなるまで続く．この電気2重層は究極的にGaAsのFermi準位をAlAsのそれに等しくさせるバンドの湾曲を引き起こ

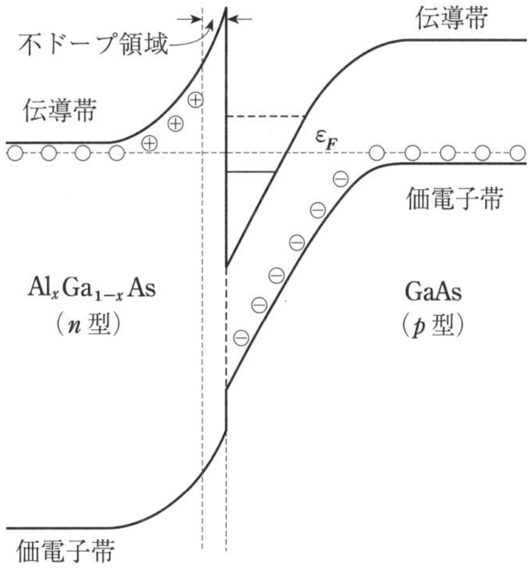

図 10.6 GaAs–AlGaAsヘテロ構造の電子エネルギー準位．

す (図 10.6). 反転層に存在する電子の密度はこうしてドナー濃度によって決定され, 各試料に対して固定される. 極めて重要な技術モデュレーション・ドーピングによって $Al_xGa_{1-x}As$ 側のドナーは界面から数百オングストローム離れて注入される. その結果, 反転層内の電子の極めて高い移動度を獲得できる. Si における有効質量 ($m^* = 0.2\,m$) より GaAs の有効質量 ($m^* = 0.07\,m$) が小さいことも (二次的ではあるが) 利点の 1 つである. さらに, Si では伝導帯は 6 個の等価な谷間が存在する. 界面の方向によって縮退は部分的に解けるが, 最少でも 2 つの縮退が残る. これに対して GaAs では伝導帯の底は $\boldsymbol{k} = 0$ の点に存在して単一である.

10.2 整数量子 Hall 効果

10.2.1 Hall コンダクタンスの量子化

Klitzing ら 3 人は, 磁場 $H = 18\,\mathrm{T}$, 温度 $T = 1.5\,\mathrm{K}$ の Si-MOSFET において, Hall 電流よりもむしろ Hall 電圧を測定して平坦なホール・プラトーを発見した. 図 10.7 はその量子 Hall 効果の発見の図である. 横軸のゲート電圧 V_G に比例して電子数密度 n は増大する. Hall 抵抗は n の逆数に比例する古典的なものではなく, 階段状になって正確に h/ie^2 (i は小さな整数) の値をとる. そして, 階段の平らな部分すなわちホール・プラトーに対応する V_G, したがって n, のところで縦抵抗は消失している ($\rho_{xx} = \rho_0 = 0$).

図 10.8 は, 量子 Hall 効果の場合に対して, Hall 抵抗 ρ_{xy} の測定値の逆数を規格化して得られる $h/e^2\rho_{xy}$ を縦軸にとり, 規格化された粒子数密度 nhc/eH を横軸にとって図示したものである. つまり, Hall コンダクタンスの n 依存性である. 同時に縦抵抗 ρ_0 も示されている. 式に書けば, 系の伝導率テンソルが

$$\boldsymbol{\sigma} = \begin{pmatrix} 0 & -ie^2/h \\ ie^2/h & 0 \end{pmatrix}, \quad i = 1, 2, 3, \cdots \tag{10.8}$$

となる. 電場 $\boldsymbol{E}$ は電流密度 $\boldsymbol{j}$ に正確に垂直になって非対角成分は

$$j_x/E_y = \sigma_{xy} = -\sigma_{yx} \equiv -\sigma_H = -ie^2/h$$

と量子化された値をとる. しかも, その値は基本定数のコンダクタンスの次元をもつ組合せ e^2/h によって与えられる. 量子化 (10.8) は極めて正確なもので, い

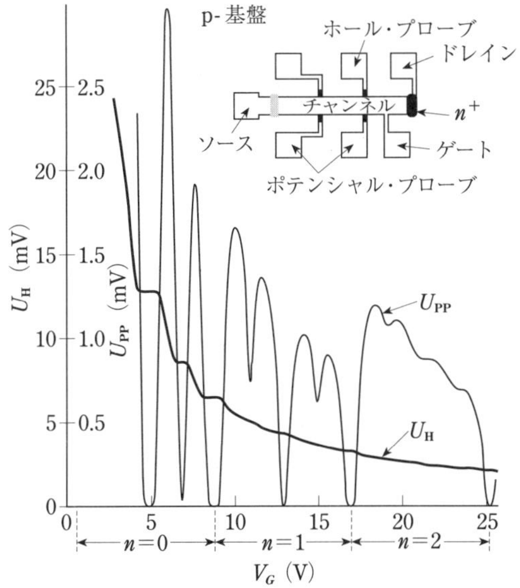

図 10.7 ゲート電圧 V_G に対するホール電圧 U_H および縦電圧 U_{PP} の記録. 温度 $T = 1.5\,K$, 定常磁場 $B = 18\,T$, ソース・ドレイン間の電流 $I = 1\,\mu A$. 内挿図はデバイスの平面図, 長さ $L = 400\,\mu m$, 幅 $W = 50\,\mu m$, ポテンシャル接点間隔 $L_{PP} = 130\,\mu m$ である.
(K. von Klitzing, G. Dorda and M. Pepper : Phys. Rev. Lett. **45** (1980) 494.)

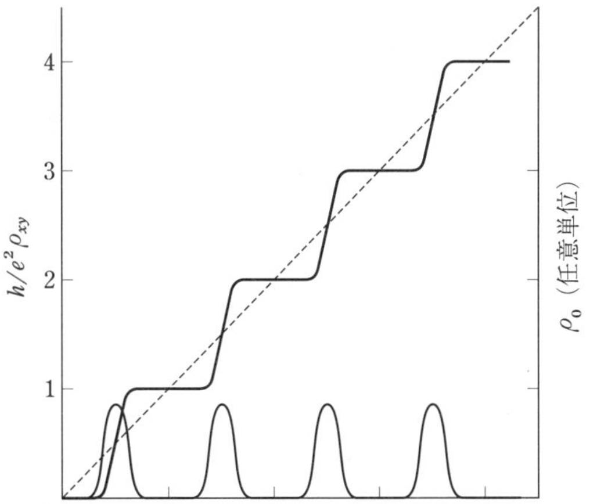

図 10.8 Hall コンダクタンスの n 依存性における量子化.

までは少なくとも 0.3 ppm の精度をもつ．対角成分の消滅 $\sigma_{xx} = \sigma_{yy} = 0$ は，系が非散逸的となることを意味し，超伝導ないしは超流動に関連する．この散逸の消失は Hall コンダクタンスの量子化にとって本質的要素である．

9.2 節で述べたように，2 次元電子系の状態はそれに垂直な磁場によって量子化され，

$$\varepsilon_n = (n + 1/2)\,\hbar\omega_c\,, \quad n = 0, 1, 2, \cdots$$

の離散的な Landau 準位となる．そして，各 Landau 準位内の状態の数，すなわち Landau 準位の縮重度は単位面積当り $n_H = g/S = eH/hc$ で与えられる．ところで，電子スピンを考慮すれば，各準位は Zeeman 分裂して 2 倍となる．さらに，いくつかの半導体では伝導帯は等価な複数の谷間から成る (例えば Si では 6 個)．2 次元系の面の方向によっても最低 2 の谷間縮退が残るが，これも谷間–軌道相互作用によって解ける．したがって，各 Landau 準位は谷間分裂して少なくとも 2 倍になる．結局，スピン分裂および谷間分裂した Landau 準位を低い方から番号付けて引き合いに出す．これがホール・プラトーの番号に関係する．

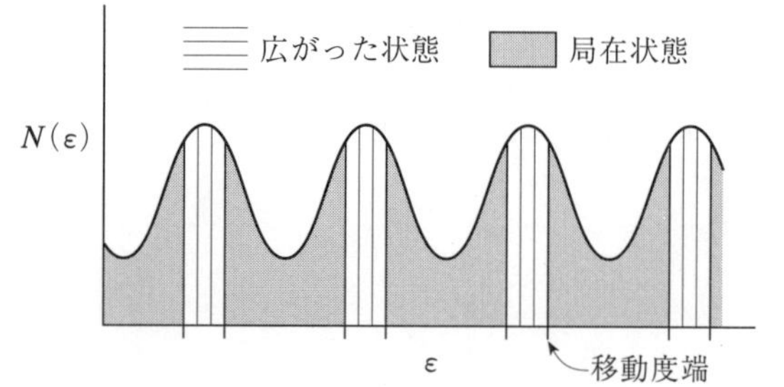

図 **10.9** Landau サブバンドの電子状態．

不純物など結晶格子の乱れによる弾性散乱によって電子状態の寿命は有限となり，Landau 準位は縮退を解かれ幅をもってくる．これを Landau サブバンドと呼んでおこう．ところで，格子の乱れがあれば Anderson 局在化が生じており，2 次元系の状態はすべて局在している．これに対する磁場の反局在効果は各 Landau サブバンドの芯の部分を広がった状態にとどめている．状況は，Landau サブバンドの中央部は広がった状態，そして中央から離れた部分は局在状態で，その境目に移動度端が存在するというものである．1 つのサブバンドの移動度端と隣接するつぎのサブバンドの移動度端との間の状態はすべて局在状態でできた移動度ギャップである (図 10.9)．このような局在化の概念によって得られる強磁場下の電子状態が量子 Hall 効果状態に対応する．整数量子 Hall 効果の理論的説明は Laughlin によって与えら

れたが，ここで上述の電子状態に基づいてHallコンダクタンスの量子化の描像を得ておこう．

いま，あるLandau準位が一杯に充たされているならば，Fermi準位はそのつぎのLandau準位との間の移動度ギャップの中にあることになる．そのとき電子は散乱を受けることはない．すなわち，$\tau \to \infty$である．よって，

$$\left.\begin{aligned} \rho_0 \to 0\,, \quad & \rho_{xy} = -\,\rho_{yx} = H/nec\,, \\ \sigma_{xx} \to 0\,, \quad & \sigma_{xy} = -\,\sigma_{yx} = -\,nec/H \end{aligned}\right\} \tag{10.9}$$

となる．ここに，(10.4)，(10.5) に注意しよう．

充填因子 (充填率) ν を

$$\nu = n/n_H = N/g\,, \quad n_H = eH/hc \tag{10.10}$$

で定義する．いまの理想的な場合ではνは整数iである．(10.9) に$n = in_H$を代入すれば,

$$\sigma_{xy} = -\,\sigma_{yx} = -\,i\,\frac{e^2}{h}$$

となって (10.8) が得られる．このことは$n = in_H$に対してのみ (10.8) が得られることを示したに過ぎず，in_Hを挟むnの相当幅に対してプラトーステップ (10.8) が観測されることについてはまだ何も言えてない．不純物散乱による局在化と強磁場との競演によって生じる電子状態の実相に関する考察が必要となる．

決定的なことは広がった状態のみが絶対零度で電流を運び得るということである．したがって，広がった状態の占有に変化がなければ，電流もまた変化しない．Hall電流における階段の平坦な部分は正確に広がった状態の占有に変化がない領域である．もう1つの決定的な点はLandau準位の中央における広がった状態のエネルギーがFermi準位から十分離れていることである．したがって，低エネルギーの非弾性散乱，たとえばフォノンの吸収のような過程，はこれらの占有に影響をもち得ない．

以上の2点に注意を払いながら論議を進めよう．電子濃度が増加 (または磁場の減少) すれば，局在状態は徐々に充満してくる．そして，それが広がった状態の占有に到達するまではHallコンダクタンスは階段の平坦なステップの上にあり，縦コンダクタンスは (絶対零度で) 消失している．縦コンダクタンスが認められるほどになり，Hallコンダクタンスが1つのプラトーステッ

プからつぎに移るのは Fermi 準位が広がった状態であるサブバンドの芯を通過するときだけである．こうして局在状態は，Fermi 準位を Landau 準位と準位の間に据えておき，そして広がった状態から離しておく，一種の溜池を提供する．有限温度では Fermi 準位の近傍にある局在状態間のホッピングによる小さい縦伝導率が存在することを付け加えておこう．

10.2.2　整数効果の Laughlin 理論 (ゲージ論)

整数量子 Hall 効果の Laughlin [2] の理論を紹介しよう．長さ L の長方形状の xy 面, $0 \le x \le L$, $0 \le y \le L_y$ 内の 2 次元電子系を考えよう (図 10.10)．z 方向に一定磁場 $\boldsymbol{H}_0$ をかけるとき，電子状態は Landau ゲージ $\boldsymbol{A}_0 = (-H_0 y, 0)$ のもとで量子化されるとする．不純物散乱を考慮すれば，Landau 準位は幅をもって Landau サブバンドとなる．サブバンドの芯は広がった状態であり，隣の芯の部分との間は局在状態から成る移動度ギャップである．

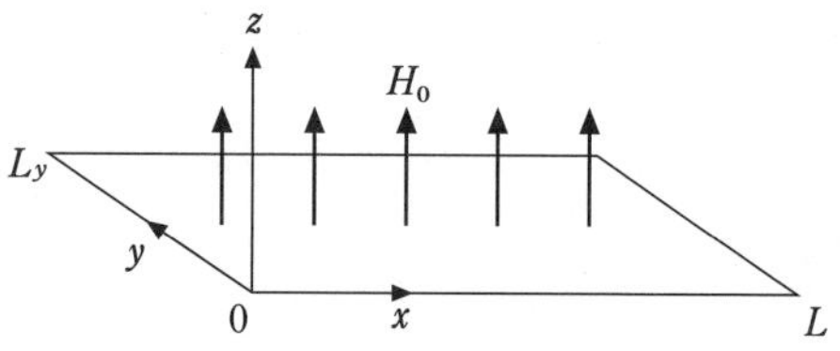

図 **10.10**　強磁場下の 2 次元電子系.

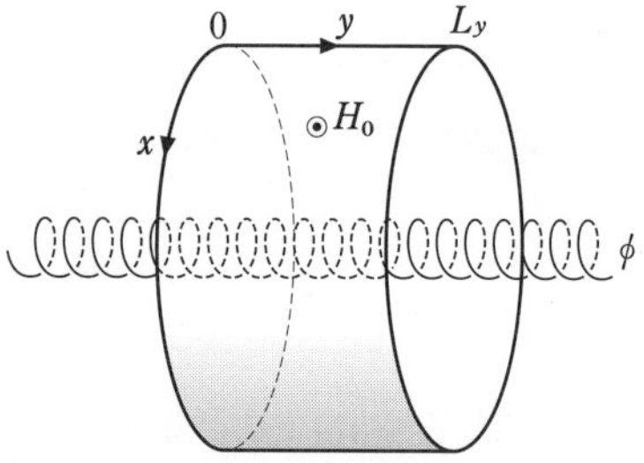

図 **10.11**　ゲージ論のための設定.

この長方形の両端 $x = 0$ および $x = L$ を接合して周長 L の円筒を作る (図 10.11)．電子の波動関数 ψ に $x = L$ で周期的境界条件を課す．円筒の中心軸上に断熱的に磁束 ϕ を通し，これによって円筒面上 x 方向に電流 I を誘導するとき，

$$\oint \boldsymbol{E} \cdot d\boldsymbol{s} = EL = -\frac{1}{c}\frac{d\phi}{dt} \tag{10.11}$$

である．ここに，$\boldsymbol{E}$ は円筒面上の誘導電場である．起電力 EL のループ上を I が dt 時間流れるとき，電子系のエネルギーは dU だけ減少する．すなわち，

$$-dU = ELIdt \tag{10.12}$$

[2] R. B. Laughlin: Phys. Rev. B **23** (1981) 5632.

である．したがって，熱力学的関係 (断熱)

$$dU = \frac{1}{c} I d\phi \tag{10.13}$$

が成立する．円筒面上にはϕによる磁場はないが，ベクトルポテンシャル$\boldsymbol{A}$が存在する．よって，

$$I = c\frac{\partial U}{\partial \phi} = \frac{c}{L}\frac{\partial U}{\partial A} \tag{10.14}$$

となる．ここに，(9.186) $\delta\phi = L\delta A$を用いた．さらに，電子は$\boldsymbol{E} \times \boldsymbol{H}_0$のドリフト運動を行い，幅$L_y$の円筒面の両縁の間に$y$方向のHall電場$E_0$が生じている．そして，これが両縁の間のポテンシャル差

$$V = -E_0 L_y \tag{10.15}$$

を与える．

もし，すべての状態が局在状態であるならば，$I = 0$は当然であろう．このことはゲージ変換

$$\left.\begin{aligned} A &\to A - \frac{\partial}{\partial x}(Ax), \\ \psi &\to e^{ieAx/\hbar c}\psi \end{aligned}\right\} \tag{10.16}$$

によって$\boldsymbol{A}$を消去するとき，エネルギーはAを含まないので

$$I = \frac{c}{L}\frac{\partial U}{\partial A} = 0$$

となることから得られる．

ところで，広がった状態が存在するならば，その状態においてはゲージ変換したのちにも$x = L$で元に戻らなければならないので，

$$eAL/\hbar c = 2n\pi\,, \quad n = 0, \pm 1, \pm 2, \cdots \tag{10.17}$$

が要求される．これと$\phi = AL$とから

$$\phi = n\phi_0 \tag{10.18}$$

が得られる．$\phi_0 = hc/e$は磁束量子である．

広がった状態に対してベクトルポテンシャルの増分ΔAが全エネルギーをどう変化させるかを見よう．有効質量近似のハミルトニアン

$$\mathcal{H} = \frac{1}{2m}\Big(\boldsymbol{p} + \frac{e}{c}\boldsymbol{A}'\Big)^2 + eE_0 y \tag{10.19}$$

を用いる．ここに，E_0 はテープを横断する y 方向の Hall 電場である．そして，

$$\boldsymbol{A}' = -H_0 y\hat{\boldsymbol{x}} + \Delta A\hat{\boldsymbol{x}}, \quad \Delta A = \Delta\phi/L \tag{10.20}$$

である．ハミルトニアンが x 座標を含まないので，

$$\psi_{\boldsymbol{k},n} = e^{ikx}\varphi_n(y) \tag{10.21}$$

とおけば，シュレーディンガー方程式は

$$\Big[-\frac{\hbar^2}{2m}\frac{\partial^2}{\partial y^2} + \frac{1}{2m}\Big(\hbar k - \frac{eH_0}{c}y + \frac{e}{c}\Delta A\Big)^2 + eE_0 y\Big]\varphi_n = \varepsilon_n\varphi_n \tag{10.22}$$

となる．ここで，

$$y_0 = \frac{\hbar c}{eH_0}k + \frac{\Delta A}{H_0}, \quad \omega_c = \frac{eH_0}{mc}$$

とおけば，(10.22) は

$$\Big[-\frac{\hbar^2}{2m}\frac{d^2}{dy^2} + \frac{1}{2}m\omega_c^2(y - y_0)^2 + eE_0 y\Big]\varphi_n = \varepsilon_n\varphi_n$$

と書かれる．この式は，さらに

$$Y = y_0 - \frac{eE_0}{m\omega_c^2} = \frac{\hbar c}{eH_0}k + \frac{\Delta A}{H_0} - \frac{mc^2E_0}{eH_0^2} \tag{10.23}$$

とおけば，

$$\Big[-\frac{\hbar^2}{2m}\frac{d^2}{dy^2} + \frac{1}{2}m\omega_c^2(y - Y)^2\Big]\varphi_n = \Big(\varepsilon_n - eE_0Y - \frac{e^2E_0^2}{2m\omega_c^2}\Big)\varphi_n \tag{10.24}$$

となる．したがって，調和振動子の解を用いて，

$$\left.\begin{aligned}\varphi_n &\propto H_n[(y - Y)/\ell_H], \\ \varepsilon_n &= (n + 1/2)\,\hbar\omega_c + eE_0Y + e^2E_0^2/2m\omega_c^2\end{aligned}\right\} \tag{10.25}$$

が得られる．よって，ΔA によるエネルギーの変化 $\Delta\varepsilon$ は

$$\Delta\varepsilon = eE_0\frac{\Delta A}{H_0} = -eV\frac{\Delta\phi}{LL_yH_0} = -eV\frac{\Delta\phi}{g\phi_0} \tag{10.26}$$

となる．ここに，$A = \phi/L$,(10.15) および (9.41) を用いた．(10.26) は 1 電子エネルギーの変化である．磁束の増分は 1 磁束量子 $\Delta\phi = \phi_0$ として，i 個の Landau 準位が占有されているとすれば，全エネルギーの変化は

$$\Delta U = -igeV \frac{\phi_0}{g\phi_0} = -ieV \tag{10.27}$$

となる．(10.18) より 1 磁束量子の増加によって系は元に戻る．そして，そのときのエネルギーの増加は y 方向の幅を横断して i 個の電子 (1 Landau 準位当り 1 個の電子) の移動によることになる．よって，

$$I = c\frac{\Delta U}{\Delta\phi} = -c\frac{ieV}{\phi_0} = -i\frac{e^2}{h}V \tag{10.28}$$

となって (10.8) が得られる．

10.2.3 抵抗標準と微細構造定数

Klitzing 等による整数量子 Hall 効果の発見は，凝縮系の物理の基礎的問題の 1 つ — 不純物や欠陥などによる局在化と磁場による反局在化との絡み合い — に対して決定的な観点を開示したのみならず，計測学の分野に直接関係する実験的効用を提供した．前者すなわち磁場の存在下での局在非局在の問題はまだ完全な理解には達していないが，後者は直ちに高精密測定技術と結合した．1 つは抵抗標準，もう 1 つは微細構造定数の決定である．

量子化された Hall 抵抗は基本定数にのみ依存する絶対的な抵抗標準

$$R_H = h/e^2 i \cong 25812.80\,\Omega/i \tag{10.29}$$

として採用され得る．Hall 抵抗の $i = 4$ に相当する測定値 6453.20 Ω のデータは 0.02 ppm の精度をもっている．今日までの測定から $R_H(i)$ の SI 値は約

$$25812.807572(95)\,\Omega/i$$

であることがわかっている．これは von Klitzing 定数と呼ばれる．

量子電磁力学 (QED) における微細構造定数 $\alpha = e^2/\hbar c \sim 1/137$ は物質と電磁場との相互作用の強さを表す．これは量子 Hall 抵抗 $R_H(i) = h/e^2 i$ と

$$\alpha = \frac{2\pi}{c}\frac{1}{iR_H(i)} \tag{10.30}$$

の関係にある．真空中の光速 c は定義によって $c = 299792458\,\mathrm{m/s}$ で与えられるので，R_H の量子 Hall 効果による絶対測定を用いて α を決定することができる．そして，このことは α の高精密な固体物理学的測定を与える．

発見当時の R_H の測定値は，電子の異常磁気モーメントの測定および QED 理論の計算，$\alpha^{-1} = 137.035993(10)$ $(\pm 0.07\,\mathrm{ppm})$ から得られる値と $0.3\,\mathrm{ppm}$ の誤差の範囲内で一致する．

10.3　分数量子 Hall 効果

1982 年 Tsui-Störmer-Gossard[3] は分数量子 Hall 効果を，15 T の磁場，1 K 以下の温度で，GaAs-AlGaAs ヘテロ構造 (10.1.3 節) において発見した (図 10.12)．

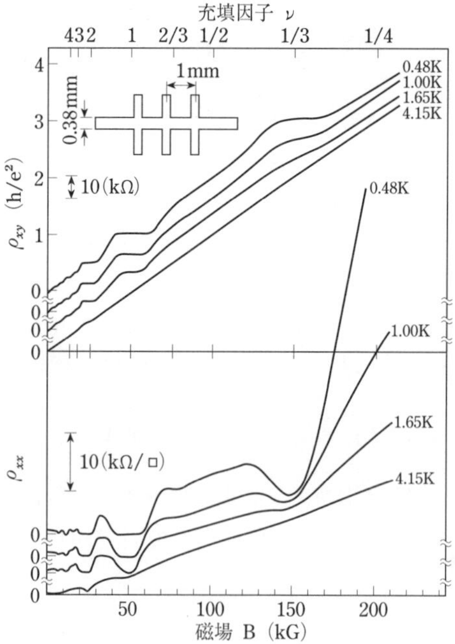

図 10.12　ρ_{xy}, ρ_{xx} の磁場 (B) 依存性．試料は $n = 1.23 \times 10^{11}/\mathrm{cm}^2, \mu = 9 \times 10^4\,\mathrm{cm}^2/\mathrm{Vsec}$ の GaAs-$Al_{0.3}Ga_{0.7}As$ である．$I = 1\,\mu\mathrm{A}$ の電流を用いた．ランダウ準位の充填因子は $\nu = nh/eB$ で定義される．(D. C. Tsui, H. L. Störmer and A. C. Gossard : Phys. Rev. Lett. **48** (1982) 1559.)

[3] D. C. Tsui, H. L. Störmer and A. C. Gossard: Phys. Rev. Lett. **48** (1982) 1559.

分数効果は整数効果と多くの点で物理的特性と概念を共有する．例えば，系の2次元性，縦抵抗の同時消滅を伴う h/e^2 の単位での Hall 抵抗の量子化，不規則性による局在化と磁場による反局在化の競演などである．最低 Landau 準位の分数充填 $\nu = 1/3$ において，ホール・プラトーが ρ_{xx} の深い最小構造をともなって初めて発現した．

しかしながら，両者はその発現の原因ないしは機構において全く異なる物理的原理に立脚する．整数効果は相互作用のない独立電子系の量子輸送特性の発現であると考えられるのに対して，分数効果では垂直な強磁場内での電子間クーロン相互作用が本質的となる．磁場が存在しない場合には電子間クーロン相互作用は通常あまり問題にならない (Fermi 液体)．2次元の場合に実効的な r_s^* は

$$r_s^* = (\pi {a_B^*}^2 n)^{-1/2}\,,\quad a_B^* = \frac{\kappa m}{m^*}\frac{\hbar^2}{me^2}$$

である．GaAs-AlGaAs の場合，$\kappa \approx 13, m^*/m \approx 0.07$ で，Bohr 半径は $\hbar^2/me^2 \approx 0.5$ Å であるから，有効 Bohr 半径は 93 Å 程度となる．したがって，試料の典型的な担体密度 $n \approx 2 \times 10^{11}\ \mathrm{cm}^{-2}$ に対して $r_s^* \approx 1.4$ となる．これだけなら電子間クーロン相互作用は定性的には重要ではなかろう．しかしながら，強磁場は描像を劇的に変える．そして，このことが分数量子 Hall 効果の中心的興味となる．

現在のところつぎのような解釈がなされている．極低温で強磁場のもとにある極めて純度の高い試料において電子間相互作用は2次元電子系を新しい形の多体凝縮相に導く．そこからの素励起は分数に荷電した準粒子として記述され，Fermi でも Bose でもない分数統計にしたがう．これら分数荷電準粒子 (準空孔) の局在によって分数量子 Hall 効果が発現すると考えられる．

10.3.1 実験事実

充填率 ν が分数値 f をとるとき, Hall 抵抗が h/e^2 の単位で (Hall コンダクタンスが e^2/h の単位で), ホール・プラトー $\rho_{xy} = h/fe^2$ ($\sigma_{xy} = -fe^2/h$) で表される値に量子化される．同時に, 縦抵抗 ρ_{xx} の深い最小構造が伴う．Landau 準位のスピン分裂を考慮に入れて，最低 Landau サブバンド ($n = 0$) は充填率 $0 < \nu < 2$ に対応し，第1励起サブバンド ($n = 1$) は $2 < \nu < 4$ に対応する (以下，同様)．現在までの実験事実の大略は以下の通りである．

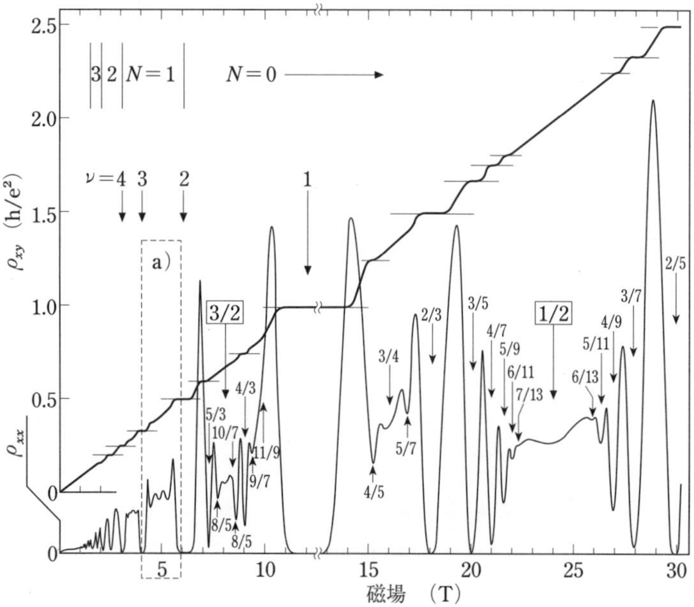

(a)

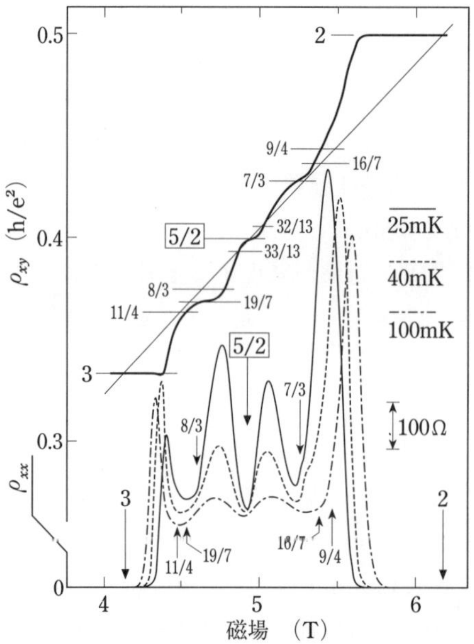

(b)

図 10.13　縦抵抗 (率) ρ_{xx} とホール抵抗 (率) ρ_{xy} の測定結果．ランダウ準位の番号 $N\,(\epsilon_N = (N + 1/2)\hbar\omega_c)$ と充填因子 ν が付記されている．
(a) 全体像, (b) a 図の中の a) 部分の拡大図 (偶数分母 $f = 5/2$ を示す)
(R. Willet, J. P. Eisenstein, H. L. Störmer, D. C. Tsui, A. C. Gossard and J. H. English : Phys. Rev. Lett. **59** (1987) 1776.)

i) 分数量子Hall効果は $f = p/q \approx \nu$ において起きる．ここに，p は整数，q は奇数である．観測値の例は1/3, 2/3, 4/3, 5/3, 2/5, 3/5, 3/7, $\cdots$ などである．他に ρ_{xx} の構造のみの場合もある．
ii) 分数量子化は高度に正確である．$f = 1/3$ および2/3に対してはホール・プラトーの中央付近において精度は 10^5 分の3である．2/5の場合には 10^4 分の2.3である．
iii) $f = 1/3, 2/3, 4/3$ および5/3の分数量子Hall効果の温度依存性はある温度範囲で活性化型の振る舞いを示す．この結果は励起スペクトルにおけるギャップの存在を示唆する．2/5, 3/5効果に対する状況は，より複雑であるが，ギャップの存在と矛盾しない．
iv) 偶数分母の分数量子Hall効果については，ρ_{xx} の構造から $\nu = 1/2$ の場合の可能性が指摘されたこともあるが，プラトーの発見はない．後に，100mK以下の温度，5T近傍の磁場したがって第1励起Landau準位の部分充填 $\nu = 2 + 1/2 = 5/2$ において，$\rho_{xy} = (h/e^2)/(5/2)$ のホール・プラトーが発現した[4]．これに伴う ρ_{xx} の最小値構造は十分深い (図10.13a, b).

10.3.2 非圧縮性量子流体

最低Landau準位の1/3充填 ($\nu = 1/3$) における量子化されたHallコンダクタンス $e^2/3h$ および $\rho_{xx} \to 0\,(T \to 0)$ を説明するために，Laughlin[5] はGaAs-Al_xGa_{1-x}Asヘテロ接合内の2次元電子ガスが凝縮する新しい形の多体基底状態としての変分試行関数を提出した．それは一種の非圧縮性量子流体で，そこからの素励起は分数 ($\pm e/3$) に荷電した準電子または準空孔である．Laughlinの理論を以下に説明しよう．

2次元電子系の存在する xy 面に垂直に磁場 $\boldsymbol{H}$ が $+z$ 方向に掛けられる．対称ゲージ

$$\boldsymbol{A} = \boldsymbol{H} \times \boldsymbol{r}/2 = (-Hy/2,\, Hx/2)$$

を採用する．1電子ハミルトニアン

$$\mathcal{H}^{(1)} = \frac{1}{2m}\Big(-i\hbar\nabla + \frac{e}{c}\boldsymbol{A}\Big)^2$$

[4]R. Willett, J. P. Eisenstein, H. L. Störmer, D. C. Tui, A. C. Gossard and J. H. English: Phys. Rev. Lett. **15** (1987) 1776.
[5]R. B. Laughlin: Phys. Rev. Lett. **50** (1983) 1395.

の固有関数と固有値はそれぞれ (9.110) と (9.82) に与えられている．(9.110) は電子の角運動量 L_z の同時固有関数であり，L_z の固有値は $\hbar(n-m)$ である．磁気単位系 (磁気長 $\lambda = (\hbar c/eH)^{1/2} = 1$, 質量 $m = 1$, 周期 $\omega_c^{-1} = 1$) を採用すれば，最低 Landau 準位 ($n = 0$) の固有状態 (9.108) は

$$\psi_{0,m} = (2^{m+1}\pi m!)^{-1/2} z^m \exp[-|z|^2/4] \tag{10.31}$$

と書かれる．ここに，$z = x - iy$ である．同時に，$\psi_{0,m}$ は角運動量 L_z の固有値 $-m$ の固有状態でもある．以下，位置ベクトル $\boldsymbol{r} = (x, y)$ の代わりに $z^* = x + iy$ を用いよう．

2 次元電子ガスのハミルトニアンは

$$\mathcal{H} = \frac{1}{2}\sum_j \Big[\Big(-i\hbar\nabla_j + \frac{e}{c}\boldsymbol{A}_j\Big)^2 + V(z_j^*)\Big] + \sum_{j>k} \frac{e^2}{|z_j - z_k|} \tag{10.32}$$

と書かれる．ここに，$V(z_j^*)$ は一様な正の背景電荷によって生じるポテンシャルを表す．問題は (10.32) の期待値を極小にする固有関数の変分法的近似を求めることである．実験条件 $e^2/\kappa\lambda < \hbar\omega_c$ (すなわち $\lambda < a_B^*$) の強磁場において，電子間距離の量子化は角運動量の量子化から由来する．2 粒子系をとってみると，ハミルトニアンは

$$\mathcal{H}^{(2)} = \frac{1}{2}\Big(\dot{z}_1^* + \frac{e}{2c}\boldsymbol{H} \times z_1^*\Big)^2 + \frac{1}{2}\Big(\dot{z}_2^* + \frac{e}{2c}\boldsymbol{H} \times z_2^*\Big)^2 + \frac{e^2}{|z_1 - z_2|}$$

である．重心座標 $Z^* = (z_1^* + z_2^*)/2$，相対座標 $z^* = (z_1^* - z_2^*)/\sqrt{2}$，および全運動量 $\dot{Z}^* = \dot{z}_1^* + \dot{z}_2^*$，相対運動量 $\dot{z}^* = (\dot{z}_1^* - \dot{z}_2^*)/\sqrt{2}$ を導入し，重心は原点 $z_1^* + z_2^* = 0$ に静止 $\dot{z}_1^* + \dot{z}_2^* = 0$ しているとすれば，

$$\mathcal{H}^{(2)} \to \frac{1}{2}\Big(\dot{z}^* + \frac{e}{2c}\boldsymbol{H} \times z^*\Big)^2 + \frac{e^2}{|z_1 - z_2|}$$

となる．したがって，最低 Landau 準位の状態から作られる 2 粒子系の無摂動波動関数は

$$\varPsi_m^{(2)} = z^m \exp(-|z|^2/4)$$

と書かれる．$|z|^2 = |z_1 - z_2|^2/2$ に $z_2 = -z_1$ を使えば，これは

$$\varPsi_m^{(2)} = (z_1 - z_2)^m \exp[-(|z_1|^2 + |z_2|^2)/4]$$

となる．この式は，$z_1^* \sim z_2^*$ のとき，すなわち 2 粒子が近づくと確率振幅は小さくなることを示しており，粒子間距離の量子化を表現していると言える．Laughlin は，このことを一般化して，N 粒子系の基底状態の変分法的波動関数をつぎのように提出した．

硬い芯をもって互いに避け合う ^{3}He 原子の液体を記述する波動関数の前例に訴えて Jastrow 型の積 $\prod f(z_j - z_k)$，$f(0) = 0$，を採用し，基底状態の波動関数として

$$\Psi(z_1, \cdots, z_N) = \prod_{j<k}^{N} f(z_j - z_k) \exp[-\frac{1}{4}\sum_{\ell=1}^{N} |z_\ell|^2] \tag{10.33}$$

を仮定した．そこで，(10.33) による (10.32) の期待値を極小にするように f が決められる．しかし，Jastrow 型を仮定するいまの場合に，(10.33) が満足しなければならない以下の条件から変分法的自由度は除去されて f は決まってしまう：

i) 多体の波動関数 Ψ は最低 Landau 準位の 1 体の波動関数 (10.31) からのみ構成される．

ii) 角運動量の保存は，対関数の積 $\prod f(z_j - z_k)$ は L 次の同次多項式であることを要求する．ただし，L は N 粒子系の全角運動量である．i), ii) より $f(z) = z^m$, $L = mN(N-1)/2$ である．そして，

iii) Ψ は電子の置換に関して反対称でなければならない．したがって，m は奇数である．こうして，分数量子 Hall 効果基底状態を記述する波動関数として

$$\Psi_m(z_1, \cdots, z_N) = \prod_{j<k}^{N} (z_j - z_k)^m \exp[-\frac{1}{4}\sum_{\ell} |z_\ell|^2] \tag{10.34}$$

が得られる．Ψ_m は全角運動量

$$L = \frac{1}{2}N(N-1)\,m$$

をもつ角運動量の固有状態でもある．これを Laughlin 状態と呼んでおこう．

(10.34) の z_ℓ の最高冪 $z_\ell^{(N-1)m}$ より z_ℓ を占める電子の最大角運動量は

$$-M = -(N-1)\,m \approx -N\,m \tag{10.35}$$

となる．これは，角運動量が $m = 0, 1, \cdots, M$ で指定される数だけの最低 Landau 準位内の状態数があることを意味し，M は縮重度 g にほかならな

い．このことはつぎのように考えてもよい．(9.105) より，角運動量 $-m$ の状態ではサイクロトロン運動の中心が面積 $2\pi\lambda^2(m+1/2)$ の円周上に存在する．したがって，系の面積 S に相当する $2\pi\lambda^2(M+1/2)$ の十分大きい円領域をとれば，角運動量の許される範囲は $m=0,1,\cdots,M$ で指定される．よって，Laughlin 状態 (10.34) における充填率は

$$\nu = N/M = 1/m$$

となる．

(10.34) が系のエネルギーを最小にすること，すなわち基底状態のエネルギーを与えることはつぎの考察から検証される．まず，(10.34) より得られる系の存在確率を Boltzmann 分布の形

$$|\Psi_m(z_1,\cdots,z_N)|^2 = \exp\bigl[-\phi(z_1,\cdots,z_N)/k_BT\bigr] \tag{10.36}$$

に置くとき，ポテンシャルエネルギーは

$$\phi(z_1,\cdots,z_N) = -2mk_BT\sum_{j<k}\ln|z_j-z_k| + k_BT\sum_{\ell}|z_\ell|^2/2\lambda^2 \tag{10.37}$$

と書かれる．右辺第 2 項で因子 λ を復活させた．ここで，見通しを得るために

$$mk_BT = Q^2, \quad k_BT/2\lambda^2 = \pi\sigma Q \tag{10.38}$$

とすれば，(10.37) は

$$\phi(z_1,\cdots,z_N) = -2Q^2\sum_{j<k}\ln|z_j-z_k| + \pi\sigma Q\sum_{\ell}|z_\ell|^2 \tag{10.39}$$

となる．これは 2 次元の 1 成分古典プラズマのポテンシャルエネルギーである．(10.39) の右辺第 1 項は電荷 $-Q(<0)$ の粒子間の対数的相互作用 (純粋な 2 次元クーロン相互作用) のエネルギー，第 2 項は面密度 σ の一様な正の背景電荷との相互作用のエネルギーを表す．この等価な 2 次元プラズマの電気的中性の条件は，系の面積は $2\pi\lambda^2M$ であるから，

$$2\pi\lambda^2M\sigma - NQ = 0 \tag{10.40}$$

と書かれる．これは (10.38) を参照すれば，$N/M = 1/m$ である．これは再び Laughlin 状態 (10.34) における充填率が $1/m$ であることを示す．$2\pi\lambda^2$ は

最低 Landau 準位内の 1 状態当りの面積であるので，$2\pi\lambda^2\sigma = Q/m$ はその 1 状態あたりの電荷である．現実の 2 次元電子系においては $Q = e$ であるから，1 状態あたりの電荷は分数電荷 e/m となる．

相互作用と運動エネルギーとの比を特徴付けるプラズマ・パラメター

$$\Gamma = 2Q^2/k_BT = 2m \tag{10.41}$$

の大きさはプラズマの凝縮状態を端的に表す．モンテカルロ法による数値計算は，$\Gamma > 140$ ではプラズマは六方晶系の結晶であり，$\Gamma < 140$ では液体状態であることを示した．m で表すと，$m > 70$ すなわち $\nu < 1/70$ ならば Laughlin 状態は結晶状態，$m < 70$ すなわち $\nu > 1/70$ の場合には液体状態に対応する．したがって，$m = 1, 3, 5, \cdots$ など分数量子 Hall 効果が起きる場合は問題なく液体状態である．

以上のように，分数量子 Hall 効果基底状態は高密度において充満した Landau 準位 $m = 1$ の場合が最も安定である．つぎに，$m = 3$ の状態が安定となり，それから $m = 5$ の状態が，などとなる．1/3 効果はこの系列における最初のトリビアルでない状態 $m = 3$ に対応する．因みに，$m = 1$ の状態 Ψ_1 が充満した Landau 準位に対応することは，Vandermonde の行列式

$$\prod_{j>k}^{N}(z_j - z_k) = \begin{vmatrix} 1 & z_1 & z_1^2 & \cdots & z_1^{N-1} \\ 1 & z_2 & z_2^2 & \cdots & z_2^{N-1} \\ \cdots & \cdots & \cdots & \cdots & \cdots \\ 1 & z_N & z_N^2 & \cdots & z_N^{N-1} \end{vmatrix}$$

を用いて

$$\Psi_1 = (-1)^{N(N-1)/2} \prod_{j>k}^{N}(z_j - z_k)\ \exp\Bigl(-\sum_{\ell}^{N} |z_\ell|^2/4\Bigr)$$

と書かれることから明らかである．これは N 個の 1 体軌道

$$z^k \exp(-|z|^2/4)\,, \quad k = 0, 1, \cdots, N-1$$

が充たされている単一の Slater 行列式である．この $m = 1$ の Laughlin 状態は，1/3 効果につづいて Störmer 等によって発見された 2/3 効果の量子 Hall 基底状態の親状態である (10.3.4 節)．すなわち，$m = 1$ の状態から励起した準空孔が再凝縮して $\nu = 1/(1 + 1/2) = 2/3$ の安定な娘流体を形成すると考えられる．

10.3.3　素励起 (分数電荷)

Laughlin は，z_0 に中心をもつ準空孔を表す励起状態の波動関数として

$$S_{z_0}\Psi_m = \exp[-\sum |z_\ell|^2/4]\prod_i (z_i - z_0)\prod_{j<k}(z_j - z_k)^m \tag{10.42}$$

を提案した．この式の特徴も

$$|S_{z_0}\Psi_m|^2 = e^{-\phi'/k_B T}$$

と置いて，

$$\phi' = \phi - 2\frac{Q^2}{m}\sum_i \ln|z_i - z_0|$$

としてみればわかりやすい．上式の右辺の ϕ は (10.39) である．第 2 項は古典プラズマを構成する N 個の電荷 $-Q$ と z_0 にある電荷 $-Q/m$ の幽霊粒子との対数的相互作用のポテンシャルエネルギーである．電気的中性の条件は，幽霊粒子の角運動量 1 だけ増えたことを考慮して，

$$NQ + Q/m = 2\pi\lambda^2\sigma(M+1) \;\to\; Q/m = 2\pi\lambda^2\sigma$$

であって，元の条件と変らない．このことは，z_0 を占める幽霊粒子の電荷 $-Q/m$ は等量の正電荷 $2\pi\lambda^2\sigma$ によって完全に遮蔽されることを示し，実際の N 個の電子系では z_0 に分数電荷 e/m を帯びた準空孔が存在することを意味する．(10.42) の準空孔を生成する操作 S_{z_0} を物理的にはつぎのように解釈できよう．すなわち，分数量子 Hall 効果基底状態にある液体内の 1 点 z_0 に断熱的に無限に細いソレノイドを貫通して 1 個の磁束量子 $\phi_0 = hc/e$ を加える．このとき波動関数も変化するハミルトニアンの固有状態であるように断熱的に発展する．そこで，ϕ_0 をもって付加されたソレノイドをゲージ変換によって消去すれば，もとのハミルトニアンの励起状態があとに残される．これは準粒子 (準空孔) を表す素励起である．上の操作の効果は全角運動量を 1 だけ増やすことになり，多体の波動関数の構成因子である 1 体の波動関数は

$$z^m \exp(-|z|^2/4) \;\to\; z^{m+1}\exp(-|z|^2/4)$$

のように変化する．これが (10.42) の形に導く．電子数 N は変らないので，Landau 準位内の状態が 1 だけ空席となって増える．空間的には 1 磁束量子

分のサイクロトロン運動の面積 $2\pi\lambda^2$ だけ増える．したがって，S_{z_0} の操作によって準空孔が生成される．

上の操作の代わりに，磁束の付加の符号 (磁場の向き) を負にすれば，全角運動量は 1 だけ減り，Landau準位内の状態は 1 つ消滅する．結果としての励起状態は分数電荷 $-e/m$ を帯びて隣接する準位にシフトした準電子を与えると考えられる．Laughlinは z_0 における準電子に対する波動関数として

$$S_{z_0}^{\dagger}\Psi_m = \exp[-\sum|z_\ell|^2/4]\prod_i\left(2\frac{\partial}{\partial z_i} - z_0^*\right)\prod_{j<k}(z_j - z_k)^m \tag{10.43}$$

を提唱した．ただし，準電子の生成エネルギーの計算などは準空孔の場合ほど満足のゆくものではないようである．

10.3.4 準粒子 (準空孔) 流体の階層構造

複数の準粒子は最低Landau準位にある電子がなすように量子化された間隔をもって相互作用する．準粒子の相互作用エネルギーが親の非圧縮性流体状態の集団励起に対するエネルギーギャップに比べて十分小さいならば，準粒子の集団は安定なLaughlin状態すなわち娘の非圧縮性流体状態に凝縮する．この娘流体から励起される準粒子の集団はLaughlin状態生成の条件さえ満たされれば，さらに孫娘流体に凝縮する．このように，スピン分極した最低Landau準位における充填因子 $\nu = 1/m$ $(m = 1, 3, 5, \cdots)$ の各Laughlin状態に対応する親状態からそれぞれ派生する一連の親子流体の系列が存在し，全体として階層構造をなしている．このことは最初にHaldane[6] によって指摘された．

いま，親状態が $\nu = 1/m$ のスピンのない粒子のLaughlin状態であるならば，階層構造の第 1 段階は，(10.35) を参照して, 準粒子 (準空孔) の数 N_1 を付加したもの

$$M = m(N-1) + \alpha_1 N_1\,, \quad \alpha_1 = \pm 1 \tag{10.44}$$

が第 1 式として書かれる．ここに，準空孔に対して $\alpha_1 = +1$，準粒子に対して $\alpha_1 = -1$ である．N_1 個の準粒子 (準空孔) が娘のLaughlin状態に凝縮して，第 2 式

$$N = p_1(N_1 - 1) + \alpha_2 N_2 \tag{10.45}$$

[6] F. D. M. Haldane: Phys. Rev. Lett. **51** (1983) 605.

となる．ここに，Haldane の方式による準粒子の名目上の Bose 統計のために p_1 は偶数である．そして，N_2 は N_1 個の準粒子 (準空孔) の娘流体から励起した孫娘の準粒子 (準空孔) の数である．α_2 は α_1 と同じく準空孔，準粒子に対してそれぞれ +1, −1 となる．第 2 式 (10.45) は，第 1 式 (10.44) における Landau 準位内の 1 電子状態の数 M の代わりに可能な準粒子状態の数 N を左辺としている．熱力学的極限で N, N_1 に対して 1 は無視され，(10.44)，(10.45) は

$$\left.\begin{aligned} M &= mN + \alpha_1 N_1\,, \\ N &= p_1 N_1 + \alpha_2 N_2 \end{aligned}\right\} \tag{10.46}$$

と書かれる．ここで，$N_2 = 0$ とおいて第 1 段階でとめれば，

$$\nu = N/M = 1/(m + \alpha_1/p_1) \tag{10.47}$$

が得られる．この式は $m = 3$, $p_1 = 2$, $\alpha_1 = \mp 1$ に対して，$\nu = 2/5$ および $2/7$ を与える．この 2 つは $1/3$ 状態の最も安定な娘流体として実験的に観測されている．

娘流体の準粒子間の相互作用が Laughlin 状態を形成する条件を満たす限り，階層構造式 (10.46) は繰り返される．すなわち，

$$N_1 = p_2 N_2 + \alpha_3 N_3, \cdots$$

と続く．これらは

$$\nu^{-1} = m + \alpha_1\nu_1,\ \ \nu_1^{-1} = p_1 + \alpha_2\nu_2,\ \ \nu_2^{-1} = p_2 + \alpha_3\nu_3,\ \ \cdots$$
$$\nu_j = N_j/N_{j-1},\ \ N_0 \equiv N,\ \ j = 1, 2, 3, \cdots$$

と書かれる．したがって，充填因子 ν は連分数

$$\nu = \cfrac{1}{m + \cfrac{\alpha_1}{p_1 + \cfrac{\alpha_2}{p_2 + \cfrac{\alpha_3}{p_3 + \ddots}}}} \tag{10.48}$$

によって与えられる．図 10.14 は，例として，最低 Landau 準位内の 1/3 および 2/3, 5/3 の親状態から導かれる階層構造を示す．星印は実験的に観測され

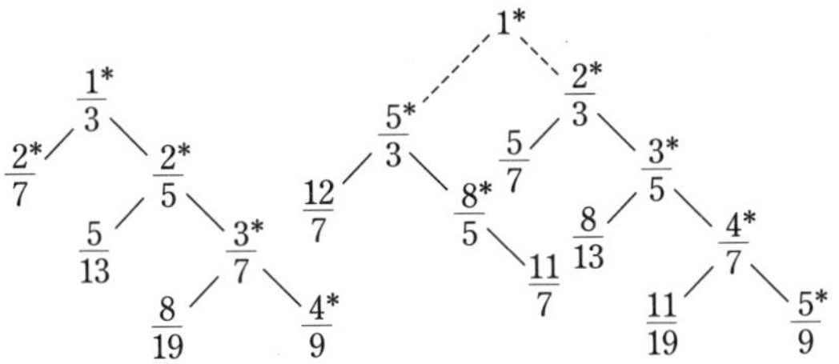

図 10.14 準粒子流体の階層構造．*印は観測された分数．

た効果である．

なお，階層構造は各段階の準粒子の分数統計性[7]と関連している．紙面の都合もあって，本書ではこれ以上立入らない．

---

[7] B. I. Halperin: Phys. Rev. Lett. **52** (1984) 1583.

付録A　第2量子化

A.1　調和振動子

1次元調和振動子のハミルトニアンは

$$\mathcal{H} = \frac{1}{2m}p^2 + \frac{m\omega^2}{2}x^2 \tag{A.1}$$

である．ここに，m は粒子の質量，ω は固有振動数で，ばね定数 k を使えば $\omega = \sqrt{k/m}$ の関係がある．x, p はそれぞれ粒子の座標および共役な運動量であって，量子力学では交換関係

$$[x, p] = i\hbar \tag{A.2}$$

を満たす演算子である．座標表示 $p = -i\hbar(d/dx)$ を用いて得られるシュレーディンガー方程式

$$\Big(-\frac{\hbar^2}{2m}\frac{d^2}{dx^2} + \frac{m\omega^2}{2}x^2\Big)\psi = E\psi \tag{A.3}$$

の固有値 E および固有関数 ψ は

$$E_n = \Big(n + \frac{1}{2}\Big)\hbar\omega, \quad n = 0, 1, 2, \cdots, \tag{A.4}$$

$$\psi_n(x) = (2^n n!)^{-1/2}\Big(\frac{m\omega}{\pi\hbar}\Big)^{1/4} H_n\Big(\sqrt{\frac{m\omega}{\hbar}}x\Big)e^{-(m\omega/2\hbar)x^2} \tag{A.5}$$

で与えられる．ここに，H_n はHermiteの多項式である．

通常，以上が量子力学の手続きである．古典的な力学変数の量子化 (A.2) によって導かれるシュレーディンガー方程式は波動関数 ψ の満たす波動方程式 (A.3) となる．古典力学では，粒子のとるエネルギーは連続変数 (A.1) で表されたが，量子力学では粒子は波で表象され，そのエネルギーはむしろ不連続な離散値 (A.4) をとる．

つぎに，以下の手続きはエネルギー $\hbar\omega$ を保持する実体を粒子として表現する方法である．前段の量子化 (第 1 量子化) に対してこの方法は第 2 量子化と呼ばれる．

x, p の代わりに演算子

$$\left.\begin{aligned} b &= \frac{1}{\sqrt{2m\hbar\omega}}(m\omega x + ip)\,, \\ b^\dagger &= \frac{1}{\sqrt{2m\hbar\omega}}(m\omega x - ip) \end{aligned}\right\} \tag{A.6}$$

を導入する．$b^\dagger$ は b の Hermite 共役 (adjoint) である．(A.6)，(A.1) より

$$bb^\dagger = \frac{1}{\hbar\omega}\Big(\mathcal{H} + \frac{\hbar\omega}{2}\Big)\,, \tag{A.7}$$

$$b^\dagger b = \frac{1}{\hbar\omega}\Big(\mathcal{H} - \frac{\hbar\omega}{2}\Big) \tag{A.8}$$

が得られる．これら 2 式より，$b, b^\dagger$ の交換関係

$$[b, b^\dagger] = 1 \tag{A.9}$$

が得られる．また，(A.8) より

$$\mathcal{H} = \hbar\omega\Big(b^\dagger b + \frac{1}{2}\Big) \tag{A.10}$$

である．(A.9) を繰り返し使えば，

$$\left.\begin{aligned} b^n b^\dagger - b^\dagger b^n &= n b^{n-1}\,, \\ b b^{\dagger n} - b^{\dagger n} b &= n b^{\dagger n-1} \end{aligned}\right\} \tag{A.11}$$

が得られる．

いま，$\mathcal{H}$ の固有値の中で最小のものを λ とし，それに属する固有ベクトルを $|0\rangle$ とすれば，

$$\mathcal{H}|0\rangle = \lambda|0\rangle \tag{A.12}$$

である．(A.10) を代入すれば．

$$\hbar\omega\Big(b^\dagger b + \frac{1}{2}\Big)|0\rangle = \lambda|0\rangle$$

となる．左辺第 2 項を右辺に移項して，

$$\hbar\omega b^\dagger b|0\rangle = \Big(\lambda - \frac{1}{2}\hbar\omega\Big)|0\rangle$$

と書き，両辺に左から b を掛ければ，

$$\hbar\omega bb^\dagger b|0\rangle = \left(\lambda - \frac{1}{2}\hbar\omega\right) b|0\rangle$$

となる．左辺に (A.7) を用いれば，

$$\left(\mathcal{H} + \frac{1}{2}\hbar\omega\right) b|0\rangle = \left(\lambda - \frac{1}{2}\hbar\omega\right) b|0\rangle$$

と書かれる．したがって，

$$\mathcal{H}b|0\rangle = \left(\lambda - \hbar\omega\right) b|0\rangle$$

が得られる．これが成立すれば，λ が $\mathcal{H}$ の最小固有値であるとした仮定に反する．ゆえに，

$$b|0\rangle = 0 \tag{A.13}$$

である．両辺に左から $\hbar\omega b^\dagger$ を掛けて

$$\hbar\omega b^\dagger b|0\rangle = 0$$

となる．(A.10) を用いれば，

$$\left(\mathcal{H} - \frac{1}{2}\hbar\omega\right)|0\rangle = \left(\lambda - \frac{1}{2}\hbar\omega\right)|0\rangle = 0$$

である．よって，

$$\lambda = \frac{1}{2}\hbar\omega \tag{A.14}$$

が得られる．

ベクトル系

$$|0\rangle, b^\dagger|0\rangle, b^{\dagger 2}|0\rangle, \cdots, b^{\dagger n}|0\rangle, \cdots \tag{A.15}$$

を考えよう．(A.11)，(A.13) によって，

$$bb^{\dagger n}|0\rangle = nb^{\dagger n-1}|0\rangle \tag{A.16}$$

である．両辺の左から $b^\dagger$ を掛ければ，

$$b^\dagger bb^{\dagger n}|0\rangle = nb^{\dagger n}|0\rangle \tag{A.17}$$

となる．この式は数演算子

$$\hat{n} = b^\dagger b \tag{A.18}$$

の固有値が $n\,(=0,1,2,\cdots)$，固有ベクトルが $b^{\dagger n}|0\rangle$ であることを示す．$n=0$ に属する固有ベクトル $|0\rangle$ は真空状態と呼ばれる．同時に，

$$\mathcal{H}b^{\dagger n}|0\rangle = \bigl(n+\frac{1}{2}\bigr)\hbar\omega b^{\dagger n}|0\rangle$$

が成立する．この式は

$$E_n = \bigl(n+\frac{1}{2}\bigr)\hbar\omega, \quad n=0,1,2,\cdots \tag{A.19}$$

が $\mathcal{H}$ の固有値であり，$b^{\dagger n}|0\rangle$ はそれに属する固有ベクトルであることを示す．

ベクトル系 (A.15) を規格直交化しよう．$|0\rangle$ は規格化条件

$$\langle 0|0\rangle = 1 \tag{A.20}$$

を満たすとする．そのとき，(A.11)，(A.13) を繰り返し用いれば，

$$\langle 0|b^n b^{\dagger n}|0\rangle = n!\langle 0|0\rangle = n! \tag{A.21}$$

となる．また，$m \neq n$ ならば，直交性

$$\langle 0|b^m b^{\dagger n}|0\rangle = 0$$

が成立する．したがって，正規直交系

$$|0\rangle,\ |1\rangle = b^{\dagger}|0\rangle, \cdots,\ |n\rangle = \frac{1}{\sqrt{n!}}b^{\dagger n}|0\rangle, \cdots \tag{A.22}$$

が得られる．

(A.16) は (A.22) を用いて書けば，

$$b|n\rangle = b\frac{1}{\sqrt{n!}}b^{\dagger n}|0\rangle = \frac{1}{\sqrt{n!}}nb^{\dagger n-1}|0\rangle = \sqrt{n}|n-1\rangle \tag{A.23}$$

となる．また，

$$b^{\dagger}|n\rangle = \frac{1}{\sqrt{n!}}b^{\dagger n+1}|0\rangle = \sqrt{n+1}|n+1\rangle \tag{A.24}$$

である．(A.17) は (A.23)，(A.24) を用いても示され，

$$b^{\dagger}b|n\rangle = n|n\rangle$$

と書かれる．また，

$$bb^\dagger|n\rangle = (n+1)|n\rangle$$

となり，$bb^\dagger$ の固有値は $n+1$ である．正規直交系 (A.22) を基底とする表示を数表示という．(A.22) の座標表示

$$\langle x|0\rangle,\ \langle x|1\rangle,\ \cdots,\ \langle x|n\rangle,\ \cdots$$

が (A.5) にほかならない．

エネルギー量子 $\hbar\omega$ をもつ粒子はボゾン (Bose 粒子) である．(A.24) によれば，$b^\dagger$ はボゾン数 n の状態 $|n\rangle$ から $n+1$ の状態 $|n+1\rangle$ を作るので，生成演算子と呼ばれる．(A.23) によって，b はボゾン数 n の状態 $|n\rangle$ を 1 つ減った状態 $|n-1\rangle$ にするので，消滅演算子と呼ばれる．ボゾン演算子 b, $b^\dagger$ の交換関係は (A.9) によって与えられる．

A.2 Fermi 粒子 (1 自由度の場合)

フェルミオン (Fermi 粒子) 演算子 a, $a^\dagger$ (a の Hermite 共役) に対して交換関係

$$[a, a^\dagger]_+ = 1\,,\ \ [a, a]_+ = [a^\dagger, a^\dagger]_+ = 0 \tag{A.25}$$

を仮定する．ここに，反交換子

$$[A, B]_+ = AB + BA \tag{A.26}$$

を定義した．よって，(A.25) の第 2，3 式は

$$a^2 = a^{\dagger 2} = 0 \tag{A.27}$$

を意味する．

(A.25) より $a^\dagger a a^\dagger a = a^\dagger a$，すなわち

$$a^\dagger a(1 - a^\dagger a) = 0 \tag{A.28}$$

である．したがって，$a^\dagger a$ の固有値 n に属する固有ベクトルを $|n\rangle$ とすれば，

$$a^\dagger a(1 - a^\dagger a)\,|n\rangle = n(1-n)\,|n\rangle = 0$$

が成立する．すなわち，$a^\dagger a$ の固有値は 2 つの整数 $n = 0, 1$ であり，固有ベクトルはそれぞれ $|0\rangle, |1\rangle$ である．式に書けば，

$$a^\dagger a|0\rangle = 0\,,\ \ a^\dagger a|1\rangle = |1\rangle \tag{A.29}$$

である．この第 1 式は

$$a|0\rangle = 0 \tag{A.30}$$

を意味する．(A.29) は (A.25) を用いて，それぞれ

$$aa^\dagger|0\rangle = |0\rangle\,,\ \ aa^\dagger|1\rangle = 0 \tag{A.31}$$

と書かれる．この第 2 式は

$$a^\dagger|1\rangle = 0 \tag{A.32}$$

を意味する．(A.31) の第 1 式の両辺に左から $a^\dagger$ を掛ければ，

$$a^\dagger aa^\dagger|0\rangle = a^\dagger|0\rangle$$

となる．この式は $a^\dagger|0\rangle$ が $a^\dagger a$ の固有値 1 に属する固有ベクトルであることを示すので，

$$a^\dagger|0\rangle = |1\rangle \tag{A.33}$$

である．(A.29) の第 2 式の両辺に左から a を掛ければ，

$$aa^\dagger a|1\rangle = a|1\rangle$$

となる．これを (A.31) の第 1 式と比較すれば，

$$a|1\rangle = |0\rangle \tag{A.34}$$

が得られる．

(A.33) の Hermite 共役 $\langle 1| = \langle 0|a$ と (A.34) との内積をとれば，

$$\langle 1|0\rangle = \langle 0|aa|1\rangle = 0 \tag{A.35}$$

である．これは $|0\rangle, |1\rangle$ の直交関係である．$\langle 0|0\rangle = 1$，すなわち $|0\rangle$ は規格化されているとする．そのとき，(A.33) 自身の内積を作れば，

$$\langle 1|1\rangle = \langle 0|aa^\dagger|0\rangle = \langle 0|0\rangle = 1 \tag{A.36}$$

である.

$|0\rangle, |1\rangle = a^\dagger|0\rangle$ は正規直交系を作る. これを基底とする表示がいまの場合の数表示である. $a^\dagger, a$ はそれぞれ生成および消滅演算子であり, その行列表示は

$$a = \begin{pmatrix} 0 & 1 \\ 0 & 0 \end{pmatrix}, \quad a^\dagger = \begin{pmatrix} 0 & 0 \\ 1 & 0 \end{pmatrix} \tag{A.37}$$

と書かれる. そして,

$$a^\dagger a = \begin{pmatrix} 0 & 0 \\ 0 & 1 \end{pmatrix} \tag{A.38}$$

は数演算子である.

A.3 多自由度系

Bose 粒子系: 数表示の基底を $|n_1, n_2, \cdots, n_r, \cdots\rangle$ とすれば, 状態 r における粒子の生成, 消滅演算子 $b^\dagger, b$ は (A.23), (A.24) を一般化した

$$\left.\begin{aligned} b_r^\dagger|n_1, n_2, \cdots, n_r, \cdots\rangle &= \sqrt{n_r+1}|n_1, n_2, \cdots, n_r+1, \cdots\rangle, \\ b_r|n_1, n_2, \cdots, n_r, \cdots\rangle &= \sqrt{n_r}|n_1, n_2, \cdots, n_r-1, \cdots\rangle \end{aligned}\right\} \tag{A.39}$$

を満たす. 交換関係は

$$[b_r, b_s^\dagger] = \delta_{rs}\,, \quad [b_r, b_s] = [b_r^\dagger, b_s^\dagger] = 0 \tag{A.40}$$

である. 数演算子は

$$\hat{n}_r = b_r^\dagger b_r \tag{A.41}$$

で与えられる.

Fermi 粒子系: 生成, 消滅演算子 $a_r^\dagger, a_r$ の交換関係は

$$[a_r, a_s^\dagger]_+ = \delta_{rs}\,, \quad [a_r, a_s]_+ = [a_r^\dagger, a_s^\dagger]_+ = 0 \tag{A.42}$$

で与えられる. フェルミオンの場合, 占拠数 n_r が 0 か 1 に限られる. しかも, 粒子の置換によって状態ベクトルの符号が変る. したがって, すべての状態の占拠数を指定する数表示よりも, N 個の粒子によって実際に占拠された 1 粒子状態 $r_{\alpha_1}, \cdots, r_{\alpha_N}$ を先頭から順番に N 個並べた基底

$$|\alpha_1, \cdots, \alpha_N\rangle = a_{\alpha_1}^\dagger \cdots a_{\alpha_N}^\dagger |0\rangle \tag{A.43}$$

を用いる方が便利である．$|0\rangle \equiv |0, 0, \cdots, 0, \cdots\rangle$ は真空状態，すなわち粒子が全然存在しない状態ベクトルである．そのとき，

$$\left.\begin{aligned} a_\alpha^\dagger |\alpha_1, \cdots, \alpha_N\rangle &= |\alpha, \alpha_1, \cdots, \alpha_N\rangle\,, \\ a_\alpha |\alpha_1, \cdots, \alpha_N\rangle &= \sum_{k=1}^{N} (-1)^{k-1} \delta_{\alpha, \alpha_k} |\alpha_1, \cdots, \alpha_{k-1}, \alpha_{k+1}, \cdots, \alpha_N\rangle \end{aligned}\right\} \tag{A.44}$$

である．

A.4　力学量の第 2 量子化表現

Fermi 粒子系を議論しよう．電子ガスを念頭において，1 粒子状態は波数 $\boldsymbol{k}$，スピン σ ($\uparrow, \downarrow$ または $+, -$) で指定されるとする．生成，消滅演算子 $a_{\boldsymbol{k}\sigma}^\dagger$, $a_{\boldsymbol{k}\sigma}$ は (A.42) の交換関係

$$[a_{\boldsymbol{k}\sigma}, a_{\boldsymbol{k}'\sigma'}^\dagger]_+ = \delta_{\boldsymbol{k}\boldsymbol{k}'} \delta_{\sigma\sigma'}\,,\ \ [a_{\boldsymbol{k}\sigma}, a_{\boldsymbol{k}'\sigma'}]_+ = [a_{\boldsymbol{k}\sigma}^\dagger, a_{\boldsymbol{k}'\sigma'}^\dagger]_+ = 0 \tag{A.45}$$

を満たす．

基底を構成する $|0\rangle$, $|1\rangle = a^\dagger|0\rangle$ とその Hermite 共役 $\langle 0|$, $\langle 1| = \langle 0|a$ を見て，$a^\dagger$ は ket ベクトル $|0\rangle$, $|1\rangle$ と，a は bra ベクトル $\langle 0|$, $\langle 1|$ と同じ変換を受けることに注意しよう．たとえば，運動量 $\boldsymbol{p} = \hbar\boldsymbol{k}$ の固有状態 $|\boldsymbol{k}\rangle$ と位置座標 $\boldsymbol{x}$ の固有状態 $|\boldsymbol{x}\rangle$ との間のユニタリー変換

$$|\boldsymbol{k}\rangle = \int d\boldsymbol{x}\, |\boldsymbol{x}\rangle\langle\boldsymbol{x}|\boldsymbol{k}\rangle \;=\; V^{-1/2} \int d\boldsymbol{x}\, |\boldsymbol{x}\rangle\, e^{i\boldsymbol{k}\cdot\boldsymbol{x}},$$
$$|\boldsymbol{x}\rangle = \sum_{\boldsymbol{k}} |\boldsymbol{k}\rangle\langle\boldsymbol{k}|\boldsymbol{x}\rangle \;=\; V^{-1/2} \sum_{\boldsymbol{k}} |\boldsymbol{k}\rangle\, e^{-i\boldsymbol{k}\cdot\boldsymbol{x}}$$

に対して，

$$a_{\boldsymbol{k}\sigma}^\dagger = V^{-1/2} \int d\boldsymbol{x}\, \psi_\sigma^\dagger(\boldsymbol{x})\, e^{i\boldsymbol{k}\cdot\boldsymbol{x}}, \tag{A.46}$$

$$\psi_\sigma^\dagger(\boldsymbol{x}) = V^{-1/2} \sum_{\boldsymbol{k}} a_{\boldsymbol{k}\sigma}^\dagger e^{-i\boldsymbol{k}\cdot\boldsymbol{x}} \tag{A.47}$$

と書かれる．ここに，V は系の体積である．$\psi_\sigma^\dagger(\boldsymbol{x})$ はその Hermite 共役

$$\psi_\sigma(\boldsymbol{x}) \;=\; V^{-1/2} \sum_{\boldsymbol{k}} a_{\boldsymbol{k}\sigma} e^{i\boldsymbol{k}\cdot\boldsymbol{x}} \tag{A.48}$$

と一緒にして場の演算子と呼ばれる．変換関数 $\langle \boldsymbol{x}|\boldsymbol{k}\rangle = V^{-1/2}e^{i\boldsymbol{k}\cdot\boldsymbol{x}}$ (運動量 $\boldsymbol{p} = \hbar\boldsymbol{k}$ の固有関数) は正規直交系を作る．場の演算子 $\psi^\dagger_\sigma(\boldsymbol{x})$, $\psi_\sigma(\boldsymbol{x})$ は (A.47), (A.48) の展開だけでなく，任意の正規直交系で展開できる．(A.45) を用いれば，場の演算子の交換関係

$$\left.\begin{aligned} &[\psi_\sigma(\boldsymbol{x}), \psi^\dagger_{\sigma'}(\boldsymbol{x}')]_+ = \delta(\boldsymbol{x}-\boldsymbol{x}')\,\delta_{\sigma\sigma'}\,, \\ &[\psi_\sigma(\boldsymbol{x}), \psi_{\sigma'}(\boldsymbol{x}')]_+ = [\psi^\dagger_\sigma(\boldsymbol{x}), \psi^\dagger_{\sigma'}(\boldsymbol{x}')]_+ = 0 \end{aligned}\right\} \tag{A.49}$$

が導かれる．

上記のような ket ベクトル $|\alpha\rangle$, bra ベクトル $\langle\beta|$ と粒子演算子のそれぞれ $a^\dagger_\alpha$, a_β との対応は多体 (N 粒子) 系の力学量 (演算子) の第 2 量子化表現を得るために役立つ．まず，1 粒子演算子の和，すなわち加算的な力学量

$$A = \sum_{i=1}^{N} A^{(1)}(i) \tag{A.50}$$

の場合，1 粒子演算子 $A^{(1)}$ は

$$A^{(1)} = \sum_{\alpha,\beta} |\alpha\rangle\langle\alpha|A^{(1)}|\beta\rangle\langle\beta| = \sum_{\alpha,\beta} |\alpha|\rangle A^{(1)}_{\alpha,\beta}\langle\beta|$$

の表現をもつので，第 2 量子化表現

$$A = \sum_{\alpha,\beta} a^\dagger_\alpha A^{(1)}_{\alpha,\beta} a_\beta \tag{A.51}$$

が得られる．ここに，状態変数 α は $\boldsymbol{k}$, $\boldsymbol{x}$ などである．

(A.51) の具体例として，$A^{(1)} = 1$ のとき

$$1 = \sum_{\boldsymbol{k}} |\boldsymbol{k}\rangle\langle\boldsymbol{k}| = \int d\boldsymbol{x}\,|\boldsymbol{x}\rangle\langle\boldsymbol{x}|$$

であるから，全粒子数の第 2 量子化表現は

$$\mathcal{N} = \sum_{\boldsymbol{k},\sigma} a^\dagger_{\boldsymbol{k}\sigma} a_{\boldsymbol{k}\sigma} = \sum_\sigma \int d\boldsymbol{x}\,\psi^\dagger_\sigma(\boldsymbol{x})\psi_\sigma(\boldsymbol{x}) \tag{A.52}$$

となる．全粒子数 $\mathcal{N}$ (A.52) は，粒子数密度

$$\rho(\boldsymbol{x}) = \sum_{i=1}^{N} \delta(\boldsymbol{x}-\boldsymbol{x}_i) \tag{A.53}$$

の第2量子化表現

$$\rho(\boldsymbol{x}) = \sum_{\sigma} \int d\boldsymbol{x}_i \psi_{\sigma}^{\dagger}(\boldsymbol{x}_i)\, \delta(\boldsymbol{x} - \boldsymbol{x}_i)\, \psi_{\sigma}(\boldsymbol{x}_i) = \sum_{\sigma} \psi_{\sigma}^{\dagger}(\boldsymbol{x}) \psi_{\sigma}(\boldsymbol{x}) \tag{A.54}$$

の空間積分としても得られる．(A.53) をフーリェ展開すれば，

$$\rho(\boldsymbol{x}) = V^{-1} \sum_{\boldsymbol{q}} \rho_{\boldsymbol{q}} e^{i\boldsymbol{q}\cdot\boldsymbol{x}}, \tag{A.55}$$

$$\rho_{\boldsymbol{q}} = \int d\boldsymbol{x}\, \rho(\boldsymbol{x})\, e^{-i\boldsymbol{q}\cdot\boldsymbol{x}} = \sum_{i=1}^{N} e^{-i\boldsymbol{q}\cdot\boldsymbol{x}_i} \tag{A.56}$$

である．$\rho_{\boldsymbol{q}}$ は (A.56) の第2式から第2量子化表現で

$$\rho_{\boldsymbol{q}} = \sum_{\sigma} \int d\boldsymbol{x}\, \psi_{\sigma}^{\dagger}(\boldsymbol{x})\, e^{-i\boldsymbol{q}\cdot\boldsymbol{x}} \psi_{\sigma}(\boldsymbol{x})$$

と書かれる．これに (A.47)，(A.48) を代入すれば，

$$\rho_{\boldsymbol{q}} = \sum_{\boldsymbol{k},\sigma} a_{\boldsymbol{k}\sigma}^{\dagger} a_{\boldsymbol{k}+\boldsymbol{q},\sigma} \tag{A.57}$$

が得られる．$\boldsymbol{q} = 0$ のときは全粒子数 $\rho_0 = \sum_{\boldsymbol{k},\sigma} a_{\boldsymbol{k}\sigma}^{\dagger} a_{\boldsymbol{k}\sigma} = N$ を与える．

粒子の運動量をとれば，

$$A^{(1)} = \boldsymbol{p} = \int\int d\boldsymbol{x} d\boldsymbol{x}' |\boldsymbol{x}\rangle \langle \boldsymbol{x}|\boldsymbol{p}|\boldsymbol{x}'\rangle \langle \boldsymbol{x}'$$

と書かれる．ここで，

$$\langle \boldsymbol{x}|\boldsymbol{p}|\boldsymbol{x}'\rangle = -i\hbar\nabla\delta(\boldsymbol{x} - \boldsymbol{x}') = i\hbar\nabla'\delta(\boldsymbol{x} - \boldsymbol{x}')$$

に注意する．ここに，∇' は $\boldsymbol{x}'$ についての ∇ を意味する．この式を上の式に代入すれば，

$$A^{(1)} = \boldsymbol{p} = \int d\boldsymbol{x}\, |\boldsymbol{x}\rangle(-i\hbar\nabla)\langle\boldsymbol{x}|$$

となる．したがって，全運動量 $\boldsymbol{P} = \sum_i \boldsymbol{p}_i$ は

$$\boldsymbol{P} = \sum_{\sigma} \int d\boldsymbol{x}\, \psi_{\sigma}^{\dagger}(\boldsymbol{x})(-i\hbar\nabla)\psi_{\sigma}(\boldsymbol{x}) = \sum_{\boldsymbol{k},\sigma} \hbar\boldsymbol{k} a_{\boldsymbol{k}\sigma}^{\dagger} a_{\boldsymbol{k}\sigma} \tag{A.58}$$

で与えられる．

同様にして，1 体ハミルトニアン

$$A(1) = \mathcal{H}_i = \frac{1}{2m}\boldsymbol{p}_i^2 + U(\boldsymbol{x}_i)$$

をとれば，相互作用しない N 粒子系のハミルトニアンは

$$\mathcal{H}_0 = \sum_\sigma \int d\boldsymbol{x}\, \psi_\sigma^\dagger(\boldsymbol{x})\big(-\frac{\hbar^2}{2m}\nabla^2 + U(\boldsymbol{x})\big)\, \psi_\sigma(\boldsymbol{x}), \tag{A.59}$$

$$= \sum_{\boldsymbol{k},\sigma} \frac{\hbar^2 k^2}{2m}\, a_{\boldsymbol{k}\sigma}^\dagger a_{\boldsymbol{k}\sigma} + V^{-1} \sum_{\boldsymbol{k},\boldsymbol{q},\sigma} U(\boldsymbol{q})\, a_{\boldsymbol{k}\sigma}^\dagger a_{\boldsymbol{k}-\boldsymbol{q},\sigma} \tag{A.60}$$

となる．ここに，

$$U(\boldsymbol{x}) = V^{-1} \sum_{\boldsymbol{q}} U(\boldsymbol{q})\, e^{i\boldsymbol{q}\cdot\boldsymbol{x}} \tag{A.61}$$

は例えば静的な散乱ポテンシャルである．

つぎに，2 体の演算子として 2 体力の相互作用のポテンシャル $v(\boldsymbol{x}_i - \boldsymbol{x}_j) = v(\boldsymbol{x}_j - \boldsymbol{x}_i)$ をとり上げよう．N 粒子系の相互作用は

$$\mathcal{H}_1 = \sum_{i<j} v(\boldsymbol{x}_i - \boldsymbol{x}_j) = \frac{1}{2}\sum_{i,j} v(\boldsymbol{x}_i - \boldsymbol{x}_j)$$

である．$v(\boldsymbol{x}_i - \boldsymbol{x}_j)$ に対して，

$$v = \frac{1}{2}\int\!\!\int d\boldsymbol{x}d\boldsymbol{y}\, |\boldsymbol{x},\boldsymbol{y}\rangle\, v(\boldsymbol{x}-\boldsymbol{y})\, \langle \boldsymbol{x},\boldsymbol{y}|$$

と書かれる．したがって，第 2 量子化表現

$$\mathcal{H}_1 = \frac{1}{2}\sum_{\sigma,\sigma'}\int\!\!\int d\boldsymbol{x}d\boldsymbol{y}\, \psi_\sigma^\dagger(\boldsymbol{x})\psi_{\sigma'}^\dagger(\boldsymbol{y})v(\boldsymbol{x}-\boldsymbol{y})\psi_{\sigma'}(\boldsymbol{y})\psi_\sigma(\boldsymbol{x}) \tag{A.62}$$

が得られる．2 体ポテンシャルをフーリェ展開して，

$$v(\boldsymbol{x}-\boldsymbol{y}) = V^{-1}\sum_{\boldsymbol{q}} v(\boldsymbol{q})\, e^{i\boldsymbol{q}\cdot(\boldsymbol{x}-\boldsymbol{y})} \tag{A.63}$$

を (A.47)，(A.48) とともに (A.62) に代入して積分すれば，

$$\mathcal{H}_1 = \frac{1}{2}\sum_{\sigma,\sigma'}\sum_{\boldsymbol{k},\boldsymbol{k}',\boldsymbol{q}} v(\boldsymbol{q})\, a_{\boldsymbol{k}+\boldsymbol{q},\sigma}^\dagger a_{\boldsymbol{k}'-\boldsymbol{q},\sigma'}^\dagger a_{\boldsymbol{k}'\sigma'} a_{\boldsymbol{k}\sigma} \tag{A.64}$$

となる．

付 録B　統計演算子

B.1　古典統計力学

ことの始まりは気体 (分子) 運動論である．Boltzmannは，分子の位置を与える$\boldsymbol{r}$と運動量を指定する$\boldsymbol{p}(= m\dot{\boldsymbol{r}})$とを座標軸とする6次元の分子位相空間 ($\mu$空間) を考え，時刻$t$に$\mu$空間内の点$(\boldsymbol{r},\boldsymbol{p})$にある分子数をランダム変数$(\boldsymbol{r},\boldsymbol{p})$を占める分子の分布関数$f(\boldsymbol{r},\boldsymbol{p},t)$として，$f(\boldsymbol{r},\boldsymbol{p},t)$のしたがう彼の名を冠せられた運動論的方程式を提出した．彼はこのBoltzmann方程式に基づいてH定理を導いた．そして，Boltzmannの原理と称せられるエントロピーの分子論的表式を与え，統計力学への道を開いた．

他方においてはGibbsによる統計力学の建設があった．系がN個の分子から構成されるならば，系の自由度は$s = 3N$である．すべての分子の位置$(q_1,\cdots,q_s)$および共役な運動量$(p_1,\cdots,p_s)$を指定する$2s$次元の位相空間 (Γ空間) を考えれば，時刻tにおける系の状態はΓ空間内の1点 (代表点) で表される．この代表点は分子全体を支配する力学の運動方程式にしたがって時間とともに1本の軌道を描く．莫大な系の自由度sのために代表点の描く軌道は複雑極まりないものであり，時刻tにおける系の状態，すなわちΓ空間内の代表点の位置と運動量とを運動方程式を解いて決定することは不可能である．そこで，時刻tにおける系の状態$(q_1,\cdots,q_s,p_1,\cdots,p_s)$の実現確率を問題にする．統計理論的には統計アンサンブル，すなわち実際の系と同じ構造をもつ無数の独立な系の仮想的集団 (Gibbsアンサンブル) を考え，時刻tにおいて状態がΓ空間内の点(q,p)の近傍の微分体積$dqdp$内にある要素系の数に比例する重率をもって状態(q,p)の実現確率

$$\rho(q,p,t)\,dqdp\,,\quad q = q_1,\cdots,q_s; p = p_1,\cdots,p_s \tag{B.1}$$

とする確率分布関数 $\rho(q,p,t)$ を導入する．$\rho(q,p,t)$ は規格化条件

$$\int \rho(q,p,t)\,dqdp = 1 \tag{B.2}$$

を満たす．そして，系の力学量 $F(q,p)$ 平均値は

$$\langle F\rangle = \int F(q,p)\,\rho(q,p,t)\,dqdp \tag{B.3}$$

で与えられる．

各時刻における要素系の状態を与える代表点の集合は時間とともに運動して一種の流れを構成するが，この流れに関して連続の方程式

$$\frac{\partial\rho}{\partial t} + \sum_{i=1}^{s}\left\{\frac{\partial}{\partial q_i}(\rho\dot{q}_i) + \frac{\partial}{\partial p_i}(\rho\dot{p}_i)\right\} = 0 \tag{B.4}$$

が成立する．この式の左辺第 2 項は，ハミルトンの正準形式

$$\dot{q}_i = \frac{\partial\mathcal{H}}{\partial p_i},\ \ \dot{p}_i = -\frac{\partial\mathcal{H}}{\partial q_i} \tag{B.5}$$

($\mathcal{H}$ は系のハミルトニアン) を用いれば，

$$\begin{aligned}\sum_{i=1}^{s}&\left\{\dot{q}_i\frac{\partial\rho}{\partial q_i} + \dot{p}_i\frac{\partial\rho}{\partial p_i} + \rho\left(\frac{\partial\dot{q}_i}{\partial q_i} + \frac{\partial\dot{p}_i}{\partial p_i}\right)\right\}\\ &= \sum_{i=1}^{s}\left\{\frac{\partial\rho}{\partial q_i}\frac{\partial\mathcal{H}}{\partial p_i} - \frac{\partial\mathcal{H}}{\partial q_i}\frac{\partial\rho}{\partial p_i}\right\} = [\rho,\mathcal{H}]\end{aligned}$$

と書きかえられる．この最後の式は Poisson の括弧式である．したがって，(B.4) は

$$\begin{aligned}\frac{d\rho}{dt} &= \frac{\partial\rho}{\partial t} + \sum_{i=1}^{s}\left\{\dot{q}_i\frac{\partial\rho}{\partial q_i} + \dot{p}_i\frac{\partial\rho}{\partial p_i}\right\}\\ &= \frac{\partial\rho}{\partial t} + [\rho,\mathcal{H}] = 0\end{aligned} \tag{B.6}$$

となる．(B.6) は，位相空間の確率分布関数 ρ は軌道に沿って不変であることを意味する．このことは Liouville の定理と呼ばれる．(B.6) を

$$\frac{\partial\rho}{\partial t} = [\mathcal{H},\rho] \tag{B.7}$$

と書いてLiouville方程式と呼ぶ.

いま，位相空間の微小体積$\delta q\delta p$の中の点で代表される状態の実現確率$\rho\,\delta q\delta p$に対しても連続の方程式が成立する．すなわち,

$$\frac{d(\rho\,\delta q\delta p)}{dt}=\frac{d\rho}{dt}\,\delta q\delta p+\rho\,\frac{d(\delta q\delta p)}{dt}=0$$

である．(B.6) によって

$$\frac{d(\delta q\delta p)}{dt}=0$$

が得られる．これは流れに沿って位相空間の微小体積が保存されることを意味する．実は，ハミルトンの正準方程式 (B.5) を用いれば，位相空間の任意の体積が時間とともに保存されること，すなわち

$$\frac{d}{dt}\left(\int dqdp\right)\;=\;0 \tag{B.8}$$

であることが示される．これもLiouvilleの定理として引き合いに出される.

統計力学の対象となる系に対しては一般的に系のエネルギーが保存される．位相空間内に

$$\mathcal{H}(q_1,\cdots,q_s,p_1,\cdots,p_s)=E=\text{一定} \tag{B.9}$$

によって定まる等エネルギー面 ($2s-1$次元の位相空間) を考える．系のエネルギーは保存されるので，1つの等エネルギー面上の代表点は時間とともに運動してこの面上で軌道を描き，長時間にわたってはこの面上をくまなく埋め尽くすであろう (エルゴード仮定)．また，等エネルギー面は有界であるとしてよい．このことは平均値など面上でとられる積分の収束性を保証する.

定常分布

$$\frac{\partial\rho}{\partial t}=0$$

をとれば，(B.7) より，ρは定数または$\mathcal{H}=E$のみの関数である．ρおよび平均値 (B.3) は時間に依存しない．このとき，系は統計的平衡 (熱的平衡) にあるといわれる．熱平衡状態にある閉じた系 (孤立系) に対応する統計アンサンブルがミクロカノニカル・アンサンブルである．その分布関数は

$$\left.\begin{array}{ll}\rho(E)=\text{一定} & E\leq E\leq E+\delta E\\[2ex] \rho(E)=0 & \text{その他の場合}\end{array}\right\} \tag{B.10}$$

で与えられる．

いま，2 つの等エネルギー面 $\mathcal{H} = E$ と $\mathcal{H} = E + \delta E$ を考えよう．微小量 δE によって与えられる 2 枚の面間の間隔 δn は面上の面積素片 dA の場所によって異なるが，

$$dA\delta n = dV$$

は Liouville の定理によって面上何処でも一定である．等エネルギー面 $\mathcal{H} = E$ における分布関数 σ を

$$\sigma = \frac{\rho\, dV}{dA} = \rho\, \delta n$$

によって定義する．

$$\delta E = \frac{\partial \mathcal{H}}{\partial n}\, \delta n \ = \ |\mathrm{grad}\mathcal{H}|\, \delta n\,,$$

$$|\mathrm{grad}\mathcal{H}| = \sqrt{\Big(\frac{\partial \mathcal{H}}{\partial q_1}\Big)^2 + \cdots + \Big(\frac{\partial \mathcal{H}}{p_s}\Big)^2}$$

であるから，

$$\sigma = \frac{\rho\, \delta E}{|\mathrm{grad}\mathcal{H}|}$$

となる．ρ および δE は $\mathcal{H} = E$ 上で一定である．したがって，$C(E)$ を規格化定数として

$$\sigma = \frac{C(E)}{|\mathrm{grad}\mathcal{H}|} = C(E)\, \frac{\delta n}{\delta E} \tag{B.11}$$

と書かれる．この式は以下のことを意味する．位相空間内に多数の等エネルギー面 $\mathcal{H} = E$ が δE の間隔で描かれるとき，等エネルギー面が密になっているところ ($\delta n/\delta E$ の小さい，または勾配 $|\mathrm{grad}\mathcal{H}|$ の大きいところ) で確率分布密度 σ は小さく，等エネルギー面が疎らなところ ($\delta n/\delta E$ の大きい，または勾配 $|\mathrm{grad}\mathcal{H}|$ の小さいところ) では σ は大きい．$C(E)$ は等エネルギー面全域にわたる積分 ($2s - 1$ 次元)

$$1 = \int_{\mathcal{H}=E} \sigma\, dA = C(E) \int_{\mathcal{H}=E} \frac{dA}{|\mathrm{grad}\mathcal{H}|}$$

から求まる．A に関する積分は平面 $dq_1 \cdots dp_{s-1}$ 上に射影して求めればよい．p_s 軸と面積素片 dA との間の方向余弦 $\cos\theta_s$ を用いれば，

$$dA\, \cos\theta_s = dq_1 \cdots dp_{s-1}\,,$$

$$\cos\theta_s = \frac{1}{|\mathrm{grad}\mathcal{H}|}\frac{\partial\mathcal{H}}{\partial p_s}$$

である．よって，

$$\sigma\, dA = C(E)\Big(\frac{\partial\mathcal{H}}{\partial p_s}\Big)^{-1} dq_1\cdots dq_s dp_1\cdots dp_{s-1}\,, \tag{B.12}$$

$$C(E) = \Big\{\int_{\mathcal{H}=E}\Big(\frac{\partial\mathcal{H}}{\partial p_s}\Big)^{-1} dq_1\cdots dq_s dp_1\cdots dp_{s-1}\Big\}^{-1} \tag{B.13}$$

が得られる．

現実の熱平衡系は熱溜と接触してエネルギーのやりとりをしながら熱平衡状態にある．このような系に対応する統計アンサンブルをカノニカル・アンサンブルという．カノニカル分布は (B.12), (B.13) を利用して導かれるが次節で別の方法によって導こう．

B.2 統計演算子

系を支配する力学が量子力学である場合には，力学量は演算子となる．前節の確率分布関数 ρ に相当する Hermite 演算子が統計演算子 w である．そして，その固有値は非負値をとる．

力学変数 F の平均値は

$$\langle F\rangle = \mathrm{Tr}\, wF = \sum_n (wF)_{nn} = \sum_{m,n} w_{mn}F_{nm} \tag{B.14}$$

によって与えられる．ここに，Tr はトレース (跡) をとること，すなわち演算子の対角和をとることを意味する．トレースは Tr 記号の後ろのすべての演算子の積に対してとる．その範囲を明示する必要があるときには括弧を付す．$F=1$ とすれば，

$$\mathrm{Tr}\, w = \sum_n w_{nn} = \sum_n w_n = 1 \tag{B.15}$$

である．これは w の規格化を意味する．統計演算子の対角成分を $w_{nn} = w_n$ と書いた．

完全系 $\{|\alpha\rangle\}$, $\{|\beta\rangle\}$ を用いて

$$w = \sum_{\alpha,\beta} |\alpha\rangle w_{\alpha\beta}\langle\beta| \tag{B.16}$$

と表される．状態ベクトル $|\alpha\rangle$ に対するシュレーディンガー方程式は

$$i\hbar\frac{\partial|\alpha\rangle}{\partial t} = \mathcal{H}|\alpha\rangle, \quad -i\hbar\frac{\partial\langle\alpha|}{\partial t} = \langle\alpha|\mathcal{H}$$

である．(B.16) の時間微分をとれば，

$$\begin{aligned} i\hbar\dot{w} &= \sum_{\alpha,\beta}\left\{i\hbar\frac{\partial|\alpha\rangle}{\partial t}\,w_{\alpha\beta}\langle\beta| + i\hbar|\alpha\rangle w_{\alpha\beta}\frac{\partial\langle\beta|}{\partial t}\right\} \\ &= \sum_{\alpha,\beta}\left\{\mathcal{H}|\alpha\rangle w_{\alpha\beta}\langle\beta| - |\alpha\rangle w_{\alpha\beta}\langle\beta|\mathcal{H}\right\} \\ &= \mathcal{H}w - w\mathcal{H} \end{aligned}$$

である．これは，交換子 $[A, B] = AB - BA$ を用いて，

$$i\hbar\dot{w} = [\mathcal{H}, w] \tag{B.17}$$

と書かれる．これを Neumann 方程式と呼ぶ．これは Liouville 方程式 (B.7) の量子力学的アナロジーである．(B.17) は Heisenberg の運動方程式とは符号が違うことに注意しよう．(B.17) はその導出法からも判るようにシュレーディンガー方程式にほかならない．

(B.17) の定常解，すなわち $\dot{w} = 0$ を満たす解は系のハミルトニアンと交換可能である．よって，定常な系の統計演算子はハミルトニアンと同時に対角化される．さらに，熱平衡系を記述する統計演算子は系のエントロピー S を極大にする条件のもとで得られる．エントロピーは

$$S = -k_B\langle\log w\rangle = -k_B\mathrm{Tr}\,w\log w \tag{B.18}$$

によって与えられる．ここに，k_B は Boltzmann 定数である．ここでは，環境体と接触してエネルギーのみならず粒子のやりとりもしながら熱平衡状態にある系に対応する大カノニカル・アンサンブルをとり上げよう．系のエネルギー $\mathcal{H}$ の平均値は一定値 E をとる：

$$\mathrm{Tr}\,w\mathcal{H} = E. \tag{B.19}$$

系の粒子数 $\mathcal{N}$ の平均値は一定値 N である：

$$\mathrm{Tr}\,w\mathcal{N} = N. \tag{B.20}$$

大カノニカル・アンサンブルを記述する統計演算子の表式は, (B.15), (B.19), (B.20) を付加条件としてエントロピー (B.18) を極大にすることによって求められる. α, β, γ を Lagrange の未定乗数として変分をとるとき,

$$\mathrm{Tr}\big\{(-\log w + \alpha - \beta\mathcal{H} + \gamma\mathcal{N})\,\delta w\big\} = 0 \tag{B.21}$$

が任意の変分 δw に対して成立しなければならない. よって,

$$w = e^{\alpha-\beta\mathcal{H}+\gamma\mathcal{N}} \tag{B.22}$$

となる. これを (B.15) に代入すれば,

$$\left.\begin{aligned} e^{-\alpha} &= \mathrm{Tr}\, e^{-\beta\mathcal{H}+\gamma\mathcal{N}} = Z\,, \\ \alpha &= -\log Z \end{aligned}\right\} \tag{B.23}$$

と書かれる. T を絶対温度, μ を化学ポテンシャル, Φ を熱力学的ポテンシャルとして,

$$\alpha = \Phi/k_BT\,,\ \ \beta = 1/k_BT\,,\ \ \gamma = \mu/k_BT$$

とおけば, 熱平衡系の統計演算子として大カノニカル分布

$$w_e = e^{\beta(\Phi-\mathcal{H}+\mu\mathcal{N})} = Z^{-1}e^{-\beta(\mathcal{H}-\mu\mathcal{N})} \tag{B.24}$$

が得られる. ここに,

$$Z = \mathrm{Tr}\, e^{-\beta(\mathcal{H}-\mu\mathcal{N})} = e^{-\beta\Phi} \tag{B.25}$$

は大分配関数と呼ばれる. 系のエントロピー (B.18) は, (B.24) を代入すれば,

$$\begin{aligned} S &= -k_B\mathrm{Tr}\, w_e\beta\,(\Phi-\mathcal{H}+\mu\mathcal{N}) \\ &= -k_B\beta\,\Phi + k_B\beta\,(E-\mu N) \end{aligned}$$

と書かれる. これは, $\beta = 1/k_BT$ を使って,

$$\Phi = E - TS - \mu N \tag{B.26}$$

となる. これを Gibbs の関係式

$$E - TS + pV - \mu N = 0 \tag{B.27}$$

と比較すれば，

$$\Phi = -pV \tag{B.28}$$

である．以下に具体例をあげよう．

自由電子系の場合，生成，消滅演算子を用いれば，

$$\left.\begin{aligned} \mathcal{H} &= \sum_{\boldsymbol{k},\sigma} \varepsilon_{\boldsymbol{k}} a^\dagger_{\boldsymbol{k}\sigma} a_{\boldsymbol{k}\sigma}, \quad \varepsilon_{\boldsymbol{k}} = \frac{\hbar^2 k^2}{2m}, \\ \mathcal{N} &= \sum_{\boldsymbol{k},\sigma} a^\dagger_{\boldsymbol{k}\sigma} a_{\boldsymbol{k}\sigma} \end{aligned}\right\} \tag{B.29}$$

と書かれる．大分配関数 (B.25) は

$$\begin{aligned} Z &= \mathrm{Tr}\, e^{-\beta(\mathcal{H}-\mu\mathcal{N})} = \mathrm{Tr}\, e^{-\beta\sum(\varepsilon_{\boldsymbol{k}}-\mu)a^\dagger_{\boldsymbol{k}\sigma}a_{\boldsymbol{k}\sigma}} \\ &= \prod_{\boldsymbol{k},\sigma} \mathrm{Tr}\, e^{-\beta(\varepsilon_{\boldsymbol{k}}-\mu)a^\dagger_{\boldsymbol{k}\sigma}a_{\boldsymbol{k}\sigma}} = \prod_{\boldsymbol{k},\sigma}\left(1+e^{-\beta(\varepsilon_{\boldsymbol{k}}-\mu)}\right) \end{aligned} \tag{B.30}$$

となる．ここに，$a^\dagger_{\boldsymbol{k}\sigma}a_{\boldsymbol{k}\sigma}$ に対して (A.38) を用いた．したがって，熱力学的ポテンシャルは

$$\Phi = -k_B T \log Z = -k_B T \sum_{\boldsymbol{k},\sigma} \log\left(1+e^{-\beta(\varepsilon_{\boldsymbol{k}}-\mu)}\right) \tag{B.31}$$

である．状態 $(\boldsymbol{k}, \sigma)$ を占める平均電子数は

$$\begin{aligned} \langle a^\dagger_{\boldsymbol{k}\sigma}a_{\boldsymbol{k}\sigma}\rangle &= Z^{-1}\mathrm{Tr}\, e^{-\beta(\mathcal{H}-\mu\mathcal{N})} a^\dagger_{\boldsymbol{k}\sigma}a_{\boldsymbol{k}\sigma} \\ &= Z^{-1} \prod_{\boldsymbol{k}',\sigma'} \mathrm{Tr}\, e^{-\beta(\varepsilon_{\boldsymbol{k}'}-\mu)a^\dagger_{\boldsymbol{k}'\sigma'}a_{\boldsymbol{k}'\sigma'}} a^\dagger_{\boldsymbol{k}\sigma}a_{\boldsymbol{k}\sigma} \\ &= Z^{-1} {\prod_{\boldsymbol{k}',\sigma'}}' \left(1+e^{-\beta(\varepsilon_{\boldsymbol{k}'}-\mu)}\right) \mathrm{Tr}\, e^{-\beta(\varepsilon_{\boldsymbol{k}}-\mu)a^\dagger_{\boldsymbol{k}\sigma}a_{\boldsymbol{k}\sigma}} a^\dagger_{\boldsymbol{k}\sigma}a_{\boldsymbol{k}\sigma} \\ &= \frac{\mathrm{Tr}\, e^{-\beta(\varepsilon_{\boldsymbol{k}}-\mu)a^\dagger_{\boldsymbol{k}\sigma}a_{\boldsymbol{k}\sigma}} a^\dagger_{\boldsymbol{k}\sigma}a_{\boldsymbol{k}\sigma}}{1+e^{-\beta(\varepsilon_{\boldsymbol{k}}-\mu)}} = \frac{e^{-\beta(\varepsilon_{\boldsymbol{k}}-\mu)}}{1+e^{-\beta(\varepsilon_{\boldsymbol{k}}-\mu)}} \\ &= \frac{1}{e^{\beta(\varepsilon_{\boldsymbol{k}}-\mu)}+1} = f(\varepsilon_{\boldsymbol{k}}) \end{aligned} \tag{B.32}$$

となる．これは Fermi 分布関数と呼ばれる．

自由フォノン系の場合，(B.20) $N=$ 一定 の条件はない．したがって，$\mu = 0$ である．統計演算子は事実上カノニカル分布

$$w_e = e^{-\beta\mathcal{H}}$$

となる．そして，

$$\mathcal{H} = \sum_{\boldsymbol{q},\lambda} \hbar\omega_{\boldsymbol{q},\lambda}\bigl(b^\dagger_{\boldsymbol{q}\lambda} b_{\boldsymbol{q}\lambda} + \frac{1}{2}\bigr) \tag{B.33}$$

である．分配関数は

$$\begin{aligned} Z = \mathrm{Tr}\, e^{-\beta\mathcal{H}} &= \mathrm{Tr} \prod_{\boldsymbol{q},\lambda} e^{-\beta\hbar\omega_{\boldsymbol{q},\lambda}(b^\dagger_{\boldsymbol{q}\lambda} b_{\boldsymbol{q}\lambda}+1/2)} \\ &= \prod_{\boldsymbol{q},\lambda} \mathrm{Tr}\, e^{-\beta\hbar\omega_{\boldsymbol{q},\lambda}(b^\dagger_{\boldsymbol{q}\lambda} b_{\boldsymbol{q}\lambda}+1/2)} = \prod_{\boldsymbol{q},\lambda} \frac{e^{-\beta\hbar\omega_{\boldsymbol{q},\lambda}/2}}{1-e^{-\beta\hbar\omega_{\boldsymbol{q},\lambda}}} \end{aligned} \tag{B.34}$$

となる．ここに，$b^\dagger_{\boldsymbol{q}\lambda} b_{\boldsymbol{q}\lambda}$ の固有値は $0, 1, 2, \cdots$ であることを用いた．波数 $\boldsymbol{q}$，偏り λ の平均フォノン数は

$$\begin{aligned} N_0(\boldsymbol{q},\lambda) = \langle b^\dagger_{\boldsymbol{q}\lambda} b_{\boldsymbol{q}\lambda}\rangle &= Z^{-1}\mathrm{Tr}\, e^{-\beta\mathcal{H}}\bigl(b^\dagger_{\boldsymbol{q}\lambda} b_{\boldsymbol{q}\lambda} + \frac{1}{2}\bigr) - \frac{1}{2} \\ &= -\beta^{-1}\frac{\partial}{\partial(\hbar\omega_{\boldsymbol{q}\lambda})}\log Z - \frac{1}{2} = \frac{e^{-\beta\hbar\omega_{\boldsymbol{q}\lambda}}}{1-e^{-\beta\hbar\omega_{\boldsymbol{q}\lambda}}} \\ &= \frac{1}{e^{\beta\hbar\omega_{\boldsymbol{q}\lambda}}-1} \end{aligned} \tag{B.35}$$

で与えられる．この式はBose分布関数の $\mu = 0$ の場合であるが，しばしばPlanck分布関数と呼ばれる．

ついでに，^{4}He原子の理想Bose気体をとりあげよう．^{4}Heの場合スピン0であるからスピン指標は不要となる．よって，

$$\left.\begin{aligned} \mathcal{H} &= \sum_{\boldsymbol{k}} \varepsilon_{\boldsymbol{k}} b^\dagger_{\boldsymbol{k}} b_{\boldsymbol{k}}, \quad \varepsilon_{\boldsymbol{k}} = \frac{\hbar^2 k^2}{2m}, \\ \mathcal{N} &= \sum_{\boldsymbol{k}} b^\dagger_{\boldsymbol{k}} b_{\boldsymbol{k}} \end{aligned}\right\} \tag{B.36}$$

である．熱力学的極限では $N \to \infty$ である．大分配関数 (B.25) は

$$\begin{aligned} Z &= \prod_{\boldsymbol{k}} \mathrm{Tr}\, e^{-\beta(\varepsilon_{\boldsymbol{k}}-\mu) b^\dagger_{\boldsymbol{k}} b_{\boldsymbol{k}}} \\ &= \prod_{\boldsymbol{k}} \bigl(1 + e^{-\beta(\varepsilon_{\boldsymbol{k}}-\mu)} + e^{-2\beta(\varepsilon_{\boldsymbol{k}}-\mu)} + \cdots\bigr) \end{aligned}$$

と書かれる．最後の式の無限級数は $\exp[\beta(\varepsilon_{\boldsymbol{k}} - \mu)] > 1$ のときにのみ収束する．この条件が，$\varepsilon_{\boldsymbol{k}} = 0$ の場合も含めて，常に成立するためには

$$\mu < 0 \tag{B.37}$$

でなければならない．そのとき，

$$Z = \prod_{\boldsymbol{k}} \frac{1}{1 - e^{-\beta(\varepsilon_{\boldsymbol{k}} - \mu)}} \tag{B.38}$$

が得られる．熱力学的ポテンシャルは

$$\Phi = k_B T \sum_{\boldsymbol{k}} \log\bigl(1 - e^{-\beta(\varepsilon_{\boldsymbol{k}} - \mu)}\bigr)$$

となる．(B.26) により，全粒子数は

$$N = -\left(\frac{\partial \Phi}{\partial \mu}\right)_{T,V} = \sum_{\boldsymbol{k}} \frac{1}{e^{\beta(\varepsilon_{\boldsymbol{k}} - \mu)} - 1} \tag{B.39}$$

で与えられる．したがって，各状態の平均粒子数は

$$\overline{n}_{\boldsymbol{k}} = \langle b_{\boldsymbol{k}}^{\dagger} b_{\boldsymbol{k}} \rangle = \frac{1}{e^{\beta(\varepsilon_{\boldsymbol{k}} - \mu)} - 1} = \frac{\partial \Phi}{\partial \varepsilon_{\boldsymbol{k}}} \tag{B.40}$$

となる．(B.40) は Bose 分布関数と呼ばれる．この場合もう一度 $\mu < 0$ であることに注意しよう．この分布関数に基づいて，Bose-Einstein 凝縮を議論することができる．

参考書

固体電子論ないしは固体物理の参考書は多数出版されているが，網羅するわけにはいかない．基礎という立場から以下に幾つか挙げておこう．

固体物理のあらゆる分野を広く解説したものとして，まずつぎのものがある．

[1] C. Kittel: Introduction to Solid State Physics 7th ed. (John Wily, New York, 1996).
宇野良清, 津屋 昇, 森田 章, 山下次郎 共訳 固体物理学入門 第7版 (丸善, 1998).

つぎの2つは第1章から5章までの相当する伝統的な固体電子論の理論的解説書である．

[2] A. H. Wilson: The Theory of Metals 2nd ed. (University Press, Cambridge, 1965).
[3] A. Sommerfeld und H. Bethe: Elektronentheorie der Metalle (Springer Verlag, 1967).
井上 正 訳: 固体電子論 (東海大学出版会, 1976).

つぎは必読の書としてお薦めしたい．

[4] R. E. Peierls: Quantum Theory of Solids (Clarendon Press, Oxford, 1955).

つぎは理論計算の素養を身につけるための良書の1つであろう．

[5] C. Kittel: Quantum Theory of Solids (John Wiley, New York, 1963).

つぎはグリーン関数法，ダイヤグラム法を丁寧に解説して多体問題を取り扱った代表的な書である．

[6] A. A. Abrikosov, L. P. Gor'kov and I. E. Dzyaloshinskii: Methods of Quantum Field Theory in Statistical Physics (Prentice-Hall, Inc. N.J., 1963).

これは英訳であるが，出版社がPergamon, Doverと移って，現在はどうなっているのか知らないが，安く手に入るだろう．

Anderson局在の解説書も多くあるが，最初に出た邦文と適当と思われるものを挙げておこう．

[7] 福山秀敏: アンダーソン局在，物理学最前線 2, pp.57～129 (共立出版, 1982).

[8] Y. Nagaoka and H. Fukuyama (ed.): Anderson Localization (Springer Series in Solid State Science **39**) (Springer Verlag, Berlin, 1982).

[9] B. Kramer and A. Mackinnon: Localization: theory and experiment (Rep. Prog. Phys. **56** (1993) 1469—1564).

量子Hall効果についてはつぎのものがある．第2版も出ているがかわり映えはしない．

[10] R. E. Prange and S. M. Girvin (ed.): The Quantum Hall Efect (Springer Verlag, New York, 1987).

西村 久 訳: 量子ホール効果 (シュプリンガー・フェアラーク東京, 1989).

固体電子論の基礎ないしは柱の1つとして本書では議論しなかった分野に超伝導，磁性の問題がある．基礎の立場からつぎのものを挙げておく．

[11] J. R. Schrieffer: Superconductivity (Benjamin, New York, 1964).

これは役に立つ本である．

[12] 中嶋貞雄: 超伝導入門 (培風館, 1971).

懇切で明解な本である．

[13] 芳田 奎: 磁性 (岩波書店, 1991).

固体電子論の基礎として欠かせない．

なお，中嶋，芳田両先生には勝手に師事させていただいており，感謝いたします．

索引

著者略歴

西村 久 (にしむら ひさし)

1930 年　山口県に生まれる
1950 年　旧制山口高等学校卒業
1960 年　九州大学大学院工学研究科博士課程修了
1964 年　理学博士 (東京工業大学)
1960 年　九州大学助手
1963 年 – 1964 年　パデュー大学研究員
1964 年 – 1965 年　アメリカ・カトリック大学客員講師
1966 年　九州大学助教授
1974 年　九州大学教授
1979 年 – 1981 年　ニューヨーク州立大学バッファロー校客員教授
1994 年　九州大学名誉教授
1994 年 – 1998 年　九州東海大学教授

基礎固体電子論　　　　　　　　　定価はカバーに表示してあります

2003 年 5 月 10 日　1 版 1 刷　発行　　　　ISBN 4-7655-0392-5 C3042

　　　　　　　　　　　　　　　著　者　西　村　　　久
　　　　　　　　　　　　　　　発行者　長　　　祥　隆
　　　　　　　　　　　　　　　発行所　技報堂出版株式会社
　　　　　　　　　　　　　　　〒102-0075　東京都千代田区三番町 8-7
　　　　　　　　　　　　　　　　　　　　　(第 25 興和ビル)
日本書籍出版協会会員
自然科学書協会会員　　　　　　　　　電　話　営業　(03) (5215) 3165
工学書協会会員　　　　　　　　　　　　　　　編集　(03) (5215) 3161
土木・建築書協会会員　　　　　　　　F A X　　　　 (03) (5215) 3233
　　　　　　　　　　　　　　　　　　振替口座　　　00140-4-10
Printed in Japan　　　　　　　　　　http://www.gihodoshuppan.co.jp

Ⓒ Hisashi Nishimura, 2003　　　　　　　装幀　大森一郎
　　　　　　　　　　　　　　　　　　　印刷・製本　日経印刷

落丁・乱丁はお取り替えいたします．
本書の無断複写は，著作権法上での例外を除き，禁じられています．